Oliver Sill

LITERATUR IN DER FUNKTIONAL DIFFERENZIERTEN GESELLSCHAFT

SYSTEMTHEORETISCHE PERSPEKTIVEN AUF EIN KOMPLEXES PHÄNOMEN

Springer Fachmedien Wiesbaden GmbH

Oliver Sill

Literatur in der funktional differenzierten Gesellschaft

Oliver Sill

Literatur in der funktional differenzierten Gesellschaft

Systemtheoretische Perspektiven auf ein komplexes Phänomen

Springer Fachmedien Wiesbaden GmbH

Die Deutsche Bibliothek – CIP-Einheitsaufnahme
Ein Titeldatensatz für diese Publikation ist bei
Der Deutschen Bibliothek erhältlich

Gefördert durch ein zweijähriges Forschungsstipendium der Deutschen Forschungsgemeinschaft.

Als Habilitationsschrift mit Genehmigung des Fachbereichs 3, Sprach- und Literaturwissenschaften, der Universität-Gesamthochschule Duisburg gedruckt mit Unterstützung der DFG.

Die Lehrbefähigung wurde am 7. Juni 2000 verliehen.

1. Auflage März 2001

Ursprünglich erschienen bei Westdeutscher Verlag GmbH, Wiesbaden 2001

Lektorat: Dr. Tatjana Rollnik-Manke

Der Westdeutsche Verlag ist ein Unternehmen der Fachverlagsgruppe BertelsmannSpringer.

www.westdeutschervlg.de

Höchste inhaltliche und technische Qualität unserer Produkte ist unser Ziel. Bei der Produktion und Verbreitung unserer Bücher wollen wir die Umwelt schonen. Dieses Buch ist auf säurefreiem und chlorfrei gebleichtem Papier gedruckt. Die Einschweißfolie besteht aus Polyäthylen und damit aus organischen Grundstoffen, die weder bei der Herstellung noch bei der Verbrennung Schadstoffe freisetzen.

Umschlaggestaltung: Horst Dieter Bürkle, Darmstadt

ISBN 978-3-531-13577-9 ISBN 978-3-322-96392-5 (eBook)
DOI 10.1007/978-3-322-96392-5

Widmung

Am 12. Juli 1998 starb mein Vater, Willi Sill, nach langer Krankheit. Unmittelbar nach dem Krieg mit siebzehn Jahren bei seinem Vater in die Lehre gegangen, hatte er selbst nie etwas zu tun mit Gymnasium, Abitur, Studium, Staatsexamen, Promotion und Habilitation. Und doch hat er mich auf diesem Weg - als meinem Weg - in materieller wie immaterieller Hinsicht immer dann unterstützt, wenn es nötig war. Deshalb widme ich ihm dieses Buch.

Inhalt

Einleitung

1982 charakterisiert Jean Baudrillard die Gegenwart als das Zeitalter der flottierenden Theorien, die einander nur noch zuwinken (vgl. Baudrillard 1982: 21). Versteht man das Winken als Gruß, so impliziert es immerhin die jeweilige Anerkennung des anderen. Diese wechselseitige Anerkennung bildet wiederum die Voraussetzung für den Dialog - im ursprünglichen Sinne des Wortes *dialegein*: den Versuch, durch Rede und Gegenrede Wahrheit zu ergründen. Ihr näher zu kommen ist demnach das gemeinsame Ziel aller Gesprächsteilnehmer, denen im Dialog bewusst ist, dass die verhandelte Sache nicht nur durch die eigene Position, sondern durch die Beiträge aller Unterredner repräsentiert wird.

Aus Sicht der neunziger Jahre hat es den Anschein, als sei Baudrillards Einschätzung, zumindest was die Literaturwissenschaft betrifft, noch zu optimistisch: Der Gruß als wechselseitige Anerkennung des anderen ist selten geworden, vom Dialog ganz zu schweigen. Jüngstes Beispiel einer Fachgeschichte, in der alle paar Jahre ein neues methodologisches Paradigma mit dem Anspruch auftritt, im Bruch mit der Tradition Methode und selbst Gegenstand des Faches neu zu bestimmen, ist die systemtheoretisch orientierte Literaturwissenschaft. Wo sie sich auf Niklas Luhmanns Theorie sozialer Systeme beruft, da geschieht dies in dem Bewusstsein, Repräsentant eines Paradigmas zu sein, das "in einer nahezu einmaligen Traditionslosigkeit (...) Kunst, Literatur und Ästhetik in eine völlig neue Perspektive" stelle (Plumpe/Werber 1993: 9). Und auf radikal-konstruktivistischer Seite herrscht die Überzeugung, das "alte Projekt der Texthermeneutik" (Schmidt 1994: 85) hinter sich gelassen, den Bruch mit der textwissenschaftlichen Tradition erfolgreich vollzogen zu haben: "Aus einer hermeneutischen Textwissenschaft muß eine konsequent interdisziplinär arbeitende Sozialwissenschaft werden." (Schmidt 1989: 11) Die wechselseitige Nichtzurkenntnisnahme zwischen denen, die sich von der Last falscher Traditionen befreit glauben, und jenen, die sich unter dem Etikett 'obsolet' disqualifiziert sehen, scheint unter diesen Voraussetzungen nahezu unvermeidlich.

Mit diesem Zustand darf man sich jedoch nicht abfinden. Ein Dialog sollte in Gang kommen - und dazu ist in unserem Zusammenhang das Feld der Literatursoziologie in besonderem Maße geeignet; handelt es sich bei ihr doch um eine Disziplin im Grenzbereich von Literaturwissenschaft und Soziologie, die es sich zum Ziel gesetzt hat, das komplexe Verhältnis von Literatur und Gesellschaft in den Blick zu nehmen. Demgemäß spielen in der Literatursoziologie seit je Ästhetik, Literaturtheorie und Gesellschaftstheorie gleichermaßen eine Rolle. Maßgeblich beeinflusst wurde die Literatursoziologie, um die es in letzter Zeit wesentlich stiller geworden ist, durch marxistische Ansätze und durch die Kritische Theorie. Eine ernsthafte Auseinandersetzung mit der Systemtheorie scheint von dieser Seite her durchaus angebracht, nicht nur deshalb, weil die Systemtheorie in der Soziologie der letzten Jahre einen rasanten Aufstieg erfahren hat, sondern auch, weil es angesichts des geschichtlichen Verlaufs dringend geboten erscheint, die eigenen gesellschaftstheoretischen Grundlagen erneut zu überdenken. Und umgekehrt stellt sich die Frage, ob die Annäherung an die soziologische Systemtheorie den von manchen postulierten Bruch mit der textwissenschaftlichen Tradition der Literaturwissenschaft tatsächlich voraussetzt.

Ziel dieser Arbeit ist es, Anschlussmöglichkeiten zwischen Theoriebeständen zu eruieren, die sich gegenwärtig kaum noch oder gar nicht mehr zur Kenntnis nehmen. Ein solches Vorhaben ist immer mit der Gefahr behaftet, als eklektizistisch abgetan zu werden. Umso sorgfältiger muss vorgegangen werden. Und davon entbindet auch nicht das Wissen darum, selbst nur einen Beitrag zu einem Dialog zu liefern, den zu befördern allerdings dringend geboten erscheint.

Teil I der vorliegenden Arbeit trägt den Titel 'Bestandsaufnahmen' und umfasst zwei Kapitel. *Kapitel I* rekonstruiert die literatursoziologische Diskussion seit den sechziger Jahren, man könnte auch sagen: die 'Vorgeschichte' der propagierten Wende zur Systemtheorie. Unter ganz unterschiedlichen gesellschafts- und literaturtheoretischen Prämissen ging und geht es dort stets um die gleichen Fragen: Welche Stellung besitzt die Literatur innerhalb der Gesellschaft? Worin besteht die spezifische Qualität von Literatur? Welche Funktion oder Funktionen erfüllt sie in der und für die Gesellschaft? All diese Ansätze und Konzepte, so verschieden sie im Einzelnen ausfallen, sind m.E. gekennzeichnet durch einen zentralen Widerspruch: durch die Diskrepanz zwischen globalem theoretischen Anspruch und einer nur begrenzten Reichweite der präsentierten, mit wenigen Textbeispielen operierenden Antworten. Überbrückt wird diese Diskrepanz durch Kategorien und Begriffe von vermeintlich normativer Geltung. Nur sie verleihen dem jeweiligen Ansatz die notwendige, gleichwohl vordergründige Stringenz. Die bislang unüberwundene, für Dietrich Harth unüberwindbare (vgl. Harth 1982: 263) Kluft zwischen universellem Anspruch und partieller Reichweite provoziert geradezu die Beschäftigung mit der Theorie sozialer Systeme. Denn deren Bestreben, große gesellschaftliche Phänomenbereiche wie die Wirtschaft oder die Politik, die Wissenschaft oder die Kunst (oder 'nur' die Literatur) als Funktionssysteme der modernen Gesellschaft theoretisch zu konzipieren, konfrontiert die Systemtheorie im Falle von Literatur mit den ungelösten Problemen der Literatursoziologie. Doch müssen diese gelöst werden, wenn es irgend Sinn machen soll, Literatur in ihrer Gesamtheit als ein mit bestimmten Konturen versehenes und mit einer bestimmten Funktion ausgestattetes gesellschaftliches Teilsystem auszuweisen. *Kapitel II* bietet eine Bestandsaufnahme der bislang vorgelegten systemtheoretischen Ansätze und Konzepte. Auch hier zeigt sich, bei aller Verschiedenheit im Einzelnen, ein gemeinsamer

Einleitung

1982 charakterisiert Jean Baudrillard die Gegenwart als das Zeitalter der flottierenden Theorien, die einander nur noch zuwinken (vgl. Baudrillard 1982: 21). Versteht man das Winken als Gruß, so impliziert es immerhin die jeweilige Anerkennung des anderen. Diese wechselseitige Anerkennung bildet wiederum die Voraussetzung für den Dialog - im ursprünglichen Sinne des Wortes *dialegein*: den Versuch, durch Rede und Gegenrede Wahrheit zu ergründen. Ihr näher zu kommen ist demnach das gemeinsame Ziel aller Gesprächsteilnehmer, denen im Dialog bewusst ist, dass die verhandelte Sache nicht nur durch die eigene Position, sondern durch die Beiträge aller Unterredner repräsentiert wird.

Aus Sicht der neunziger Jahre hat es den Anschein, als sei Baudrillards Einschätzung, zumindest was die Literaturwissenschaft betrifft, noch zu optimistisch: Der Gruß als wechselseitige Anerkennung des anderen ist selten geworden, vom Dialog ganz zu schweigen. Jüngstes Beispiel einer Fachgeschichte, in der alle paar Jahre ein neues methodologisches Paradigma mit dem Anspruch auftritt, im Bruch mit der Tradition Methode und selbst Gegenstand des Faches neu zu bestimmen, ist die systemtheoretisch orientierte Literaturwissenschaft. Wo sie sich auf Niklas Luhmanns Theorie sozialer Systeme beruft, da geschieht dies in dem Bewusstsein, Repräsentant eines Paradigmas zu sein, das "in einer nahezu einmaligen Traditionslosigkeit (...) Kunst, Literatur und Ästhetik in eine völlig neue Perspektive" stelle (Plumpe/Werber 1993: 9). Und auf radikal-konstruktivistischer Seite herrscht die Überzeugung, das "alte Projekt der Texthermeneutik" (Schmidt 1994: 85) hinter sich gelassen, den Bruch mit der textwissenschaftlichen Tradition erfolgreich vollzogen zu haben: "Aus einer hermeneutischen Textwissenschaft muß eine konsequent interdisziplinär arbeitende Sozialwissenschaft werden." (Schmidt 1989: 11) Die wechselseitige Nichtzurkenntnisnahme zwischen denen, die sich von der Last falscher Traditionen befreit glauben, und jenen, die sich unter dem Etikett 'obsolet' disqualifiziert sehen, scheint unter diesen Voraussetzungen nahezu unvermeidlich.

Mit diesem Zustand darf man sich jedoch nicht abfinden. Ein Dialog sollte in Gang kommen - und dazu ist in unserem Zusammenhang das Feld der Literatursoziologie in besonderem Maße geeignet; handelt es sich bei ihr doch um eine Disziplin im Grenzbereich von Literaturwissenschaft und Soziologie, die es sich zum Ziel gesetzt hat, das komplexe Verhältnis von Literatur und Gesellschaft in den Blick zu nehmen. Demgemäß spielen in der Literatursoziologie seit je Ästhetik, Literaturtheorie und Gesellschaftstheorie gleichermaßen eine Rolle. Maßgeblich beeinflusst wurde die Literatursoziologie, um die es in letzter Zeit zifisch literarische Organisation von Sprache;

(3) die differenzierte Erfassung jener komplexen Mechanismen, die die strukturelle Koppelung zwischen psychischen Systemen (Autor/Rezipient) und sozialem System (Texte) im Falle literarischer Kommunikation kennzeichnen.

Auf einen Nenner gebracht: Es geht in Kapitel III um die Offenlegung und Klärung wesentlicher literaturtheoretischer Grundlagen. Vor diesem Hintergrund soll in *Kapitel IV* die historische Dimension des Zusammenhangs von Literatur und Gesellschaft unter den Bedingungen funktionaler Differenzierung erörtert werden. Hier geht es nun um folgende Teilziele:

(1) die Rekonstruktion jener geschichtlichen Voraussetzungen, denen sich der - vielerorts beobachtete - Autonomisierungsprozess der Literatur im Übergang von der stratifizierten zur funktional differenzierten Gesellschaft verdankt, die aber auch zur Herausbildung und Konsolidierung des neuzeitlichen Fiktionsverständnisses geführt haben;

(2) die Offenlegung jener Rahmenumstände, die seit dem späten 18. Jahrhundert eine Neuordnung des literarischen Gattungssystems im Bereich der Prosa zur Folge hatten, eine Neuordnung, die mit der Unterscheidung zwischen künstlerischen Formen der Literatur und sogenannten Zweckformen bis heute Gültigkeit beansprucht;

(3) die Erörterung verschiedener Funktionen, die die als literarisch beobachteten Texte im Rahmen gegenwärtiger Literaturverhältnisse erfüllen - und zwar auf der Grundlage konventionalisierter Wahrnehmungsmuster, die ihrerseits die Rede von der Literatur, deren Klassifizierung und Instrumentalisierung, disponieren.

Auch hier auf einen Nenner gebracht: In Kapitel IV geht es um die Perspektivierung jener Aufgabengebiete, mit denen sich insbesondere die Literatursoziologie konfrontiert sieht, wenn sie die Theorie sozialer Systeme nach Luhmann als methodologischen Bezugsrahmen wählt. Dabei münden die weitläufigen Argumentationen des Teils II in die abschließend zu erörternde Frage, ob Literatur als Teilsystem der modernen Gesellschaft konzeptualisiert werden kann. Wie immer die Beantwortung dieser Frage zuletzt auch ausfällt, ein Ergebnis dieser Studie soll bereits jetzt vorweggenommen werden: Die Suche nach Anschlussmöglichkeiten zwischen der soziologischen Systemtheorie und literaturwissenschaftlichen Theoriebeständen wird in allen Teilfragen die innovative Bedeutung der Systemtheorie für die Literaturwissenschaft unterstreichen. Allerdings wird sich auch im Umkehrschluss erweisen: Innovativ ist die Systemtheorie für literaturwissenschaftliche Problembereiche nur dann, wenn sie mit vorhandenen Theoriebeständen des Faches in den Dialog eintritt.

Teil I

Bestandsaufnahmen

I. Kapitel: Literatursoziologie - ein offenes Projekt

Ende 1994 erschien der Band "Literatursoziologie" von Andreas Dörner und Ludgera Vogt. Er spiegelt die Schwierigkeiten, die sich nahezu zwangsläufig ergeben, wenn in einführender Absicht das Problemfeld Literatursoziologie vorgestellt werden soll. Geordnet nach den Bereichen literarische Produktion, literarischer Text, literarische Rezeption und literarisches Feld, wird eine Vielzahl höchst unterschiedlicher Ansätze aneinandergereiht und knapp erläutert, ohne dass eine einheitliche Perspektive erkennbar wird, aus der heraus die literatursoziologische Landschaft in den Blick genommen würde. Und so stellt sich beim Leser, der zweifellos bereichert ist durch eine Fülle von Namen, Titeln, Begriffen und Hypothesen, gleichwohl Ratlosigkeit ein. Trügerische Klarheit vermitteln dagegen früher erschienene Einführungen in die Literatursoziologie; trügerisch deshalb, weil Jürgen Link und Ursula Link-Heer (1980), Peter V. Zima (1980) und Alphons Silbermann (1981) die Gelegenheit nutzen, um vorzugsweise einen Ansatz in den Vordergrund zu stellen, nämlich ihren eigenen. Eine Ausnahme unter den älteren Einführungen bildet lediglich Jürgen Scharfschwerdts "Grundprobleme der Literatursoziologie" (1977). Geschrieben in einer Zeit, in der die wissenschaftliche Kontroverse noch stark weltanschaulich geprägt war, tritt auch Scharfschwerdt nicht als Verfechter eines bestimmten Ansatzes auf, sondern setzt sich mit den damals aktuellen marxistischen bzw. empirisch-positivistischen Theorien gleichermaßen kritisch auseinander, ergänzt durch einen noch immer lesenswerten Rückblick auf die Geschichte dieser Wissenschaftsdisziplin. Freilich ist seither das Feld weit unübersichtlicher geworden; ein Sachverhalt, den die Einführung von Dörner und Vogt eindrucksvoll dokumentiert.

Wie kommt es, dass die Literatursoziologie durch ein so hohes Maß an Heterogenität gekennzeichnet ist? Zunächst einmal ist klar, dass die Literatursoziologie nur ein Teilgebiet des noch umfassenderen Bereichs der Kunst- bzw. Kultursoziologie bezeichnet. Insofern gilt auch für sie, was Theodor W. Adorno zu Beginn seiner "Thesen zur Kunstsoziologie" (1967) festgestellt hat: "Kunstsoziologie umfaßt, dem Wortsinn nach, alle Aspekte im Verhältnis von Kunst und Gesellschaft." (Adorno 1978: 204) Um ihren Gegenstand näher zu bestimmen, bedarf die Literatursoziologie daher sowohl einer Theorie der Gesellschaft als auch einer Literaturtheorie. Genauer: Gesellschaftstheoretische und literaturtheoretische Grundannahmen entscheiden darüber, welche Konturen das Forschungsgebiet Literatursoziologie gewinnt, welche Schwerpunkte gesetzt werden und wie das komplexe Beziehungsgeflecht zwischen Literatur und Gesellschaft erfasst und beschrieben wird. Alle Fragen, die die Produktion, Distribution, Rezeption und den Text selbst betreffen; Fragen, in denen in je unterschiedlicher Akzentuierung ästhetische, historische, soziale, ökonomische und organisatorische Komponenten eine Rolle spielen, werden gestellt und beantwortet vor dem Hintergrund gesellschafts- und literaturtheoretischer Basisprämissen, ob diese nun explizit dargelegt oder stillschweigend vorausgesetzt werden. Und in beiden Bereichen, mit Blick auf das Bezugsfeld Gesellschaft nicht weniger als im Hinblick auf den Komplex Literatur scheiden sich die Geister. Deshalb erweist sich die gegenwärtige Literatursoziologie als ein buntes Spektrum von Ansätzen und Konzepten, die sich nicht nur in der theoretischen Fundierung, sondern auch in ihren Forschungsmethoden und ihrer jeweiligen wissenschaftlichen Terminologie stark voneinander unterscheiden, wenn nicht gar wechselseitig ausschließen.

Auch wenn die Fülle der Publikationen zur Literatursoziologie kaum mehr überschaubar ist[1], zeigt sich doch, dass verschiedene Mittelpunkte existieren: Ansätze, die in methodischer Hinsicht schulbildend gewirkt haben, die jüngeren Diskussionen in der Literatursoziologie weitgehend beherrschen und in deren Umfeld eine mehr oder minder große Zahl von Arbeiten entstanden ist. Diese Ansätze sollen im Weiteren vorgestellt werden, wobei es mir weniger auf die jeweils vorgelegten Ergebnisse zu bestimmten Forschungsgebieten ankommt, sondern weit mehr auf die Offenlegung der gesellschafts- und literaturtheoretischen Basisprämissen. Rücken diese in den Mittelpunkt des Interesses, so lässt sich verdeutlichen, welche Schwerpunkte jeweils gesetzt werden, welche Forschungsmethoden zur Anwendung kommen und welche Ausblendungen den jeweiligen Ansatz kennzeichnen. Gerade solche Ausblendungen verweisen auf den jeweiligen normativen Kern der verschiedenen Theorien, die allesamt nur auf dieser Grundlage den Schein universeller Gültigkeit wahren können.

Zunächst geht es um die empirisch-positivistischen Ansätze (Silbermann,

---

1 Vgl. dazu das Literaturverzeichnis in Dörner/Vogt 1994: 272-291; zusätzliche Hinweise auf ältere, vor allem wissenschaftsgeschichtlich interessante Arbeiten finden sich bei Scharfschwerdt 1977: 234-255. Darüber hinaus bleibt anzumerken: Im Unterschied zur Einführung von Andreas Dörner und Ludgera Vogt erinnert Jürgen Scharfschwerdt auch an Traditionslinien der Literatursoziologie, die zu keinem Zeitpunkt eine angemessene Resonanz erfahren haben und mittlerweile nahezu völlig in Vergessenheit geraten sind. Zu nennen wäre etwa die Wissenssoziologie Karl Mannheims (vgl. Scharfschwerdt 1977: 57-74). Dass Jürgen Scharfschwerdt mit seinem Plädoyer für die Wissenssoziologie letztlich nur wenig Erfolg gehabt hat, zeigt wiederum eine Anmerkung Claus-Michael Orts aus dem Jahre 1997: "Nach wie vor sind die Anregungen, die Karl Mannheim (...) für den Umgang mit Texten im Rahmen wissenssoziologischer Fragestellungen bereithält, von der Literaturwissenschaft nicht systematisch umgesetzt worden." (Ort 1997: 144f., Anm. 5) Man darf gespannt sein, ob und wann diese erneute Anregung von der Literatursoziologie aufgegriffen wird.

Escarpit, Fügen) in ihrer Auseinandersetzung mit den materialistisch orientierten Theorien bis zum Ende der sechziger Jahre (Lukács, Adorno). Neueren Datums sind das institutionssoziologische Konzept Peter Bürgers, die Textsoziologie Peter V. Zimas und die Theorie einer generativen Diskursanalyse nach Jürgen Link. Eine breite Rezeption sicherten sich überdies die kultursoziologischen Reflexionen Pierre Bourdieus. In der Vorstellung und Kritik dieser Ansätze zeichnen sich die Konturen jener Aufgabengebiete ab, denen sich eine systemtheoretisch orientierte Literaturwissenschaft zu stellen hat, wenn es ihr denn um mehr geht als den bloßen Anschluss an ein derzeit auch modisch gewordenes Theoriedesign.

1. Empirisch-positivistische Ansätze (Silbermann, Escarpit, Fügen)

Auf dem Siebenten Deutschen Soziologentag im Jahre 1930, der erstmalig eine Sektion Soziologie der Kunst vorsah, entwickelte Leopold von Wiese in seinem Einführungsreferat das Programm einer zukünftigen Kunst- und Literatursoziologie, die als "spezielle Soziologie" (Wiese 1931: 127) in Abgrenzung von den "ästhetischen Wissenschaften" (ebd.) zu etablieren sei. Ihr gehe es um "das Studium der Kunst als Komplex zwischenmenschlicher Beziehungen" (ebd.: 128) und um "die komplementäre Aufgabe, sie als ein soziales Gebilde zu begreifen" (ebd.: 130). Demgegenüber bleibe es den "ästhetischen Wissenschaften" vorbehalten, den "doch rein geistigen und nur aus dem Wesen der Kunst selbst verständlichen Gehalt von Kunstwerken" (ebd.: 127) zu erfassen. Von Wieses Programm einer von allen ästhetischen Wertungsfragen bereinigten Kunst- und Literatursoziologie wurde in den fünfziger und sechziger Jahren im deutschen Sprachraum vor allem von Alphons Silbermann, Robert Escarpit und Hans Norbert Fügen aufgegriffen und weiterentwickelt. Silbermanns Artikel "Kunst" im Fischer Lexikon "Soziologie" (1958), Escarpits "Das Buch und der Leser" (1961) und "Die Revolution des Buches" (1967) sowie Fügens "Die Hauptrichtungen der Literatursoziologie und ihre Methoden" (1964) erscheinen aus heutiger Sicht als 'Klassiker' der empirisch-positivistischen Literatursoziologie. Schließlich hat Alphons Silbermann mit seiner "Einführung in die Literatursoziologie" (1981) nochmals das Konzept einer strengen Trennung von Literatursoziologie und Literaturwissenschaft zu begründen versucht.

In ausdrücklicher Berufung auf Emile Durkheim bezeichnet Silbermann das "Prinzip der Werturteilsfreiheit" als eines "der Fundamente des soziologischen Denkens und Schaffens" (Silbermann 1981: 12) und erhebt die Faktoren "Objektivität, Überprüfung und Induktion" (ebd.: 32) zur Richtschnur jeder Erfassung und Auswertung empirischer Materialien. Aus diesen Gründen habe sich die Literatursoziologie an die "sozialen Tatsachen" (ebd.: 14) zu halten, zu denen keinesfalls die literarischen Werke in ihrer ästhetischen Struktur gehörten, sondern allein der Mensch, "wie er das Literaturerlebnis produziert oder konsumiert" (ebd.: 15). "Die Literatursoziologie", so Hans Norbert Fügen 1964, "hat es demnach mit dem Handeln der an der Literatur beteiligten Personen zu tun; ihr Gegenstand ist die Interaktion der an der Literatur beteiligten Personen" (Fügen 1964: 14). Die Untersuchung der sozialen Herkunft und Stellung von Schriftstellern, ihrer ökonomischen Situation und ihres Selbstverständnisses im Spannungsfeld von künstlerischer Freiheit und Auftragsarbeit gehören demnach ebenso in den Forschungsbereich empirischer Literatursoziologie wie Fragen zur Entwicklung und Geschichte des Buches: Verbreitungsgrade, Auflagenzahlen sowie Herstellungs- und Distributionsverfahren. Ein weiteres Untersuchungsfeld bildet die Sphäre der Rezeption, und zwar der Rezeption als messbare 'soziale Tatsache'. Gemeint ist damit vor allem die quantitative Erhebung von Nutzungsdaten gemäß eines Schemas, das danach fragt, "welche Leser welche Art von Literatur in welcher Situation zu welchem Zweck wie häufig verwenden" (Dörner/Vogt 1994: 97). Zur Sphäre der Rezeption als sozialer Tatsache zählt Fügen auch die "wissenschaftliche Literaturkritik" (Fügen 1964: 36). Sie, die mit den von ihr formulierten ästhetischen Werturteilen eine "vermittelnde Rolle" (ebd.) zwischen dem Kunstwerk und dem Leser einnehme, sei daher ebenfalls potenzielles "Forschungsobjekt" (ebd.) der Literatursoziologie - allerdings nur dann, wenn diese, "theoretisch distanziert" (ebd.: 41), sich selbst ästhetischer Wertung strikt enthalte.

Ungeachtet der Frage, welches Gesellschafts- und Wissenschaftsverständnis sich hinter dem Postulat sog. 'Werturteilsfreiheit' verbirgt[2], hat die empirische Literatursoziologie ihr unstrittiges Verdienst insbesondere im Bereich der Buchmarktforschung. Sehr zu bezweifeln ist allerdings Silbermanns Ansicht, "die Kommunikationslinie zwischen Produzent und Konsument in all ihren Aspekten und Verzweigungen" (Silbermann 1981: 32f.) erfassen zu können, ohne den Blick auf die literarischen Texte selbst richten zu müssen. Jene strikte Trennung von Literatursoziologie und Literaturwissenschaft, die allen Vertretern dieses Ansatzes gemeinsam ist, bedient sich eines Literaturbegriffs, den die Literaturwissenschaft selbst spätestens seit Ende der sechziger Jahre mit guten Gründen ad acta gelegt hat. Literatur allein als "innere Angelegenheit des Künstlers" zu begreifen, die nicht "den geringsten Realitätswert" (Silbermann 1967: 165) besitze, sie ins Reich der "Zweckfreiheit" (Escarpit 1961: 23) zu verbannen, in eine "von der Welt unseres Handelns verschiedene zweite Welt" (Fügen 1964: 22), knüpft an an ein mit langer Tradition behaftetes irrationales Dichtungsverständnis, wie es noch in den fünfziger und sechziger Jahren vor allem von den Vertretern der werkimmanenten Schule postuliert wurde (vgl. Staiger 1971). Sie, die es sich zur Aufgabe gemacht hatten, Dichtung allein "in ihrem Wesen als

2 Erinnert sei nur an den Positivismusstreit in der deutschen Soziologie der sechziger Jahre.

Dichtung" (Wilpert 1969: 448) zu erfassen, verwiesen ihrerseits alle Fragen nach den geschichtlichen Entstehungsbedingungen von Literatur in die eher abschätzig betrachtete Randdisziplin Literaturgeschichte. Insofern erweisen sich empirisch-positivistische Literatursoziologie und traditionelle Dichtungswissenschaft als komplementäre Wissenschaftszweige, deren strikte Abgrenzung voneinander Ausdruck einvernehmlicher Nichtzurkenntnisnahme gewesen ist.[3] Hüben wie drüben ausgeblendet blieb die historische und soziale Dimension literarischer Formen, aber auch die Frage nach den textimmanenten kommunikativen Strukturen, also die Frage, wie die Kommunikation zwischen einem Autor und einem Leser, der räumlich und zeitlich von ihm getrennt ist, durch den Text selbst disponiert und strukturiert wird. Gewidmet haben sich diesen Problemen seit etwa 1970 insbesondere die literaturwissenschaftliche Kommunikationsforschung und die Rezeptionsästhetik. Auf die Notwendigkeit, das Kunstwerk selbst in den Horizont literatursoziologischer Fragestellungen einzubeziehen, haben freilich schon früher Georg Lukács und Theodor W. Adorno mit Nachdruck hingewiesen. Insbesondere Adorno avancierte infolgedessen zum Hauptkontrahenten Silbermanns in den literatursoziologischen Debatten der sechziger Jahre.

2. Materialistisch orientierte Ansätze (Lukács, Adorno)

In seinem Vorwort zu Lukács' "Schriften zur Literatursoziologie" (1961) hebt Peter Ludz hervor: "Der Begriff 'Literatursoziologie' wird von Georg Lukács selbst fast ausschließlich kritisch gebraucht. Lukács fasst seine eigenen Beiträge zur literaturgeschichtlichen Fundierung als Beiträge zu einer Geschichtsphilosophie der Literatur bzw. einer marxistisch-leninistischen Ästhetik auf." (Lukács 1961: 11) Schon 1909 hatte Georg Lukács in kritischer Wendung gegen die damalige Kunstsoziologie eine Einsicht formuliert, die nicht nur für ihn zeitlebens Bestand haben sollte, sondern auch von der heutigen Literatursoziologie weitgehend geteilt wird: "Die größten Fehler der soziologischen Kunstbetrachtung sind, daß sie in den künstlerischen Schöpfungen die Inhalte sucht und untersucht und zwischen ihnen und bestimmten wirtschaftlichen Verhältnissen eine gerade Linie ziehen will. Das wirklich Soziale aber in der Literatur ist: die Form." (ebd.: 72) Weil Kunstwerke allein als "geformte Mitteilung" (ebd.) Wirkungen intendieren bzw. erzielen könnten, mithin 'sozial wirksam' seien, lehnt Lukács nicht nur den

3 Man glaube nicht, dieser Zustand sei mittlerweile gänzlich überwunden! Denn es lässt sich zeigen, dass die soziologische und die literaturwissenschaftliche (Auto-)Biographieforschung auch heute noch mit ähnlich klingenden Argumenten wechselseitig kaum Notiz voneinander nehmen. Vgl. dazu Sill 1995a.

verengten Blick auf politische oder ökonomische 'Inhalte' der Werke ab, sondern auch eine kurzschlüssige empirische Verfahrensweise, die zwischen dem Bedeutungsgehalt eines Werkes und den sozio-biographischen Daten seines Autors oder seinen politischen Bekundungen eine direkte Verbindungslinie ziehen will. Dabei handele es sich, so Lukács in seiner "Einführung in die ästhetischen Schriften von Marx und Engels" aus dem Jahre 1945, um "Vulgärsoziologie" (ebd.: 240; vgl. auch Lukács 1978: 83f.). Diese Kritik fand und findet, wie gesagt, nicht nur bei marxistischen Theoretikern Zustimmung; in hohem Maße umstritten ist allerdings Lukács' geschichtsphilosophische Fundierung seiner Ästhetik, die letztlich einer vollständigen Abwertung jeder empirischen Forschung gleichkommt. Entgegen der Behauptung "einseitiger Ursache-Folge-Beziehungen" (Lukács 1961: 216) zwischen Literatur und Gesellschaft, sei, so Lukács in seinem Text von 1945, festzuhalten, dass die "Existenz und das Wesen, das Entstehen und die Wirkung der Literatur" allein "aus gesamthistorischem Zusammenhang des ganzen Systems verstanden und erklärt" (ebd.: 215) werden könnten. Kennzeichnend für Lukács' Ästhetik ist nun zum einen die Zentralstellung der marxistischen Geschichtsphilosophie, die den Blick auf die Literatur perspektiviert, und zum anderen ein normativer Kunstbegriff, der für die Neuzeit einzig die Werke des bürgerlichen Realismus gelten lassen will, während die Kunst der Moderne, etwa des Expressionismus, als unrealistisch verworfen wird: als unfähig, das gesellschaftliche Wesen 'hinter' der wahrnehmbaren Oberfläche gesellschaftlicher Erscheinungen adäquat zu erfassen. Die Ablehnung solcher Werke als naturalistisch, avantgardistisch oder formalistisch mit dem Argument, sie gestalteten nicht die geschichtliche Totalität, sondern allein gesellschaftliche Oberflächenphänomene, verdeutlicht zugleich das Desinteresse Lukács' nicht nur an der 'Vulgärsoziologie', sondern an jedweder Form empirischer Forschung. Indem er empirische Sachverhalte als letztlich irrelevant abweist, erstarrt seine philosophische Ästhetik zu einem dogmatischen System, in dem Kunst und Kunstbetrachtung in völlige Abhängigkeit geraten von den weltanschaulichen Grundlagen des Marxismus. So bestimmt Lukács in seinem berühmt gewordenen Essay "Es geht um den Realismus" (1938) die Aufgabe des 'realistischen Künstlers' als eine doppelte: "nämlich erstens das gedankliche Aufdecken und künstlerisch-gestalterische Zeigen" der gesellschaftlichen Zusammenhänge, "zweitens aber, und unzertrennbar davon, das künstlerische Zudecken der abstrahiert erarbeiteten Zusammenhänge - das Aufheben des Abstrahierens" (Lukács 1973: 205). Die Abfolge 'gedankliches Aufdecken - künstlerisches Zudecken' markiert nichts anderes als die Reglementierung des Schriftstellers, der nicht subjektiv erlebte Wirklichkeit gestalten, sondern weltanschaulich fundierte Begriffe bebildern soll. Und so avancieren, im Programm eines 'sozialistischen Realismus', das 'Typische' und die 'Widerspiegelung' zu Zentralbegriffen einer ebenso widersprüchlichen wie normativen Ästhetik, die sich einerseits nicht von den Postulaten einer als vorbildlich begriffenen klassischen

Ästhetik befreien will, andererseits für die Literatur der Zukunft die marxistische Geschichtsteleologie, den vermeintlich unaufhaltsamen Weg der Menschheit bis zur klassenlosen Gesellschaft des Kommunismus, zur verbindlichen Maxime literarischer Produktion und ästhetischer Wertung erklärt.

Wie Jürgen Scharfschwerdt zu recht bemerkt, ist den kunst- und literatursoziologischen Reflexionen Lukács' und Adornos "ein äußerst kritisches, z.T. verqueres Verhältnis zur konkreten gesellschaftlichen Empirie gemeinsam" (Scharfschwerdt 1977: 139). Darüber hinaus sind diese Reflexionen, bei Adorno kaum anders als bei Lukács, geschichtsphilosophisch fundiert und gekoppelt an ein normatives Literaturverständnis. Freilich enden mit solch prinzipiellen Feststellungen auch schon die Gemeinsamkeiten. Denn im Spektrum materialistisch orientierter Ästhetiken lassen sich Lukács und Adorno durchaus als Antipoden begeifen. Adornos Essay "Erpreßte Versöhnung" (1958) antwortet denn auch in scharfer Form auf Lukács' "Wider den mißverstandenen Realismus" (1958); eine Kontroverse, die kaum geringere Differenzen offenbart, als sie zwischen Alphons Silbermann und Adorno bestanden haben und auch ausgefochten wurden. So sind Adornos "Thesen zur Kunstsoziologie" (1967) gleichfalls eine direkte Replik, und zwar auf Silbermanns Beitrag "Literaturphilosophie, soziologische Literaturästhetik oder Literatursoziologie" aus dem Jahre 1966. Mit Adorno und Lukács als 'ungleichem Brüderpaar' auf der einen und Silbermann auf der anderen Seite verbinden sich all jene Ansätze, die die Diskussionen in der Literatursoziologie bis Ende der sechziger Jahre maßgeblich bestimmten.

Adorno hat zu keinem Zeitpunkt den Versuch unternommen, einen konsistenten literatursoziologischen Ansatz zu erarbeiten. Wie seine "Ästhetische Theorie" (1970), so sind auch Adornos punktuell erfolgenden Hinweise zur Kunst- und Literatursoziologie eingebettet in den geschichtsphilosophischen Rahmen der gemeinsam mit Max Horkheimer entwickelten "Dialektik der Aufklärung" (1947). Sie diagnostiziert für die damalige Gegenwart, die bürgerlich-kapitalistischen Gesellschaften nicht anders als für den 'real existierenden Sozialismus', einen totalitären Herrschaftszusammenhang, einen Zustand umfassender Verdinglichung der Subjekte als Resultat einer Menschheitsgeschichte, in der das Streben nach individueller wie kollektiver Selbsterhaltung zur Verselbständigung instrumenteller Rationalität geführt habe. Die instrumentell zugerichtete Vernunft wiederum erscheint als Ursache aller bestehenden Herrschaftsmechanismen: der Unterwerfung der äußeren Natur, der Unterdrückung der eigenen triebgebundenen Natur sowie der Ausbeutung des Menschen durch den Menschen.

Neben der philosophischen Reflexion ist es einzig und allein Kunst, die Adorno zufolge in der Lage ist, den an sich lückenlosen Herrschafts- und Verdinglichungszusammenhang der 'verwalteten Welt' zu überschreiten - mehr noch: Adornos emphatischer Kunstbegriff stellt diese noch über die Philosophie, da nur Kunst, wie Scharfschwerdt treffend formuliert, für Adorno "Ausdruck, Darstellung und Antwort auf die Entfremdung in einem" (Scharfschwerdt 1977: 157) ist. Bezugsrahmen der Ästhetik Adornos ist vor allem die Kunst der bürgerlichen Epoche. Denn erst seit dem 18. Jahrhundert habe sich die Kunst vollends aus religiösen und gesellschaftlichen Funktionszusammenhängen gelöst, den Status der Autonomie erlangt. Erst dieser Status erlaube es der Kunst, eine Gegenposition zur Gesellschaft zu beziehen; eine Gegenposition freilich, die ihre gesellschaftliche Herkunft niemals verleugnen könne, insofern Kunst stets durch den Doppelcharakter als 'autonome' und als 'fait social' zugleich gekennzeichnet sei: Kunst ist, "ihrer einen Seite nach, als Produkt gesellschaftlicher Arbeit des Geistes stets fait social (...). Gesellschaftlich aber ist Kunst weder nur durch den Modus ihrer Hervorbringung (...) noch durch die gesellschaftliche Herkunft ihres Stoffgehalts. Vielmehr wird sie zum Gesellschaftlichen durch ihre Gegenposition zur Gesellschaft, und jene Position bezieht sie erst als autonome." (Adorno 1981a: 335) Insbesondere die Kunst der Moderne, Werke etwa von Proust, Joyce, Kafka oder Beckett, übten "durch ihr bloßes Dasein (...) wortlos Kritik"(ebd.), entzögen sich gesellschaftlicher Kommunikation, in der nutzorientiertes instrumentelles Denken herrsche. Infolgedessen gelangten solche Kunstwerke auch nicht zu "erheblicher sozialer Wirkung" (Adorno 1978: 206), sondern besäßen praktische Wirkung allein "in einer kaum dingfest zu machenden Veränderung des Bewußtseins" (Adorno 1981a: 360).

Am anderen Ende der Skala sieht Adorno die Produkte der Kulturindustrie: triviale Massenware, der "Sphäre der Unterhaltung" (ebd.: 375) zugehörig, ersonnen zum Zwecke der "Manipulation von Kunden" (Adorno 1978: 208). Im Gegensatz zum autonomen Kunstwerk, dessen soziale Wirkung quantitativ unerheblich sei, könne diese mit Blick auf die Massenmedien sehr wohl soziologisch-empirisch erfasst werden. Denn die Produkte der Kulturindustrie seien "auf Wirkungen kalkuliert und nach präsumtiven Wirkungen, und zwar im Sinne der ideologischen Ziele der Planenden, gemodelt" (ebd.: 207). Ausdrücklich bezeichnet Adorno das Verhältnis von 'hoher Kunst' und 'Massenkultur' als "antagonistisch" (Adorno 1981a: 375), fließende Übergänge zwischen beiden Sphären schließt er kategorisch aus. Die Unbeirrbarkeit, mit der Adorno in stets neuen Wendungen diese vermeintliche Dichotomie beschwört, lässt sich m.E. nur deshalb aufrechterhalten, weil Adorno eine genauere Beschäftigung mit einzelnen Werken eher meidet. Verschwommene Formulierungen wie "Kunstwerke höchster Dignität" oder "Kunstwerke obersten Ranges" (Adorno 1978: 206) verdeutlichen in erster Linie Adornos normatives Kunst- und Literaturverständnis, das abgeleitet ist aus geschichtsphilosophischer Reflexion und aus ihr jene Unbeirrbarkeit bezieht, mit der ein genaues Wissen darüber vorgetäuscht wird, was ein Kunstwerk sei. Wo Adorno sich einzelnen Werken zuwendet, ist es stets die monadologische Verfasstheit des entfremdeten Einzelnen in der 'verwalteten Welt', kurz: das Entfremdungsparadigma, von dem die Argumentation ausgeht und zu der sie auch zurückkehrt.

Die Kreisschlüssigkeit einer in 'negativer Dialektik' fundierten Argumentation ist in der Folgezeit mit Recht vielfach kritisiert worden (vgl. etwa Jaeggi 1972, 1973 oder Jauß 1982); doch sollte dabei nicht übersehen werden, dass Adorno selbst in seinen "Thesen zur Kunstsoziologie" ein Programm zukünftiger Literatursoziologie zumindest in Umrissen skizziert hat, das einzulösen er selbst allerdings schuldig geblieben ist. Alphons Silbermann hatte in seinem Beitrag aus dem Jahr 1966 zum wiederholten Male die Mischung aus Literaturphilosophie, Literatursoziologie und Literaturkritik in den materialistisch orientierten Ansätzen kritisiert: als eine "sich soziologisch tarnende Literaturphilosophie", errichtet auf einem "mit dogmatischen Steinen erbauten Podest" (Silbermann 1966: 140). Adorno wiederum verweist in seiner Antwort nicht nur auf die Notwendigkeit, das Kunstwerk selbst in die literatursoziologische Forschung einzubeziehen, sondern auch auf den Sachverhalt, dass Silbermanns zentraler Begriff 'Kunsterlebnis' in seiner produktions- wie rezeptionsorientierten Dimension eine historisch-gesellschaftlich bestimmte Kategorie sei und daher nicht unmittelbar empirisch erfasst werden könne. "Das kunstsoziologische Ideal", so Adorno weiter, "wäre, objektive Analysen - das heißt, solche der Werke -, Analysen der strukturellen und spezifischen Wirkungsmechanismen und solche der registrierbaren subjektiven Befunde aufeinander abzustimmen. Sie müßten sich wechselseitig erhellen." (Adorno 1978: 206) Im Sinne eines integrativen Konzepts plädiert Adorno hier für eine Kunst- und Literatursoziologie, in die Gesellschaftstheorie, Werkanalysen, Kommunikationsforschung, Untersuchungen zum literarischen Feld und empirische Wirkungsforschung einzubeziehen wären. Die Vermittlung all dieser Bereiche, so lässt sich aus heutiger Sicht feststellen, steht noch immer aus. Wohl aber ist die Literatursoziologie der Folgezeit gekennzeichnet durch eine Vielzahl von methodischen Ansätzen und Konzepten, die durchaus bestrebt sind, den starren Gegensatz von empirisch-positivistischer Literatursoziologie und geschichtsphilosophisch fundierter Werkästhetik aufzuheben.

3. Institutionssoziologischer Ansatz (P. Bürger)

Zu den meistdiskutierten Ansätzen der siebziger Jahre gehört zweifellos das von Peter Bürger entwickelte Konzept einer 'Institution Kunst'. Alle wesentlichen Teilaspekte dieses Ansatzes sind bereits in der 1974 erschienenen "Theorie der Avantgarde" entfaltet worden. Spätere Arbeiten nutzt Bürger, um auf zwischenzeitlich geäußerte Kritik[4] näher einzugehen, um zentrale Begriffe und Hypothesen nochmals zu erläutern (vgl. Bürger 1979) und um den institutionssoziologischen Ansatz auf andere literaturgeschichtliche Felder und Themen zu beziehen (vgl. etwa Bürger 1977 sowie Bürger/Bürger/Schulte-Sasse 1980 und 1982).

Wie Peter Bürger rückblickend hervorhebt, erwuchs die "Theorie der Avantgarde" aus der Absicht, "die schlechte Alternative von dialektischer und positivistischer Literatursoziologie zu überwinden" (Bürger 1979: 174). Adornos Hinweis auf den notwendigen Einbezug der "strukturellen und spezifischen Wirkungsmechanismen" (Adorno 1978: 206) von Literatur beim Wort nehmend, intendiert das institutionssoziologische Konzept, "die epochalen Rahmenbedingungen von Literaturproduktion und -rezeption zu bestimmen" - und zwar in Form einer "Theorie der Funktion der Kunst in der bürgerlichen Gesellschaft" (Bürger 1979: 174). Bürger bestimmt diese Funktion in Anlehnung an Herbert Marcuses Essay "Über den affirmativen Charakter der Kultur" (1937). Die Kunst in der bürgerlichen Gesellschaft, so Marcuse und mit ihm Peter Bürger, sei 'Sachwalterin des humanen Prinzips' in einer von Inhumanität gekennzeichneten Gesellschaft. In der Kunst manifestiere sich die Sehnsucht der Menschen nach einem unentfremdeten Dasein. Indem sie dieser Sehnsucht Ausdruck verleihe und virtuell befriedige, entlaste Kunst die Gesellschaft vom Druck auf Veränderung. Zugleich jedoch halte sie dieser "das Bild einer besseren Ordnung vor" (Marcuse 1965: 88). Eine solche Funktionsbestimmung, in der affirmative Wirkung und kritische Intention eine dialektische Einheit bilden, setzt den Status der Autonomie voraus. Denn erst die Herauslösung aus allen gesellschaftlichen Funktionsanforderungen gewähre der Kunst - um den Preis der Folgenlosigkeit - jenen Freiraum, den sie benötige, um das Bild einer besseren, einer humanen Ordnung zu entwerfen. Bürger zieht den Schluss: "Bei Marcuse ist das, was wir Funktion genannt haben (jene Einheit von kritischer Intention und affirmativer Wirkung) nicht mehr nur von zwei Faktoren abhängig (der realen Lage der Träger des ideellen Gehalts und von diesem selbst), sondern noch von einem dritten, nämlich dem Status, den die Kunst als von der Lebenspraxis abgehobene in der bürgerlichen Gesellschaft einnimmt. Dieser Status (die Institution Kunst) stellt die Rahmenbedingungen dar, innerhalb derer die Einzelwerke produziert und rezipiert werden." (Bürger 1974: 15) Anders formuliert: Empirische Wirkungsforschung (reale Lage der Träger) und Werkästhetik (der ideelle Gehalt) sollen um eine institutionssoziologische Komponente ergänzt werden. Forschungspraktisch plädiert Bürger vor allem für den Einbezug von Quellen und Dokumenten, die Aufschluss darüber geben könnten, welche Vorstellungen über Kunst, deren Produktion und Rezeption in einer bestimmten historisch-gesell-

4 Bereits 1976 wurde vom Suhrkamp Verlag ein Sammelband publiziert, der ausschließlich kritische Stimmen zu Peter Bürgers "Theorie der Avantgarde" enthält. Vgl. Lüdke 1976.

schaftlichen Phase dominierten (vgl. ebd.: 29).

Auch wenn sich Bürgers institutionssoziologischer Ansatz als Erweiterung, vor allem aber als Versuch einer Vermittlung zwischen 'dialektischer und positivistischer Literatursoziologie' begreift, erweist er sich doch als eine allein in Teilaspekten modifizierte Variante der materialistisch orientierten, geschichtsphilosophisch fundierten Ästhetiken. Zwar kritisiert Bürger die normativen Literaturbegriffe Lukács' und Adornos (vgl. ebd.: 117ff.), doch übernimmt er grundsätzlich die gesellschafts- und literaturtheoretischen Prämissen insbesondere der Kritischen Theorie: ein Sachverhalt, der auch bei Bürger dazu führt, empirische Gegebenheiten geschichtsphilosophischen Maximen unterzuordnen. Die Hypothese, Kunst sei "Sachwalterin einer in der Lebenspraxis nicht mehr auffindbaren [!] Humanität" (Bürger 1979: 181), ist sicherlich nicht die Folge mangelnder Differenzierungsfähigkeit, sondern Ausdruck eines Denkens, das sich nicht irritieren lässt durch empirische Befunde, die solch lückenloser Düsternis widersprechen. So wie die Gesellschaft, ob bei Adorno oder Horkheimer, Marcuse oder Bürger, auf das Entfremdungsparadigma festgelegt wird, wird die Kunst in der bürgerlichen Gesellschaft auf Gesellschaftskritik fixiert; zwei Axiome, die nur in wechselseitigem Bezug zueinander Bestand haben. Erst auf der Grundlage des Entfremdungsparadigmas kann Kunst zur 'Sachwalterin des humanen Prinzips' erhoben und der "Protest gegen eine ungerechte Gesellschaft" (Bürger 1974: 14) als eigentliche Aufgabe der Kunst bestimmt werden. Im Banne dieser Axiomatik übernimmt Bürger auch die Antithesis Kunst versus Kulturindustrie. Während sich Kunst stets durch "kritische Intention" (ebd.: 15) auszeichne und danach trachte, die im Autonomiestatus implizierte Folgenlosigkeit zu überwinden, sei die "Unterhaltungsliteratur" nicht "Instrument der Emanzipation, sondern der Unterwerfung" und ziele einzig darauf ab, "dem Leser ein bestimmtes Konsumverhalten aufzuzwingen" (ebd.: 73). Mit Blick auf den einzelnen Text ergibt sich für Bürger dann auch die vorrangige Aufgabe festzustellen, "ob ein Werk, mit den Begriffen Marcuses gesprochen, eine kritische oder eine affirmative Funktion hat oder welches Moment (zu einem gegebenen Zeitpunkt) dominiert" (ebd.: 17).

Welches Resümee lässt sich ziehen? Zwar erweitert Peter Bürgers institutionssoziologisches Konzept die Werkästhetik Adornos in Richtung auf einen Einbezug der institutionellen Rahmenbedingungen literarischer Produktion und Rezeption, doch erliegt auch sein Ansatz der Gefahr, in den geschlossenen Argumentationszirkeln einer Theorie zu verbleiben, die den aus der Geschichtsphilosophie abgeleiteten Basisprämissen mehr Beweiskraft zuerkennt als empirischen Befunden. Und so bleibt 'Gesellschaft' letztlich reduziert auf einen 'totalitären Herrschaftszusammenhang der instrumentellen Rationalität', während die Literatur der schematischen Zweiteilung 'kritisch versus affirmativ' unterworfen wird.

4. Textsoziologie (P.V. Zima)

Die Textsoziologie, wie sie der Komparatist Peter V. Zima entwickelt hat, beschränkt sich - entgegen dem ersten Anschein - nicht auf den literarischen Text, sondern stellt den Versuch dar, die Ebene sprachlicher Vermittlung zwischen den Bezugsfeldern 'Gesellschaft' und 'Literatur' genauer zu beschreiben. Zu diesem Zweck verbindet Zima "gesellschaftstheoretisch fundierte Sprach- und Zeichentheorien (...) mit kulturphilosophischen Gedanken der Kritischen Theorie" (Dörner/Vogt 1994: 46). Eingedenk der "Maxime der russischen Formalisten, derzufolge 'das außerliterarische Leben (...) vor allem durch sein sprachliches Moment in Korrelation zur Literatur [steht]'", will die Textsoziologie, so Zima selbst, den literarischen Text "nur über sprachliche Strukturen mit dem gesellschaftlichen Kontext verknüpfen" (Zima 1982: 162). Literatur erscheint demnach "vornehmlich als ein Zusammenspiel semantischer und (makro-) syntaktischer Strukturen"; Gesellschaft hingegen als ein "Zusammenwirken von Soziolekten und Diskursen" (Zima 1980: 81), als "widersprüchliches Ensemble von Texten (...), aus dem eine bestimmte literarische Produktion hervorgeht" (Zima 1982: 162).

Worum es Zima geht, verdeutlicht sich insbesondere dort, wo er sich kritisch mit Georg Lukács und dessen Schüler Lucien Goldmann (vgl. Goldmann 1970, 1973) auseinandersetzt. Kernpunkt seiner Kritik ist der 'klassizistische' Kunstbegriff beider, "wonach Kunstwerke homogene Welten oder harmonische Totalitäten sind oder sein sollen" (Zima 1982: 173). Das homogene Ganze im Sinne einer Widerspiegelung geschichtlicher Totalität sei für Lukács das entscheidende Kriterium ästhetischer Wertung. Ähnlich Goldmann: Auch er gehe davon aus, dass die geschichtlich-gesellschaftliche Wirklichkeit nur begrifflich als Totalität erfassbar sei und dass in 'großen realistischen Werken' eine Homologie zwischen gesellschaftlicher Totalität und der dargestellten Welt bestehe (vgl. Zima 1980: 42ff.). Indem sie die Literatur auf philosophische Begriffe reduzierten, gerate sowohl Lukács als auch Goldmann das Eigentliche der Literatur aus dem Blick: "die Sprache" (Zima 1982: 161). Rücke diese - im Hinblick auf Literatur, aber auch mit Blick auf wissenschaftlich-philosophische Diskurse - in den Mittelpunkt der Betrachtung, so könne Gesellschaft nicht mehr mit Begriffen wie Wirklichkeit, Sein oder gesellschaftliche Wirklichkeit erfasst werden, sondern allein noch als Ensemble unterschiedlicher Diskurse und Soziolekte. Gesellschaft, so Zima, ist durch eine historisch jeweilige "soziolinguistische Situation" (ebd.: 183) gekennzeichnet. Sie wiederum bilde kein homogenes Ganzes, sondern bestehe aus einer Vielzahl von Gruppensprachen: "Zunächst kann man davon ausgehen, daß verschiedene soziale Gruppen verschiedene Vokabulare benutzen und daß sie sich auf der Ebene des lexikalischen Repertoires voneinander unterscheiden." Solche Unterscheidungen "beschränken sich jedoch nicht auf die Wahl isolierter Vokabeln, sondern ziehen weitere Entscheidungen auf der semantischen Ebene der Klassifikation (der Taxonomie) nach sich." (ebd.) Während beispielsweise der christliche Soziolekt auf der Unterscheidung Christ/Heide aufbaue, fundiere die Unterscheidung Kapitalismus/Sozialismus den marxistisch geprägten Soziolekt: zwei unterschiedliche, auf wechselseitiger Ausgrenzung beruhende Klassifikationen, die für die Entstehung des jeweiligen Soziolekts konstitutiv seien und auf denen Diskurse, verstanden als "narrative Struktur" (ebd.), beruhten: "Denn die Wirklichkeit kann nur 'erzählt' (diskursiv dargestellt) werden, wenn das Subjekt von klaren semantischen Gegensätzen ausgeht (...)." (ebd.: 184) Demnach existiert nicht *die* Wirklichkeit, sondern nur eine Vielzahl unterschiedlicher, sprachlich vermittelter und auf unterschiedlichen Klassifikationen beruhender Wirklichkeitskonstruktionen. Literatur, vor allem jedoch der Roman, sei nun in ausgezeichneter Weise geeignet, verschiedene, in einer soziolinguistischen Situation nebeneinander existierende Soziolekte in die sprachliche Struktur eines Werkes zu integrieren. Verteilt auf verschiedene Aktanten, würden sie dort zueinander in Beziehung gesetzt. In diesem Sinne geht für Zima die literarische Produktion aus den zu einem bestimmten Zeitpunkt vorhandenen Soziolekten und Diskursen einer Gesellschaft hervor.

Doch beschränkt sich für Zima die literatursoziologische Arbeit keinesfalls darauf, im jeweiligen literarischen Text unterschiedliche Soziolekte zu identifizieren. Denn vor dem Hintergrund eines Gesellschaftsverständnisses, demzufolge Gesellschaft als die Summe einer Vielzahl von Wirklichkeitskonstruktionen erscheint, begreift Zima Textsoziologie vor allem als Ideologiekritik. Zima unterscheidet "zwei Aspekte der Ideologie: Ideologie als Ausdruck von Gruppeninteressen und als falsches Bewußtsein" (ebd.: 169f.). Als Ausdruck von Gruppeninteressen sei Ideologie unvermeidlich, weil alle Individuen und Gruppen "sich für bestimmte Relevanzkriterien entscheiden und anhand dieser Kriterien bestimmte semantische Gliederungen und Klassifikationen vornehmen, die sie für realistisch halten und mit der 'Wirklichkeit' identifizieren" (ebd.: 170). Selbstkritik erlaube es jedoch, die gewählten Relevanzkriterien, die stets Ausdruck sozialer Interessen seien, kritisch zu befragen und die eigene Wirklichkeitskonstruktion als relative, als eine unter mehreren zu begreifen. Ideologie im Sinne falschen Bewusstseins verabsolutiere dagegen die eigenen Relevanzkriterien, betrachte sie als natürliche, identifiziere die eigene Konstruktion mit der Wirklichkeit schlechthin und erstarre monologisch im Dualismus von wahr und falsch (ebd.). Vor diesem Hintergrund kann, so Zima, eine ideologiekritische Betrachtung sowohl der Literatur selbst gelten, aber auch dem literaturwissenschaftlichen und soziologischen Metatext. In diesem Falle werde Ideologiekritik zur Diskurskritik (vgl. dazu Zima 1989). Der Roman biete sich jedoch in besonderer Weise für ideologiekritische Untersuchungen an, weil er als polyphones, vielstimmiges Gebilde ohnehin eine große Zahl ideologischer, den verschiedenen Diskursen entlehnter Soziolekte in seine Darstellung integriere. Darüber hinaus betreibe der Roman selbst, mehr oder weniger deutlich, mehr oder weniger bewusst von seinem Autor intendiert, Ideologiekritik, denn aufgrund der Polyphonie relativiere er per se den jeweiligen Sprachgebrauch und zwinge dazu, "über sich selbst und seine Beziehung zum Anderen nachzudenken" (Zima 1982: 162).

Auch wenn Zima in entschiedener Weise Lukács' und Goldmanns 'klassizistischen' Kunstbegriff ablehnt, darüber hinaus deren Geschichtsphilosophie als Ideologie im Sinne falschen Bewusstseins verwirft, hält er doch an zentralen Kategorien der politischen Ökonomie nach Marx und vor allem an der Kritischen Theorie Adornos fest. Insbesondere der Tauschwert und die Verdinglichung werden zu zentralen Bausteinen einer Romantheorie, die Zima vor allem in seiner 1986 erschienenen Studie "Roman und Ideologie" entfaltet hat. In Gestalt einer triadischen Stufenfolge interpretiert Zima die Entwicklung des modernen Romans als sprachlich-ästhetische Vermittlung fortschreitender Entfremdungsprozesse. Der Verlust einer souveränen Erzähler-Position sowie wachsende Sprachlosigkeit und Handlungsunfähigkeit der Helden in den Romanen von Kafka und Musil bis Robbe-Grillet sind, so Zima, Ausdruck einer sich steigernden gesellschaftlichen Krise, die durch die Dominanz des Tauschwerts über den Gebrauchswert hervorgerufen und als sprachliches Problem in der Struktur der Werke reflektiert werde. Vor diesem Hintergrund erscheint auch die Romanentwicklung als eine Geschichte des Verfalls, deren Endpunkt Zima mit dem Nouveau Roman gekommen sieht. Anders gewendet: Die Beschäftigung mit dem Roman des 20. Jahrhunderts dient Zima, um seine "textsoziologische Hypothese vom 'Ende des Romans'" (Zima 1986: 11) zu plausibilisieren.

Kein Zweifel: Zimas Textsoziologie erweist sich in ihrer Verbindung von Semiotik und materialistisch orientierter Gesellschaftstheorie als eine interessante Weiterentwicklung der bis dahin vorhandenen literatursoziologischen Ansätze. Sein Stufenmodell zum modernen Roman lässt allerdings viele, allzu viele literarische Werke außer Acht, die durchaus geeignet wären, sein Modell einer Verfallsgeschichte des Romans aus den Angeln zu heben. Und so gerät auch Zimas Ansatz in die Zwangslage, das weite Spektrum der Literatur auf einen bestimmten Kanon literarischer Werke begrenzen zu müssen, um die zugrunde gelegten gesellschaftstheoretischen Prämissen als stichhaltig zu erweisen. Gesellschafts- und literaturtheoretische Basisannahmen, deren universelle Gültigkeit behauptet wird, müssten jedoch im Rahmen einer konsistenten Theorie für jeden literarischen Text gelten. Zima scheint diesen Einwand frühzeitig geahnt zu haben. Seine vorweggenommene Entgegnung entkräftet die geäußerte Kritik jedoch nicht, sondern erscheint wie eine Flucht nach vorn: Textsoziologie, so Zima, "wird sich an literarischen Texten orientieren, deren kritisches Potential sie verwenden kann" (Zima 1982: 179).

5. Generative Diskursanalyse (Link, Link-Heer)

Zeitgleich mit Zimas "Textsoziologie" erschien das "Literatursoziologische Propädeutikum" (1980) von Jürgen Link und Ursula Link-Heer. In dem voluminösen Werk von über 500 Seiten entwickeln die beiden Autoren, bereichert durch eine Fülle von Textmaterialien, erstmalig die Grundzüge der von ihnen vertretenen generativen Diskursanalyse. Seither ist eine Fülle weiterer Publikationen zur Diskurstheorie und -analyse erschienen. Auch die Zahl der beteiligten Wissenschaftler ist kontinuierlich gewachsen, so dass sich - aufs Ganze gesehen - sagen lässt: Die Diskursanalyse hat sich zu einer anerkannten und disziplinübergreifenden Forschungsrichtung entwickelt.[5] Das aber macht es nicht eben leicht, einen kurzen Überblick unter der von mir gewählten Fragestellung zu geben. Wie in den vorausgegangenen Abschnitten auch skizziere ich die Grundzüge der Diskursanalyse zunächst in Anlehnung an die wichtigsten frühen Schriften, um zuletzt noch kurz auf die in diesem Zusammenhang wohl bedeutendste Veröffentlichung der letzten Jahre hinzuweisen: Jürgen Links "Versuch über den Normalismus" von 1997. Diese Monographie zeigt, dass sich der diskurstheoretische Ansatz gegenüber seinen Anfängen weiterentwickelt hat und von ihm auch in der Zukunft noch manch wichtiger Impuls im Rahmen literatursoziologischer Forschung zu erwarten sein dürfte.

Grundlegende Bausteine der generativen Diskursanalyse wurden in dem eben bereits erwähnten "Literatursoziologischen Propädeutikum" entfaltet, aber auch in dem 1983 erschienenen Band "Elementare Literatur und generative Diskursanalyse", für den Jürgen Link als Verfasser allein zeichnet. In seiner frühen Ausprägung beruht der Ansatz auf einer Verknüpfung materialistischer Gesellschaftstheorie mit der Diskurstheorie Michel Foucaults. Es geht demnach um das Verhältnis von ökonomischer Basis und kulturellem Überbau, wobei Link, analog zu Marx' Beschreibung der materiellen Produktions- und Reproduktionszyklen, sich zum Ziel setzt, die "Produktions- und Reproduktionszyklen von Literatur" (Link 1983: 11) zu erkunden. Diesen Kreislauf, der, wie Link meint, "zur Gänze gesellschaftlich determiniert ist und zur Gänze gesellschaftliche

5 Stellvertretend hervorgehoben seien die Arbeiten des Duisburger Sprach- und Sozialwissenschaftlers Siegfried Jäger, insbesondere seine 1993 erschienene Einführung in die "Kritische Diskursanalyse", die mittlerweile in zweiter, überarbeiteter und erweiterter Auflage (1999) vorliegt. Wie schon auf dem Klappentext betont wird, ist Jägers Konzept angesiedelt zwischen traditionellen textwissenschaftlichen Verfahren und Methoden der qualitativen Sozialforschung; ein Konzept, mit dessen Hilfe sich Jäger und andere in den letzten Jahren vornehmlich dem Phänomen des Rassismus und Rechtsextremismus im Kontext moderner Gesellschaften gewidmet haben. Darüber hinaus bietet Siegfried Jägers Einführung zahlreiche Hinweise auf weitere Arbeiten im Umfeld einer explizit als kritisch sich begreifenden Diskursanalyse.

Funktionen erfüllt" (ebd.: 22), beschreiben Link und Link-Heer entlang der für diesen Ansatz zentralen Termini 'Spezialdiskurse - elementare Literatur - institutionalisierte Literatur - pragmatische Applikation'. Dazu einige Erläuterungen:

Die in Klassen und Schichten stratifizierte bürgerliche Gesellschaft zerfalle im Zuge arbeitsteilig organisierter Produktion "in eine Vielzahl relativ autonomer Bereiche (...), deren Binnensprachen man mit Foucault 'Diskurse' nennen kann (z.B.: religiöser, juristischer, medizinischer Diskurs usw.)" (ebd.: 14f.). Einem solchen Zerfall entgegen wirke nun "elementare Literatur", die im Sinne eines Brückenschlags der "Integration arbeitsteilig und sozial spezialisierter Diskurse" (ebd.: 13) diene. So befremdlich dies für Textwissenschaftler auch ist: mit 'elementarer Literatur' sind *nicht* bestimmte Textsorten gemeint, sondern, wie Link es nennt, "elementare Parzellen" (ebd.: 16) der unterschiedlichen Diskurse; 'Parzellen', die in ihrer Gesamtheit einen diskursübergreifenden Inter-Diskurs konstituierten. Dies klingt nun allerdings komplizierter, als es ist. Man könnte die 'elementare Literatur' als die Gesamtheit all jener Diskurselemente bezeichnen, die nicht nur im jeweiligen Spezialzusammenhang eine Rolle spielen, sondern in mehreren Diskursen Anwendung finden. So nennt Link 'Fairness' als typisches Element des Inter-Diskurses, weil es im Bereich des Sports, des Rechts oder der Politik gleichermaßen auftauche. Von besonderem Interesse sind in diesem Zusammenhang jedoch die sogenannten Kollektivsymbole: komplexe, semantisch aufgeladene Gebilde[6], um deren Benennung zwischen den sozialen Gruppen ein beständiger Kampf geführt werde.[7] Solch 'elementare Literatur', die insbesondere in der alltäglichen Konversation eine große Rolle spiele, bezeichne nun wiederum jenes Material, welches die 'eigentliche', die institutionalisierte Literatur aufgreife: "Auf der Basis der in allen modernen Kulturen zu beobachtenden spontanen Interdiskursivität können nun eigens und regelrecht institutionalisierte 'Interdiskurse' entstehen. Deren kulturelle Funktion liegt eben in der (wenn auch stets partiellen und imaginären) Re-Integration (bis hin zur 'Synthesis' und Totalisierung) des in den Spezialdiskursen sektoriell zerstreuten Wissens. Typische Beispiele in der Goethezeit waren Natur- und

---

6 "Unter 'Kollektivsymbolik'", so Link 1997, "verstehe ich die Gesamtheit der sogenannten 'Bildlichkeit' einer Kultur, die Gesamtheit ihrer am weitesten verbreiteten Allegorien und Embleme, Metaphern, Exempelfälle, anschaulichen Modelle und orientierenden Topiken, Vergleiche und Analogien" (Link 1997: 25).

7 Link erläutert dies am Beispiel des Ballons, der zu Beginn des 19. Jahrhunderts, je nach weltanschaulicher Ausrichtung, sowohl als Symbol des Fortschritts als auch als Symbol staatsgefährdender Radikalität in unterschiedlichen Diskursen Verwendung fand. Vgl. Link 1983: 48ff. Ein oft strapaziertes Kollektivsymbol heutiger politischer und wirtschaftlicher Diskurse wäre das 'Boot'. Ob es nun 'voll sein soll' (Asyldebatte) oder ob wir vermeintlich 'alle in einem Boot sitzen' (Tarifauseinandersetzungen): stets sind solche Kollektivsymbole, darin ist Link sicherlich Recht zu geben, Ausdruck sozialer Interessen, die mit ihrer Hilfe freilich verschleiert werden sollen.

Geschichtsphilosophien, im 19. Jahrhundert Populärphilosophien und Weltanschauungen, heute wäre vor allem der Interdiskurs der Massenmedien zu nennen. Zu diesen gesondert institutionalisierten Interdiskursen ist nun unseres Erachtens auch die moderne Literatur zu zählen." (Link/Link-Heer 1990: 93) Unter 'moderner Literatur' verstehen beide die von heteronomen Zwecksetzungen befreite Literatur seit dem späten 18. Jahrhundert, wie Christa und Peter Bürger sie als 'bürgerliche Institution Kunst' beschrieben hätten (vgl. ebd.). So sei es insbesondere Schiller in seinen "Briefen über die ästhetische Erziehung des Menschen" (1795) gelungen, "die Funktion der Literatur von der Arbeitsteilung und Diskursspezialisierung her zu begründen (...) - und zwar präzise als interdiskursive, re-integrierende Funktion" (ebd.: 94). Das Verhältnis von 'elementarer Literatur' und 'institutionalisierter Literatur' präzisiert Link nun folgendermaßen: Die "ständige gesellschaftliche Arbeit der Diskursintegration" produziere "das vielfältige Material der elementaren Literatur. Ich fasse (...) dieses Material nun als eine Art 'Halbfabrikat' für die institutionalisierte Literatur der modernen bürgerlichen Gesellschaften auf." (Link 1983: 21) In diesem Zusammenhang verdeutlicht sich auch die Rolle des Autors, wie die generative Diskursanalyse sie begreift. Das "elementare Material", so Link, erscheint "als eine Art 'Angebot', das dem Bewußten und vor allem Unbewußten des Autors gemacht wird, aus dem der Autor (...) 'auswählt', das er 'kombiniert', 'weiterverarbeitet', 'erfindend ergänzt' usw." (ebd.) Die kreative Leistung, durch die ein Autor vorhandenes Diskursmaterial zu einer neuen Struktur 'verarbeitet', ist für Link in dieser frühen Phase der Ausarbeitung seines Ansatzes nicht von sonderlichem Interesse. Denn dieses 'subjektive Moment' erscheint allein noch als "im Spiel der sich widersprechenden Regeln mit Notwendigkeit mitproduzierte Kontingenz" (ebd.). Nicht "autonome Verfügung" über das Material kennzeichne daher auch die Arbeit eines Autors im Prozess literarischer Produktion; vielmehr werde er von den Diskursen "in Dienst genommen" (ebd.), fülle mit seinem Text nur mehr eine von den Diskursen angebotene Leerstelle aus. Solche Diskursintegration in Form institutionalisierter Literatur erfolge nun entweder "'extensiv' durch enzyklopädische Reihung und durch Akkumulation von Wissen verschiedener Spezial- und Interdiskurse", oder "auf 'intensivem' Wege durch polysemische Konzentration", das heißt vor allem durch die Verwendung von Symbolen, "die gleichzeitig mehrere Spezialdiskurse (bzw. Wissensmengen) konnotieren" (Link/Link-Heer 1990: 96). Bleibt die Rezeption, mit der sich der Kreis schließt. Jürgen Link verwendet den Terminus 'pragmatische Applikation', "worunter ich die Re-Integration literarischer Diskursparzellen in praktische (spezialisierte) Diskurse verstehe" (Link 1983: 22). Es handelt sich gleichsam um eine Umkehrung des Entstehungsprozesses institutionalisierter Literatur: deren Elemente, seien es Zitate, Motive oder Ähnliches, fänden im Zuge einer pragmatischen Aneignung der Literatur erneut Eingang in die Spezialdiskurse oder Inter-Diskurse wie die Konversation: "Die gesellschaftliche Sinnbildung 'unter' den literarischen Signifikanten ist ihrem Wesen nach vor allem Applikation in der Lebenspraxis, und solche Applikation zertrümmert die großen Texte, die aus einer Unzahl elementar-literarischer 'Halbfabrikate' 'gestrickt' sind, wiederum in einzelne Parzellen, Zitate, Subjektsituationen, 'Charaktere', 'Schicksale' usw." (ebd.)

Aufs Ganze gesehen, erscheint der beschriebene Zirkel als ein Prozess, der sein Entstehen der arbeitsteilig produzierenden, sozial stratifizierten Gesellschaft verdankt. Denn mit dem Zerfall in relativ autonome Bereiche ergebe sich, so Link, die Notwendigkeit einer Re-Integration der verschiedenen Binnensprachen; eine Notwendigkeit, die als "fundamentale generative Energie" (ebd.: 15) elementare und institutionalisierte Literatur permanent hervorbringe.

Die generative Diskursanalyse, wie Jürgen Link und Ursula Link-Heer sie entwickeln, tritt in ihrer Entstehungsphase mit dem Anspruch eines radikalen Bruchs auf: eines Bruchs mit der traditionellen Werkästhetik und allen hermeneutischen Verfahren der Analyse und Interpretation einzelner literarischer Texte. Von solch forciert innovatorischem Anspruch ist die Diskurstheorie und -analyse mittlerweile abgerückt. Wie Jürgen Links "Versuch über den Normalismus" zeigt, steht nunmehr "die Diskurstheorie im Anschluß an Michel Foucault" allein im Zentrum des Versuchs, "das Auftauchen und Proliferieren diskurstragender Kategorien" (Link 1997: 15) zu untersuchen - in diesem Fall: um zu zeigen, "Wie Normalität produziert wird" (Untertitel). Die Berufung auf Marx unterbleibt und auch die ehedem postulierte Abkehr von allen hermeneutischen Verfahren ist einer Haltung gewichen, in der literaturwissenschaftliche, auf semiotischer Basis beruhende Auslegungstechniken bei allem Bemühen um Interdisziplinarität ihren Stellenwert behaupten. So analysiert Link in aufschlussreicher Weise unter anderem das literarische und essayistische Werk Hans Magnus Enzensbergers, und zwar unter der Fragestellung, wie die Kategorie des Normalen als eines der wichtigsten Leitmotive in Enzensbergers Werk Wandlungen erfahren hat (vgl. ebd.: 34-49). Auch terminologische Korrekturen gegenüber 1983 lassen sich beobachten; Korrekturen, die es auch traditionell arbeitenden Textwissenschaftlern erleichtert, sich der Diskursanalyse in der von Jürgen Link verfolgten Variante zuzuwenden. So ist die Unterscheidung zwischen 'elementarer Literatur' und 'institutionalisierter Literatur' wenn nicht fallen gelassen, so doch abgewandelt worden. Von Belang ist nunmehr die - durchaus plausible - Unterscheidung zwischen dem "'Alltagsdiskurs' als Elementardiskurs" (ebd.: 51) einerseits und der Literatur als eines unter mehreren Interdiskursen (vgl. ebd.: 49) andererseits. Und mit Blick auf die Rezeption spricht Link nun von "Kunst und Literatur (...) als (montierten) 'Applikations-Vorlagen'", von "Komplexen verschiedenster diskursiver Elemente, die von Subjekten (...) selektiv 'assimiliert' werden können" (ebd.: 57). Auch dem lässt sich - und nicht nur im Horizont der Diskurstheorie - zustimmen.

So knapp dieser Überblick auch ausfallen musste, festhalten lässt sich immerhin: Mit seinem Beharren auf der Notwendigkeit einer Diskursanalyse, die in synchroner wie diachroner Perspektive unterschiedliche Diskurse miteinander in Beziehung setzt, genauer: deren Verflechtungen untereinander rekonstruiert und als sinnbildende Muster analysiert, bereichert dieser Ansatz das Spektrum vorhandener Konzepte zur Literatursoziologie. Eine Anlehnung an normative Ästhetiken oder ein normativ gehandhabter Literaturbegriff lässt sich im Rahmen diskurstheoretischer Ansätze nicht ausmachen. Jedoch sollte auch dies hervorgehoben werden: Die Konzentration auf die Analyse diskurstragender Kategorien wie die des Normalen rückt die Literatur ein in den Gesamtzusammenhang verschiedenster Spezial- und Interdiskurse, ohne die Frage nach dem Besonderen literarischen Sprechens noch eigens zu stellen. Dies ist - im Horizont diskurstheoretischer Erkenntnisinteressen - kein Versäumnis, führt allerdings auch nicht weiter, wenn es darum geht, den systematischen Ort von Literatur bzw. literarischer Kommunikation in modernen, funktional differenzierten Gesellschaften näher bestimmen zu wollen.

6. Kultursoziologie (P. Bourdieu)

Eine breite Rezeption auch im deutschen Sprachraum sicherte sich in den letzten zwanzig Jahren die Kultursoziologie Pierre Bourdieus. In zahlreichen Arbeiten, von denen in unserem Zusammenhang insbesondere "Zur Soziologie der symbolischen Formen" (1974) sowie "Die feinen Unterschiede" (1982) von Belang sind, entwickelte Bourdieu einen genuin soziologischen Ansatz, der "die funktionale Einbindung aller kulturellen Gebilde in das Geflecht gesellschaftlicher Hierarchien" (Dörner/Vogt 1994: 53) in den Mittelpunkt des Interesses rückt. Um die literatursoziologische Dimension dieser Theorie näher beleuchten zu können, ist es zunächst vonnöten, die grundsätzlichen Beschreibungskategorien Bourdieus kurz zu skizzieren: Klasse, Kapital, Feld und Habitus.[8]

Klasse: Während die Klassenlage im Marxschen Sinne die ökonomische Situation von Individuen und Gruppen zum Ausdruck bringt, erweitert der Begriff Klassenstellung den Marxschen Klassenbegriff in Richtung auf "all jene kulturellen und relationalen Merkmale, die durch die vielfache soziale Vernetzung des Menschen in der Gesellschaft entstehen" (Dörner/Vogt 1994: 53). Angesprochen sind die sogenannten Positionseigenschaften, etwa Rollen, Statuspositionen, Bildung, Geschlecht, ethnische und geographische Zugehörigkeit oder soziale

8 Hilfreich sind hier auch die Ausführungen von Andreas Dörner und Ludgera Vogt 1994: 53-61, 91-95 sowie 147-157. Allerdings, so meine ich, versäumen es die Autoren, bei aller angebrachten Wertschätzung auch einige kritische Fragen an Pierre Bourdieus Konzept zu richten.

Beziehungen. *Kapital*: Der Begriff Kapital umfasst nicht nur das ökonomische Kapital, sondern auch das soziale (Verwandtschaft, Beziehungen), das kulturelle (Bildung, Titel, Sprachkompetenz) und das symbolische Kapital (Kleidung, Umgangsformen etc.). *Feld*: Als gesellschaftliche Felder, die in je unterschiedlicher Weise strukturiert sind, bezeichnet Bourdieu die relativ autonomen Handlungsbereiche der modernen bürgerlichen Gesellschaft: Wirtschaft, Politik, Wissenschaft, Kunst, Religion etc. Die Stellung des Einzelnen in der Hierarchie des jeweiligen Feldes gründet sich wiederum auf die je zur Verfügung stehenden Kapitalien bzw. Positionseigenschaften. *Habitus*: Der Begriff Habitus erscheint als eine Kategorie der Vermittlung zwischen "dem System objektiver Regelmäßigkeiten und dem System der direkt wahrnehmbaren Verhaltensformen" (Bourdieu 1974: 40) des Einzelnen. Durch die objektiven Gegebenheiten (Klassenlage und -stellung, Kapitalien) weitestgehend geformt, meint Habitus "dauerhafte Dispositionen der Akteure" (Dörner/Vogt 1994: 55). Ein habituskonformes Verhalten wäre demnach als die Regel, ein nichtkonformes Verhalten als die Ausnahme von der Regel anzusehen. Insofern erweist sich der Habitus als "die entscheidende Schaltstelle zwischen Individuum und Gesellschaft: die Gesellschaftsstruktur wird über ihn in das Individuum 'hineingepflanzt', und durch die Praxis des Individuums werden die gesellschaftlichen Strukturen gleichzeitig weiter festgeschrieben" (ebd.: 56).

Es liegt auf der Hand, die von Bourdieu entwickelten Begriffe im Rahmen literatursoziologischer Forschung dort zu erproben, wo es um die Sphäre literarischer Produktion und Rezeption bzw. um das literarische Feld geht.

Die Rezeption literarischer Werke ist, so Bourdieu, abhängig von Literaturkompetenz, die ihrerseits erworben werde in der Familie, vor allem aber in klassenspezifisch strukturierten Bildungsinstitutionen (Schulen, Universitäten) (vgl. Bourdieu 1974: 181ff.). Bedürfe es daher einerseits kulturellen Kapitals, um sich Literatur adäquat aneignen zu können, so diene die einmal erworbene Literaturkompetenz andererseits auch der Abgrenzung nach unten, gehöre mithin in das weite Spektrum jener Distinktionsmerkmale, die den 'feinen Unterschied' zwischen den Klassen bzw. zwischen den verschiedenen Fraktionen einer Klasse ausmachten: "Ist unter allen Gegenstandsbereichen keiner so umfassend geeignet zur Manifestation sozialer Unterschiede wie der Bereich der Luxusgüter und unter ihnen besonders die Kulturgüter, so deshalb, weil in ihnen die Distinktionsbeziehung objektiv angelegt ist und bei jedem konsumtiven Akt, ob bewußt oder nicht, ob gewollt oder ungewollt, durch die notwendig vorausgesetzten ökonomischen und kulturellen Aneignungsinstrumente reaktiviert wird." (Bourdieu 1982: 355) Literaturkenntnis und literarischer Geschmack sind, Bourdieu zufolge, nur zwei Komponenten eines sehr viel komplexeren, klassenspezifisch vermittelten, stets der Distinktion dienenden Lebensstils. Insofern erheben Dörner und Vogt m.E. mit Recht die Forderung, "Literaturrezeption nicht länger isoliert zu betrachten, sondern homologe Strukturmuster in unterschiedlichen

Kulturbereichen offenzulegen" (Dörner/Vogt 1994: 95): ein in der Tat weites Feld möglicher empirischer Rezeptionsforschung.

Im Gegensatz zur empirisch-positivistischen Literatursoziologie, die sich unterm Postulat der Wertneutralität selbst die Augen verschließt vor den hierarchisch strukturierten, marktabhängigen Positionen innerhalb des literarischen Feldes, erlaubt die Theorie Bourdieus, diese Positionen, um die ein beständiger Kampf geführt wird, in den Blick zu nehmen. In diesen Kampf einbezogen sind alle Instanzen des literarischen Feldes, Autoren, Lektoren, Verleger, Kritiker, Literaturwissenschaftler und Publikum ebenso wie Schulen, Universitäten, Akademien, Stiftungen und andere Institutionen. Bourdieu: "Das intellektuelle Kräftefeld ist mehr als nur ein simples Aggregat isolierter Kräfte, ein Nebeneinander bloß zusammengesetzter Elemente. Es bildet vielmehr nach Art eines magnetischen Feldes ein System von Kraftlinien: Die in ihm wirkenden Mächte bzw. deren Wirkungsgruppen lassen sich als ebensoviele Kräfte beschreiben, die dem Feld zu einem beliebigen Zeitpunkt kraft ihrer jeweiligen Stellung, gegeneinander und miteinander, seine spezifische Struktur verleihen." (Bourdieu 1974: 76)

Über die Sphäre einer theoriegeleiteten empirischen Forschung hinaus sieht Bourdieu (und mit ihm Andreas Dörner und Ludgera Vogt) einen dritten Bereich möglicher Anwendung seines gesellschaftstheoretischen Konzepts: die "Sozioanalyse" (Bourdieu 1987: 173) literarischer Werke. Beruhend auf der Annahme, die in einem literarischen Werk gestaltete Sozialwelt sei eine reale, könnten, so Dörner und Vogt, die dargestellte Textwelt mit Hilfe der Kategorien Klasse, Kapital, Feld und Habitus analysiert werden, Korrespondenzen zwischen textimmanenter und realer Sozialwelt aufgezeigt und die Hypothesen Bourdieus verifiziert oder auch modifiziert werden (vgl. Dörner/Vogt 1994: 58ff.). Vorbildlich erscheint ihnen Bourdieus eigener Versuch, mit Blick auf Gustave Flauberts "Education sentimentale" (1869) diese Verfahrensweise zu erproben. Bourdieus Analyse, seine "soziologische Lektüre" (Bourdieu 1987: 245) von Flauberts Roman, gelangt in ihrem ersten Teil zu dem Ergebnis einer Homologie zwischen der von Flaubert und der von seinem Helden Frédéric Moreau erlebten sozialen Wirklichkeit. Die Behauptung einer völligen Übereinstimmung der beiden sozialen Felder, des realen mit dem literarisch gestalteten, dient im Weiteren dem Versuch, die fiktive Figur Frédéric als Resultat einer "Selbst- und Sozioanalyse" (ebd.: 189) des Autors Flaubert zu interpretieren. Dabei interessiert Bourdieu nicht die Art und Weise der Gestaltung, sondern allein das Gestaltete selbst: im Sinne einer Sozialwelt, die durch "soziologisch belangvolle Merkmale gesättigt" (ebd.: 174) sei und folglich mit dem eigenen Begriffsrepertoire als "Macht-Feld" (ebd.: 173) beschrieben wird. Hier stellen sich allerdings Bedenken grundsätzlicher Art ein, die mit dem implizit vorausgesetzten Literaturbegriff Bourdieus in Zusammenhang stehen. Analyse- und Beschreibungskategorien, die im Rahmen einer Gesellschaftstheorie entwickelt worden sind, können nicht umstandslos auf literarische Texte übertragen werden. Denn ein literarisches Werk als narratives Gebilde ist anders konstituiert und strukturiert als gesellschaftliche Prozesse und Strukturen. Dies zu missachten bedeutet nichts anderes, als die genuine Qualität von Literatur außer Acht zu lassen; ein Verfahren, in dem, gleichsam durch die Hintertür, die alte Widerspiegelungstheorie erneut Einzug hält. In Bourdieus Sozioanalyse läuft Literatur wieder einmal Gefahr, zur Bebilderung, wenn auch nicht geschichtsphilosophischer, so doch gesellschaftstheoretischer Prämissen in Dienst genommen zu werden.

Pierre Bourdieus Kultursoziologie, so dürfte deutlich geworden sein, ergänzt bzw. korrigiert in unverzichtbarer Weise die empirisch-positivistische Literatursoziologie eines Silbermann, Escarpit oder Fügen. Mit Hilfe seines Beschreibungs- und Analyseinstrumentariums werden Prozesse innerhalb des Literaturbetriebs durchschaubarer, wird beispielsweise verständlicher, wie Bestseller lanciert werden oder die Kanonisierung von Autoren und Werken erfolgt. Gleichwohl bleibt anzumerken: Bourdieus Theorie richtet immer nur den Blick von außen auf die Literatur, woran auch die Erprobung des eigenen Begriffsinstrumentariums an einem Textbeispiel nichts ändert. Ins Blickfeld gelangt weitestgehend nur die instrumentelle Funktion von Literatur für die Positionierung des Einzelnen im hierarchisch strukturierten Gefüge der Gesellschaft. Die genuine Qualität der Literatur bzw. einzelner literarischer Werke bleibt unberücksichtigt. Und in diesem Punkt steht Bourdieus literatursoziologischer Ansatz den empirisch-positivistischen Verfahren sehr viel näher, als man zunächst annehmen möchte.

7. Fazit

Zum Abschluss seines Überblicks über gegenwärtige Konzepte in der Literatursoziologie resümiert Dietrich Harth 1982: "Wenn die grobe Skizze einiger literatursoziologischer Positionen wieder bei der Frage angekommen ist, wie Werk und Gesellschaftspraxis als vermittelte begriffen werden können, so tritt damit erneut ein Problem auf den Plan, das - so scheint es - im Sinne einer globalen Theorie nicht lösbar ist. Alle zitierten Theorien sind gezwungen, mit Beispielen zu arbeiten, und ihre Begriffe werden von den historischen Besonderheiten der Gegenstände eingefärbt." (Harth 1982: 263) Kaum anders fällt die Bilanz Siegfried J. Schmidts im Jahre 1989 aus: "Mit schöner Regelmäßigkeit wird an Literatur (wie an andere Künste) die Frage nach ihrer Funktion in und für die Gesellschaft gestellt. Alle Antworten erweisen sich als hochgradig partiell, perspektivisch und wertbesetzt." (Schmidt 1989: 13) Beide Aussagen können vor dem Hintergrund der bisherigen Ausführungen bestätigt, allerdings auch präzisiert werden: Es existiert bislang kein literatursoziologischer Ansatz, der alle wesentlichen Fragen und Problembereiche im Verhältnis der beiden Bezugsfelder 'Literatur' und 'Gesellschaft' gleichermaßen berücksichtigen würde. Adornos Plädoyer für eine Kunst- bzw. Literatursoziologie, in der Untersuchungen zur literarischen Produktion und Rezeption, zum literarischen Text selbst und zum literarischen Feld sich wechselseitig zu ergänzen und zu erhellen hätten, harrt noch immer der Einlösung - und lässt sich wohl auch nicht einlösen, solange die Reflexion auf das soziale Phänomen 'Literatur' auf der Grundlage von Theorien erfolgt, die einer normativen Axiomatik bedürfen, um vordergründige Stringenz zu erlangen.[9] In der Komplementarität von gesellschaftstheoretischen und literaturtheoretischen Basisprämissen gerät allen Konzepten, so verschieden sie auch sein mögen, die Komplexität von Gesellschaft ebenso aus dem Blickfeld wie die Fülle und Vielfalt der Literatur. Wo diese, und sei es auch nur die Literatur eines Jahrzehnts, ernsthaft wahrgenommen wird, da verbieten sich dichotome Literaturbegriffe, die als verbindlich ausgegeben werden und Übersichtlichkeit bzw. Eindeutigkeit suggerieren sollen, wo alles andere als Klarheit herrscht. "Die Vielfalt der Richtungen macht eine kritische Bestandsaufnahme nicht eben leicht" (Delabar/Jung/Pergande 1993: 8), heben die Herausgeber eines Bandes über 'Prosa-Literatur der achtziger Jahre' mit Recht hervor. Einen Ausweg aus diesem Dilemma verspricht daher nur eine Theorieanlage, die nicht gezwungen ist, sich empirischer Überprüfbarkeit partiell zu entziehen, und darüber hinaus weit genug ist, eine wechselseitige Anschlussfähigkeit von gesellschaftstheoretischen und literaturtheoretischen Einsichten zu gewährleisten.

Angesichts dieser Ausgangssituation ist es naheliegend, sich der Theorie sozialer Systeme nach Niklas Luhmann zu nähern; erhebt diese doch den Anspruch, eine soziologische Theorie zu sein, mit deren Hilfe sich "alles Soziale" (Luhmann 1987a: 9) erfassen lässt. Luhmann beansprucht damit nicht, eine soziologische Theorie mit ausschließlichem Wahrheitsanspruch entworfen zu haben. Das Soziale als Gegenstand soziologischer Theoriebildung könne immer auch anders betrachtet werden. Der fachuniversale Anspruch gründet sich allein darauf, alles Soziale - und das heißt: sämtliche Interaktionen, Organisationen und die Gesellschaft in ihrer Gesamtheit als soziale Systeme begrifflich adäquat beschreiben zu wollen. Dieses Vorhaben besitzt, mit Blick auf die Literatursoziologie, eine besondere Pointe. Denn der Versuch, die Systemtheorie als methodologischen Bezugsrahmen für die Literatursoziologie zu nutzen, konfrontiert diese erneut mit einer zentralen Frage, die sie bislang noch nicht in schlüssiger Weise hat beantworten können, die zu beantworten allerdings unabdingbar ist, wenn es überhaupt Sinn machen soll, von der Literatur als einem sozialen System zu sprechen. Konkret: Wodurch zeichnet sich ein - wie auch immer zu beschreibendes - System 'Literatur' aus und welche Funktion erfüllt es in der

9 Eine Ausnahme bildet, wie gesehen, der diskurstheoretische Ansatz.

Gesellschaft als dem umfassendsten Sozialsystem? In den Worten Luhmanns: "Die Funktion der Kunst ist das, was sie als Eigenes zur gesellschaftlichen Kommunikation beiträgt." (Luhmann 1990a: 39) Insofern sieht sich die Literatursoziologie (und die Literaturwissenschaft) durch die Theorie sozialer Systeme vor ein altes Problem im neuen Gewand gestellt. Denn um das Spezifische eines Teilsystems 'Literatur' und dessen Funktion (oder Funktionen) bestimmen zu können, bedarf es einer genauen Vorstellung davon, worin das spezifisch Literarische von Texten besteht, die von Beobachtern in der modernen Gesellschaft als literarisch eingestuft werden. Und die Bestimmung dieses spezifisch Literarischen sollte weiter reichen als die Einschätzungen, Wertungen und Urteile, wie sie die Literaturkritik und die Literaturwissenschaft in ihrer hermeneutischen Arbeit mit Blick auf diese oder jene Gattung, dieses oder jenes Genre, diesen oder jenen Text formulieren. Würde die Beantwortung dieser Frage nicht gelingen, so wäre auch weiterhin Dietrich Harth im Recht. Er hält, wie eingangs zitiert, die Diskrepanz zwischen globalem Anspruch und faktisch begrenzter Reichweite für ein unlösbares Problem literatursoziologischer Theorie.

II. Kapitel: Systemtheorie und Literaturwissenschaft

Nach eigenem Bekunden besaß Niklas Luhmann bei seiner Aufnahme in die Fakultät für Soziologie der Universität Bielefeld 1969 bereits recht genaue Vorstellungen über seine zukünftige Forschungsarbeit: "Mein Projekt lautete damals und seitdem: Theorie der Gesellschaft; Laufzeit: 30 Jahre; Kosten: keine." (Luhmann 1997: 11) Gegen Ende der Laufzeit im Jahre 1997 ist Luhmann in der Lage, den ursprünglichen Plan und die mittlerweile realisierten Teilschritte vergleichend zu überschauen: "Für die Theorie der Gesellschaft war von Anfang an an eine Publikation gedacht gewesen, die aus drei Teilen bestehen sollte: einem systemtheoretischen Einleitungskapitel, einer Darstellung des Gesellschaftssystems und einem dritten Teil mit einer Darstellung der wichtigsten Funktionssysteme der Gesellschaft. Bei diesem Grundkonzept ist es geblieben, aber die Vorstellungen über den Umfang mußten mehrfach korrigiert werden. Im Jahre 1984 konnte ich das 'Einleitungskapitel' in der Form eines Buches unter dem Titel 'Soziale Systeme: Grundriß einer allgemeinen Theorie' publizieren. (...) Seit den frühen 80er Jahren wurde zunehmend klar, welche Bedeutung die Vergleichbarkeit der Funktionssysteme für die Gesellschaftstheorie hat. (...) Diese Überlegung hat dazu geführt, daß die Ausarbeitung von Theorien für die einzelnen Funktionssysteme vorgezogen wurde. Publiziert sind inzwischen: Die Wirtschaft der Gesellschaft (1988), Die Wissenschaft der Gesellschaft (1990), Das Recht der Gesellschaft (1993) und Die Kunst der Gesellschaft (1995). Weitere Texte dieser Art sollen folgen. Inzwischen waren aber auch die Arbeiten an der Theorie des Gesellschaftssystems fortgeschritten. Konvolute von mehreren tausend Manuskriptseiten waren, zum Teil als Begleittexte für Vorlesungen, entstanden, ohne eine publizierbare Form zu gewinnen. (...) Ich floh (...) mit dem Projekt und mit den Manuskripten nach Italien. (...) Der hier publizierte Text ist das Resultat dieser wechselvollen Geschichte." (ebd.: 11ff.) Angesprochen ist die Studie "Die Gesellschaft der Gesellschaft", die, wie wir nun wissen, letzte große Arbeit des am 6. November 1998 verstorbenen Bielefelder Soziologen. Mit diesem dritten Teil fand das Projekt einer Theorie der Gesellschaft offenbar seinen Abschluss - ohne jedoch vollendet zu sein, sollten doch weitere gesellschaftliche Phänomenbereiche als Funktionssysteme in Einzeldarstellungen konzeptualisiert und beschrieben werden.

Was vorliegt, ist in quantitativer wie qualitativer Hinsicht allerdings schon imposant genug - und zwingt zu einer rigiden Beschränkung, wenn es darum gehen soll, wesentliche Elemente der Theorie sozialer Systeme in der Absicht zu skizzieren, die in meiner Arbeit formulierten Fragestellungen systemtheoretisch zu perspektivieren. Deshalb richtet sich das Augenmerk in *Kapitel 1* vor allem auf jene Begriffe und Hypothesen, die für literaturwissenschaftliche Anschlussmöglichkeiten von besonderem Interesse sind. Der einzige Zweck dieser Ausführungen liegt also darin, einen soziologisch-systemtheoretischen Bezugsrahmen für die weitere Argumentation zu liefern.[1]

Es verwundert nicht, dass seit etwa Mitte der achtziger Jahre, insbesondere aber in den neunziger Jahren, erste Bestrebungen auch in den Literaturwissenschaften zu verzeichnen sind, die Phänomene Literatur bzw. literarisches Handeln systemtheoretisch zu konzipieren. Sie werden in *Kapitel 2* vorgestellt und kritisch beleuchtet.

In *Kapitel 3* schließlich rücken Luhmanns eigene kunsttheoretischen Reflexionen in den Mittelpunkt, wie er sie in einer Reihe von Beiträgen dargelegt hat: Vorarbeiten allesamt zur großen Studie "Die Kunst der Gesellschaft" (1995), die es natürlich in erster Linie zu berücksichtigen gilt. Darüber hinaus wird es in diesem Zusammenhang aber auch von Bedeutung sein, Luhmanns Arbeit über "Die Realität der Massenmedien" (1996) abschließend in die Argumentation einzubeziehen

Erfolgt die Vorstellung einiger wesentlicher Elemente der Theorie sozialer Systeme in rein deskriptiver Absicht, so wird sich im zweiten und dritten Kapitel recht bald zeigen, was an dieser Stelle nur angedeutet werden soll: Niklas Luhmanns Versuch, Kunst einschließlich Literatur als gesellschaftliches Teilsystem auszuweisen, bleibt m.E. mit ebenso gravierenden Widersprüchen behaftet wie die entsprechenden Versuche von Seiten der Literaturwissenschaft. Diese Widersprüche sind allerdings nicht der Theorie sozialer Systeme selbst anzulasten. Sie erscheint mir durchaus als ein geeigneter methodologischer Bezugsrahmen insbesondere für eine zukünftige literatursoziologische Forschung. Solche Möglichkeiten zu erörtern, ist Teil II dieser Arbeit vorbehalten. Zunächst jedoch setze ich meine Bestandsaufnahme - nun unter dem Stichwort 'Systemtheorie und Literaturwissenschaft' - fort.

1 Neben den Schriften Luhmanns erweist sich in diesem Zusammenhang auch die von Georg Kneer und Armin Nassehi verfasste Einführung in "Niklas Luhmanns Theorie sozialer Systeme" (1993) als sehr hilfreich.

1. Luhmanns Theorie sozialer Systeme: Zentrale Begriffe und Hypothesen

1.1 Der Autopoiesis-Begriff

Im Mittelpunkt von Niklas Luhmanns Projekt zu einer Theorie der Gesellschaft steht der Begriff der Autopoiesis. *Autopoiesis*, zusammengesetzt aus den griechischen Worten 'autos' (= selbst) und 'poiein' (= machen), betont den Aspekt der Selbsterzeugung und Selbstherstellung von Systemen. Von den Biologen Humberto R. Maturana und Francisco Varela ursprünglich zur Beschreibung lebender Systeme entwickelt, überträgt Luhmann das Autopoiesis-Konzept erstmalig in seiner Studie "Soziale Systeme: Grundriß einer allgemeinen Theorie" (1984) auf den Bereich soziologischer Systemtheorie (vgl. Luhmann 1987a: 30ff.). Eine prägnante Definition findet sich in einem Beitrag Luhmanns von 1985: "Als autopoietisch wollen wir Systeme bezeichnen, die die Elemente, aus denen sie bestehen, durch die Elemente, aus denen sie bestehen, selbst produzieren und reproduzieren. Alles, was solche Systeme als Einheit verwenden: ihre Elemente, ihre Prozesse, ihre Strukturen und sich selbst, wird durch eben solche Einheiten im System erst bestimmt. Oder anders gesagt: es gibt weder Input noch Output in das System, noch Output von Einheit aus dem System. Das heißt nicht, daß keine Beziehungen zur Umwelt bestehen, aber diese Beziehungen liegen auf anderen Realitätsebenen als die Autopoiesis selbst." (Luhmann 1985: 403) Auf eine kurze Formel gebracht meint Autopoiesis: "Produktion des Systems durch sich selber." (Luhmann 1997: 97) Als geschlossene beziehen sich demnach autopoietische Systeme auf sich selbst (Selbstreferenzialität), wobei sich die Produktion und Reproduktion der eigenen Elemente in Form interner Operationen vollzieht (Rekursivität). Solch rekursive Geschlossenheit schließt jedoch keineswegs Umweltkontakt aus, sondern ermöglicht ihn erst: allerdings nicht in Form von Input oder Output, sondern in Gestalt eines Prozesses, in dem das System selbst darüber entscheidet, was aus der Umwelt selektiert wird, um dann, nach Maßgabe systeminterner Organisation, verarbeitet zu werden. Zur Verdeutlichung: Das Nervensystem als autopoietisches System verwandelt Außenereignisse, ob es sich nun um Sehen, Hören, Riechen oder Schmecken handelt, in elektrische Nervenimpulse, das heißt: in eine *systemeigene Sprache*, wobei es Aufgabe des Gehirns als Teil des Nervensystems ist, diese reizunspezifischen Nervenimpulse zu verarbeiten und auszuwerten. Insofern erscheinen autopoietische Systeme als autonom, nicht aber als autark. Georg Kneer und Armin Nassehi ziehen den Schluss: "Autopoietische Systeme können durch Umwelteinflüsse nicht determiniert, sondern allenfalls irritiert werden. Die konkreten Systemzustände werden somit nicht von der Umwelt, sondern vom System selbst bestimmt. Insofern operieren autopoietische Systeme struktur- bzw. zustandsdeterminiert." (Kneer/

Nassehi 1993: 56)

Luhmann, wie erwähnt, generalisiert nun das aus der Biologie stammende Autopoiesis-Konzept, indem er nicht nur lebende Systeme, sondern auch soziale und - zunächst erstaunlich genug - psychische Systeme als autopoietische konzipiert, freilich unter der Einschränkung, dass diese unterschiedlichen Systemarten "ihre je eigene Weise der Autopoiesis auf verschiedene Weise" (Luhmann 1985: 403) hervorbringen.

1.2 Psychische Systeme

Im Anschluss an die oben zitierte allgemeine Definition autopoietischer Systeme bezeichnet Luhmann Bewusstseinssysteme als autopoietische, wobei er die Begriffe *psychisches System* und *Bewusstseinssystem* als Synonyme verwendet. Darin folgen ihm auch Kneer und Nassehi, wenn sie hervorheben: "Luhmann behauptet, daß Bewußtseinssysteme autopoietisch operieren. Das besagt, daß psychische Systeme in einem rekursiven Prozeß fortlaufend ihre Komponenten aus ihren Komponenten hervorbringen und sich auf diese Weise selbsterzeugen und selbsterhalten." (Kneer/Nassehi 1993: 60). Analog zum neuronalen System (bzw. Gehirn), in dem elektrische Nervenimpulse als nicht weiter auflösbare Letzteinheiten fungieren, bezeichnet Luhmann Gedanken als Letztelemente des Produktions- und Reproduktionsprozesses von Bewusstseinssystemen: "Für den Fall des Bewußtseins wollen wir (...) diese rekursiv erzeugten selektiven Ereignisse 'Gedanken' nennen (...). Die Autopoiesis des Bewußtseins ist das Fortspinnen mehr oder minder klarer Gedanken, wobei das Ausmaß an Klarheit und Distinktheit selbstregulativ kontrolliert wird je nachdem, was für einen bestimmten Gedankenzug - vom Dösen und Tagträumen bis zur mathematischen Rechnung - zur Einteilung der Gedanken und zum Übergang erforderlich ist." (Luhmann 1985: 404) Der Gedanke, ein Element von ereignishafter Gegenwart, tauche auf, um im selben Moment bereits wieder zu verschwinden. Insofern sichere das psychische System seinen Erhalt durch die beständige Aufeinanderfolge von Gedanken, durch die "Transformation von Elementen in Elemente" in Form eines "Dauerzerfalls" dieser Elemente: "Würde jeder Gedanke im Bewußtsein erhalten bleiben, wäre die Ordnungskapazität des Systems in Minutenschnelle überfordert." (ebd.) Die rekursive Geschlossenheit des psychischen Systems besagt nicht, dass das Bewusstseinssystem nicht auf bestimmte Umweltbeiträge, insbesondere auf entsprechende Gehirnprozesse, angewiesen wäre. Beide Systeme, das Gehirn und das psychische System, seien jedoch jeweils füreinander Umwelt; zwei völlig überschneidungsfrei operierende Systeme, weil sich aus der Messung von Gehirnprozessen ebensowenig auf die Bewusstseinsvorgänge schließen lasse, wie es für das Bewusstsein möglich sei, den Ort der beteiligten

Gehirnaktivitäten zu lokalisieren: "Das Gehirn ist für das Bewußtsein unzugänglich, und ebenso ist das Bewußtsein für das Gehirn unzugänglich." (Kneer/ Nassehi 1993: 62)

In der Konsequenz der Theorie autopoietischer Systeme liegt es demnach auch, den Menschen nicht als Einheit zu begreifen, sondern als einen Zusammenschluss überschneidungsfrei operierender, wenn auch wechselseitig aufeinander angewiesener Systeme: "Wir finden am Menschen eine Vielzahl von eigenständigen Systemen - etwa das organische System, das Immunsystem, das neurophysiologische System und das psychische System (...). Am Menschen gibt es somit unterschiedliche Prozesse, aber es gibt keine, diese verschiedenartigen Systeme übergreifende autopoietische Einheit." (ebd.: 66) Das wechselseitige Angewiesensein zweier (oder mehrerer) autopoietischer Systeme, paradigmatisch gegeben im Verhältnis von Gehirn und Psyche, wird systemtheoretisch erfasst mit dem Begriff 'strukturelle Koppelung', der ein "bestimmtes Abhängigkeits-/Unabhängigkeitsverhältnis" (ebd.: 63) autonomer, aber eben nicht autarker autopoietischer Systeme bezeichnet: "Strukturelle Kopplungen beschränken den Bereich möglicher Strukturen, mit denen ein System seine Autopoiesis durchführen kann. Sie setzen voraus, daß jedes autopoietische System als strukturdeterminiertes System operiert, also die eigenen Operationen nur durch eigene Strukturen determinieren kann. Strukturelle Kopplung schließt also aus, daß Umweltgegebenheiten nach Maßgabe eigener Strukturen spezifizieren können, was im System geschieht." (Luhmann 1997: 100)

In einem 1992 erschienenen Beitrag hat Luhmann allerdings Zweifel am eigenen Konzept der Autopoiesis des Bewusstseins angemeldet; Zweifel, die die Frage nach den Letztelementen psychischer Systeme betreffen: "Man spricht von Wahrnehmen, Denken, Fühlen, Wollen als verschiedenen 'Fähigkeiten' des Bewußtseins und läßt dabei offen, was denn die Einheit (der Operationsweise) des Bewußtseins ist. Sicher geht es um ein Prozessieren von Aufmerksamkeit, aber welches Wort sollte man wählen, um dies zu bezeichnen? Ich habe vorgeschlagen, von Denken zu sprechen, bin damit aber nicht mehr zufrieden. Husserl hatte, und das wäre ein weiterer ernstzunehmender Kandidat, von intentionalen (gerichteten) Akten gesprochen." (Luhmann 1992: 123) 1995 schließlich greift Luhmann den skizzierten Problemzusammenhang nochmals auf, ohne ihn erneut auf die Frage nach den Letztelementen psychischer Systeme zuzuspitzen. Zwar gilt auch jetzt: "Bewußtsein ist die Operationsweise psychischer Systeme" (Luhmann 1995a: 15), doch sei neben dem Denken gerade mit Blick auf Kunst die Wahrnehmung, "eine Spezialkompetenz des Bewußtseins" (ebd.: 14), von besonderer Bedeutung. Zur Wahrnehmung zählt Luhmann auch die Imagination. Definiert als "selbstveranlaßte Wahrnehmungssimulation" (ebd.: 16), bezeichne sie "ein Hinausgehen über das in der Wahrnehmung unmittelbar Gegebene"; ein Überschreiten, das nur gelingen könne, wenn zuvor die "Information über den eigenen räumlichen/zeitlichen Standort" gelöscht worden sei (ebd.: 17). Gleichwohl gelte auch für sie, was für alle Formen der Wahrnehmung zutreffe: "Sie beziehen sich stets auf Etwas-in-der-wahrnehmbaren-Welt" (ebd.: 28), bleiben demnach gebunden an das, was in der Welt sich der Wahrnehmung präsentiert.[2]

Auch wenn die Frage nach den nicht weiter auflösbaren Letztelementen psychischer Systeme offen bleibt, unstrittig ist für Luhmann die rekursive Geschlossenheit des Bewusstseins: "Es gibt keinen unmittelbaren Kontakt zwischen verschiedenen Bewußtseinssystemen. Die Geschlossenheit richtet sich nicht nur gegen andersartige, sie richtet sich auch gegen gleiche Systeme." (Luhmann 1985: 404) Dies aber bedeutet nichts anderes, als dass die psychischen Systeme Alters und Egos füreinander intransparent bleiben. Sie sind 'black boxes'. Eine mögliche Operationsweise des Bewusstseins gegenüber anderem Bewusstsein sei die "Teilnahme an Kommunikation". Und "Kommunikation", so Luhmann weiter, "führt zwangsläufig zur Bildung eines sozialen Systems" (ebd.: 405).

1.3 Soziale Systeme

Luhmann unterscheidet drei Typen sozialer Systeme: *Interaktionen*, die auf die gleichzeitige Anwesenheit von zwei oder mehreren Personen angewiesen sind; *Organisationen*, in denen die Mitgliedschaft an bestimmte Bedingungen geknüpft ist, und schließlich die *Gesellschaft* als umfassendem Sozialsystem, von Luhmann definiert "als die Gesamtheit aller erwartbaren sozialen Kommunikationen" (Luhmann 1987a: 535).[3]

Alle sozialen Systeme sind für Luhmann *Kommunikationssysteme*. Kommunikation, so Luhmann, weise alle "erforderlichen Eigenschaften" auf, um soziale

---

2 Luhmanns produktive Selbstzweifel an der einseitigen Hervorhebung des Denkens berühren womöglich ein Problem von grundsätzlicher Bedeutung: nämlich die Frage, ob 'Bewusstsein' und 'Psyche' als synonyme Begriffe verwendet werden können. Darauf wird zurückzukommen sein, wenn die Anschlussfähigkeit literaturtheoretischer Reflexionen an das Konzept der Autopoiesis zur Debatte steht.

3 Nur nebenbei bemerkt: Diese Definition von Gesellschaft hat gravierende Konsequenzen für die wissenschaftliche Beobachtung der Gesellschaft; gibt es doch keinen Ort außerhalb der Gesellschaft, von dem aus diese - in Form von Kommunikationen - beschrieben werden könnte: "Eine Gesellschaft, die sich selbst beschreibt, tut dies intern, aber so, als ob es von außen wäre." (Luhmann 1997: 15) Geschieht die Beschreibung der Kunst oder des Rechts oder der Wirtschaft aus der systemexternen Perspektive wissenschaftlicher Beobachtung, so ist die Beschreibung der Wissenschaft aus wissenschaftlicher Sicht bereits eine Form der Selbstbeobachtung. Umso mehr gilt dies für die Gesellschaft: "Die Gesellschaft ist, mit anderen Worten, der Extremfall von polykontexturaler Selbstbeobachtung." (ebd.: 88) Logisch zu Ende gedacht, bedeutet dies: Die Darstellung des Gegenstands 'Gesellschaft' ist Bestandteil des Vollzugs von Gesellschaft. Und um dies von vornherein zu verdeutlichen, nennt Luhmann seine Beschreibung von Gesellschaft "Die Gesellschaft der Gesellschaft".

Systeme gegenüber Bewusstsein bzw. anderen Umwelten abzugrenzen: "Sie ist eine genuin soziale (und die einzige genuin soziale) Operation. Sie ist genuin sozial insofern, als sie zwar eine Mehrheit von mitwirkenden Bewußtseinssystemen voraussetzt, aber (eben deshalb) als Einheit keinem Einzelbewußtsein zugerechnet werden kann. Sie schließt überdies mit den Bedingungen ihres eigenen Funktionierens aus, daß die Bewußtseinssysteme den jeweils aktuellen Innenzustand des oder der anderen kennen können, und zwar bei mündlicher Kommunikation, weil die Beteiligten mitteilend/verstehend gleichzeitig mitwirken, und bei schriftlicher Kommunikation, weil sie abwesend mitwirken. Die Kommunikation kann also nur unterstellen, daß ein für sie ausreichendes Verstehen auch psychische Korrelate hat. (...) Kommunikation ist genuin sozial auch insofern, als in keiner Weise und in keinem Sinne ein 'gemeinsames' (kollektives) Bewußtsein hergestellt werden kann, also auch Konsens im Vollsinne einer vollständigen Übereinstimmung unerreichbar ist und Kommunikation statt dessen funktioniert. Sie ist die kleinstmögliche Einheit eines sozialen Systems, nämlich jene Einheit, auf die Kommunikation noch durch Kommunikation reagieren kann. Kommunikation ist, und das ist dasselbe Argument in anderer Fassung, autopoietisch insofern, als sie nur im rekursiven Zusammenhang mit anderen Kommunikationen erzeugt werden kann, also nur in einem Netzwerk, an dessen Reproduktion jede einzelne Kommunikation selber mitwirkt." (Luhmann 1997: 81ff.) Als autopoietische erzeugen und erhalten sich demnach soziale Systeme selbst, indem sie in operativer Geschlossenheit fortlaufend ihre Elemente, nämlich Kommunikationen, aneinander reihen. Insofern haben wir es, wie bei Bewusstseinssystemen, auch im Falle sozialer Systeme mit einem Dauerzerfall ihrer Elemente zu tun. Der einzelne kommunikative Akt ist in der Theorie autopoietischer Systeme ein Ereignis von unmittelbarer Gegenwärtigkeit, das abgelöst wird durch ein weiteres, auf vorausgegangene kommunikative Akte Bezug nehmendes Ereignis wiederum von unmittelbarer Gegenwärtigkeit.

Soziale und psychische Systeme sind für Niklas Luhmann *sinnhaft* operierende Systeme: "Sinn ist (...) ein Produkt der Operationen, die Sinn benutzen, und nicht etwa eine Weltqualität, die sich einer Schöpfung, einer Stiftung, einem Ursprung verdankt. Es gibt demnach keine von der Realität des faktischen Erlebens und Kommunizierens abgehobene Idealität." (ebd.: 44) Der Anschluss von Gedanke an Gedanke in psychischen Systemen und der Anschluss von Kommunikation an Kommunikation in sozialen Systemen erfolgt als selektiver Vorgang für Luhmann stets deshalb sinnhaft, weil er davon ausgeht, dass allen Bewusstseinsakten ebenso wie allen Kommunikationen eine "intentionale Struktur" (Kneer/Nassehi 1993: 77) zugrunde liege. Konstitutiv für die sinngeleitete Anschlussoperation sei die fortwährende "Unterscheidung von Aktualität und Möglichkeit. Etwas steht momentan im Mittelpunkt des Sinngeschehens und verweist zugleich auf weitere Anschlußmöglichkeiten. Dabei ist der Aktualitätskern instabil. Das jeweils Aktualisierte stumpft ab, wird langweilig, zerfällt und zwingt laufend dazu, aus dem Bereich des Möglichen etwas Neues auszuwählen und im nächsten Moment zu aktualisieren. Sinn ist also das ständige Neuarrangieren der Unterscheidung von Aktualität und Möglichkeit. (...) Die nicht gewählten Anschlüsse bleiben als Möglichkeiten erhalten und können zu einem späteren Zeitpunkt aktualisiert werden."(ebd.: 75; vgl. auch Luhmann 1987a: 100)

Wie sich in Luhmanns Bestimmung von Kommunikation bereits angedeutet hat, gehören gemäß dem System/Umwelt - Paradigma Menschen, das heißt: der jeweilige Verbund von organischem System, Immunsystem, neurophysiologischem System und psychischem System, zur Umwelt sozialer Systeme. Um es noch einmal hervorzuheben: Nicht interagierende oder kommunizierende Menschen bilden nach Niklas Luhmann ein soziales System, sondern allein Kommunikationen als Elemente des Sozialsystems: "Der Mensch kann nicht kommunizieren", betont Luhmann, "nur die Kommunikation kann kommunizieren" (Luhmann 1990b: 31). Die weithin geteilte Ansicht, dass es Menschen seien, die kommunizierten, ist Luhmann zufolge "eine Konvention des Kommunikationssystems Gesellschaft (...). Die Konvention ist erforderlich, denn die Kommunikation muß ihre Operationen auf Adressaten zurechnen, die für weitere Kommunikationen in Anspruch genommen werden." (Luhmann 1988a: 884)

Selbstverständlich, daran lässt auch die Theorie autopoietischer Systeme keinen Zweifel, bedarf es zumindest zweier Bewusstseinssysteme, um Kommunikation in Gang zu bringen oder fortzusetzen. Doch bleiben, so Luhmann, soziale Systeme und psychische Systeme füreinander Umwelt, verbunden freilich über den Mechanismus der *strukturellen Koppelung*: "So sind alle Kommunikationssysteme selbstverständlich an Bewußtseinsvorgänge gekoppelt. Ohne Bewußtsein keine Kommunikation. Aber das heißt gerade nicht, daß Bewußtseinsvorgänge (...) als solche schon Elemente eines Kommunikationsprozesses sein könnten. Das Kommunikationssystem bleibt, mit anderen Worten, ein operativ geschlossenes selbstreferentielles System." (Luhmann 1990b: 281)

Plausibilität gewinnen diese Aussagen, wenn man sich eine mündliche Gesprächssituation vergegenwärtigt: Die beiden beteiligten psychischen Systeme bleiben füreinander intransparent; der einzelne kommunikative Akt reagiert allein auf die vorausgegangene Kommunikation. Was mein Gesprächspartner in der Gesprächssituation denkt, weiß ich nicht. Insgeheime Vermutungen darüber anzustellen, ist sehr wohl möglich, doch sind sie wiederum interne Operationen 'meines' psychischen Systems - und das heißt: für meinen Gegenüber uneinsehbar. Solche Vermutungen zu äußern, wenn ich mich denn dazu entschließe, setzt wiederum den Kommunikationsprozess fort und gibt ihm womöglich eine andere, vielleicht überraschende Wendung. Das Beispiel zeigt auch, warum Luhmann die strukturelle Koppelung zwischen psychischem System und Kommunikationssystem als Vorgang der Störung, der Reizung oder Irritation bezeichnet.[4] Denn die - womöglich gewagte - Äußerung meiner Vermutung 'Du denkst eigentlich etwas ganz anderes' wird zwar hervorgerufen (gereizt) durch 'mein' psychisches System, vermag dem Gesprächsverlauf aber nur als geäußerte - und das heißt: als kommunikativer Akt eine neue Wendung zu geben. Insofern irritiert sich im Grunde genommen die Kommunikation selbst.

Wie ließe sich die strukturelle Koppelung zwischen psychischem System und sozialem System (Kommunikation) genauer beschreiben? Eine umfassende Antwort auf diese Frage hat die Theorie autopoietischer Systeme noch längst nicht vorgelegt. Sicherlich trifft es den Sachverhalt nicht, die strukturelle Koppelung auf ein kausales Abhängigkeitsverhältnis zu reduzieren. Denn würde "das faktische Sprechen lediglich als Ausführung einer Bewußtseinsentscheidung zu sprechen" aufgefasst, so fände sich keine Erklärung für das "eigentümliche Überschußphänomen des mitwirkenden Bewußtseins, die Wahrnehmung, daß man lügt, das mitlaufende Vorausdenken weiterer Äußerungen, die dann doch nicht abgerufen werden" (Luhmann 1985: 421). 'Überschussphänomene des mitlaufenden Bewusstseins' lassen sich nicht nur beim Sprechen beobachten, sondern auch im Falle des Hörens bzw. Lesens: "Sprache und Schrift faszinieren und präokkupieren das Bewußtsein und stellen dadurch sicher, daß es mitzieht, obwohl die Eigendynamik des Bewußtseins dies keineswegs notwendig macht und stets Ablenkungen bereithält." (Luhmann 1988a: 889) Klar erscheint demnach nur, dass die strukturelle Koppelung auf die Kopräsenz von psychischem und sozialem System angewiesen ist und ein "Verhältnis der Wechselwirkung" (Nassehi 1993: 175) vorliegt.[5]

Ungeachtet der Problematik einer genaueren Bestimmung dessen, was unter struktureller Koppelung zu verstehen sei, geht die Theorie autopoietischer Systeme aus von der selbstreferenziellen operativen Geschlossenheit psychischer und sozialer Systeme: "Die Kommunikation erzeugt von Moment zu Moment eine neue Anschlußmöglichkeit, und die an Kommunikation teilnehmenden Bewußtseinssysteme erzeugen von Moment zu Moment jeweils neue Nachfolgegedanken, ohne daß die unterschiedlichen Netzwerke (...) sich überlappen." (Kneer/Nassehi 1993: 72)

---

4 "Der Unterschied ist: daß ein selbstreferentiell-geschlossenes System nicht auf die Spezifikation des Input durch die Umwelt angewiesen ist. Vielmehr werden Umweltgegebenheiten bzw. Umweltereignisse nur als Irritation, als Störung, als Rauschen eingeführt und dann intern nach Maßgabe eigener Strukturen selbst spezifiziert." (Luhmann 1985: 416f.)

5 Zur 'strukturellen Koppelung als Zeitproblem' vgl. Nassehi 1993: 172-183.

1.4 Beobachtung

Neben der Teilnahme an Kommunikation sieht Luhmann eine weitere operative Möglichkeit psychischer Systeme gegenüber anderem Bewusstsein: die Beobachtung (vgl. Luhmann 1985: 404f.). *Beobachtung*, wie die Systemtheorie sie versteht, beschränkt sich nicht auf die landläufige Verwendung dieses Terminus im Sinne einer Beobachtung anderer durch ein Bewusstsein. Die Systemtheorie generalisiert diesen Begriff, indem sie allen autopoietischen Systemen - und damit auch sozialen Systemen - die Fähigkeit zur Beobachtung attestiert.

Kommunikation, dies leuchtet unmittelbar ein, ist immer Kommunikation über irgendetwas, im Falle mündlicher Kommunikation ebenso wie im Falle schriftlich fixierter Kommunikation. Solch unhintergehbare *Fremdreferenz* jeglicher Kommunikation wird nun mit dem Terminus 'Beobachtung' belegt. Dabei erscheint jede Beobachtung auf der Grundlage des Autopoiesis-Konzepts als eine systeminterne Operation, also als Kommunikation des Systems im Sinne einer Kommunikation nicht mit der Umwelt, sondern über die Umwelt (Fremdreferenz). Zugleich verweist ein kommunikatives Ereignis als Anknüpfung auf vorausgegangene kommunikative Akte (Selbstreferenz). *Selbstreferenz* (Reproduktion des autopoietischen Systems) und Fremdreferenz (Kommunikation über irgendetwas) liegen also stets in Kombination vor. Dieses 'Etwas' kann, ein Sonderfall der Beobachtung, das soziale System selbst sein.

Eine solche Fähigkeit zur *Selbstbeobachtung* besitzen jedoch nach Luhmann nicht nur soziale Systeme, sondern auch psychische Systeme, die in Form von Gedanken sich selbst beobachten können. Dabei unterscheidet Luhmann terminologisch zwischen dem beobachtenden Gedanken (Gedanke) und dem beobachteten Gedanken (Vorstellung): "Einen beobachteten Gedanken wollen wir als Vorstellung bezeichnen, und das Beobachten selbst kann daher auch als Vorstellen einer Vorstellung beschrieben werden. In die Form der Vorstellung gebracht, erscheint der Gedanke (für einen anderen Gedanken) als atomisiert und zugleich als eingespannt in die Dimension Selbstreferenz/Fremdreferenz, die der Beobachtung als leitende Unterscheidung zugrunde liegt. Eben deshalb wird der beobachtete Gedanke 'Vorstellung von etwas'." (ebd.: 407) In beiden Fällen aber handelt es sich für Luhmann um Gedanken, nicht etwa um ein bildhaft im Bewusstsein auftauchendes Imaginäres, wie der Begriff 'Vorstellung' zunächst nahe legt.

Vor diesem Hintergrund erstaunt es nicht, dass 'Beobachtung' zu einem zentralen Element der Systemtheorie avanciert - allerdings in einem ganz spezifischen Sinne, den zu verdeutlichen Luhmann niemals müde wird. In Anknüpfung an die Differenztheorie George Spencer-Browns und dessen Aufforderung "draw a distinction" (Spencer-Brown 1971: 3) definiert Luhmann Beobachtung als *Bezeichnung-anhand-einer-Unterscheidung*. Jede nur mögliche Beobachtung von Welt entspricht demnach einer Bezeichnung (Innenseite), die auf einer Unterscheidung (Außenseite) beruht. Unmöglich ist es demzufolge, beide Seiten zugleich zu bezeichnen. Sehr wohl möglich ist es hingegen, von der Innenseite zur Außenseite zu wechseln (crossing); ein Vorgang freilich, der im Sinne einer Nachfolgeoperation notwendig Zeit beansprucht.

Diese Einsicht zeitigt weitreichende Konsequenzen für den systemtheoretischen Beobachtungsbegriff. Denn aus der Bezeichnung-anhand-einer-Unterscheidung folgt, dass jede Beobachtung "an die gewählte Unterscheidung gebunden [ist]. Die Beobachtung kann also nur sehen, was sie mit Hilfe der Unterscheidung sehen kann, sie kann nicht sehen, was sie mit dieser Unterscheidung nicht sehen kann." (Kneer/Nassehi 1993: 99) Alles, was von der Unterscheidung nicht erfasst wird, das ausgeschlossene Dritte also, bezeichnet Niklas Luhmann in Anlehnung an Spencer-Brown als 'unmarked space'. So entgeht der Beobachtung eines Banküberfalls anhand der Unterscheidung rechtmäßig/unrechtmäßig die durchaus gegebene Möglichkeit, dieses Geschehen anders zu beobachten, etwa mit Blick auf die Durchführung als professionell oder dilettantisch. Mit anderen Worten: Die Beobachtung anhand einer bestimmten Unterscheidung beruht auf einer bestimmten Beobachterperspektive, der ein notwendig sehr viel komplexeres Drittes entgeht. Schließlich kann auch ein Banküberfall unter sehr vielen, womöglich unendlich vielen Perspektiven unterschiedlich beobachtet werden. Was der jeweiligen Beobachtung aufgrund ihrer gewählten Unterscheidung entgeht, bezeichnet Luhmann als den *blinden Fleck* der Beobachtung, der unhintergehbar bleibe, weil eine Beobachtung sich im selben Moment nicht beobachten könne. Erst eine Nachfolgeoperation, in der die *Beobachtung erster Ordnung* durch eine *Beobachtung zweiter Ordnung* beobachtet wird, kann diesen blinden Fleck, die beobachtungsleitende Unterscheidung des Beobachters erster Ordnung, sehen. Allerdings bleibt auch die Beobachtung der Beobachtung, so Luhmann, an ihre eigene beobachtungsleitende Unterscheidung gebunden, besitzt mithin auch ihren - im Moment der Beobachtung - unhintergehbaren blinden Fleck: "Ein Beobachter kann nicht sehen, was er nicht sehen kann. Er kann auch nicht sehen, daß er nicht sehen kann, was er nicht sehen kann. Aber es gibt eine Korrekturmöglichkeit: die Beobachtung des Beobachters. Zwar ist auch der Beobachter zweiter Ordnung an den eigenen blinden Fleck gebunden, sonst könnte er nicht beobachten. Der blinde Fleck ist sozusagen sein Apriori. Wenn er aber einen anderen Beobachter beobachtet, kann er dessen blinden Fleck, dessen Apriori, dessen 'latente Strukturen' beobachten. Und indem er das tut, und damit seinerseits operierend die Welt durchpflügt, ist auch er der Beobachtung des Beobachtens ausgesetzt." (Fuchs/Luhmann 1989a: 10f.) Ausgesetzt ist er demnach einem Beobachter dritter Ordnung, "der dann den autologischen Schluß zieht, daß all dies auch für ihn selbst gilt" (Luhmann 1995a: 103).

Weil Beobachter erster Ordnung, sofern sie stets und immer nur dies sind, nicht zu einer Relativierung ihrer Beobachterposition gelangen, erscheint ihnen die Welt monokontextural. Sie sind bestrebt, Welt oder die Gesellschaft "als ein beobachterunabhängiges Objekt von außen zu betrachten" (Kneer/Nassehi 1993: 188). Auf der Ebene der Beobachtung erster Ordnung bleibe, so Luhmann, die "Unterscheidung von Umweltkontakt und nur intern anschlußfähiger Fremdreferenz unberücksichtigt - und zwar in Bewußtseinssystemen ebenso wie in Kommunikationssystemen. Alle Spuren der operativen Schließung werden gelöscht. Bewußtseinssysteme wissen nichts von den Arbeitsbedingungen ihrer Gehirne, aber sie denken 'im Kopf'. Kommunikationssysteme wissen nicht, daß Kommunikationen nichts anderes kontaktieren als Kommunikationen. Die Systeme operieren mithin unter der Illusion eines Umweltkontaktes - jedenfalls solange sie nur beobachten, was sie beobachten, und nicht beobachten, wie sie beobachten." (Luhmann 1997: 93) Beobachter zweiter Ordnung, die um die Unhintergehbarkeit des blinden Flecks im Moment der Beobachtung wissen, gelangen dagegen zu einer polykontexturalen Welt - und damit zu einem "radikal gewandelten Welt-, Seins- und Realitätsverständnis". Denn sie sehen, "daß es eine Vielzahl von Unterscheidungen, eine Vielzahl von unterschiedlichen Kontexturen gibt, die von keinem archimedischen Beobachtungspunkt ineinander überführt und verglichen werden können. (...) Damit entfällt die absolut 'richtige' Sicht der Dinge." (Kneer/Nassehi 1993: 102f.)[6] Entscheidend ist demzufolge die qualitative Differenz zwischen dem Beobachter erster und dem Beobachter zweiter Ordnung; ein Sachverhalt, der es erlaubt, auf den Terminus 'Beobachter dritter Ordnung' zu verzichten, trifft für ihn (wie für alle weiteren Beobachter von Beobachtungen) doch zu, was für den Beobachter zweiter Ordnung festgestellt worden ist.[7]

1.5 Die funktional differenzierte Gesellschaft

Die bisherigen Ausführungen bezeichnen eine unverzichtbare Grundlage, um nun wenigstens in Umrissen skizzieren zu können, warum Luhmann die moderne Gesellschaft der Gegenwart als eine 'funktional differenzierte' begreift. Sie ist, so Luhmann, das Ergebnis eines evolutionären Prozesses *primärer Differenzierung*; eines Prozesses gesellschaftlicher Ausdifferenzierung in Teilsysteme, deren Entstehung sich stets der Frage verdankt, wie Gesellschaften mit ihrer

---

6 Nur hingewiesen sei an dieser Stelle auf die Nähe zwischen Luhmann und Peter V. Zima. Dessen Textsoziologie (vgl. I.4) fasst die Differenz zwischen der Beobachtung erster und zweiter Ordnung allerdings mit Begriffen (Ideologie, Ideologiekritik, falsches Bewusstsein), die als gesellschaftstheoretisches Fundament seines Ansatzes die politische Ökonomie nach Marx bzw. die Kritische Theorie erkennen lassen.

7 Auch Georg Kneer und Armin Nassehi unterscheiden in ihrer Einführung lediglich zwischen der Beobachtung erster und zweiter Ordnung.

Komplexität umgehen.

Grundsätzlich gesehen, besteht die Funktion sozialer Systeme darin, zwischen der Komplexität von Welt, also der "Gesamtheit der möglichen Ereignisse und Zustände" (Kneer/Nassehi 1993: 40) einerseits, und der nur geringen Verarbeitungskapazität menschlichen Bewusstseins andererseits zu vermitteln: "Zwischen der äußerlichen Weltkomplexität und dem menschlichen Bewußtsein klafft eine Lücke. Exakt an dieser Stelle treten soziale Systeme in Funktion. Sie übernehmen die Aufgabe der Reduktion von Komplexität." (ebd.) Als "Inseln geringerer Komplexität" (Luhmann 1970: 116) bieten sie Orientierungshilfen in der äußerst komplexen Welt. Dies wiederum gelingt sozialen Systemen, indem sie *Strukturen* ausbilden. Strukturen beschränken, so Niklas Luhmann, die potenziell unendliche Zahl von Anschlussmöglichkeiten auf ein erwartbares Maß sinnvoller Anschlüsse (vgl. Luhmann 1987a: 94).

Gleichwohl sind die Strukturen nicht als invariante Muster zu begreifen. Vielmehr legt die Systemtheorie nach Luhmann einen dynamischen Strukturbegriff zugrunde, denn die Herausbildung von Gesellschaftsstrukturen ebenso wie von teilsystemspezifischen Strukturen erfolgt im Rahmen eines offenen, nicht steuerbaren Prozesses soziokultureller Evolution, in dem die Ausdifferenzierung in Teil- und Subsysteme funktionalen Erfordernissen bei der Verarbeitung gesellschaftlicher Komplexität folgt: "Man hat den Prozeß soziokultureller Evolution zu begreifen als Umformung und Erweiterung der Chancen für aussichtsreiche Kommunikation, als Konsolidierung von Erwartungen, um die herum die Gesellschaft dann die sozialen Systeme bildet; und es liegt auf der Hand, daß dies nicht einfach ein Wachstumsprozeß ist, sondern ein selektiver Prozeß, der bestimmt, welche Arten sozialer Systeme möglich werden (...)." (ebd.: 219)

Die Geschichte der Gesellschaft von den Anfängen bis zur Gegenwart erscheint nun in systemtheoretischer Perspektive als Abfolge dreier evolutionärer Stufen der primären gesellschaftlichen Differenzierung. Auf die *segmentäre Differenzierung* in archaischen Stammesgesellschaften folgte die Umstellung auf *stratifikatorische Differenzierung*, wie sie für die asiatischen, amerikanischen und europäischen Hochkulturen kennzeichnend war und bis in die europäische Vormoderne des 15. und 16. Jahrhunderts Gültigkeit behielt. In der dritten Stufe schließlich vollzieht sich die Umstellung von der vertikalen Differenzierung auf die *funktionale Differenzierung* moderner Gesellschaften heutigen Typs.[8] Ohne an dieser Stelle auf die Ursachen der jeweiligen Umstellung eingehen zu wollen, sei nochmals ausdrücklich hervorgehoben, dass in systemtheoretischer Perspektive die soziokulturelle Evolution als Resultat einer beständigen Zunahme von Komplexität begriffen wird: Die primäre gesellschaftliche Differenzierung,

8 Eine knappe Skizze des dreistufigen evolutionären Prozesses bieten Kneer/Nassehi 1993: 122-141, ausführlicher: Nassehi 1993: 260-322.

aber auch die Herausbildung von Teil- und Subsystemen wird demnach bedingt durch die funktionalen Erfordernisse einer Verarbeitung anfallender gesellschaftlicher Komplexität.

Armin Nassehi skizziert, worauf es der Systemtheorie bei der Beschreibung der funktional differenzierten Gesellschaft der Moderne vor allem ankommt: "Spätestens mit der Mitte des 19. Jahrhunderts, vollends aber zur Jahrhundertwende setzt sich die bereits seit dem Ende des 16. Jahrhunderts sich abzeichnende primäre Differenzierung der Gesellschaft als Differenzierung in nicht füreinander substituierbare Funktionen durch. Gesellschaftsstrukturell gesehen, differenziert sich die Gesellschaft in Teilsysteme (...). Die einzelnen funktionalen Teilsysteme - Wirtschaft, Politik, Recht, Religion, Erziehung, Wissenschaft etc. - operieren stets aus ihrer jeweiligen funktionsspezifischen Perspektive, die für sie selbst unhintergehbar ist. Diese Teilsysteme operieren nicht einfach mit ihnen zugeordneten, funktionsspezifischen Semantiken, sondern mit Hilfe von beobachtungsleitenden Grundunterscheidungen, die selbst nicht weiter unterschieden werden können." (Nassehi 1993: 323)

Angesprochen sind die vielzitierten *binären Codes.* In einer prägnanten Übersicht listet Luhmann auf, welche Aufgaben von einem teilsystemspezifischen Code zu erfüllen seien: "Von einem Code muß erwartet werden, daß er (1) der Funktion des entsprechenden Systems entspricht, nämlich den Gesichtspunkt der Funktion in eine Leitdifferenz übersetzt; daß er (2) vollständig ist (...). Er muß mithin den Funktionsbereich, für den das System zuständig ist, vollständig erfassen; er muß also (3) nach außen hin selektiv und (4) nach innen hin informativ wirken (...); und er muß (5) offen sein für Supplemente (Programme), die erst Kriterien dafür erarbeiten (und ändern können), welcher der beiden Codewerte in Betracht kommt." (Luhmann 1995a: 302) Es handelt sich also um strikt zweiwertige Unterscheidungen, die den Blick funktionsspezifisch strukturieren und auf diese Weise inmitten einer polykontextural verfassten Welt eine monokontexturale Welt konstituieren. Mit anderen Worten: Jedes einzelne Teilsystem sieht nur das, was es anhand seiner beobachtungsleitenden Unterscheidung sehen kann, und schließt alles andere als Drittes aus. Dieses ausgeschlossene Dritte ist, so die Theorie autopoietischer Systeme, der blinde Fleck eines jeden Systems. "So ist für Politik entscheidend, daß man Amt und Entscheidungsmacht innehat oder nicht, für Wirtschaft, ob man zahlt oder nicht, für das Recht, ob etwas als rechtmäßig angesehen wird oder nicht, für Wissenschaft, ob eine Aussage wahr ist oder nicht (...)." (Nassehi 1993: 323) Die jeweiligen Beobachtungsverhältnisse gliedern die Welt nicht in unterschiedliche Sphären, sondern konstituieren in ihrer Gesamtheit eine multizentrisch angelegte Welt, in der das jeweilige Teilsystem seine Welt als *die* Welt konstituiert. Keineswegs bestritten sind damit Beziehungen zwischen den einzelnen Teilsystemen, etwa die Wirkung politischer Entscheidungen auf wirtschaftliche Prozesse oder der

Einfluss wissenschaftlicher Forschung auf politische Entscheidungen[9]; die Theorie autopoietischer Systeme besteht jedoch darauf, dass solche Einflussnahmen allein in teilsystemspezifischen internen Operationen ihren Niederschlag finden können, also die Grenzen zwischen den Teilsystemen nicht gesprengt werden: "In der modernen Gesellschaft kann demnach Macht nicht durch wissenschaftliche Wahrheit, religiöses Heil nicht durch Recht und ökonomischer Erfolg nicht durch erzieherische Operationen gesichert werden." (ebd.: 324) Und selbst Diktaturen, in denen Schauprozesse zur Ausschaltung politischer Gegner inszeniert werden, sind gezwungen, die vermeintlichen Vergehen der Beschuldigten als Verstoß gegen Gesetze, das heißt: als unrechtmäßiges Handeln auszuweisen. Gebunden an binäre Codes, bleibt die operative Differenz zwischen den Teilsystemen also unhintergehbar.

Die verschiedenen Teilsysteme besitzen mit Blick auf die Gesellschaft als Gesamtsystem eine spezifische Funktion bei der Bewältigung anfallender Komplexität. Zugleich erbringen sie Leistungen für andere Teilsysteme. So besteht einer der Hauptaufgaben des Erziehungssystems in der Qualifizierung von Personen für die Wirtschaft. Unmittelbar ersichtlich ist damit auch, dass nicht alle Teilsysteme gleichrangig und gleichberechtigt nebeneinander bestehen. Insbesondere das Wirtschaftssystem nimmt in der funktional differenzierten Gesellschaft eine überragende Position ein, hängen doch "Operationen in anderen Teilsystemen hochgradig davon ab (...), ob Geld vorhanden ist oder nicht" (ebd.: 329).

1.6 Individuum und Person

Um abschließend die Frage zu klären, in welcher Form Individuen in der Theorie sozialer Systeme nach Luhmann ihren Platz finden, bedarf es zunächst einer begrifflichen Präzisierung. Wie bereits erläutert, ist 'Mensch' kein systemtheoretischer Begriff, weil der Mensch als Verbund verschiedener, strukturell gekoppelter autopoietischer Systeme aufgefasst wird. Von *Individuum* spricht Luhmann, wenn es ihm um die 'Individualität psychischer Systeme' geht (vgl. Luhmann 1987a: 346ff.). 'Individualität' kennzeichnet mithin die Einheit eines

9 Solche Formen wechselseitiger Einwirkung zwischen verschiedenen gesellschaftlichen Funktionssystemen erfasst Luhmann ebenfalls mit dem Begriff der strukturellen Koppelung: "Faktisch sind alle Funktionssysteme durch strukturelle Kopplungen miteinander verbunden und in der Gesellschaft gehalten." Dieser Begriff sei also "nicht nur auf die gesellschaftsexternen, sondern ebenso auf die gesellschaftsinternen Verhältnisse anwendbar" (Luhmann 1997: 779). So werde etwa die Koppelung zwischen Politik und Wirtschaft "durch Steuern und Abgaben erreicht" (ebd.: 781), zwischen dem Erziehungssystem und der Wirtschaft dagegen durch "Zeugnisse und Zertifikate" (ebd.: 786).

jeden psychischen Systems.

Mit Blick auf soziale Systeme avanciert nun *Person* zur zentralen Begrifflichkeit: "Psychische Systeme, die von anderen psychischen oder von sozialen Systemen beobachtet werden, wollen wir 'Personen' nennen." (ebd.: 155) Luhmanns Definition enthält mehr Implikationen, als es zunächst den Anschein hat. Denn der Begriff 'Person' besitzt in der Theorie autopoietischer Systeme eine zweifache Bedeutung: Zum einen meint er psychische Systeme, wenn sie beobachtet werden und sich unter dieser Beobachtung selbst erfahren, zum anderen ist 'Person' eine kommunikationsinterne Größe, die die Thematisierung psychischer Systeme in einer sozialen Situation bezeichnet. Kurz: 'Personen' sind die Adressaten von Kommunikation, sind aber auch Gegenstand von Kommunikation. Dazu einige weitere Erläuterungen.

Soziale Situationen, die die Anwesenheit zweier oder mehrerer psychischer Systeme voraussetzen, bezeichnet Luhmann als in hohem Maße prekär und instabil, weil psychische Systeme als black boxes füreinander intransparent bleiben; ein Sachverhalt, der gelingende Kommunikation eher unwahrscheinlich erscheinen lässt. Deshalb charakterisiert Luhmann alle sozialen Situationen als kontingent in zweifacher Hinsicht: 'Doppelte Kontingenz' entstehe durch die wechselseitige Ausrichtung des eigenen Verhaltens am Verhalten des anderen. Jeder "Teilnehmer", so Luhmann, macht "sein Verhalten gegenüber anderen davon abhängig (...), daß diese ihm gegenüber zufriedenstellend handeln" (Luhmann 1991: 171). Zufriedenstellendes Handeln setzt jedoch erfolgreiche Kommunikation voraus, die nur dann erfolgreich sein könne, wenn die Beteiligten eine "Einschränkung des Spielraums der Möglichkeiten" hinnehmen: "Es ist diese instabile, zirkuläre Notlage der doppelten Kontingenz, die die Entstehung von Personen provoziert: oder genauer: die die Beteiligten, was immer psychisch in ihnen abläuft, dazu bringt, sich im Sozialsystem, also kommunikativ, als Person zu geben und die Überraschungsqualitäten ihres Verhaltens entsprechend vorsichtig zu dosieren (...)." (ebd.) Für das Individuum bedeutet demnach die Form 'Person' eine "individuell attribuierte Einschränkung von Verhaltensmöglichkeiten" (ebd.: 170); Möglichkeiten, die begrenzt und bestimmt werden durch die jeweilige soziale Situation. Insofern vereint das Individuum auch in sich eine Vielzahl von Personen - je nachdem, ob es als (potenzieller) Käufer einer Ware, als Wähler, als Ehepartner, als Zeuge in einer Gerichtsverhandlung, als Freund, als Gemeindeglied usw. angesprochen wird. In all diesen Fällen ist es 'Person': Adressat von Kommunikation, aber auch, beschränkt auf die situationsrelevanten Aspekte: Gegenstand der Kommunikation. "Personen", so Luhmann abschließend, "dienen der strukturellen Koppelung von psychischen und sozialen Systemen. Sie ermöglichen es den psychischen Systemen, am eigenen Selbst zu erfahren, mit welchen Einschränkungen im sozialen Verkehr gerechnet wird." (ebd.: 174)

Bleibt noch der ebenfalls zentrale Terminus 'Inklusion': "'Inklusion' meint die Teilhabe von Personen an bestimmten Kommunikationen." (Kneer/Nassehi 1993: 156) Während die Inklusion in stratifizierten Gesellschaften durch die "soziale Schichtung" geregelt werde, "Man findet seinen sozialen Status in der Schicht, der man angehört" (Luhmann 1997: 622), herrscht in der horizontal angelegten, funktional differenzierten Gesellschaft der Moderne - rein formal gesehen - das Prinzip der Inklusion aller in alle Funktionssysteme: "Das heißt aber jetzt, daß die konkreten Individuen nicht mehr konkret placiert werden können. Sie müssen an allen Funktionssystemen teilnehmen können, je nachdem, in welchen Funktionsbereich und unter welchem Code ihre Kommunikation eingebracht wird. (...) Individuen müssen sich an all diesen Kommunikationen beteiligen können und wechseln entsprechend ihre Kopplungen mit Funktionssystemen von Moment zu Moment. Die Gesellschaft bietet ihnen folglich keinen sozialen Status mehr, der zugleich das definiert, was der Einzelne nach Herkunft und Qualität 'ist'. (...) Im Prinzip sollte jeder rechtsfähig sein und über ausreichendes Geldeinkommen verfügen, um an Wirtschaft teilnehmen zu können. Jeder sollte als Teilnehmer an politischen Wahlen auf seine Erfahrungen mit Politik reagieren können. Jeder durchläuft, soweit er es bringt, zumindest die Elementarschulen. Jeder hat Anspruch auf ein Minimum an Sozialleistungen, Krankenpflege und ordnungsgemäße Beerdigung. Jeder kann, ohne von Genehmigungen abzuhängen, heiraten. Jeder kann einen religiösen Glauben wählen oder es lassen." (ebd.: 624f.) Doch bleibt ebenso klar, dass die Teilhabe an bestimmten teilsystemspezifischen Kommunikationen, mithin die Inklusion von Individuen als Personen in bestimmte Sozialsysteme, abhängig ist von den Zugangsbedingungen, die einzelne Teil- oder Subsysteme kennzeichnen - man denke etwa an Organisationssysteme wie die Universität. Und klar sollte auch sein: Aus dem Sachverhalt, dass die Theorie funktionaler Differenzierung vom Prinzip selbstverständlicher Inklusion aller in alle großen gesellschaftlichen Teilsysteme (Wirtschaft, Politik, Recht, Erziehung, Medizin etc.) ausgeht, ergibt sich die Notwendigkeit einer genauen Nachfrage, *wie* die Inklusion des Einzelnen beschaffen ist: "Denn genau besehen ist man auch dann etwa ins Wirtschaftssystem inkludiert, wenn man nicht zahlen kann, in das Rechtssystem, wenn man kein Recht bekommt, ins politische System, wenn man sich nicht repräsentiert fühlt, in Familie bzw. familienähnliche Formen, auch wenn diese nicht für stabile Vertrautheitsbeziehungen sorgen. Inklusion ist kein gesellschaftliches Ziel, sondern pure Faktizität der modernen Gesellschaft in unserer Region der Weltgesellschaft. Sie berührt als solche aber nicht im geringsten die empirischen Probleme der Stabilisierung und Zukunftssicherheit individueller Lebenslagen." Und deshalb sei gerade auch "die Art und Weise der Inklusion (...) zu beobachten, die über die bloße Strukturbeschreibung der Inklusion als partiellem Vergesellschaftungsmechanismus hinausgeht" (Nassehi 1997b: 142).[10]

Diese einleitenden Hinweise mögen genügen. Auch wenn sie äußerst knapp ausgefallen sind und überdies längst nicht alle zentralen Begriffe der Theorie sozialer Systeme berücksichtigt wurden, so dürften sie mit Blick auf die weiteren Ausführungen doch ihren Zweck erfüllen: Zum einen erlauben sie eine bessere Einordnung systemtheoretischer Konzepte zur Kunst bzw. Literatur; zum anderen ist mit den erläuterten Begriffen und Hypothesen die Basis geschaffen für den später vorzunehmenden Versuch, Anschlussmöglichkeiten zwischen der Systemtheorie und den vorhandenen Theoriebeständen der Literaturwissenschaft zu erkunden.

2. Literaturwissenschaftliche Ansätze zur Systemtheorie

"Wer heute von Systemtheorie spricht, meint damit keineswegs allein soziologische Systemtheorie oder systemtheoretische Soziologie. Was sich hinter dem label 'Systemtheorie' verbirgt, ist vielmehr ein weitverzweigter, heterogener, interdisziplinärer Rahmen, der den Begriff System als Grundbegriff führt." (Kneer/Nassehi 1993: 17) Vor diesem Hintergrund verwundert es nicht, dass seit etwa Mitte der achtziger Jahre auch in der Literaturwissenschaft verstärkt Bestrebungen zu verzeichnen sind, die Phänomene 'Literatur' und 'literarisches Handeln' mit dem Begriffsinstrumentarium der Systemtheorie zu erfassen. Wie die beiden 1993 erschienenen Sammelbände zum Problemkomplex 'Systemtheorie und Literaturwissenschaft' (vgl. de Berg/Prangel 1993 sowie Schmidt 1993b) verdeutlichen, ergibt sich für diese frühe Phase das Bild einer ebenso lebhaft wie kontrovers geführten Diskussion, die allerdings über das Anfangsstadium noch kaum hinaus gelangt war. Durchaus zutreffend bilanzierte Lutz Kramaschki 1993: "Sicher ist in der autopoietisch-systemtheoretisch orientierten Forschung momentan nur, daß nichts sicher ist." (Kramaschki 1993: 101) Und Gebhard Rusch beklagte im selben Jahr den 'inflationären Zuwachs' von Systembegriffen, der "zumindest teilweise Ausdruck eines überzogenen und mißverstandenen Systemdenkens" (Rusch 1993a: 232) sei. "Die literaturwissenschaftliche Systemtheorieentwicklung", so Rusch in seinem Beitrag von 1993 weiter, "tendiert gegenwärtig dahin, sich von den thematischen Phänomenbeständen abzulösen und ihre Funktionen für die konzeptionelle Organisation und für die

10 Während Nassehi das Wie der Inklusion betont, spricht Luhmann in diesem Zusammenhang von "Exklusionseffekten", die die moderne Gesellschaft hervorbringe. In jedem Falle sei eine "Idealisierung des Postulats der Vollinklusion aller Menschen in die Gesellschaft" zu vermeiden, denn sie täusche nur "über gravierende Probleme" (Luhmann 1997: 630) der modernen Gesellschaft hinweg.

Erklärung (theoretische und praktische Bewältigung) der thematischen Wirklichkeitsausschnitte einzubüßen." (ebd.) Mit anderen Worten: Im Dschungel systemtheoretischer Konzepte drohte gleich zu Beginn der Debatte aus dem Blickfeld zu verschwinden, worum es doch auch der systemtheoretisch orientierten Literaturwissenschaft gehen sollte: um Literatur bzw. 'literarisches Handeln'.

Inzwischen ist eine ganze Reihe weiterer Arbeiten erschienen, unter ihnen drei weitere Sammelbände, deren jeweilige Konzeption das Bemühen der Herausgeber erkennen lässt, die unübersichtliche Diskussion wenigstens ansatzweise zu ordnen. Unter dem Stichwort 'Systematik' versammeln Jürgen Fohrmann und Harro Müller (1996) Arbeiten, die sich der Erläuterung von Grundbegriffen systemtheoretischer Literaturwissenschaft widmen, bevor in Teil II (Modelle) Anwendungsversuche auf verschiedene literarische Phänomene vorgestellt werden. Henk de Berg und Matthias Prangel geht es als Herausgeber darum, die systemtheoretische Diskussion nach verschiedenen Gesichtspunkten zu gruppieren und zugleich zu öffnen in Richtung auf andere literaturwissenschaftlich relevante Theoriefelder: Dem Band "Differenzen. Systemtheorie zwischen Dekonstruktion und Konstruktivismus" (1995) folgte zwei Jahre später ein weiterer Band mit dem Schwerpunkt "Systemtheorie und Hermeneutik" (1997). All diese Publikationen markieren Etappen im Rahmen einer Diskussion, die allmählich Konturen und Profil gewinnt. Der vergleichsweise kleine Kreis beteiligter Wissenschaftler, es tauchen immer wieder dieselben Namen auf, zeigt aber auch dies: Die Debatte innerhalb der systemtheoretisch orientierten Literaturwissenschaft bezieht noch immer ihre Energie vornehmlich aus der wechselseitigen Kritik konkurrierender Ansätze und Konzepte des eigenen Lagers.[11]

Bei aller noch immer bestehenden Heterogenität: es lassen sich zur Zeit vier methodische Richtungen ausmachen, die jeweils auf verschiedene Systemkonzepte zurückgreifen und in je unterschiedlicher Weise darum bemüht sind, den Systembegriff auf literarische Phänomene zu beziehen: 1) In der ersten, vornehmlich durch Siegfried J. Schmidt repräsentierten Richtung wird der Versuch unternommen, Literatur als selbstorganisierendes Sozialsystem auszuweisen. Der Ansatz beruht einerseits auf der zu Beginn der achtziger Jahre vorgestellten Empirischen Theorie der Literatur (ETL), zum anderen auf systemtheoretisch-konstruktivistischen Sozialtheorien. 2) Eine Münchener Forschungsgruppe (Jörg Schönert, Friederike Meyer, Claus-Michael Ort u.a.) hat 1988 einen an Talcott Parsons angelehnten struktural-funktionalen Entwurf zur Sozialgeschichte der Literatur vorgelegt. 3) Im Mittelpunkt des sog. 'Leidener

11 Allerdings mehren sich die Anzeichen für eine wachsende Resonanz der systemtheoretischen Debatte in der Literaturwissenschaft. So erschien 1998 ein ausführlicher Forschungsbericht zum Themenkomplex "Systemtheorie und Literatur" im *Internationalen Archiv für die Sozialgeschichte der deutschen Literatur*, verfasst von Oliver Jahraus und Benjamin Marius Schmidt.

Modells' (Matthias Prangel, Henk de Berg, Jos Hoogeveen u.a.) steht der Versuch, auf der Grundlage von Luhmanns Systemtheorie ein Konzept systemtheoretischen Textverstehens zu entwickeln. 4) Unter ausdrücklicher Berufung auf Luhmanns Autopoiesis-Konzept sind Dietrich Schwanitz, Gerhard Plumpe und Niels Werber in je unterschiedlicher Akzentuierung darum bemüht, Literatur als autopoietisches gesellschaftliches Teilsystem auszuweisen.

In der nun folgenden Vorstellung dieser vier verschiedenen Richtungen geht es zunächst einmal darum, das jeweilige theoretische Fundament zumindest in seinen zentralen Aspekten zu verdeutlichen. Gewinnen die vier verschiedenen Richtungen durch gemeinsam geteilte theoretische Basisannahmen ihre jeweilige relative Einheitlichkeit, so zeigen sich innerhalb dieser vier Richtungen jedoch durchaus auch Divergenzen, wo es darum geht, das jeweilige Systemkonzept mit Blick auf Literatur auszuformulieren. Auch diese unterschiedlichen Akzentuierungen sollen an geeigneter Stelle zur Sprache kommen, um dem falschen Eindruck von Homogenität vorzubeugen. Des Weiteren orientiert sich die jeweilige Vorstellung zumindest grob an der Chronologie publizierter Beiträge. Denn es ist überaus interessant, die Entwicklung der verschiedenen Positionen in ihrer Auseinandersetzung mit konkurrierenden Ansätzen nachzuzeichnen. Um den Überblick dort jedoch nicht zu verlieren, wo es um eine übersichtliche Vorstellung gehen soll, bleibt als Orientierungspunkt der weiteren Ausführungen jene Leitfrage, die dieser Untersuchung von Beginn an die Blickrichtung vorgegeben hat, nämlich die Frage nach der spezifischen Qualität von Literatur bzw. den Besonderheiten literarischer Kommunikation. Denn von einer plausiblen Beantwortung dieser Frage sind auch systemtheoretisch orientierte Konzepte nicht entbunden, wenn sie denn Literatur als eigenständiges gesellschaftliches Teilsystem ausweisen - und damit: die Brauchbarkeit systemtheoretischer Konzepte für literaturwissenschaftliche und literatursoziologische Fragen unter Beweis stellen wollen. Dabei geht es auch immer um eine genauere Bestimmung der spezifischen Funktion eines Text- oder Sozialsystems Literatur für die moderne Gesellschaft, die von allen systemtheoretisch orientierten Ansätzen - gewissermaßen ihr kleinster gemeinsamer Nenner - als funktional differenzierte begriffen wird.

2.1 Literatur als soziales Handlungssystem (Schmidt)

Der insbesondere von Siegfried J. Schmidt erarbeitete Ansatz besitzt gegenüber den meisten anderen literaturwissenschaftlich-systemtheoretischen Konzepten den erheblichen Vorteil, in einer breit angelegten Studie entfaltet worden zu sein (vgl. Schmidt 1989). Gleichwohl wäre es falsch, sich ausschließlich dieser Arbeit zu widmen, denn neben Schmidt sind es Wissenschaftler wie Achim Barsch,

Gebhard Rusch und Reinhold Viehoff, die sich der in den achtziger Jahren in Siegen entstandenen NIKOL-Gruppe zugehörig fühlen und in ihren Arbeiten gleichfalls darum bemüht sind, das Konzept einer Empischen Literaturwissenschaft (ELW) auf der Grundlage (radikal-) konstruktivistischer Sozialtheorien fortzuentwickeln.[12] So betonen denn auch Schmidt, Barsch, Rusch und Peter M. Hejl in ihrer gemeinsamen Entgegnung auf die polemischen Attacken Ralph Gehrkes gegen die (frühere) Siegener Arbeitsgruppe[13], es gäbe "nicht den Radikalen Konstruktivismus und die Empirische Literaturwissenschaft (...), sondern aktive Teilnehmerinnen und Teilnehmer in diesen beiden Diskursen" (Barsch et. al. 1996: 290).[14] Beginnen wir jedoch mit Schmidts Studie, ist sie doch in besonderer Weise geeignet, die zentralen Aspekte des konstruktivistisch-systemtheoretischen Konzepts zum Handlungssystem Literatur prägnant vorzustellen.

Der Titel "Die Selbstorganisation des Sozialsystems Literatur im 18. Jahrhundert" markiert bereits jene These, um deren Plausibilisierung es Schmidt geht: "Im Verlauf der funktionalen Differenzierung der Gesellschaft im 18. Jahrhundert entsteht ein autonomisiertes, selbstorganisierendes Sozialsystem Literatur als konstitutives Teilsystem der Gesellschaft. Das Sozialsystem Literatur (...) grenzt sich deutlich ab von allen anderen sich ausdifferenzierenden

---

12 Vgl. dazu die von Barsch, Rusch und Viehoff verfasste Einleitung zum Band "Empirische Literaturwissenschaft in der Diskussion" (1994b: 9-17).

13 Unter dem Titel "Was leistet der Radikale Konstruktivismus für die Literaturwissenschaft?" hatte Ralph Gehrke, der sich als Vertreter einer an Adorno orientierten historisch-kritischen Hermeneutik sieht, ein Beispiel dafür geliefert, wie der Dialog innerhalb des Faches misslingen muss. Vgl. Gehrke 1994.

14 Dass dem so ist, zeigt auch Bernd Scheffers 1992 erschienene Studie "Interpretation und Lebensroman. Zu einer konstruktivistischen Literaturtheorie". Scheffer geht es darum, den vermeintlich strikten Gegensatz von Kunst und Wirklichkeit als unhaltbar zu erweisen. Ihm zufolge ist die Produktion wie Rezeption von Kunst bzw. Literatur Teilmoment einer "endlos autobiographischen Tätigkeit", eines fortlaufenden Prozesses der Selbstbeschreibung psychischer Systeme, in dem sowohl kognitive wie emotionale Anteile eine gleichermaßen wichtige Rolle spielen. "Wir nehmen", so Scheffers zentrale These, "die Welt und die Literatur wahr in einer endlos autobiographischen Tätigkeit (...): Wirklichkeits-Konstruktionen (und Textbedeutungen) werden in einem Prozeß der Selbstbeschreibung erzeugt und aufrechterhalten." (Scheffer 1992: 24) Insofern betreibe Kunst und Literatur lediglich "auf herausgehobener Bühne" (ebd.: 33) jenes Spiel, das ohnehin überall und alle Zeit gespielt werde: die im besten Fall kreative Konstruktion von Wirklichkeit durch psychische Systeme. Scheffers Ansatz beruht auf einer Kombination soziologisch-systemtheoretischer, kognitionspsychologischer und literaturwissenschaftlicher Wissensbestände. Grundlegend jedoch ist die Anlehnung an konstruktivistische Überlegungen, wie sie auch Schmidt in seinen Arbeiten vertritt - für mich wiederum Grund genug, an dieser Stelle auf Bernd Scheffers interessante und lesenswerte Studie hinzuweisen. Wenn ich sie im weiteren nur am Rande berücksichtige, so deshalb, weil sie die Frage nach der Literatur als sozialem System nicht neu stellt, sondern im Verweis auf Schmidts Konzept für ausreichend beantwortet hält (vgl. ebd.: 18, 50).

Teilsystemen wie Technik, Wirtschaft, Recht, Wissenschaft, Religion oder Erziehung, mit denen es andererseits notwendig interagiert." (Schmidt 1989: 19) In seinen wesentlichen Grundzügen hat sich, so Schmidt, das Sozialsystem 'Literatur' bis heute erhalten.[15]

Die systemtheoretische Orientierung seines Ansatzes begründet Schmidt aus konstruktivistischer Perspektive: "'Soziales System' ist ein theoretisches Konstrukt, ein Beobachterinstrument, das nach seiner wissenschaftlichen Brauchbarkeit (seiner Problemlösungskompetenz) und nicht nach seiner Wirklichkeitsadäquatheit beurteilt werden muß." Insofern sei die Frage entscheidend, "was man damit gewinnt, wenn man dieses Konzept anwendet und wie man es anwendet" (ebd.: 28f.). Die Frage, was zu gewinnen sei, beantwortet Schmidt im Verweis auf Gerhard Plumpe, der mit dem 'System-/Umweltkonzept' der Theorie sozialer Systeme die Möglichkeit gekommen sieht, die Funktionen des gesellschaftlichen Teilsystems 'Literatur' für die Gesamtgesellschaft sowie seine Leistungen für kontemporäre Subsysteme zu analysieren (vgl. Plumpe 1985: 251; Schmidt 1989: 29). Während Plumpe jedoch an Luhmanns Systemtheorie anknüpft, setzt sich Schmidt, dem radikalen Konstruktivismus verpflichtet, in einem sehr wesentlichen Punkt von Luhmann ab. Denn mit Blick auf das 'Wie' der Anwendung des theoretischen Konstrukts 'System' verwirft Schmidt den Autopoiesis-Begriff, verwirft mithin die von Luhmann postulierte radikale Differenz zwischen sozialen Systemen (Kommunikation) und psychischen Systemen (Bewusstsein). Soziale Systeme, so Schmidt, sind nur unter Einschluss von Aktanten und deren Bewusstsein denkbar, daher wohl selbstreferenziell, nicht aber rekursiv-geschlossen (vgl. Schmidt 1989: 38ff.).[16]

Schmidts konstruktivistisch orientierter Systembegriff hat nun erhebliche Auswirkungen auf die Bestimmung von Literatur als Sozialsystem. Während das Autopoiesis-Konzept es nahe legt, allein literarische und/oder literaturbezogene Kommunikationen als Sozialsystem 'Literatur' zu definieren, bestimmt Schmidt 'Literatur' als "Organisationsform für Handlungen und Kommunikationen, die entsprechend der Leitdifferenz literarisch vs. nicht-literarisch aus der Gesamtheit gesellschaftlicher Aktivitäten ausgegliedert werden" (ebd.: 20). Die Grenze eines solchen Sozialsystems, verstanden als Handlungssystem, sei wiederum konstituiert durch zwei Makro-Konventionen: "Die erste Konvention bewirkt, daß Handlungen und Kommunikationen in erster Linie auf solche Werte, Normen und Bedeutungsregeln ausgerichtet werden, die die handelnden Subjekte nach der von ihnen vertretenen Ästhetik für literaturbestimmend halten." (ebd.: 19) Diese erste Makro-Konvention nennt Schmidt an anderer Stelle "Ästhetik-Kon-

15 Vgl. dazu die von Schmidt formulierten Thesen zum gegenwärtigen Literatursystem 1989: 439-442.

16 Zur Kritik des radikalen Konstruktivismus aus Sicht der Theorie autopoietischer Systeme vgl. Nassehi 1993: 158ff.

vention" (ebd.: 430). Sie wiederum bilde "die logische Grundlage" für eine zweite, von ihm als "Polyvalenz-Konvention" (ebd.: 431) bezeichnete Makro-Konvention: "Die zweite Konvention eröffnet Handelnden im Literatursystem die Möglichkeit, sich beim Umgang mit literarischen Werken auf eine Optimierung ihrer subjektiven Ausdrucks- und Erfahrungsmöglichkeiten zu konzentrieren." (ebd.: 19) Eine solche Optimierung sei nur möglich, wenn für literarisch gehaltene Texte als polyvalent eingestuft würden - im Gegensatz zu allen anderen sprachlichen Handlungen im Rahmen funktional differenzierter Gesellschaften, die Schmidt zufolge einer Monovalenz- bzw. Tatsachen-Konvention unterliegen, das heißt: "unter normalen Umständen eindeutig verständlich sein sollen" (ebd.: 431). Handlungen im Sozialsystem erfolgen, so Schmidt des Weiteren, innerhalb von vier grundlegenden Handlungsrollen: als Produzent, als Vermittler, als Rezipient und schließlich als Verarbeiter von Literatur (Literaturkritik, Literaturwissenschaft) (vgl. ebd.: 20). Zwei Punkte seien zur Verdeutlichung nochmals hervorgehoben: 1) Literatur, traditionell, die Summe aller literarischen Texte, erscheint in dieser Sicht als 'organisierendes Prinzip' für Handlungen und Kommunikationen. 2) Literaturbezogene Handlungen und Kommunikationen sind als solche eindeutig bestimmbar aufgrund literarästhetischer Konventionen (Ästhetik- und Polyvalenz-Konvention), die eine - wenn auch historisch variable - Grenze zwischen literarischen und nicht-literarischen Handlungen und Kommunikationen zu ziehen erlauben.

Schmidts Konzept eines sozialen Handlungssystems 'Literatur' hat im Verlauf der Debatte innerhalb der systemtheoretisch orientierten Literaturwissenschaft von verschiedenen Seiten Widerspruch erfahren. So merkte Lutz Kramaschki bereits 1993 ironisch an, Schmidts Makro-Konventionen könnten "von den Akteuren so befolgt werden oder auch nicht" (Kramaschki 1993: 124). Letztlich handele es sich dabei um "ästhetische Vorurteile", die "in die Objekttheorie" (ebd.: 137) eingebaut seien. In ihrer hellsichtigen Kritik der methodologischen Grundlagen des radikalen Konstruktivismus verweisen Henk de Berg und Jos Hoogeveen darüber hinaus auf den theorietechnisch ebenso zentralen wie fragwürdigen Stellenwert, den der Begriff 'Konvention' in diesem Theoriedesign besitzt. In der Sicht des radikalen Konstruktivismus erscheine Kommunikation als "parallele Konstruktion im kognitiven Bereich der Kommunikanden. Doch um erklären zu können, worauf sich die Parallelität der Konstruktionen gründet, greift der Radikale Konstruktivismus auf den Konventionsbegriff zurück. Die in einer Gesellschaft entwickelten und von deren Mitgliedern sozialisationsgeschichtlich internalisierten sprachlichen und sozialen Konventionen fungieren danach als Garantie für Bedeutung und identisches Verstehen, indem sie als Regeln konzeptualisiert werden, aufgrund deren das Äußern bestimmter Sprachelemente auf bestimmte intersubjektiv geteilte Konstruktionen hin orientiert." (de Berg/Hoogeveen 1995: 197f.) Kommunikation werde demnach definiert "als konventionsgeleitetes sprachliches Handeln" (ebd.: 198).

Damit aber sei der radikale Konstruktivismus einem fragwürdigen "Einheitsdenken" (ebd.: 201) verhaftet, dem auch Schmidts Konzept eines sozialen Handlungssystems 'Literatur' verpflichtet sei. "Man sieht", so Henk de Berg 1997, "wie Schmidt das Literatursystem konzeptualisiert: als die Gesamtheit jener Handlungen (einschließlich kommunikativer Handlungen), die sich ausgehend von den beiden Makro-Konventionen auf Texte richten. Und man sieht auch, wie Schmidt den Fokuswechsel von der Element- zur Organisationsebene vollzieht: indem er den Bestand des Systems mit der Fortdauer übergreifender Konventionen verknüpft, die als intersubjektiv geteilte Handlungsvoraussetzungen das Verhalten der Systemmitglieder steuern." (de Berg 1997: 5) Damit aber gerate "Gesellschaft" letztlich nur noch "als statische Größe in den Blick" (ebd.).

Auch Schmidts Versuch, die Grenzen des behaupteten Handlungsystems als stabil und deutlich konturiert zu beschreiben, ist energisch widersprochen worden. Seine Hypothese, literaturbezogene Handlungen und Kommunikationen seien durch die Leitdifferenz 'literarisch vs. nicht-literarisch' von anderen gesellschaftlichen Aktivitäten geschieden, sei, so Niels Werber bereits 1992, im Grunde tautologisch. Denn sie dupliziere allein die Behauptung eines mit klaren Konturen versehenen Sozialsystems (vgl. Werber 1992: 25f.). Deutliche Kritik haben schon frühzeitig auch Gebhard Rusch und Lutz Kramaschki an Schmidts Leitdifferenz und deren theoretischem Stellenwert geübt. Beide bestreiten die operationale Geschlossenheit eines Sozialsystems Literatur. Rusch meint, der Systembegriff könne bestenfalls "in klassifikatorischem Sinne" (Rusch 1993b: 183) beibehalten werden. Deutlicher noch Kramaschki: der Begriff 'Literatursystem' erweise sich als "bloße Metapher" (Kramaschki 1993: 128).

Diese und ähnliche Einwände sind bei Schmidt nicht ohne Wirkung geblieben. Zwar seien, so Schmidt 1996, "Konventionen als Elemente des kollektiven Wissens von Akteuren in sozialen Systemen ein wichtiges Bindeglied zwischen handlungs- und systemtheoretischen Modellen literarischer Systeme", doch müssten die vorgeschlagenen Makro-Konventionen zur "Definition der Grenze des Literatursystems (...) revidiert werden" (Schmidt 1996: 117). In welcher Form, lässt Schmidt allerdings offen. Und offen bleibt nun auch die damit zusammenhängende Frage, ob eine Leitdifferenz existiere, die es Beobachtern erlaube, Handlungen und Kommunikationen im Literatursystem gegenüber anderen gesellschaftlichen Aktivitäten eindeutig identifizieren zu können (vgl. ebd.).[17] Anders dagegen Achim Barsch. Im selben Band hebt er die s.E. uneingeschränkte Gültigkeit der von Schmidt 1980 bzw. 1989 formulierten sozialen Makro-Konventionen hervor (vgl. Barsch 1996a: 141f.), hält überdies fest an der

17 1997 schließlich ist von Leitdifferenzen und von den Makro-Konventionen überhaupt nicht mehr die Rede. Übrig geblieben ist allein noch die Versicherung, dass es "Konventionen" geben müsse, "die nur im Literatursystem gelten" (Schmidt 1997: 159).

Leitdifferenz literarisch vs. nicht-literarisch zur Definition der Grenze des Literatursystems (vgl. ebd.: 144).

Die angedeuteten Divergenzen zwischen Schmidt und Barsch zeigen, dass es sich bei der ELW bzw. dem radikalen Konstruktivismus in der Tat um Diskurse handelt, in denen unterschiedliche Positionen eingenommen und Akzente gesetzt werden. Sie zeigen aber auch, dass Schmidts Konzept eines sozialen Handlungssystems 'Literatur' mit erheblichen Widersprüchen behaftet ist. Die plausiblen Einwände verschiedener Kritiker betreffen zentrale Aspekte des Konzepts und werfen letztlich die Frage auf, ob mit Blick auf Literatur überhaupt von einem selbstreferenziellen Handlungssystem mit eindeutig bestimmbaren Grenzen gesprochen werden kann. Wenn aber in diesem Zusammenhang der Verdacht auftaucht, beim Begriff 'System' in seiner radikal-konstruktivistischen Ausprägung handele es sich im Grunde um eine "bloße Metapher" (Kramaschki 1993: 128), so stellt sich - dringender als zuvor - die Frage, worin denn die Erkenntnisgewinne bestehen, die Schmidt durch die Anwendung des theoretischen Konstrukts 'System' verspricht (vgl. Schmidt 1989: 28f.).

Bereits in Kapitel 1 seiner Studie wird das Ergebnis der von Schmidt geleisteten Sichtung zahlreicher Materialien zum 18. Jahrhundert vorweggenommen. Das Sozialsystem 'Literatur' werde im 18. Jahrhundert "zum ideologisch prämierten Ort der geistig, emotional und moralisch gleichermaßen entfalteten Subjektivität (Stichwort: Selbstverwirklichung), die in allen anderen Bereichen entweder auf einen Sektor verkürzt oder gar völlig geopfert wird: in der Wissenschaft dem Leitziel Objektivität, in der Philosophie dem Leitziel Wahrheit, in der Wirtschaft der Arbeitsteilung zugunsten des Profits, im Recht dem Gleichheitsgrundsatz. Allein das Literatursystem bietet noch das Versprechen komplexer, risikoreicher, innovativer Erfahrungs- und Erlebnisqualitäten ganzheitlicher Art, in denen kognitive, moralische und hedonistische Momente integriert bleiben (bzw. werden) können." (ebd.: 21) Es ist hier nicht der Ort, diese These zu überprüfen. Doch fragt sich unmittelbar, worin - angesichts dieses Resultats - die "erheblichen Vorteile" (ebd.: 29) des theoretischen Konstrukts 'System' liegen sollen. Was die systemtheoretisch orientierten Kritiker Schmidts nicht erwähnen, liegt gleichwohl auf der Hand: Bei aller Unterschiedlichkeit der jeweiligen Theorieanlage, die Funktion des Sozialsystems 'Literatur', wie Schmidt sie skizziert, unterscheidet sich kaum von den Einsichten, die Peter Bürger im Rahmen seiner "Theorie der Funktion der Kunst in der bürgerlichen Gesellschaft" (Bürger 1979: 174) formuliert hat. Zwar besitzt die Kategorie 'Entfremdung' nicht mehr den Stellenwert eines Paradigmas der Gesamtgesellschaft, wird ihre Reichweite begrenzt auf das Teilsystem 'Wirtschaft' und dessen Folgen für die Individuen, doch ändert dies nichts Grundsätzliches an einer Funktionsbestimmung, in der Literatur bzw. auf sie bezogene Handlungen und Kommunikationen mit der Aura einer Gegenerfahrung ausgestattet werden. Mit anderen Worten: Die Nähe zum institutionssoziologischen Konzept Peter Bürgers ist unübersehbar. Erscheint dort die Kunst als 'Sachwalterin des humanen Prinzips', so ist es hier das Literatursystem, das Möglichkeiten einer "Bewältigung der Folgelasten der funktionalen Differenzierung" (Schmidt 1989: 21) bereitstellt.

Die auf den ersten Blick überraschende Nähe beider Ansätze ist so überraschend nicht, wenn man die konstitutive Bedeutung autonomieästhetischer Postulate bei Schmidt wie bei Bürger berücksichtigt. In seinen Briefen "Über die ästhetische Erziehung des Menschen" (1795) weist Schiller der Kunst die Aufgabe zu, die durch den geschichtlichen Prozess verlorengegangene Totalität menschlicher Anlagen wieder herzustellen (vgl. Schiller 1967: 588). Bürger bedient sich nun Schillers geschichtsphilosophisch fundierter Funktionsbestimmung autonomer Kunst, um seinen dialektischen Kunstbegriff zu plausibilisieren[18]; bei Schmidt taucht das Moment der 'Wiederherstellung menschlicher Totalität' auf in der Behauptung, das Sozialsystem 'Literatur' erlaube den Aktanten "Erfahrungs- und Erlebnismöglichkeiten ganzheitlicher Art" (Schmidt 1989: 21). Wie gesagt, die Überprüfung dieser Hypothese steht hier nicht zur Debatte. Nicht von der Hand zu weisen ist allerdings der Eindruck, dass sich Schmidts systemtheoretischer Entwurf über weite Strecken in einer - vor allem terminologisch neu eingekleideten - Reformulierung bereits bekannter Hypothesen und Einsichten erschöpft.

Dieser Befund steht in deutlichem Kontrast zu dem von Schmidt u.a. propagierten Paradigmenwechsel, den der Entwurf einer 'Empirischen Theorie der Literatur' (ETL) bzw. einer 'Empirischen Literaturwissenschaft' (ELW) für das Fach bedeuten soll.[19] Schmidt selbst, der sein Modell eines sozialen Handlungssystems 'Literatur' eingebettet sieht in den "Grundriß der Empirischen Literaturwissenschaft" (vgl. Schmidt 1980, 1982), plädiert dafür, Literaturwissenschaft nicht mehr als "hermeneutische Textwissenschaft", sondern als eine "konsequent interdisziplinär arbeitende Sozialwissenschaft" (Schmidt 1989: 11) zu konzipieren. Dreh- und Angelpunkt der 'kopernikanischen Wende' durch die ETL ist die Formulierung eines 'nichtkonservativen Literaturbegriffs' (vgl. Finke 1982: 20). Und es bedarf der genaueren Beschäftigung mit ihm, wenn - gerade für Textwissenschaftler - nachvollziehbar sein soll, warum Schmidt Literatur als "Organisationsform für Handlungen und Kommunikationen" (Schmidt 1989: 20) definiert.

In einem kurzen Beitrag über "Das Nicht-Hermeneutische" erinnert Hans Ulrich Gumbrecht an einen 1979 erschienenen Aufsatz Siegfried J. Schmidts "unter dem (Enzensberger zitierenden) Titel 'Bekämpfen Sie das häßliche Laster der Interpretation!'" (Gumbrecht 1994: 105). Polemisiert dieser Titel zunächst einmal gegen das Hermeneutische schlechthin, so zeigt der Untertitel dieses Ar-

18 Vgl. dazu Kapitel I.3.

19 Peter Finke hält mit der ETL gar den Zeitpunkt einer erneuten 'kopernikanische Wende' für gekommen (vgl. Finke 1982: 20).

tikels nach Ansicht Gumbrechts doch auch, dass Schmidts "Polemik weniger auf den Status von Interpretation und Hermeneutik als auf den Autoritarismus bestimmter Interpreten und bestimmter Hermeneutiken zielte" (ebd.): "'Bekämpfen Sie das noch häßlichere Laster der richtigen Interpretation!'" (Schmidt 1979: 279) Auch Claus-Michael Ort hebt hervor, dass der "starke anti-hermeneutische Reflex", der die Empirische Literaturwissenschaft seit ihren Anfängen 1980/82 kennzeichnet, sich in erster Linie gegen "Interpretation im alten Sinn" - und das heißt: gegen "hermeneutische Einfühlung, Werkimmanenz, Biographismus und Intentionalismus" (Ort 1997: 145) richtet. Dass dem so ist, zeigt sich auch in Achim Barschs Entgegnung auf Ralph Gehrkes Attacken gegen die ELW im Namen historisch-kritischer Hermeneutik. Barsch übernimmt hier die Aufgabe, das Literaturverständnis und den Gegenstandsbereich einer als empirisch sich begreifenden Literaturwissenschaft zu erläutern. Worauf es ihm dabei im Wesentlichen ankommt, ist die Abwehr alles Normativen, sei es mit Blick auf ein verengtes Literaturverständnis, das allein "Höhenkammliteratur" (Barsch 1996b: 317) gelten lasse, ohne die ästhetischen Prämissen des eigenen Literaturbegriffs noch zu reflektieren, oder im Hinblick auf textimmanente Auslegungsverfahren, die mit "normativem Anspruch" auftreten und Literaturwissenschaft "in die Nähe einer expertenhaften Teilnahme an literarischer Kommunikation" (ebd.) rücken.

Man muss diese Einwände Achim Barschs im Namen der ELW ernst nehmen - zumal dann, wenn die eigene Beschäftigung mit literatursoziologischen Theorien und Konzepten zu der Einsicht geführt hat, dass all diese Ansätze einer normativen Axiomatik bedürfen, um vordergründige Stringenz zu erlangen (vgl. Kapitel I). Und zuzustimmen ist Barsch auch, wenn er auf das historisch Relative dessen verweist, was als Literatur gelten kann und was nicht: "Poetische Strukturen finden sich in ganz verschiedenen Textsorten - von Werbeanzeigen bis zu Geburtstagsgedichten. Darüber hinaus ist die Grenze zwischen Literatur und Nicht-Literatur historisch fließend: Manche Texte werden lange Zeit als Gebrauchstexte behandelt und dann als Literatur verstanden und umgekehrt." (ebd.: 318) Für ihn, aber auch andere Autoren im Umkreis der ELW bzw. ETL, steht daher fest, was Gebhard Rusch schon 1993 als gesicherte Erkenntnis verschiedener Forschungszweige bezeichnet hat: "Linguistische Poetik, Rezeptionsästhetik, Pragmalinguistik und Kognitionswissenschaft haben zu der Einsicht geführt, daß kein Text an und für sich literarisch ist. Texte werden vielmehr von den verschiedenen Akteuren im Phänomenbereich 'Literatur' als literarisch produziert und rezipiert, angeboten und verkauft, kommentiert und kritisiert." (Rusch 1993b: 170; vgl. auch Barsch 1993: 145; 1996a: 141; 1996b: 315 oder Viehoff 1993: 195f.) Dem ist - wie gesagt - zuzustimmen. Fragwürdig erscheinen jedoch die Konsequenzen, die die ETL auf (radikal-)konstruktivistischer Basis aus dieser Erkenntnis ableitet. Angesprochen ist damit, was Claus-Michael Ort kurz und bündig als die "texttheoretische Selbstblockade" (Ort 1993: 271) der ETL bezeichnet hat.

Unter der Formel "Vom Text zum Literatursystem" (Schmidt 1989: 10) plädiert Schmidt in seiner Studie zum 18. Jahrhundert für eine Literaturwissenschaft, deren Abschied von rein textwissenschaftlichen Fragestellungen notwendig mit "einer beträchtlichen Komplexitätserweiterung" einhergehe: "Richtet man als Literaturwissenschaftler sein Interesse auf das soziale System, in dem Aktanten in unterschiedlichen Handlungsrollen mit Gegebenheiten umgehen, die sie für literarisch halten, dann treten statt isolierter Texte Handlungen an und mit Texten (vor allem Kommunikationen) in den Vordergrund des Interesses. Das aber bedeutet, daß man sich als Literaturwissenschaftler mit Texten, Aktanten, Handlungen, Kommunikationen und allen einschlägigen Bedingungen (kurz mit Text-: Aktant-: Handlungs-: Kontext-Syndromen) beschäftigen muß, wenn man Aussagen über 'Literatur' machen will." (ebd.: 11) Deutet Schmidt zu dieser Zeit noch an, dass die avisierte Fokuserweiterung keinen prinzipiellen Abschied von textwissenschaftlichen Fragestellungen bedeuten müsse, es vielmehr darauf ankomme, unter diesen veränderten Vorzeichen eine "operationalisierbare Texthermeneutik" (ebd.: 438) zu entwickeln, so werden in der Folgezeit textanalytische Methoden und Verfahren mit dem Stempel der 'Unwissenschaftlichkeit' versehen: Sie werden dem Objektbereich literaturwissenschaftlicher Forschung zugesprochen, genauer: Textanalysen und -interpretationen werden klassifiziert als eine rollenabhängige Variante literaturbezogenen Handelns innerhalb des Systems, als Formen der Verarbeitung literarischer Phänomene. Unmissverständlich formuliert dies Achim Barsch 1993: "Literaturwissenschaftler haben nicht Literatur zu definieren, sondern müssen Definitionen von Literatur als Teil des wissenschaftlichen Untersuchungsbereichs betrachten. (...) Nicht nur im Strukturalismus, auch in anderen literaturwissenschaftlichen Richtungen wird die Grenze zwischen Literatursystem und Literaturwissenschaft unterlaufen. Anders lassen sich Phänomene wie literarische Wertung und literarische Interpretation nicht erklären." (Barsch 1993: 164) Und 1996 stellt Achim Barsch nochmals klar: "Der Bereich literarischer Handlungen mit und über für literarisch gehaltene Texte bildet den Gegenstandsbereich der empirischen Literaturwissenschaft, das Literatursystem. Es funktioniert nach eigenen Gesetzmäßigkeiten, die es empirisch zu erforschen gilt. (...) Deshalb ist eine klare Trennung zwischen dem Gegenstandsbereich mit seinen (ästhetischen) Werten und der Literaturwissenschaft mit ihren (wissenschaftlichen) Werten ebenso wie die Trennung der jeweils verschiedenen Erkenntnisinteressen unverzichtbar." (Barsch 1996b: 319) Die Rigidität, mit der hier Textauslegungsverfahren jeglicher Couleur Wissenschaftlichkeit abgesprochen wird, ist kaum nachvollziehbar ohne Seitenblick auf die radikal-konstruktivistischen Basisannahmen der ETL seit 1989.

Verstehen, darauf wurde weiter oben bereits hingewiesen, erscheint unter radikal-konstruktivistischen Vorzeichen als konventionsabhängige parallele Konstruktion im kognitiven Bereich der beteiligten Kommunikanden. Radikal-konstruktivistisch heißt demzufolge, jeden beobachterunabhängigen Seins- und Weltbegriff aus dem eigenen Theoriedesign zu verbannen, eben: in radikaler Weise nicht-ontologisch zu argumentieren.[20] Jenseits des menschlichen Bewusstseins, das in der Tat zum Weltzentrum erhoben wird, existiert daher auch nichts, auf das sich verweisen ließe, um den eigenen Verstehensprozess wissenschaftlich abzusichern. Deshalb könne auch der Vorgang des Lesens (Texte) bzw. Sehens (Bilder), so Schmidt 1991, niemals unter "Berufung auf Text und Bild als Entscheidungsinstanzen" richtig oder falsch sein, "weil wir uns stets nur auf Gelesenes und Gesehenes, also auf kognitive Prozesse beziehen" (Schmidt 1991: 324). Die Konsequenz für alle textanalytischen Verfahren liegt auf der Hand: "Interpretationen (...) können nicht textreferentiell richtig sein." (ebd.)[21] Damit sei, ergänzt Schmidt 1994, allerdings keinesfalls der von Kritikern oft unterstellten Beliebigkeit im Umgang mit literarischen Texten das Wort geredet: "Vielmehr geht es auf der kognitiven Ebene darum, zu einem befriedigenden, als sinnvoll, kohärent und angemessen empfundenen Resultat zu kommen, während es auf der

---

20 Dagegen hat allerdings Nassehi kritisch eingewendet: "Schmidt setzt (...) auf traditionelle Lösungswege: Konstruktivistische Modelle sind auf Kognitionen angewiesen, d.h. auf Beobachter, deren Eigenleistung das in der Beobachtung Konstruierte ist. Solche Beobachterstandpunkte verweisen 'notwendig auf Bewußtsein' (Schmidt 1989: 38). Letztlich ist diese theoretische Lösung (...) keine entscheidende Weiterentwicklung der Tradition, denn als Restontologie bleibt die Reifizierung des menschlichen Bewußtseins zum Weltzentrum, wodurch die Differenz Subjekt/Objekt auf einer schwächeren Begründungsebene konserviert wird." (Nassehi 1993: 158) Darum gelte es, "den konstruktivistischen Ansatz in der Weise zu radikalisieren, daß er soziologisch gewendet wird. Erkenntnistheorie stellt dann nicht mehr allein die Frage nach dem erkennenden Subjekt, sondern fragt zusätzlich, von welcher Art die erkennende, ihre Wirklichkeit konstruierende, in ihren Operationen geschlossene Einheit ist. Dies führt Luhmann zu der Unterscheidung bewußter und kommunikativer Systeme, die je für sich operativ geschlossen sind und damit auch je für sich diejenigen Qualitäten besitzen, die der Konstruktivismus exklusiv dem Bewußtsein zuschreibt. (...) Es sind nicht nur Menschen oder Bewußtseinssysteme, die erkennend und per Unterscheidung eine kontexturale Welt (Gotthard Günther) konstruieren, sondern auch soziale Systeme als eigenständige autopoietische, operativ geschlossene Einheiten." (ebd.: 162) Gemeinsam mit Luhmann vertritt Nassehi - in Abgrenzung zum radikalen Konstruktivismus - die Position eines "operativen Konstruktivismus", so jedenfalls der von Luhmann selbst gewählte Terminus. Vgl. etwa Luhmann 1996a: 17.

21 In diesem Punkt dem 'radikalen' Konstruktivismus voll und ganz verpflichtet, hebt auch Bernd Scheffer hervor: "Jemand, der über Literatur redet und schreibt, kann grundsätzlich nichts 'über' einen Text sagen, er kann auch nicht das (her-)auslegen, was 'in dem Text selbst' liegt, sondern er kann nur, sich selbst beschreibend, einen phänomen-erzeugenden Mechanismus (eine Art 'Rezept') angeben, aufgrund dessen andere Hörer und Leser sich selber die betreffenden Phänomene gleichsam ein zweites Mal in einer parallelen Hervorbringung erzeugen könnten." (Scheffer 1992: 42). Und an anderer Stelle betont Scheffer nochmals: "Da auch 'Außenwelt'-Phänomene nur im Bereich systeminterner Beobachtung 'existieren', gibt es keinerlei Möglichkeit, Informationen direkt aus der 'Umwelt' (oder aus Texten) zu entnehmen." (ebd.: 74)

sozialen Ebene darum geht, daß der Zuhörer den Erwartungen des Sprechers (bzw. der Leser den Erwartungen anderer Kommunikationsteilnehmer) entspricht, was sich in Anschlußäußerungen oder Anschlußhandlungen im weitesten Sinne zeigt." (Schmidt 1994: 150f.) Insofern hätten nur Interpretationen Aussicht auf Anerkennung, in denen "argumentativ kohärent, plausibel oder innovativ für die Kommunikation über den Zieltext" (Schmidt 1991: 324) gesprochen bzw. geschrieben werde. In diesem Falle würde B dem Kommunikationsteilnehmer A ein "zureichendes 'Textverständnis' (...) unterstellen" (Schmidt 1994: 150). Der längerfristige Erfolg einer bestimmten Lesart literarischer Texte - und hier kommt erneut der für den radikalen Konstruktivismus so zentrale Konventionsbegriff ins Spiel - hänge jedoch nicht allein von der Argumentation ab, sondern von den zahlreichen regulativen Mechanismen innerhalb des Literatursystems: "Es hängt von Machtverhältnissen und vom 'symbolischen Kapital' auf dem 'sprachlichen Markt' (P. Bourdieu) ab, wer seine eigenen Orientierungserwartungen kommunikativ erfolgreich durchbringt - wie zum Beispiel literaturwissenschaftliche Interpretationen drastisch demonstrieren." (ebd.: 152) "Argumentation" mithin und "Konventionalisierung von Lesarten sozial relevanter Texte bzw. Textausschnitte (Pflege kultureller Traditionen)" (ebd.: 153) seien die entscheidenden Faktoren für den Erfolg oder Misserfolg kommunikativer Handlungen im Literatursystem.

Deutlich dürfte geworden sein: Es sind die theoretischen Grundlagen eines radikal sich begreifenden Konstruktivismus, die dazu führen, die Möglichkeit einer Entscheidung über textreferenziell richtige bzw. angemessene oder falsche bzw. unangemessene Aussagen kategorisch zu bestreiten. Mit anderen Worten: Intersubjektive Nachprüfbarkeit, eine der Säulen auch des literaturwissenschaftlichen Selbstverständnisses als Textwissenschaft, wird bzw. muss in Abrede gestellt werden, weil der literarische Text in seinem verbindlichen Wortlaut nicht als empirisches Faktum verstanden wird. "Empirizität", so Schmidt 1991, "wird im konstruktivistischen Denken" ausschließlich "an den Menschen und seine Konstruktionen gebunden" (Schmidt 1991: 315)[22] Auch Matthias Prangel hebt diesen Aspekt in seiner Kritik der radikalen Konstruktivismus hervor: "Das konstruktivistische Verstehenskonzept (...) teilt gewiß die Auffassung von der strikt subjektdependenten Konstruktivität aller, ganz besonders aber der literarischen Textverarbeitung und erkennt dieser auch unverzichtbare Bedeutung für die Instandhaltung eines Systems literarischer kommunikativer Handlungen zu. Es vorenthält solcher Textverarbeitung aber nachdrücklich den an intersubjektive

22 Demgegenüber versteht Luhmann "unter Kommunikation eine stets faktisch stattfindende, empirisch beobachtbare Operation" (Luhmann 1990b: 14). Empirisch, so Luhmann an anderer Stelle, meint nicht "ein transzendentales Apriori im Sinne Kants", sondern "eine Bedingung der Möglichkeit im Kantschen Sinne, und zwar eine Bedingung der Möglichkeit von Beobachtung" (Luhmann 1995b: 26, Anm. 30).

Vermittelbarkeit geknüpften Status der Wissenschaftlichkeit (...)." (Prangel 1995: 164)

Zwar ist richtig: Interpretatorischer Beliebigkeit wird von Seiten der ELW nicht das Wort geredet, wohl aber wird allen Textauslegungsverfahren - welcher methodischen Provenienz auch immer - Wissenschaftlichkeit abgesprochen. Die logische Konsequenz besteht dann in dem von Barsch formulierten Anspruch der ELW, Textanalysen und -interpretationen als Formen literaturbezogenen Handelns innerhalb des Systems zum Gegenstand einer systemexternen, nämlich wissenschaftlichen Beobachtung zu machen. Barschs Formulierung, "Literaturwissenschaftler" hätten "nicht Literatur zu definieren, sondern (...) Definitionen von Literatur als Teil des wissenschaftlichen Untersuchungsbereichs [zu] betrachten" (Barsch 1993: 164), gibt sich ebenso radikal wie innovativ. Doch der Schein trügt. Denn Barsch erhebt hier die (ästhetische) Werturteilsfreiheit zum obersten Grundsatz literaturwissenschaftlicher Arbeit - anders formuliert: Erkennbar wird der Versuch, die ELW bzw. ETL als gleichsam wertneutrale, metatheoretische Beobachtungsinstanz aller auf Literatur bezogenen Handlungen und Kommunikationen etablieren zu wollen. Damit wiederholt Barsch allerdings nur längst bekannte Imperative einer positivistischen, dem Prinzip der Werturteilsfreiheit verpflichteten Literatursoziologie. Diese habe, so Silbermann 1981, keine "Antwort auf die Frage zu geben 'Was ist Literatur?'" (Silbermann 1981: 13). Und bereits 1964 formuliert Hans Norbert Fügen, "die wissenschaftliche Literaturkritik" und die von ihr vertretenen "Werthaltungen" gehörten zum Untersuchungsgegenstand der Literatursoziologie, die selbst wiederum "die Möglichkeit der ästhetischen Wertung" nicht besitze (Fügen 1964: 36, 41). Zwar hat Barsch sicherlich recht, wenn er 1996, diesen Einwand vorwegnehmend, darauf verweist, dass "im Gegensatz zur rein soziologischen Literatursoziologie à la Silbermann und Fügen mit dem eingeführten Konzept literarischer Konventionen auch Fragen der Ästhetik" (Barsch 1996a: 136) von der radikal-konstruktivistisch fundierten ELW berücksichtigt würden. Doch ändert dies nichts an der Fragwürdigkeit des Versuchs, die Empirische Literaturwissenschaft als wertneutrale Beobachterinstanz oberhalb textwissenschaftlicher Verfahren und deren zwangsläufige Bindung an bestimmte literarästhetische Prämissen etablieren zu wollen. Denn anders lässt sich die Behauptung nicht verstehen, allein die ELW unterlaufe *nicht* "die Grenze zwischen Literatursystem und Literaturwissenschaft" (Barsch 1993: 164). Dass auch die ELW - und zwar ebenfalls zwangsläufig - diese Grenze unterläuft, zeigen die unreflektierten autonomieästhetischen Postulate der Goethezeit in Schmidts Konzept eines sozialen Handlungssystems 'Literatur'; ein Konzept im Übrigen, dem sich Barsch, anders als Schmidt, auch 1996 noch in allen Einzelheiten verpflichtet fühlt. Mit Recht bezeichnet Kramaschki diese Anleihen an die Autonomieästhetik als "ästhetische Vorurteile", die "in die Objekttheorie" (Kramaschki 1993: 137) eingebaut seien. Und dies, so möchte man hinzufügen, an zentraler Stelle des systemtheoretischen Entwurfs; dient doch der pauschale Rückgriff auf die Autonomieästhetik nichts geringerem als dem Versuch, die Funktion des Literatursystems für die funktional differenzierte Gesellschaft der Moderne zu benennen. Die positivistische Literatursoziologie à la Silbermann und Fügen ist weder "rein soziologisch" (Barsch 1996a: 136) noch wertneutral. Denn sie bleibt unausgesprochen gebunden an ein ahistorisches Dichtungsverständnis à la Staiger[23]. Und ebensowenig kommt die ELW ohne Rückgriff auf ästhetische Wertvorstellungen aus, wenn sie sich anschickt, literarische und literaturbezogene Kommunikationen ihrerseits zu beobachten. Sollte sie diesem Irrglauben allerdings aufsitzen, so läuft sie Gefahr, literarästhetische Prämissen unreflektiert wie Silbermann und Fügen in die eigenen Konzepte einzubauen.

Um es noch einmal auf einen kurzen Nenner zu bringen: Wandte sich die Empirische Literaturwissenschaft in ihren Anfängen gegen jede Form dogmatischer, mit Ausschließlichkeitsanspruch versehener Literaturbetrachtung, so erscheint unter radikal-konstruktivistischen Vorzeichen nunmehr jeder Versuch als obsolet bzw. unwissenschaftlich, intersubjektive Nachprüfbarkeit bestimmter Lesarten von Literatur unter Verweis auf textreferenziell richtige oder falsche Aussagen herstellen zu wollen. Der von Schmidt 1989 vorgelegte Entwurf eines sozialen Handlungssystems 'Literatur' beförderte darüber hinaus das Bestreben, die Empirische Literaturwissenschaft jenseits aller textwissenschaftlichen Bemühungen anzusiedeln. Sie erscheinen nur mehr als eine Variante literaturbezogenen Handelns innerhalb der Grenzen des Systems, das in seiner Gesamtheit Gegenstand empirisch-literaturwissenschaftlicher Forschung sein soll.

Wie die bereits zitierten Äußerungen von Henk de Berg und Jos Hoogeveen bzw. Matthias Prangel schon angedeutet haben, ist die radikal-konstruktivistische Einschätzung und Perspektivierung hermeneutischer Verfahren auch von Seiten einer systemtheoretisch orientierten Literaturwissenschaft auf energischen Widerspruch gestoßen. Insbesondere Claus-Michael Ort hat in einer Reihe von Arbeiten (1993, 1994, 1997) das "texttheoretische Defizit der ELW" kritisiert und Vorschläge für den Einbezug eines "textanalytisch operationalisierbaren 'Empirie'-Konstrukts" (Ort 1994: 104f.) unterbreitet. Darauf wird noch zurückzukommen sein. Was im Zusammenhang dieses Kapitels von größerem Interesse ist, ist die Tatsache, dass erneut Schmidt, aber auch Achim Barsch vor dem Hintergrund geäußerter Kritik ihre ehedem entschiedene Position zumindest vordergründig modifiziert haben. Sowohl Schmidt (1996: 120) als auch Barsch betonen 1996 gegen alle zwischenzeitlich vorgebrachten Einwände, dass literarische Texte sehr wohl zum Gegenstandsbereich Empirischer Literaturwissenschaft gehören würden: "Es trifft also keinesfalls zu, wie fälschlicherweise immer behauptet wird, daß im Rahmen der ETL eine Auseinandersetzung mit

23 Vgl. dazu Teil I, Kapitel 1 der vorliegenden Arbeit.

Texten nicht mehr stattfindet oder gar nicht stattfinden könnte." (Barsch 1996a: 141, Anm. 17; vgl. auch 158, Anm. 48). Mit diesem Zugeständnis bzw. diesem Versuch einer Richtigstellung gelangt die ELW allerdings sogleich in ein methodisch-methodologisches Dilemma - und dies in zweifacher Hinsicht: Findet "eine Auseinandersetzung mit Texten" von Seiten der ELW statt, dann dürfte es sich dabei doch wohl auch um "literarische Handlungen (...) über für literarisch gehaltene Texte" (Barsch 1996b: 319) handeln. Solche Handlungen aber gehören gemäß der Definition des sozialen Handlungssytems 'Literatur' zum "Gegenstandsbereich der empirischen Literaturwissenschaft", also zum "Literatursystem" (ebd.). Mit anderen Worten: Auch die ELW unterliefe in diesem Fall die von ihr selbst so strikt gezogene Grenze zwischen dem Literatursystem und der Literaturwissenschaft, müsste in letzter Konsequenz sich selbst den Status der Wissenschaftlichkeit absprechen. Hält sie dagegen fest am wissenschaftlichen Charakter einer solchen "Auseinandersetzung mit Texten", so widerspricht sie dem Empirieverständnis des radikalen Konstruktivismus, demzufolge textreferenziell richtige oder falsche Aussagen per definitionem ausgeschlossen sind. Barsch versucht dieser Zwickmühle zu entgehen, indem er auf einige Arbeiten im Umkreis der ELW verweist, in denen literarische Texte - in welcher Form auch immer - zum Gegenstand wissenschaftlicher Untersuchung geworden sind. Obwohl von ihm nicht eigens erwähnt, dürfte dazu auch Reinhold Viehoffs Arbeit über den Roman seit dem 18. Jahrhundert zählen. Sie trägt den Titel: "Selbstbezügliches Handeln? Überlegungen zu innerliterarischen Sozialisationsmodellen im Roman seit dem 18. Jahrhundert" (Viehoff 1993). Dieser Beitrag ist in unserem Zusammenhang von besonderem Interesse, weil er darum bemüht ist, "eine Auseinandersetzung mit Texten" (Barsch 1996a: 141) auf der Grundlage des von der ETL entwickelten Literaturbegriffs zu führen: 'Literatur' als Organisationsform für Handlungen und Kommunikationen (vgl. Schmidt 1989: 20).

Die im 18. Jahrhundert zweifellos zu beobachtende Zunahme von Werken, die die Modalitäten literarischer Produktion und Rezeption thematisieren, nimmt Viehoff zum Anlass, diese Romane als "innerliterarische Modelle literarischer Sozialisation" (Viehoff 1993: 214) zu interpretieren. Vor dem Hintergrund einer im 18. Jahrhundert noch weitgehend unterentwickelten Lesekultur verfolgen, so Viehoff, Autoren die "Strategie" (ebd.: 217), den "richtigen Umgang" (ebd.: 209) mit literarischen Fiktionen einzuüben, seien sie doch als Aktanten innerhalb eines sich autonomisierenden Literatursystems am Erhalt ihres Systems interessiert: Es muss "angenommen werden, daß diejenigen, die innerhalb des literarischen Systems handeln und seine besonderen Vorteile und Möglichkeiten - ökonomisch und ideologisch - nutzen, an seinem über einen längeren Zeitraum gesicherten Erhalt interessiert sind" (ebd.: 211). Viehoffs Aussagen, etwa über Cervantes "Don Quijote" und Moritz' "Anton Reiser" (vgl. ebd.: 214ff.), zeigen allerdings, wie dürftig Aussagen über Literatur ausfallen, wenn aufgrund definitorischer Festlegungen nicht literarische Kommunikationen (Texte) analysiert werden, sondern "literarische Handlungen mit und über für literarisch gehaltene Texte" (Barsch 1996b: 319). Die Rede von Aktanten im Literatursystem führt zur freien Spekulation über Autorstrategien und -intentionen. So schließt Viehoff aus der Beobachtung erzählstruktureller Aspekte einiger Romane zurück auf die psychische Disposition ihrer Verfasser: "die literarischen Autoren [haben] sich dazu entschlossen" (Viehoff 1993: 218).[24] Dabei handelt es sich um Spekulationen, die samt und sonders um ein dürftiges handlungstheoretisches Modell kreisen, in dem die literarischen Texte allein noch illustrieren, was die Autoren - Viehoff zufolge - wollen. So hebt Viehoff denn auch hervor, was ihm mit Blick auf den "Don Quijote" wichtig erscheint: "Was hier (...) vorgeführt wird, ist ein Beispiel dafür, was mit einem Leser geschieht, der sich nicht 'angemessen' und 'richtig' verhält, wenn er literarische Bücher liest." (ebd.: 215) Abschließend bleibt nur mehr festzuhalten: Viehoffs Arbeit zeigt, wie der aktantenorientierte, auf radikal-konstruktivistischer Basis beruhende Literaturbegriff der ELW gerade jenen hermeneutischen Irrtümern erneut Tür und Tor öffnet, gegen die die ELW in ihren Anfängen - und dies mit Recht! - zu Felde gezogen ist: Subjektivismus und Intentionalismus.[25]

Summa summarum: Der Versuch Siegfried J. Schmidts, Literatur als Sozialsystem literaturbezogener Handlungen und Kommunikationen auszuweisen, bleibt mit gravierenden Widersprüchen behaftet. Darüber hinaus gelingt es ihm nicht, jenen 'erheblichen Erkenntnisgewinn' nachzuweisen, den er sich aus der systemtheoretisch-konstruktivistischen Theorieanlage für den Phänomenbereich 'Literatur' verspricht. Und Gleiches gilt auch für die Arbeiten anderer Literaturwissenschaftler der Siegener Gruppe wie Gebhard Rusch, Achim Barsch oder Reinhold Viehoff, die sich dem aktantenorientierten Literaturbegriff der ELW und dem Konzept eines sozialen Handlungssystems 'Literatur', wie Schmidt es 1989 entwickelte, verpflichtet fühlen. Aufgrund definitorischer Festlegungen, die die ELW im Übrigen in fatale Nähe zur positivistischen Literatursoziologie (Silbermann, Fügen) rücken, bleibt dieses Konzept für Textwissenschaftler, die daran festhalten, das Literarische der Literatur *auch* durch die Reflexion auf literarische Texte erweisen zu wollen, in hohem Maße unbefriedigend. Anders

24 Insofern ist Luhmann - aus textwissenschaftlicher Perspektive - zuzustimmen, wenn er kritisch anmerkt, "daß der Begriff der Handlung, der nach allgemeinem Verständnis Handelnde voraussetzt, die Grenzen zwischen Systemen und Umwelten verwischt" (Luhmann 1997: 86, Anm. 118).

25 Solche Nähe zur geisteswissenschaftlichen Hermeneutik früherer Tage deutet sich auch an, wenn Achim Barsch gegen die textwissenschaftliche Rede von der Intertextualität einwenden zu müssen glaubt: "Dabei wird leider zu wenig daran gedacht, daß Aktanten notwendig sind, diese Intertextualität zu erzeugen (...)." (Barsch 1996a: 146, Anm. 28) Was, so wäre allerdings Achim Barsch zu fragen, hat sich der Autor dabei gedacht?

gewendet: Der von Schmidt und anderen selbstbewusst propagierte Paradigmenwechsel ist letztlich gleichbedeutend mit einer freiwillig vollzogenen Abkoppelung von literarästhetischen Reflexionen, die das Poetische literarischer Texte und die vielfältigen Funktionen des Fiktiven in den Blick zu nehmen sich bemühen, *ohne* auf einen normativen Literaturbegriff zurückzugreifen. Wenn eine systemtheoretisch orientierte Literaturwissenschaft jedoch den Nachweis zu erbringen versucht, dass von Literatur als einem selbstreferenziellen, womöglich autopoietischen Sozialsystem gesprochen werden könne; von einem System überdies, das bestimmte Funktionen und Leistungen in der Gesellschaft erfüllt, so muss sie sich m.E. der Anstrengung unterziehen, nach Anschlussmöglichkeiten zwischen soziologischer Systemtheorie und Literaturtheorie zu suchen. Schmidt hat, kurz gesagt, mit Blick auf den Phänomenbereich 'Literatur' nichts wesentlich Neues zu sagen; ein Sachverhalt, der die Notwendigkeit unterstreicht, nicht gegen die textwissenschaftliche Tradition, sondern in methodisch kontrollierter Auseinandersetzung mit ihr systemtheoretische Elemente zu erproben.

Die "texttheoretische Selbstblockade" (Ort 1993: 271) der ETL, von der Claus-Michael Ort m.E. mit Recht gesprochen hat, wird nicht nur von Vertretern traditioneller literaturwissenschaftlicher Methoden abgelehnt, sondern auch von Literaturwissenschaftlern kritisiert, die für eine Kombination von systemtheoretischen Konzepten und textanalytischen Verfahren plädieren. Zu ihnen gehören Friederike Meyer und eben Claus-Michael Ort, beide maßgeblich beteiligt am Entwurf eines struktural-funktionalen Theoriemodells im Rahmen der Münchener Forschungsgruppe zur 'Sozialgeschichte der deutschen Literatur'.

2.2 Struktural-funktionaler Ansatz zur Sozialgeschichte der Literatur (Münchener Forschungsgruppe)

Die Aufsätze von Meyer und Ort (1990) bzw. Ort (1993, 1994, 1997) dokumentieren, wie weit die systemtheoretisch-literaturwissenschaftliche Diskussion noch davon entfernt ist, soziologische Theorie und methodisch kontrollierte Verfahren zur Analyse literarischer Texte miteinander zu verknüpfen. "Wir plädieren", so Meyer und Ort 1990, "mit Nachdruck dafür, über die Applikabilität von 'Sozial-Systemtheorie' und 'Text-Systemtheorie' nachzudenken, um sich dabei zunächst sowohl der Probleme unterschiedlicher 'System'-Begriffe, als auch der Chancen bewußt zu werden, die in einer gemeinsamen epistemischen Grundlage von 'Systemtheorie' und struktural-semiotischen Modellen in der Literatur- und Sprachwissenschaft liegen" (Meyer/Ort 1990: 4). Folgt man Claus-Michael Orts Einschätzung, wie er sie drei Jahre später formuliert, so ist dieses Plädoyer offensichtlich weitestgehend ungehört verhallt: "Daß sich 'Literatur' als Sozialsystem über produktives, rezeptives, distributives usf. Handeln an und über Texte[n] kommunikativ konstituiert und sich v.a. seit dem späten 18. Jahrhundert zunehmend autonomisiert und als ein kulturelles Teilsystem der Gesellschaft dynamisch und selbstorganisatorisch reproduziert, ist differenztheoretisch und historisch hinreichend entfaltet worden (Schmidt 1989). Wie dies geschieht, das heißt welche Funktionen Literatur als Speicher- und Verbreitungsmedium für welches literarische oder nicht-literarische 'Wissen' bzw. für welche Diskurse jeweils erfüllt, ist jedoch nach wie vor kaum theoretisch ausformuliert oder historisch und exemplarisch erforscht worden." (Ort 1993: 272)[26] Auch wenn man Ort auf den ersten Blick beipflichten möchte, Zustimmung und Kritik, wie er sie hier in einem Atemzug mit Blick auf Schmidts Ansatz formuliert, passen so nicht zueinander. Denn die im 'Wie' implizierte Frage nach der Funktion von Literatur lässt sich m.E. nicht auf der Grundlage eines diffusen Literaturbegriffs beantworten, der 'kommunikatives Handeln an Texten' und 'kommunikatives Handeln über Texte' nicht klar voneinander unterscheidet; ein Literaturbegriff, der keineswegs präziser wird durch die Behauptung, literaturbezogenes Handeln sei als System eindeutig abgrenzbar von allen anderen Bereichen kommunikativen Handelns in der Gesellschaft. In der zitierten Äußerung Claus-Michael Orts werden die Konturen einer Position sichtbar, die einerseits, mit Schmidt, für einen erweiterten Literaturbegriff plädiert, andererseits, gegen Schmidt, die "texttheoretische Selbstblockade" (ebd.: 271) der ETL nicht mitmachen will. Genau auf dieser Linie befinden sich dann auch Orts weitere Arbeiten zu diesem Problemfeld. Es gelte, so Ort 1994, "unter dem Dach der ELW (...) die nicht-hermeneutischen, also linguistisch, struktural und semiotisch fundierten Textkonzeptionen und Analysemethoden" (Ort 1994: 110) zu plazieren - und das heißt: textanalytische Verfahren einzubeziehen, die "die metatheoretischen Ansprüche an ein wissenschaftliches Textanalyseverfahren, also Theoretizität, Systematizität und Explizitheit als Voraussetzung für seine Empirizität, (...) also methodische Kontrolliertheit, problembezogene Anwendbarkeit und intersubjektive Prüfbarkeit" (ebd.) erfüllen. Solche Textanalyseverfahren - Ort erwähnt ausdrücklich Manfred Titzmanns "Strukturale Textanalyse" (1977) - erlaubten es durchaus, "Kriterien für 'richtige' und 'falsche' Aussagen über Texte" zu entwickeln - und "diese Aussagen sind deshalb noch lange keine ontologischen" (ebd.: 112). 1997 greift Ort dieses Thema nochmals auf, sich gleichermaßen gegen eine "Soziologie ohne Texte" wie gegen eine "Systemtheorie ohne Soziologie" (Ort 1997: 146) wendend. Systemtheoretische Konzepte sollten beschränkt werden auf die Erschließung der Sozialdimension von Literatur, während die semiotische Dimension literarischer Texte auf dem Boden nicht-hermeneutischer Verfahren zu analysieren sei: "Ausgangspunkt weiterer Überlegungen zum

26 Zu den wenigen Versuchen, Textanalyse und (Sozial-)Systemtheorie einander anzunähern, zählt Ort die Arbeiten von Schwanitz und Werber (vgl. Ort 1993: 272). Dazu später!

Verhältnis von Systemtheorie und Hermeneutik sollte also die Rückbindung der Systemtheorie an sozial- und medienwissenschaftliche Fragestellungen im Rahmen einer Literaturwissenschaft sein, die ihren Gegenstandsbereich in der Sach-/, Sozial- und Zeitdimension von Literatur erblickt und deren soziale Dimension - und nur diese - systemtheoretisch modelliert, ohne deshalb die semiotische Sachdimension von Literatur auszublenden. Als materiell sedimentierte Folgen literarischen Handelns fungieren literarische Texte als Speicher- und Verbreitungsmedien und damit zugleich als Bezugsgrößen für anschließendes systeminternes, literarisches oder literaturbezogenes Handeln und Kommunizieren, aber auch für Anschlußhandeln außerhalb des Sozialsystems Literatur." (ebd.: 148f.) In Umrissen skizziert ist damit auch noch jene Position, die das 'Münchener Modell' innerhalb einer Debatte einnimmt, in deren Mittelpunkt die Frage steht, ob Literatur als soziales Handlungssystem oder aber als Text- bzw. Symbolsystem zu konzipieren sei.

Die Übereinstimmungen wie Unterschiede zwischen Schmidts Literaturbegriff und demjenigen der Münchener Forschungsgruppe werden erkennbar in der folgenden Definition: "Wir gehen von einem handlungs- und systemorientierten Verständnis der Literatur aus und sehen als Gegenstand einer 'Sozialgeschichte der Literatur' den Zusammenhang von literarischen, literaturbezogenen und weiteren gesellschaftlichen Interaktionen, soweit diese als soziale Handlungssysteme rekonstruiert werden können. Damit sind zum einen Kommunikationshandlungen gemeint, die zum Entstehen von solchen Texten führen, die als literarisch angesehen werden, oder von diesen Texten ausgehen. Zum anderen beziehen wir uns auf Interaktionen, die literarische Verständigung ermöglichen, regeln, kontrollieren, fördern, verhindern usf. ('literaturbezogenes Handeln')." (Pfau/Schönert 1988: 3f.) Wie die Definition zeigt, schließen sich die Münchener Forscher nicht umstandslos jener These der ETL an, derzufolge der Textbegriff zu verabschieden sei zugunsten einer Definition von Literatur als 'Organisationsform literarischen Handelns und Kommunizierens'. Die mit der ETL (aber längst nicht nur mit ihr!) geteilte Ablehnung "einer 'ontologischen' und substantialistischen Auffassung vom 'literarischen Werk'" (ebd.: 5), mithin jenes ahistorischen und metaphysischen Dichtungsverständnisses, das der werkimmanenten Schule (Staiger) und der empirisch-positivistischen Literatursoziologie (Fügen, Silbermann) als Konvergenzpunkt einer einvernehmlichen und wechselseitigen Nichtzurkenntnisnahme diente, führt hier jedoch nicht zum Bruch mit der textwissenschaftlichen Tradition des Faches. Vielmehr betonen die Münchener Forscher ausdrücklich, dass Texte "als Träger einer spezifischen - literarischen - Kommunikationsleistung" (ebd.) zu gelten hätten.

Der Versuch indes, auf der Grundlage von Parsons struktural-funktionaler Systemtheorie ein Untersuchungsmodell zu kreieren, das die "Beschreibung und Analyse typischer Strukturen und Funktionen literarischer Kommunikation" (ebd.: 4) sowohl synchron als auch diachron erlauben soll, belässt es bei dem

Hinweis auf die Spezifik literarischer Kommunikation. Dies hat sicherlich seine Ursache auch in dem ehrgeizigen Unterfangen, nicht nur, wie Schmidt, das Sozialsystem 'Literatur' in Abgrenzung von anderen gesellschaftlichen Teilsystemen beschreiben, sondern auch die Interpenetrationsbeziehungen zwischen literaturbezogenen und weiteren gesellschaftlichen Interaktionen einbeziehen zu wollen. Die Geschichte des Sozialsystems 'Literatur' sei, so Meyer und Ort, "als die Geschichte seiner Kommunikations-, Interaktions- bzw. Interpenetrationsbeziehungen zu anderen Sozialsystemen" (Meyer/Ort 1988: 92) zu konzipieren; ein Vorhaben, das zu einem Modellentwurf führt, dessen begrifflich-systematische Entfaltung zu einem Grad von Komplexität gelangt (vgl. ebd.: 131-171), der sich gegen die Applikationsfähigkeit des Modells wenden könnte, sollte denn jemals der Versuch unternommen werden, die Sozialgeschichte der deutschen Literatur auf der Grundlage dieses Modells neu zu bearbeiten. Wie dem auch sei: Nicht der mangelnde Empiriebezug des Entwurfs interessiert an dieser Stelle, sondern die Tatsache, dass die Spezifik literarischer Kommunikation und Bedeutungsvermittlung in der begrifflich-systematischen Entfaltung des Modells keine angemessene Berücksichtigung findet. Claus-Michael Ort hat dies in selbstkritischem Rückblick offen einbekannt: "Das 'Symbolische' der Literatur - oder besser: ihre Qualität als Zeichensystem - drohte indessen (...) wenn nicht herauszufallen, so doch zur Residualkategorie zu schrumpfen." (Ort 1993: 271) Insbesondere, so Ort weiter, habe es an einer theoretischen Ausarbeitung jener Position gemangelt, "wo kulturelle (einschließlich literarische) Kodes, Semantiken und Diskurse ihren Platz finden" (ebd.). Die Konsequenzen, dies sei hinzugefügt, bestehen u.a. in einem ebenso erweiterten wie unpräzisen Literaturbegriff, in dem literarische Kommunikation und Kommunikation über Literatur nicht in der notwendigen Klarheit voneinander geschieden werden.

Die wesentlichen Defizite der vorliegenden Konzepte zum *Handlungs*system 'Literatur' dürften damit benannt sein; Ansätze zu ihrer Überwindung verspricht das sog. 'Leidener Modell', geht es den Forschern an der Universität Leiden doch darum, ein Modell systemtheoretischen Textverstehens zu entwickeln.

2.3 Systemtheoretisches Textverstehen (Leidener Modell)

Während die ETL textanalytische Verfahren als unwissenschaftlich ablehnt und die Münchener Forschergruppe über das Plädoyer für eine Kombination von Systemtheorie und struktural-semiotischen Modellen zur Analyse von Texten bislang noch nicht hinausgekommen ist, wurde am Leidener Institut für Systemtheorie und Humanwissenschaften der Versuch unternommen, in direkter Anknüpfung an Luhmanns Theorie sozialer Systeme ein Modell differenztheoretischen Textverstehens zu entwickeln. Resultat dieser Bemühungen ist u.a. der Band "Kommunikation und Differenz" (1993), in dem Beiträge sowohl zur theoretisch-methodologischen Fundierung als auch zur forschungspraktischen Umsetzung des Modells versammelt sind.[27] Das gesteckte Ziel bringt Matthias Prangel in seinem einleitenden Aufsatz folgendermaßen auf den Punkt: Es gehe darum, "der Literatur- und Textwissenschaft mit Hilfe des systemtheoretischen Instrumentariums eine methodische Orientierung zu gewinnen, die im streng limitierten Sinne einer theoriegeleiteten Eruierung von historisch-ursprünglicher Textbedeutung als objektivierbarer Textbedeutung anwendbar ist" (Prangel 1993: 14).

Auffällig ist zunächst, dass die Standortbestimmung des eigenen Ansatzes im Kontext literaturwissenschaftlich-systemtheoretischer Diskussion umstandslos gelingt. In Abgrenzung zum Dekonstruktivismus wie zum radikalen Konstruktivismus beziehen sich Prangel und de Berg auf die Theorie autopoietischer sozialer Systeme und setzen schlicht als gegeben voraus, was andernorts aus guten Gründen Anlass zu kontroversen Debatten ist: die Existenz eines autopoietischen gesellschaftlichen Teilsystems 'Kunst und Literatur'. Selbst die Frage 'Handlungssystem oder Textsystem?', mithin die Frage nach den Elementen und Grenzen des Kunstsystems wird nicht eigens erörtert - und das heißt: als bereits beantwortet vorausgesetzt. Eher beiläufig erfährt man bei Prangel, dass er als System 'Kunst' alle auf Kunst bezogenen, nichtwissenschaftlichen Diskurse begreift (vgl. ebd.: 17f.).[28]

Vor diesem Hintergrund widmen sich Prangel und auch de Berg einem anderen Aspekt der Luhmannschen Systemtheorie, um ihr Verfahren zu explizieren: dem Aspekt der *Selektivität kommunikativer Ereignisse*. Nicht anders als psychische Systeme seien auch soziale Systeme (Kommunikationen) gezwungen, über die Beobachtung einer hochgradig komplexen und kontingenten Umwelt selektiv auf Umweltereignisse zurückzugreifen, um die eigene Autopoiesis zu sichern; ein Vorgang, der stets sinngeleitet und gegenwartsbasiert erfolge. Wesentlich für Prangel und de Berg ist in diesem Zusammenhang Luhmanns differenztheoretische Fundierung seines Autopoiesis-Konzepts. Henk de Berg führt aus: "Ein Selegiertes ist (...) niemals etwas, was an sich bedeutungs- oder sinn-

27 Vgl. insbesondere die Aufsätze von Matthias Prangel (9-31) sowie Henk de Berg (32-52). Ausführlicher noch erläutert de Berg den Leidener Ansatz in seiner Arbeit "Kontext und Kontingenz" (1995).

28 Kitty Zijlmans, dem Leidener Ansatz voll und ganz verpflichtet, schafft dann auch in diesem Punkt die notwendige 'Klarheit': Die "Funktionssysteme der Gesamtgesellschaft werden durch Kommunikation erzeugt. Für das System Kunst bedeutet das, daß dieses nicht durch die Summe aller Kunstwerke konstituiert wird, sondern durch die Summe aller Kommunikationen über Kunst." (Zijlmans 1993: 55) Einen Anlass zur kritischen Überprüfung dieser These, die von Luhmann (1981) erstmalig aufgestellt worden ist, sieht auch Zijlmans nicht.

voll ist und deshalb selegiert wurde, sondern ein Selegiertes hat nur Sinn vor dem Hintergrund ausgeblendeter anderer Möglichkeiten, den erst die Selektion selbst konstituiert." (de Berg 1993: 33) Selektion als 'Bezeichnung-anhand-einer-Unterscheidung' avanciert nun zum entscheidenden Kriterium des eigenen Textverständnisses. Texte, literarische wie nichtliterarische, werden, so Prangel, "als in Mitteilungsform gefaßte kontingente Selektionsleistungen gesehen, in die (...) die Negativseite der Selektion mit eingeht. Das heißt, sie stehen in einem sehr konkreten Spannungsverhältnis zur Umwelt ihres je aktuellen kommunikativen Umfelds und bauen aus der Spannung, aus dieser Differenz und nicht etwa aus dem Konsens mit der Umwelt ihre Bedeutung auf." (Prangel 1993: 19) Die Bedeutung eines Textes, so Prangel weiter, sei demnach zu definieren "als die Einheit der Differenz zwischen dem, was ein Text sagt und dem, was er negiert" (ebd.).

In der zuletzt zitierten Äußerung deuten sich bereits jene Widersprüche an, die dem Leidener Ansatz in der Folgezeit von verschiedenen Seiten Kritik eingebracht haben. Auf der Grundlage einer Definition von Textbedeutung als 'Einheit der Differenz von Gesagtem und Negiertem' sehen Prangel und de Berg die Aufgabe literaturwissenschaftlichen Textverstehens darin, durch die "Rekonstruktion der spezifischen Negativfolie" (de Berg 1993: 38) eines Textes dessen 'historisch-ursprüngliche Bedeutung als objektivierbare Textbedeutung' (vgl. Prangel 1993: 14) freizulegen. Zur Bewältigung dieser Aufgabe habe der Interpret "die Gesamtheit von Sekundärzeugnissen und verfügbarem historischem Quellenmaterial" (ebd.: 21) zu sichten. Entgegen dem Anschein einer strikt differenztheoretischen Ausrichtung des Leidener Modells geht es daher wohl eher um 'Einheit' und 'Identität': um die "historische Textidentität" (ebd.: 18; vgl. auch: 20) oder, wie de Berg betont, um die "Identität des Textes" (de Berg 1993: 43) bzw. die "historisch-originäre Textbedeutung" (de Berg 1995: 8). Literaturwissenschaftliche Textanalyse erscheint demnach als ein Prozess, der in dem Maße "Objektivität und Wissenschaftlichkeit" (Prangel 1993: 23) für sich in Anspruch nehmen darf, wie es ihm gelingt, sich durch die Sichtung von Dokumenten und Sekundärzeugnissen jener ursprünglichen Textbedeutung anzunähern, in der die Differenz von Gesagtem und Ungesagtem sich zur Identität des Textes wechselseitig aufheben.

Es dürfte kaum verwundern, dass gerade dieser Aspekt auf energischen Widerspruch gestoßen ist. Sieht man einmal ab von der Tatsache, dass das Leidener Modell Luhmanns Systemtheorie in Anspruch nimmt, um als richtungweisenden Neuansatz ein Verfahren auszugeben, das unter dem Stichwort 'Intertextualität' in strukturalistisch-semiotischen Theorien seit langem bekannt ist, so muss überdies festgehalten werden: Das systemtheoretische Textverstehen nach Prangel und de Berg unterbietet den Kenntnisstand dieser Theorien. Denn der Glaube an die Rekonstruierbarkeit einer 'ursprünglichen Textbedeutung' ignoriert, dass alle Texte, mithin auch die als 'Negativfolie' ausgemachten Bezugstexte, eingespannt sind in ein mehr oder minder dicht geknüpftes Netz intertextueller Relationen. Die Rekonstruktion solcher Korrespondenzen, so akribisch sie auch betrieben wird, kann niemals die semantische Identität eines Textes ans Licht befördern, sondern müsste zu der Einsicht führen, dass 'Bedeutung' keine zeitpunktfixierte, durch eine einmalige historische Konstellation erzeugte "feste Größe" (de Berg 1995: 61) ist, sondern die Summe potenziell unendlich vieler semantischer Differenzen. So vermisst denn auch Kramaschki im Leidener Modell die Einsicht, dass die "Gesamtheit des Quellenmaterials wiederum nur in der Form von Texten bzw. besser: Textformularen vorliegt und jeder dieser Texte vom Interpreten richtig wiederum nur vor der Negativfolie ihrer jeweiligen Kontexte verstanden werden kann. Auch der (schon eingeschränkte) Kontext (...) zeigt sich dem interpretierenden Blick als eine komplexe Verweisungsstruktur von Text/Kontext-Differenzen. Die sogenannte Pointe der Kommunikation gilt für jedes einzelne Sekundärzeugnis, für jede noch so fragmentarisch vorliegende Quelle (Textformular). Jeder Text im Kontext ist genau nach dem Verfahren zu bearbeiten, welches für den in Frage stehenden, zu interpretierenden Text zur Anwendung gelangen soll." (Kramaschki 1995: 286f.)

Ein zweiter Punkt will in diesem Zusammenhang erwähnt sein. Kramaschki betont, dass die Suche nach der ursprünglichen Textbedeutung nichts anderes impliziert als 'die Ausschaltung des Beobachters bzw. des verstehenden Systems' (vgl. ebd.: 284).[29] Nichts anderes hat Armin Nassehi im Blick, wenn er auf der Grundlage von Luhmanns Beobachtungstheorie hervorhebt: "Aber 'Bedeutungen' erschließen sich stets aus der Beobachtungsgegenwart und nicht aus der beobachteten Gegenwart des gelesenen Textes. Der Clou des Autopoiesis-Konzepts besteht ja gerade darin, daß Ereignisgegenwarten für sich selbst gewissermaßen unsichtbar sind und erst von einem nächsten Ereignis beobachtet werden können, das selbst wiederum für sich selbst unbeobachtbar ist. Anders formuliert: Die sich ereignende Gegenwart ist sich schlicht gegeben und ist, um registriert zu werden, auf neue Ereignisse angewiesen, die sich reflexiv zu jenem Prozeß verhalten, in dem sie sich ereignen (...)." (Nassehi 1997a: 56). Jede - zeitlich notwendig nachfolgende - Umweltbeobachtung durch psychische oder soziale Systeme ist nach Luhmann Beobachtung anhand beobachtungsleitender Unterscheidungen, die stets ihren blinden Fleck aufweist. Jeder Beobachter sieht nur, was er sieht, und sieht nicht, was er auf der Grundlage seiner Unterscheidungen als ausgeschlossenes Drittes nicht sehen kann. Auch unter diesem - differenztheoretischen - Blickwinkel verdeutlicht sich die Fragwürdigkeit des Unterfangens, zur ursprünglichen Textbedeutung vordringen zu wollen. Mit anderen Worten: Die Suche nach der 'semantischen Identität' des Textes im

29 Ähnlich äußern sich Tannelie Blom und Ton Nijhuis (1995: 264f.) in ihrer Kritik des Leidener Ansatzes.

Leidener Modell entspricht letztlich der Suche nach dem archimedischen Beobachtungspunkt.

Ein letzter Aspekt sei noch kurz angesprochen: Die unter dem Leitziel 'Objektivität' empfohlene Rekonstruktion der 'ursprünglichen Textbedeutung' erinnert an die "strenge Wahrheitsliebe" und den "völlig parteilosen Standpunkt"[30], mit dem der Historismus des 19. Jahrhunderts zu zeigen versuchte, 'wie es eigentlich gewesen' (Leopold von Ranke). Man könnte auch, mit den Worten Kramaschkis, sagen: "die Einheit der Relation von Text und Kontext [ist] unmittelbar zu Gott" (Kramaschki 1995: 294). Hier bleibt allerdings anzumerken, dass Matthias Prangel schon im selben Band Klarstellungen vornimmt, die die aus einer missverständlichen Begriffswahl resultierenden Anklänge an das historistische Geschichtsverständnis korrigieren. Im Anschluss an die Feststellung, dass selbstverständlich alles "menschliche Wahrnehmen, Beobachten, Erkennen, Verstehen, auch also das Verstehen von Texten jeglicher Art (...) unhintergehbar konstruktiv" (Prangel 1995: 153) sei, plädiert Prangel für einen pragmatischen Begriff von Objektivität: "Das heißt, es wird aller grundsätzlichen Internität und Konstruktivität unseres Wissens zum Trotz unvermeidlich, der menschlichen Aufnahme und Verarbeitung von Welt in der Form von intern sinnvollen und in diesem Sinne konsensfähigen, anschlußfähigen und überprüfbaren Realitätsannahmen einen - wenn nicht absoluten, so doch pragmatischen - Boden von Objektivität einzuziehen. So sehr sich also der alte Objekt-Subjekt-Dualismus der Ontologie überlebt hat und der Einsicht gleichermaßen von der Konstruiertheit des Objekts wie der des Subjekts gewichen ist, so unverzichtbar sind Objektivität und Realität dennoch als lebenspraktische Kategorien. Beide erscheinen im pragmatischen Wissenschaftsparadigma ganz buchstäblich als aus der Externität in die Internität eingeholt." (ebd.: 154) Vor diesem Hintergrund liege das "Verstehen von Texten (...) im rekonstruktiven Erfassen der je besonderen bedeutungskonstituierenden Differenzen von Texten und ihren zugehörigen Kontexten"; ein Verstehen, das "als objektiv zu deklarieren (...) strikt genommen falsch sein [mag]" (ebd.: 167f.).

Auf die systemtheoretisch orientierte Debatte zwischen Anhängern und Befürwortern textwissenschaftlicher Verfahren Bezug nehmend, äußert Lutz Kramaschki zum Abschluss seiner Rezension: "Schwanitz möchte, sich gegen die Empirische Literaturwissenschaft wendend, deutlich machen, welche Theorieverwerfungen bei einer bruchstückhaften Übernahme Luhmanns entstehen (1993: 72). Meine Analyse hingegen versuchte am Rande deutlich zu machen (...), daß die primär am Text interessierte Literaturwissenschaft doch auch einmal zusehen sollte, was die kritische Systemtheorie-Rezeption der letzten Jahre an Verwerfungen in dieser Konzeption zutage gefördert hat." (Kramaschki 1995:

30 Brockhaus' Konversationslexikon von 1894, zit. nach Scheuer 1979: 5.

299)[31] Dem lässt sich, angesichts der aufgezeigten Schwächen des Leidener Ansatzes, nur bedingt widersprechen. Allerdings rechtfertigen diese Schwächen noch längst nicht die auch von Kramaschki vertretene These vom anachronistischen Charakter aller textanalytischen Verfahren. Denn die im Umkreis der ETL entstandenen Konzepte, die 'Literatur als Sozialsystem literaturbezogenen Handelns und Kommunizierens' ausweisen wollen, sind keineswegs überzeugender. Kramaschkis geschickte Entgegnung, die gegen Schwanitz wendet, was sie gegen das Leidener Modell teilweise mit stichhaltigen Argumenten vorbringt, ist eher geeignet, das Interesse für Dietrich Schwanitz' Applikation der Luhmannschen Systemtheorie zu wecken. Neben Gerhard Plumpe und Niels Werber gehört auch er zu denjenigen, die die Theorie autopoietischer Systeme für die Analyse literarischer Werke nutzen wollen.

2.4 Autopoiesis und Literatur (Schwanitz, Plumpe, Werber)

Dietrich Schwanitz kommt zweifellos das Verdienst zu, die anschaulichste und amüsanteste Einführung in Luhmanns Theorie sozialer Systeme vorgelegt zu haben (vgl. Schwanitz 1990a: 13-89; vgl. auch Schwanitz 1990b). Einerseits dient sie ihm als gesellschaftstheoretischer Bezugsrahmen, andererseits nutzt er das systemtheoretische Begriffsinstrumentarium, um literaturwissenschaftliche Problemstellungen im Lichte des Autopoiesis-Konzepts neu zu bedenken. Der Rückgriff auf die Systemtheorie ermögliche es der Literaturwissenschaft, "verschüttete Problemfassungen (...) wiederzugewinnen" (Schwanitz 1987: 181). Dabei geht es Schwanitz allerdings nicht um die grundsätzliche Frage nach der möglichen Existenz eines Sozialsystems 'Kunst bzw. Literatur', dessen Grenzen und seine mögliche Funktion für die funktional differenzierte Gesellschaft. Die Existenz des Kommunikationssystems Kunst und Literatur setzt auch er schlicht voraus (vgl. Schwanitz 1990b: 120). Schwanitz' Interesse gilt in erster Linie dem Versuch, "eine systemtheoretische Gattungstheorie für das Drama und den Ro-

31 Kramaschkis Kritik am Leidener Modell ist nicht nur die bei weitem umfangreichste, sie ist auch die weitaus polemischste. Wohl deshalb haben Henk de Berg und Matthias Prangel eine nicht minder ausführliche "Antwort auf Lutz Kramaschkis Kritik am 'Leidener Modell'" (Untertitel) verfasst (vgl. de Berg/Prangel 1997b). Mit vielfach stichhaltigen Argumenten wenden sich beide gegen den radikal-konstruktivistischen Background Kramaschkis und argumentieren überzeugend auch gegen eine Empirische Literaturwissenschaft, die alle textwissenschaftlichen Bestrebungen unter Ontologieverdacht stellt und ihnen Wissenschaftlichkeit abspricht (vgl. insbesondere 135ff.). Allerdings, so meine ich, gelingt es de Berg und Prangel auch bei dieser Gelegenheit nicht, die eben auch von Kramaschki vorgebrachten Einwände gegen ein textanalytisches Verfahren zu entkräften, das sich zum Ziel setzt, die 'historische Textidentität' aufzudecken.

man" (Schwanitz 1990a: 217) zu entwickeln: in Anknüpfung an vorhandene Narrativik-Theorien, die es, so Schwanitz, mit der Erzählliteratur und dem Drama gleichermaßen zu tun haben, "insofern sich beide über Geschichten organisieren" (Schwanitz 1987: 181). Dreh- und Angelpunkt der systemtheoretischen Reformulierung bzw. Weiterentwicklung erzähltheoretischer Wissensbestände ist für Schwanitz die "Autopoiesis in der Literatur" (Schwanitz 1990a: 99), genauer: die Einheit der Differenz von Fremdreferenz und Selbstreferenz. Konzentrieren möchte ich mich im Rahmen dieser Arbeit auf Schwanitz' Überlegungen zur Theorie und Geschichte des Romans.[32]

In einem weit gespannten Bogen, der von Cervantes über Sterne zu Joyce und Beckett führt, skizziert Schwanitz den Entwicklungsweg der literarischen Moderne als Prozess der Entzweiung zwischen der Wirklichkeit und dem Erzählen. An die Stelle der ehedem gültigen "Kongruenz von Geschichtencorpus und Wirklichkeit" (Schwanitz 1987: 183) sei mit der Geburtsstunde des realistischen Romans die Differenz getreten, das Erzählen zum Problem geworden - mit anderen Worten: die Selbstreferenzialität des Erzählens als Signum der literarischen Moderne auf den Plan getreten: "Der realistische Roman setzt ein mit der Differenzierung zwischen dem Erzählen und der Wirklichkeit und benutzt diese Differenz, um sein eigenes Erzählen an der Wirklichkeit auszurichten und sich selbst von all den 'unrealistischen' Erzählungen der vergangenen Literatur wie Legenden, Fabeln, Ritterromanzen etc. abzusetzen. (...) Die alten Geschichten werden damit als bloße Erzählungen entwertet und das neue Erzählen auf Glaubwürdigkeit abgestellt. Im Sinne der Differenz von Fremdreferenz (Wirklichkeit, das Erzählte) und Selbstreferenz (Erzählen) kann das Erzählen wahlweise auf das Erzählte oder sich selbst referieren." (ebd.) Seien es nun Authentizitierungstechniken, etwa die Berufung auf Zeugenaussagen bzw. vorliegende Dokumente (Defoe), oder die Verlegung der Differenz von Erzählen und Erzähltem in das Erzählte selbst (Cervantes)[33]: die Selbstreferenzialität des Erzählens konfrontiere den realistischen Roman permanent mit einer Paradoxie, die darin bestehe, das Erzählen selbst erzählen zu wollen. Der moderne Roman, so Schwanitz weiter, gehe in unterschiedlicher Weise mit dieser Paradoxie um; ihr entgehen könne er nicht, sei die Selbstreferenzialität des Erzählens doch Ausdruck des Bemühens um Glaubwürdigkeit in einer Welt, in der sich die "offene Zukunft (...) als reine Kontingenz von der Vergangenheit" gelöst habe, in der man "von der Vergangenheit nicht mehr auf die Zukunft hochrechnen" könne, vergangene Geschichten keine "Lehren für das eigene Verhalten" mehr bereithielten, kurz: der Erfahrungsverlust "in einer sich verändernden Welt zum Erzählproblem par

32 Eine knappe, mit kritischen Anmerkungen versehene Skizze der Dramentheorie bieten Dörner und Vogt 1994: 134-139.

33 Mit seinem "Don Quijote" führe Cervantes vor, "wie eine Figur, die sich an bloßen Erzählungen orientiert, den Bezug zur Wirklichkeit verliert" (Schwanitz 1987: 183).

excellence" (Schwanitz 1990a: 154f.) geworden sei.

Nun bezeichnen diese Einsichten, im Rahmen der Erzähltheorie, keineswegs etwas Neues, man denke nur an Benjamins bekannten 'Erzähler'-Aufsatz (vgl. Benjamin 1980), Adornos noch bekanntere 'Standort-Bestimmung' des Erzählers im zeitgenössischen Roman (vgl. Adorno 1981b) oder auch Lämmerts Überlegungen zum Zusammenhang von neuzeitlicher Geschichtserfahrung und Romantheorie (vgl. Lämmert 1973). Gerade der von Schwanitz mit keiner Silbe erwähnte Adorno hatte ebenfalls die Situation des modernen Romans als eine "Paradoxie" beschrieben: "es läßt sich nicht mehr erzählen, während die Form des Romans Erzählung verlangt" (Adorno 1981b: 41). Kurzum: Es stellt sich die Frage, in welcher Weise Schwanitz vor dem Hintergrund seiner Diagnose zur literarischen Moderne die Systemtheorie ins Spiel bringt, um "verschüttete Problemfassungen (...) wiederzugewinnen" (Schwanitz 1987: 181). Die Systemtheorie, so Schwanitz' Antwort, erlaubt es, die skizzierte Paradoxie des Erzählens ohne Rückgriff auf ein "vorgegebenes Geschichtskonzept" (Schwanitz 1990a: 188), die allesamt fragwürdig geworden seien, zu erklären. Und wie? Mit dem systemtheoretischen "Begriff der Temporalität" (ebd.).

Ausgangspunkt der systemtheoretischen Reformulierung des Problems ist für Schwanitz die "unaufhebbare Grunddifferenz von Erzählen und Erzähltem als Reflex der Irreversibilität der Zeit" (ebd.: 180). Sie bedinge die Paradoxie selbstreferenziellen Erzählens, weil es für das Erzählte nicht möglich sei, zeitgleich mit dem Erzählen zusammenzufallen. Das Erzählen, "das mit dem Rücken zur Richtung des Fortschreitens das Erzählte als Einheit von 'Erzähltem' und 'Erzählen' konstituiert, [kann] sich aber gerade deshalb nicht selbst erzählen" (ebd.: 167). Darin sieht Schwanitz eine exakte Analogie zum Verhältnis von Gedanken und Vorstellungen in der systemtheoretischen Bewusstseinstheorie. Wie oben bereits erläutert[34], unterscheidet Luhmann mit Blick auf die Selbstbeobachtung psychischer Systeme zwischen dem beobachtenden Gedanken (Gedanke) und dem beobachteten Gedanken (Vorstellung) als Einheit der Differenz von Selbstreferenz (Gedanke) und Fremdreferenz (Vorstellen von etwas). In jedem Falle aber, und dies ist in der Tat konstitutiv für die Theorie autopoietischer Systeme, kann sich der beobachtende Gedanke im Moment der Beobachtung nicht selbst beobachten, weist mithin den für Niklas Luhmann unhintergehbaren blinden Fleck jeder Beobachtung auf. Erst in einer zeitlich nachfolgenden Anschlussperation wird der Gedanke, der dann Vorstellung ist, beobachtbar. Schwanitz zieht den Schluss: "Wie der Gedanke ist das Erzählen selbst nicht beobachtbar." (ebd.) - und doch müsse das Erzählen selbstreferenziell werden, weil es in der Moderne zum Problem geworden sei.

Vor diesem Hintergrund rekapituliert Schwanitz die Geschichte des moder-

34 Vgl. dazu Abschnitt II.1.4.

nen Romans als Geschichte unterschiedlicher 'Lösungen' des beschriebenen Problems; 'Lösungen', die allesamt die Paradoxie des Erzählens nur verschieden handhaben, nicht aber auflösen könnten.

Mit der Verlegung der Differenz von Erzählen und Erzähltem in das Erzählte selbst sei es im Roman von Cervantes, modellbildend für die Zukunft, möglich geworden, "zwischen Selbstreferenz und Fremdreferenz hin und her [zu] schalten", um sich "mit Hilfe dieser Differenz selbst [zu] beglaubigen" (ebd.: 157). Sternes "Tristram Shandy" treibe die Paradoxie auf die Spitze, weil vielfach nicht mehr unterscheidbar sei, ob die zahllosen Unterbrechungen durch das Erzählte oder das Erzählen motiviert seien: "Die Differenz zwischen Erzähltem und Erzählen bricht zusammen, Fremdreferenz und Selbstreferenz verwirren sich zu einem hoffnungslosen Knäuel, und heraus springen Paradoxien." (ebd.: 160) In der Folgezeit, zuerst bei Jane Austen, werde die Paradoxie invisibilisiert durch die "Streichung der Erzählsituation" (ebd.: 180), das Erzählen werde zur "ortlosen Erzählstimme" (Schwanitz 1987: 190)[35]. In Joyce und schließlich Beckett sieht Schwanitz die Gipfelpunkte der Moderne. Der Tod, das obsessiv verfolgte Thema bei Beckett, lege die Paradoxie vollends offen; seine Romane, die niemals an ein Ende gelangen könnten, weil der Tod, würde er erzählt, als Erzähltes dem Erzählen voraus läge, gelangten bis zum "Grenzwert des Schweigens (...). In Beckett erzählt das Erzählen die Irreversibilität der Zeit und macht dabei dieselbe Entdeckung wie die Systemtheorie am Bewußtsein: das Erzählen konstituiert mit dem Rücken zur Richtung des Fortschreitens das Erzählte und kann deshalb von diesem nie eingeholt werden." (ebd.: 197)

Hier endet die Rekapitulation der literarischen Moderne - und muss wohl auch hier enden, weil weder Schwanitz noch seine Leser eine Antwort darauf besitzen können, was im Rahmen dieser Konstruktion nach Beckett wohl noch kommen sollte. Die Geschichte der Moderne erscheint als ein teleologisch gerichteter Prozess, der seinen Höhepunkt und Abschluss dort findet, wo das Erzählen zum Erkenntnisstand der Systemtheorie vorgedrungen ist.[36] Dass sich die Bedeutung und Funktion von Literatur darin wohl kaum erschöpfen, braucht nicht eigens erörtert zu werden; erwähnenswert allerdings ist die Tatsache, dass Schwanitz, wenn auch unter entschieden anderen Prämissen, ein Ordnungsmodell entwickelt, das zumindest in seinen Koordinaten dem Adornos doch sehr ähnelt und sich, wie alle Ordnungsmodelle zur Literatur, 'an jenen Texten

---

35 Schwanitz vermeidet es konsequent, von personaler Erzählsituation zu sprechen: ein - wohl zu sehr - mit der ästhetischen Theorie Adornos verknüpfter Begriff!

36 Ähnlich verfuhr mitunter auch Adorno. Dort allerdings diente Beckett, um der "Dialektik der Aufklärung" zusätzliche Stringenz zu verleihen. "Thematisch", so Adorno über Becketts "Endspiel", "ist bei ihm, was Horkheimer und ich in der 'Dialektik der Aufklärung' die Konvergenz der total von der Kulturindustrie eingefangenen Gesellschaft mit den Reaktionsweisen der Lurche nannten" (Adorno 1981c: 263).

orientiert, die es verwenden kann' (vgl. Zima 1982: 179). Um es systemtheoretisch zu formulieren: Auf der Grundlage einer beobachtungsleitenden Unterscheidung, der "unaufhebbaren Grunddifferenz von Erzählen und Erzähltem als Reflex der Irreversibilität der Zeit" (Schwanitz 1990a: 180)[37], verwechselt Schwanitz die Geschichte der literarischen Moderne mit dem, was er aufgrund seiner Unterscheidung von ihr in den Blick bekommt. Das weite Feld des ausgeschlossenen Dritten bleibt ausgeschlossen.

Dass es nach Beckett noch Literatur gegeben hat und gibt, bestreitet auch Schwanitz nicht. Doch wie sollte seiner Ansicht nach mit ihr umgegangen werden? "Für die Autopoiesis, also die Reproduktion von Kunst aus Kunst, sorgt der Stil. Das endet in der Temporalisierung der Stile, so daß nun Kunstwerke ihren Zeitstellenwert durch ihren Beitrag zur Stilentwicklung erhalten und dann nostalgisch oder avantgardistisch sind." (Schwanitz 1990b: 120) So einfach ist das! Den Blick fest gerichtet auf die Fixsterne am Himmel der Moderne, gelangen die Niederungen konkreter Fülle und Vielfalt gar nicht erst ins eigene Blickfeld. Und für den Fall, dass es doch einmal geschehen sollte, da empfiehlt Schwanitz auf der Grundlage seines dichotomen Literaturbegriffs ein überaus bescheidenes Wertungsschema, demzufolge sich die Literatur teilt - nicht mehr in 'realistisch' oder 'unrealistisch', nicht in 'hoch' oder 'niedrig', sondern in Nostalgisches oder Avantgardistisches. Die Ähnlichkeit dieser Begriffspaare ist nicht zu übersehen. Auch wenn Schwanitz sehr darum bemüht ist, die literarische Moderne ohne Rückgriff auf vorgegebene Geschichtskonzepte zu rekonstruieren, so muss gleichwohl festgehalten werden: Nicht anders als frühere literatursoziologische bzw. literarästhetische Konzepte und Modelle operiert Schwanitz mit einem normativen Literaturbegriff, der nur über einen rigiden Schematismus literarischer Wertung aufrechterhalten werden kann.

Auch Schwanitz, so muss das Fazit wohl lauten, weiß keine Antwort auf die Frage, worin die spezifische Qualität literarischer Kommunikation besteht. Die Systemtheorie kann jedoch nicht mit einem verengten, beobachtungsrelativen Literaturbegriff operieren, wenn es denn irgend Sinn machen soll, von einem autopoietischen gesellschaftlichen Teilsystem 'Literatur' zu sprechen. Sie provoziert mithin die Frage nach den spezifischen Merkmalen eines solchen Systems, weiß sie bislang jedoch noch nicht zu beantworten. Schwanitz hingegen hält sie bereits für beantwortet und führt aus: "Kunst ist ein weiteres Subsystem der Gesellschaft. Ihre Autonomie ist also Vollzug der gesellschaftlichen Differenzierung. Ihre Funktion ist die Konfrontation der Normalrealität mit einer feierlichen Alternativversion derselben Realität. Die Werke sind nicht die Elemente des Kunstsystems - das sind nur Kommunikationen - sondern sie organisieren Kom-

37 Wir werden noch sehen, dass Schwanitz damit keineswegs alle für Literatur relevanten Implikationen des systemtheoretischen Zeitbegriffs ausgeschöpft hat.

munikationen über Unwahrscheinliches und machen sie konsensfähig." (ebd.) Erst im folgenden Kapitel, in dem Luhmanns eigene Ausführungen zum System 'Kunst bzw. Literatur' in den Mittelpunkt rücken, wird sich erweisen, was an dieser Stelle nur behauptet werden kann: Schwanitz fasst hier die Aussagen Luhmanns zusammen; in seiner uneingeschränkten Wertschätzung reproduziert er allerdings auch jene elementaren Widersprüche, die Luhmanns Ausführungen zum Sozialsystem 'Kunst' kennzeichnen. Einerseits wird der Autopoiesisbegriff auf die Kunst selbst eingegrenzt, "Für die Autopoiesis, also die Reproduktion von Kunst aus Kunst, sorgt der Stil" (ebd.), andererseits sollen die Komunikationen über Kunst und Literatur als Elemente dieses Kommunikationssystems verstanden werden. Es müsste doch eigentlich einleuchten, dass die Frage nach der spezifischen Qualität und Funktion eines Kommunikationssytems 'Literatur' nicht beantwortet werden kann, solange die Unterschiede etwa zwischen literaturwissenschaftlichen Aussagen über Literatur und literarische Aussagen selbst kurzerhand eingeebnet werden. Insofern lässt sich auch kaum erklären, warum Schwanitz, der die Textförmigkeit von Literatur noch längst nicht als Irrtum vergangener Tage ad acta gelegt hat[38], dieses Problem nicht einmal zu sehen scheint.

Angesichts der gravierenden Widersprüche, die die bislang vorgestellten Systemkonzepte zur Literatur gleichermaßen charakterisieren, nimmt man erleichtert zur Kenntnis, dass Gerhard Plumpe und Niels Werber in ihren Arbeiten zum Thema Literatur als System Klarstellungen vornehmen, denen auch eine mit traditionellen Verfahren arbeitende Textwissenschaft zustimmen kann. "Desiderat" bisheriger Forschung, so Niels Werber, bleibe eine "präzise Definition der Literatur" (Werber 1992: 14); um in sinnvoller Weise von Literatur als einem System zu sprechen, bedürfe es einer Theorie, die "spezifisch genug" sein müsse, "um eine genaue Grenze zwischen der Literatur und allen anderen Bereichen zu ziehen" (ebd.); eine Theorie, die das "spezifisch Literarische" (ebd.: 13) zu erfassen imstande sei. Weder Plumpe noch Werber lassen einen Zweifel darüber aufkommen, dass sie mit Luhmanns Theorie autopoietischer Systeme die Möglichkeit gekommen sehen, eine solche Theorie zu entwickeln. Allerdings gehe es nicht an, ästhetische oder literaturwissenschaftliche Reflexion über Literatur als selbstreflexive Elemente des Kommunikationssystems 'Literatur' zu betrachten (vgl. Plumpe/Werber 1993: 28f.). Schon 1985 hatte Gerhard Plumpe, Luhmann widersprechend, hervorgehoben, "daß Literatur und Literaturwissenschaft füreinander Umwelt sind; entsprechend haben die Selektionskriterien des einen

38 Gegen den Begriff 'literarisches Handeln' und den Versuch der ETL, 'Literatur' als Handlungssystem zu beschreiben, wendet sich Schwanitz ausdrücklich: "Es stellt sich also die Frage, ob man durch die Aufgabe solcher zentralen Konzepte und Differenzierungen wie Kommunikation/Handeln, Kommunikation/Bewußtsein, (...) Autopoiesis etc. nicht mehr verliert als gewinnt." (Schwanitz 1993: 78)

Systems für das andere keine Verbindlichkeit." (Plumpe 1985: 255)[39] 1993 wiederholt er seine Luhmann-Kritik, nun mit Blick auf den ästhetischen Diskurs der Moderne: "Wir halten Überlegungen, in der Ästhetik eine Art Selbstreflexion der Kunst zu sehen, für irreführend; sie ist vielmehr eine der Reaktionsweisen der Gesellschaft auf die Ausdifferenzierung eines neuen Systems 'Kunst' im 18. Jahrhundert, wie etwa auch das im 18. Jahrhundert entstehende Urheberrecht eine ist, in dem das Rechtssystem die Kunst zu reflektieren beginnt." (Plumpe 1993: Bd. 1, 23) Und 1996 erläutert Plumpe gemeinsam mit Niels Werber nochmals: "Der Code der Wissenschaft ist wahr/falsch, ihr Funktionsprimat ist Erkenntnisgewinn. Der Literaturwissenschaft als Teil des Systems szientifischer Kommunikation wird es also nicht darauf ankommen, Texte schön, langweilig, profitabel, blasphemisch oder kritisch zu finden, wie dies anderen Systemen zukommt, sie wird vielmehr plausible oder unplausible Bemerkungen mit dem Ziel machen, die wissenschaftlichen Erkenntnisse über die Literatur zu vermehren und zu verbessern." (Plumpe/Werber 1996: 180, Anm. 11) Als vorläufiges Fazit ihrer Überlegungen und zugleich als Programm zukünftiger Forschung betonen beide schon 1993: "Eine künftige systemsoziologisch versierte Literaturwissenschaft hätte sich der Aufgabe zu stellen, Literatur als System zu analysieren, ihren Blick auf die Umwelt zu beobachten sowie die Literatur als Umwelt ihrer koexistenten Systeme zu betrachten und (...) deren spezifische Perspektivierung der Literatur zu rekonstruieren." (Plumpe/Werber 1993: 24f.)[40] Worin, so fragt sich nun, besteht nach Plumpe und Werber das Spezifische der Literatur, dessen Bestimmung es erlaube, 'Literatur' als eigenständiges autopoietisches Kommunikationssystem von anderen Teilsystemen in der funktional differenzierten Gesellschaft abzugrenzen.

Literatur, so die Ausgangshypothese, erscheint als ein geschlossenes, mit einer angebbaren Grenze zu anderen gesellschaftlichen Funktionssystemen versehenes System, dessen operative Geschlossenheit im Sinne des Luhmannschen Autopoiesis-Konzepts Voraussetzung für ihre Offenheit sei: "Literatur kann, wenn sie Neues kreiert, entweder sich selbst beobachten und Altes neu arrangieren, oder sie beobachtet ihre Umwelt und importiert aus ihr Materialien für ihre Formen." (ebd.: 25) Ohne dass eine der beiden Referenzen in reiner Form vorliegen könnte, bewege sich Literatur zwischen dem Primat der Systemreferenz (Typ 'Ästhetizismus') und dem Primat der Umweltreferenz (Typ 'Realismus') (vgl. Plumpe 1985: 256). Im ersten Falle fungierten vorausgegangene literarische Werke (Parodien, Zitate etc.), im zweiten Falle die Sichtweisen der Umwelt "als Medium für Formen" (Plumpe/Werber 1993: 25). Der Begriff

39 Entsprechend äußern sich auch Holger Dainat und Hans-Martin Kruckis in ihrer kritischen Auseinandersetzung mit Luhmanns Stil-Begriff. Vgl. Dainat/Kruckis 1996: 161.

40 Die "Polykontexturalität möglicher Kommunikationen aus Anlass von 'Kunst'" hat Gerhard Plumpe in einem Schaubild verdeutlicht. Vgl. Plumpe 1993: Bd. 2, 302.

'Medium' bezeichnet mithin sämtliche Kommunikationen, des Systems 'Literatur' (Systemreferenz) ebenso wie anderer Umweltsysteme (Umweltreferenz), aus denen ein literarischer Text kommunikative Elemente selektiv aufgreift, um sie "kunstspezifisch" (ebd.: 26) neu miteinander zu kombinieren: "Innerhalb der Literatur bedeutet Autopoiesis, daß Literatur Literatur erzeugt. Dies bedeutet keinesfalls, daß das System eine fensterlose Monade sei, vielmehr baut die Literatur Beobachtungen ihrer Umwelt in ihr eigenes Prozedere ein. (...) Das Literatursystem ist also umweltoffen, aber operativ geschlossen. Es beobachtet seine Umwelt - aber nur nach Maßgabe seines typisch literarischen Operationsmodus." (Plumpe/Werber 1996: 185, Anm. 14)

Für die weiteren Ausführungen ist es wichtig, Folgendes noch einmal hervorzuheben: Der literarische Text - in der Terminologie Gerhard Plumpes und Niels Werbers: "das Werk" (Plumpe/Werber 1993: 26) - besteht demnach vollständig aus selegierten kommunikativen Elementen des eigenen oder anderer (beobachteter) Systeme; sein Neues findet sich insofern ausschließlich in der Spezifik dieser Selektionen und deren spezifischer Neukombination.[41] "Form ist Selektion aus einem Medium", betonen Plumpe und Werber: "Parodien oder Negationen oder Innovationen setzen voraus, daß man auch ihren take off kennt. In beiden Fällen geht aus der Formung eines Mediums ein Werk hervor, das sich literaturintern durch seine spezifische Kombination von Form und Medium von anderen Werken differenziert und der literaturexternen Umwelt die Zugehörigkeit zum System literarischer Kommunikation signalisiert." (ebd.) Anders als das 'Leidener Modell', das an diesem Punkt nach der "historischen Textidentität" (Prangel 1993: 18) fragt, beharren Plumpe und Werber darauf, die Textförmigkeit von Literatur nicht als eine wie auch immer zu definierende Einheit zu begreifen, sondern stets als "Einheit einer variablen Differenz" (Plumpe/Werber 1993: 26).

So weit, so gut. Doch was meint nun 'kunstspezifische Codierung'? Worin liegt die Spezifik von Literatur gegenüber allen anderen Kommunikationen? Und welche Funktion kommt ihr zu im Rahmen der Gesamtgesellschaft? Zur Beantwortung dieser - in systemtheoretischer Sicht entscheidenden - Fragen orientieren sich Plumpe und Werber an Luhmanns Begriff binärer Codierung. Die Benennung eines teilsystemspezifischen Codes erlaubt es Luhmann zufolge allererst, bestimmte Kommunikationen einem bestimmten, mit einer spezifischen Funktion ausgestatteten gesellschaftlichen Teilsystem zuzuordnen. Luhmann referierend, hebt Werber denn auch hervor: "Der Code funktioniert evolutionär

---

41 Mit ihren Ausführungen, die den literarischen Text über die Differenz von Medium und Form zu definieren versuchen, halten sich Plumpe und Werber exakt an die theoretischen Vorgaben Luhmanns. "Formen", so Luhmann 1986, "entstehen (...) durch Verdichtung von Abhängigkeitsverhältnissen zwischen Elementen, also durch Selektion aus Möglichkeiten, die ein Medium bietet." (Luhmann 1986b: 7)

als Selektionsmechanismus, der aus der Vielzahl von Kommunikationen diejenigen diskriminiert, die für einen bestimmten Kommunikationstyp relevant sind und alle anderen der Aufmerksamkeit entzieht." (Werber 1992: 17) Während Niklas Luhmann jedoch als binären Code des Kunstsystems die Disjunktion schön/hässlich vorschlägt[42], bezeichnen Plumpe und Werber das Oppositionspaar langweilig/interessant als kunstspezifischen binären Code, bestehe die primäre Funktion von Kunst und Literatur in der ausdifferenzierten modernen Gesellschaft doch in ihrem Unterhaltungswert: "Unsere Behauptung ist: die Funktion der Kunst ist es, zu unterhalten. Die Systembildung der Kunst ist zu beschreiben als Ausdifferenzierung von Unterhaltung vor dem historischen Hintergrund der Entstehung von Freizeit als einem gesellschaftlichen Problem ungebundener Zeit." (Plumpe/Werber 1993: 33; vgl. auch 1996: 185, Anm. 15; Plumpe 1993: Bd. 1, 22 - und nochmals ausführlich: Bd. 2, 292-304) Illustriert wird diese Hypothese unter anderem anhand einer Fülle von Zitaten, die Texten der philosophischen Ästhetik entnommen sind (vgl. Werber 1992: 61ff.; Plumpe/Werber 1993: 30ff.). Dem naheliegenden Einwand, hier handele es sich um Beobachtungen auf Kunst und Literatur spezialisierter Umweltsysteme, versuchen Gerhard Plumpe und Niels Werber zu begegnen, indem sie auf ihren Literaturbegriff verweisen. Nicht die Beobachtungen aus der "Umwelt des Literatursystems, der Philosophie", seien entscheidend, sondern die Frage, inwieweit "'interessante' und 'langweilige' Selektionen" (Plumpe/Werber 1993: 36) des Literatursystems selbst vorlägen. Der beobachtbare Grad überraschender Selektion und Neukombination dieser Elemente entscheidet demnach über den Unterhaltungswert eines literarischen Textes. Plumpe und Werber: "Aus der Binnenperspektive des Literatursystems läßt sich nur sagen, daß sein Gesetz - das Interessante noch interessanter zu machen - eine 'logische' Tendenz hat, alles was sagbar ist, ins Extrem zu treiben." (ebd.: 41) Doch auch die Rede von der Binnenperspektive kann nicht darüber hinwegtäuschen, dass die Unterscheidung langweilig/interessant eine wertende Beobachtung des Literaturbetrachters bleibt - nur des Literaturbetrachters? "Aber interessante Unterhaltung", wendet Siegfried J. Schmidt ein, "erwartet man natürlich auch von Talkshows und Fußballspielen, von Diavorträgen und Parties." (Schmidt 1995: 234) Doch bleiben wir bei der Literatur: Wie steht es um den dauerhaften Erfolg von Trivialliteratur, also einfacher Formen, die keineswegs durch 'überraschende Selektionen', also durch einen hohen Grad an Originalität gekennzeichnet sind, sondern sich an (kommerziell) bewährte Muster halten?[43] Was in der Sicht eines Literaturpublikums unterhaltsam, mithin interessant oder langweilig ist, hängt also gewiss

42 Darauf gehe ich später noch ausführlich ein. Vgl. II.3.1.

43 Wie Luhmann völlig zutreffend anmerkt, entspringt ein Festhalten am Bewährten, nicht anders als der Versuch, 'interessant zu sein sein', einem Kalkül, das "aus der Orientierung am Absatzmarkt entsteht" (Luhmann 1995a: 235).

nicht allein von der Frage ab, wie originell ein literarischer Text ist. Anders gewendet: 'Überraschende Selektionen' als interessant zu bezeichnen, impliziert einen *bestimmten Literaturbegriff.* Verborgen hinter einer Terminologie, die sich den Anschein sachlicher Feststellung von Differenzen zu geben versucht, wird wieder einmal ein dichotomer Literaturbegriff postuliert, der der alten Unterscheidung von 'hoher' und 'niederer' Literatur näher steht, als ihm lieb ist. Auf einen Nenner gebracht: Die Unterscheidung interessant/langweilig, so muss man wohl festhalten, ist signifikant mit Blick auf die literarischen Vorlieben des Betrachters; über das Spezifische aller literarischen Formen besagt sie nichts.

Sehe ich recht, so führt der eigene Codierungsvorschlag Plumpe und Werber in ein weiteres Dilemma. Denn er ist nicht nur ungeeignet, das "spezifisch Literarische" (Werber 1992: 13) zu erfassen. Um ihn als beobachtungsleitende Unterscheidung des Literatursystems zu behaupten, sind darüber hinaus beide gezwungen, ihre zuvor geäußerten Klarstellungen gegenüber Luhmann zumindest partiell wieder zurückzunehmen: dass es nämlich nicht angehe, literaturwissenschaftliche, ästhetische oder andere literaturbezogene Kommunikationen[44] als Elemente des Literatursystems zu begreifen. Dies zeigt sich unter anderem im Beitrag Gerhard Plumpes und Niels Werbers aus dem Jahre 1996. Einerseits soll gelten: "Innerhalb der Literatur bedeutet Autopoiesis, daß Literatur Literatur erzeugt." (Plumpe/Werber 1996: 185, Anm. 14) Andererseits soll aber auch gelten: "'Dies ist ein geiler Text' ist ein Statement innerhalb des Literatursystems, nicht aber der Literaturwissenschaft, deren Aussagen überprüfbar und falsifizierbar formuliert werden müssen." (ebd.: 180, Anm. 11)[45] Gewiss: Der Literaturwissenschaftler kann sich mit einer solchen Meinungsäußerung nicht zufrieden geben. Doch handelt es sich dessen ungeachtet um eine literatur*bezogene* Kommunikation, deren unkonventionelle Wortwahl gleichwohl ästhetische Implikationen enthält, die es allererst erlauben, ein wenn auch unreflektiertes Geschmacksurteil dieser Güte zu formulieren. Zur Aufrechterhaltung bzw. Verteidigung ihres Codierungsvorschlags sind Plumpe und Werber gezwungen, den Satz 'Dies ist ein geiler Text' als Element des Literatursystems auszugeben, obwohl es sich nicht um eine literarische Kommunikation handelt. Anders formuliert: Der Code langweilig/ interessant ('geil') kennzeichnet die Perspektive eines - vielleicht nur auf Unterhaltung erpichten - Beobachters, über das 'spe-

44 In seiner Studie "Ästhetische Kommunikation der Moderne" unterscheidet Gerhard Plumpe den ästhetischen Diskurs vom poetologischen Diskurs der Künstler selbst, von der einzelwissenschaftlichen, empirischen Kunstforschung und vom Diskurs der Kunst- und Literaturkritik (vgl. Plumpe 1993: Bd. 1, 15-21).

45 Weniger pointiert, doch nicht weniger problematisch ist die folgende Formulierung Gerhard Plumpes: "An Kunstkommunikation nimmt (...) teil, wer sich durch 'Werke' nicht länger erbauen oder belehren, sondern auf interessante Weise unterhalten läßt (...)." (Plumpe 1993: Bd. 1, 22)

zifisch Literarische' des gelobten Textes besagt er nichts.

Es verwundert nicht, dass Gerhard Plumpe und Niels Werber mit ihrem Vorschlag, die Funktion von Literatur primär in ihrem Unterhaltungswert zu sehen, auch im Rahmen der systemtheoretisch orientierten Literaturwissenschaft auf Widerspruch gestoßen sind. Ihr funktionsabhängiger Code langweilig/ interessant bereichert nur das wachsende Arsenal konkurrierender Codierungsvorschläge.[46] Und wo es nicht darauf ankommt, den eigenen Vorschlag in alle Richtungen zu verteidigen, da finden sich Plädoyers für eine flexiblere, weniger schematische Anwendung von Leitdifferenzen, denen dann allesamt eine gewisse Berechtigung zugestanden wird (vgl. Viehoff 1993: 203f.; Ort 1993: 280 und neuerdings auch Schmidt 1996: 116). Lutz Kramaschki charakterisiert die Situation in zutreffender Weise: "Zentrale Begriffe von Luhmanns Theorie wie Leistung und Funktion, Code/Leitdifferenz und Programm lassen sich für das 'Literatursystem' nicht eindeutig bestimmen (...). Diese Bestimmungsversuche des literatursystemischen Codes vermitteln den Charakter fröhlichen Rätselratens und einer spontanen Beliebigkeit (...)." (Kramaschki 1993: 110) Dem lässt sich zustimmen - jedoch auch hier nicht im Sinne Kramaschkis. Denn seine harsche Kritik an den Codierungsvorschlägen richtet sich nicht nur gegen diese, sondern gegen jeden Versuch, auf textwissenschaftlicher Grundlage Literatur als System zu konzipieren. Werbers Vorschlag, mit Hilfe der Systemtheorie präziser zu beschreiben, was Literatur zur Literatur mache (vgl. Werber 1992: 14), reproduziert nach Ansicht Kramaschkis nur die ergebnislose Suche der traditionellen Literaturwissenschaft nach dem 'rein Literarischen' (vgl. Kramaschki 1993: 109). Was so oft im Rahmen propagierter Paradigmenwechsel zu beobachten ist, gilt auch hier: Die Unterstellung ersetzt die sorgfältige Beschäftigung mit der für obsolet erklärten fachwissenschaftlichen Tradition. Gegen Kramaschki bleibt festzuhalten: Es ist keineswegs Ausdruck einer unreflektierten Autonomieästhetik, Funktionen des Fiktiven bestimmen bzw. im Modus der Fiktion eine genuine Qualität literarischer Kommunikation erblicken zu wollen. Bei diesen Bemühungen geht es nicht darum, das 'rein Literarische' auszumachen, sondern um den Versuch, Wirkungsmechanismen aufzudecken, die mit den Besonderheiten literarischen Bedeutungsaufbaus in Zusammenhang stehen. Das 'fröhliche Rätselraten', von dem Kramaschki mit Recht spricht, könnte ein Indiz dafür sein, dass *der* binäre Code und *die* Funktion von Literatur in der Tat nicht angebbar sind. Um den Gedanken fortzuführen: Vielleicht findet sich das Spezifische der Literatur, das, was sie von anderen Kommunikationen unterscheidet, ja gerade darin, dass sie sich jedem Versuch einer verbindlichen

46 Kramaschki zählt auf: schön/hässlich (Luhmann); mit/ohne Geschmack (G. Jäger); literarisch/ nichtliterarisch (Schmidt); interessant/langweilig (Plumpe & Werber); passend (stimmig)/unpassend (unstimmig) (Hörisch). Vgl. Kramaschki 1993: 106.

Fixierung erfolgreich zu widersetzen weiß. Sollte dies der Fall sein, so müsste sich das Fiktive nicht nur als ein genuines Qualitätsmerkmal von Literatur erweisen; es müsste darüber hinaus gezeigt werden, dass das Fiktive, obwohl in einer bestimmten Textgestalt realisiert, nicht etwas Bestimmtes und folglich Bestimmbares ist, sondern eben nichts Bestimmtes. Was würde Literatur (als System) dann von anderen gesellschaftlichen Teilsystemen unterscheiden? Nicht diese oder jene codeabhängige Funktion, auch nicht Funktionslosigkeit, sondern Unbestimmtheit, die es freilich erlaubt, Literatur in unterschiedlichster Weise funktional in Dienst zu nehmen.

2.5 Fazit

Mit den zuletzt angedeuteten Überlegungen sind die bislang noch sehr eng gesteckten Grenzen systemtheoretisch orientierter Literaturwissenschaft bereits überschritten. Welches Fazit lässt sich ziehen? Zunächst einmal: Die Heterogenität der jeweiligen systemtheoretischen Grundlagen macht es nicht eben leicht, einen Überblick zu gewinnen. Radikaler Konstruktivismus, struktural-funktionale Systemtheorie (Parsons) und die Theorie autopoietischer Systeme (Luhmann) sind hier die wesentlichen Stichworte. Konzentriert man sich allerdings auf die Frage, in welcher Weise soziologische Systemtheorien auf literaturwissenschaftliche Problemstellungen bezogen werden, so zeigt sich doch, dass die Debatte von einer Tendenz zur Polarisierung gekennzeichnet ist, kulminierend in dem wechselseitig erhobenen Vorwurf, gravierende 'Theorieverwerfungen' durch die Applikation der Systemtheorie in Kauf genommen zu haben (vgl. Schwanitz 1993: 72 sowie Kramaschki 1995: 299).

Auf der einen Seite wird der Systembegriff reklamiert durch Literaturwissenschaftler, die auf der Grundlage des Literaturbegriffs der ETL 'Literatur' als soziales Handlungssystem auszuweisen sich bemühen - in strikter Abgrenzung von Luhmanns Autopoiesis-Konzept. Dies wiederum ist kaum verwunderlich, ist doch der Autopoiesisbegriff, angewendet auf literarische Kommunikation, durchaus geeignet, das Kernstück des durch die ETL Anfang der achtziger Jahre eingeläuteten Paradigmenwechsels in der Literaturwissenschaft aus den Angeln zu heben: die Definition von Literatur als 'Organisationsform literaturbezogener Handlungen und Kommunikationen'. Die rekursive Geschlossenheit von psychischen und sozialen Systemen, wie Luhmann sie seit 1984 auf der Grundlage des Autopoiesisbegriffs vertritt, richtet sich nicht nur indirekt gegen den aktantenorientierten Literaturbegriff der ETL, sondern auch gegen deren Abschied von textwissenschaftlichen Verfahren. Denn diese unternehmen letztlich nichts anderes als die Beobachtung von Literatur (als System) aus der Perspektive eines wissenschaftlichen Subsystems - wie fragwürdig oder überzeugend auch immer.

Siegfried J. Schmidt, der in den letzten Jahren oftmals den Versuch unternommen hat, das Autopoiesis-Konzept als Irrweg der Systemtheorie in die Schranken zu verweisen, sieht durchaus die Gefahr, die der ETL durch Luhmanns Theorie entsteht: "Wenn aber das Interesse der Literaturwissenschaft im Gefolge Luhmanns auf Semantik reduziert wird, dann erscheint systemtheoretische Literaturwissenschaft notwendig im Gewande einer neuen Texthermeneutik (was sie für den Mainstream der Literaturwissenschaften ja auch so attraktiv macht!) (...)." (Schmidt 1993a: 263; vgl. auch 1994: 85; 1995: 230 sowie 1996: 110)

Auf der anderen Seite finden sich Ansätze und Konzepte, die textwissenschaftliche Verfahren mit systemtheoretischen Entwürfen und Begriffen zu kombinieren versuchen. Vielleicht liegt es ja an der Faszination des disziplinübergreifenden neuen Paradigmas 'System' - jedenfalls bieten diese Ansätze, die längst nicht immer in konsistenter Weise an Luhmanns Theorie anschließen, einer literaturtheoretisch versierten Textwissenschaft nur wenige neue Einsichten. Inbegriff einer noch immer vorherrschenden Orientierungslosigkeit ist die Tatsache, dass bei der zumeist unreflektierten Rede über das Sozialsystem 'Literatur' zwischen literarischer Kommunikation und Kommunikation über Literatur nicht genügend differenziert wird, sieht man einmal von den Klarstellungen Plumpes und Werbers ab. Sie setzen sich - aus textwissenschaftlicher Perspektive - kritisch mit Luhmanns Konzept eines selbstreferenziellen und operativ-geschlossenen Kunstsystems auseinander und beharren mit Recht darauf, dass Literatur und Wissenschaft (bzw. Philosophie) unterschiedliche Systeme bezeichnen, die füreinander Umwelt sind. Doch zuletzt mündet auch bei ihnen die systemtheoretische Neuorientierung der Literaturwissenschaft in die Suche nach *dem* binären Code und *der* Funktion von Literatur in der modernen Gesellschaft. Was immer man von solchen Bemühungen halten mag, sie dokumentieren m.E. in erster Linie die Bereitschaft, den methodischen Prämissen der soziologischen Systemtheorie größere Beweiskraft zuzugestehen als der - mitunter nur noch beiläufig - zur Kenntnis genommenen fachwissenschaftlichen Tradition.

Kommen wir nun zu Luhmanns eigenen Beiträgen zur Frage 'Kunst und Literatur als System'. Anlass dazu gibt es genug, hat sich doch bereits mehrfach gezeigt, dass die literaturwissenschaftliche Applikation der Luhmannschen Systemtheorie nicht nur sehr bruchstückhaft erfolgt, sondern auch in systemtheoretischer Perspektive längst nicht immer schlüssig ist. Darüber hinaus deutete sich allerdings auch an, dass Luhmanns eigene Beiträge zu diesem Problemkomplex selbst von gravierenden Widersprüchen gekennzeichnet sind. Wie die kritische Auseinandersetzung mit Luhmann zeigen wird, besitzt die Theorie sozialer Systeme durchaus Implikationen, die es erlauben, Literatur als autopoietisches System zu begreifen. Allerdings handelt es sich dabei um Implikationen, die Luhmann im Versuch, die eigene Theorie auf Kunst und Literatur anzuwenden, selbst nicht sieht bzw. nicht voll ausschöpft. Um dies zu erweisen, muss das

Blickfeld erweitert werden in Richtung auf literatur- bzw. kommunikationstheoretische Ansätze, wie sie von der jüngeren Erzählforschung bereitgestellt werden. Freilich geraten diese Ansätze mit ihren Anschlussmöglichkeiten an die Systemtheorie nur dann ins Blickfeld, wenn der Versuch aufgegeben wird, literaturwissenschaftliche Systemtheorie gegen die fachwissenschaftliche Tradition zu betreiben. Zunächst jedoch zu Luhmann.

3. Luhmann über Kunst als System

Wohl aufgrund des fachuniversalen Anspruchs seiner Theorie sozialer Systeme hat Niklas Luhmann in den Jahren vor Erscheinen seines Hauptwerkes "Die Gesellschaft der Gesellschaft" (1997) den Versuch unternommen, Grundzüge großer gesellschaftlicher Teilsysteme zu beschreiben, so etwa zum Erziehungssystem (vgl. Luhmann 1987b), zum Rechtssystem (vgl. Luhmann 1993), zum Wissenschaftssystem (vgl. Luhmann 1990b) und natürlich zum Wirtschaftssystem (vgl. Luhmann 1988b). Aber auch dem Phänomenbereich 'Kunst bzw. Literatur' hat er sich unter verschiedenen Fragestellungen in mehreren Aufsätzen gewidmet (vgl. Luhmann 1981, 1986a+b, 1990a sowie Fuchs/Luhmann 1989b). Wichtig für unsere Zusammenhänge sind vor allem die Beiträge "Ist Kunst codierbar?" (1981), "Das Kunstwerk und die Selbstreproduktion der Kunst" (1986a) sowie "Weltkunst" (1990a). Die Titel bereits annoncieren den Anspruch, das Grundsätzliche aller Kunstformen in der funktional differenzierten Gesellschaft aufzeigen zu wollen. Luhmann betont denn auch: "Die folgenden Analysen (...) sehen (...) von allen Unterschieden zwischen einzelnen Kunstarten ab. Mag es sich um Literatur oder Theater, bildende Kunst oder Musik handeln - alles kommt in Betracht, sofern nur die gesellschaftliche Kommunikation den Tatbestand (unter welchen Kriterien immer) als Kunstwerk behandelt." (Luhmann 1986a: 620) Dieser Äußerung lassen sich bereits zwei für unsere Belange wesentliche Implikationen entnehmen: 1) Luhmann setzt ganz offensichtlich die Existenz eines gesellschaftlichen Teilsystems 'Kunst' voraus. 2) Es widerspricht Luhmanns Absichten nicht, seine Reflexionen in der Engführung auf 'Literatur' einer kritischen Würdigung zu unterziehen.

Bestätigt werden diese Vermutungen auch durch die im Herbst 1995 erschienene Studie "Die Kunst der Gesellschaft". Wie den früheren Arbeiten zur Wirtschaft (1988), zur Wissenschaft (1990) und zum Recht (1993) liegt auch dieser umfangreichen Studie die Absicht zugrunde, den 'Grundriß einer allgemeinen Theorie', 1984 unter dem Titel "Soziale Systeme" vorgelegt, auf ein großes gesellschaftliches Funktionssystem anzuwenden. "Die Kunst der Gesellschaft" integriert die Ausführungen der vorausgegangenen Aufsätze zur Kunst und baut die Argumentation unter teilweise veränderten Akzenten aus in Richtung auf eine umfassende Bestandsaufnahme, deren erklärtes Ziel es ist, Kunst als operativ-geschlossenes, autopoietisches System der funktional differenzierten Gesellschaft auszuweisen. Zwar könne, so Luhmann hier, auch von einem "Literatursystem" gesprochen werden, allerdings nur im Sinne eines "Teilsystems des Kunstsystems" (Luhmann 1995a: 290).[47]

Über die beiden bereits getroffenen Feststellungen hinaus gibt es noch einen weiteren, eminent wichtigen Aspekt, den es vorab zu benennen gilt: So vielfältig die von Luhmann angesprochenen Themenbereiche auch sind, sein Versuch, Kunst einschließlich Literatur als autopoietisches System auszuweisen, bleibt gekennzeichnet durch einen alle Beiträge charakterisierenden zentralen Widerspruch. Er betrifft die Frage nach den Elementen des vorausgesetzten Systems: "Unser Problem ist zunächst, ob das Kunstwerk wirklich die letzte, nicht weiter dekomponierbare Einheit des Kunstsystems ist. Das wäre, soziologisch gesehen, eine Anomalie. Denn schon die Gesellschaft besteht aus Kommunikationen (nicht etwa: Texten) (...). Folgt man dieser Anregung, dann kann man das Kunstwerk allenfalls als Kompaktkommunikation oder auch als Programm für zahllose Kommunikationen über das Kunstwerk ansehen. Nur so wird es soziale Wirklichkeit." (Luhmann 1986a: 627) Es sind die methodischen Prämissen des eigenen Ansatzes, die Luhmann hier dazu führen, *Kommunikationen über Kunst* als Letztelemente des Kunstsystems zu bestimmen. So erscheint ihm, befremdlich genug, die "ästhetische Theorie" als "Selbstbeschreibung der Kunst" (ebd.: 621). Dort, wo Luhmann allerdings auf die Frage nach der Autopoiesis des Systems zu sprechen kommt, sind es die *Kunstwerke selbst*, die die Reproduktion des Systems gewährleisten sollen. Zentral für Luhmann ist in diesem Zusammenhang der Stil: "Der Stil eines Kunstwerkes ermöglicht es, zu erkennen, was es anderen Kunstwerken verdankt und was es für weitere, neue Kunstwerke bedeutet. Die Funktion des Stils ist es, den Beitrag des Kunstwerkes zur Autopoiesis der Kunst zu organisieren (...)." (ebd.: 632) Anders als Schwanitz, dem dieser - auch systemtheoretisch überaus relevante - Widerspruch gar nicht auffällt (vgl. Schwanitz 1990b: 120), hat Klaus W. Hempter ihn ebenfalls herausgearbeitet und gelangt zu dem Schluss: "(...) wenn der Stil die 'Organisation' ist, die die Reproduktion von Kunst im einzelnen Kunstwerk erlaubt, dann sind die einzelnen Kunstwerke die Elemente, die reproduziert werden, und nicht (...) die Kommunikationen über Kunstwerke, so daß zwei unterschiedliche Besetzungen des Elementbegriffs

47 Demgegenüber ist die vorliegende Arbeit, wie ihr Titel bereits verdeutlicht, sehr viel bescheidener. Diskutiert wird die Frage, ob Literatur als System konzipierbar ist; ob Literatur darüber hinaus als Teilsystem eines Systems 'Kunst' begriffen werden kann, ist eine weitere Frage, die in diesem Zusammenhang unerörtert bleiben muss

nebeneinander existieren, die nicht vermittelbar sind." (Hempfer 1990: 29)[48]

Es ist wichtig, gleich zu Beginn diesen zentralen Widerspruch, der auch Luhmanns "Die Kunst der Gesellschaft" (1995) noch kennzeichnet, in aller Deutlichkeit hervorzuheben.[49] Denn nur vor diesem Hintergrund wird verständlich, warum Luhmann einerseits ästhetische Begriffe (das Schöne, das Hässliche) zum kunstspezifischen Code erheben kann (vgl. Luhmann 1981), andererseits dazu kommt, die "Herstellung von Weltkontingenz" (Luhmann 1986a: 625) als entscheidende Funktion der Kunst zu bestimmen: zwei inkompatible Argumentationsketten, die auf zwei unvereinbaren Definitionen des Systems 'Kunst' beruhen. Die systemtheoretisch orientierte Literaturwissenschaft hat bislang vornehmlich die Codierungsfrage aufgegriffen und zum Anlass genommen, Alternativvorschläge ins Feld zu führen; die wesentlich interessanteren Implikationen der Luhmannschen Funktionsbestimmung von Kunst blieben dagegen weitgehend unerörtert. Beide Argumentationsketten Luhmanns sollen im Folgenden skizziert und einer kritischen Prüfung unterzogen werden. Soviel sei bereits vorweggenommen: Während die Suche nach dem binären Code allein in die Sackgasse führt, eröffnen sich mit Blick auf die Funktionsbestimmung Möglichkeiten des Anschlusses an Fiktionstheorien, die es weit eher erlauben, Literatur als autopoietisches System zu konzipieren - wenn auch anders, als Luhmann es unternimmt.[50]

3.1 Das Problem binärer Codierung

Überblickt man Luhmanns Aussagen zum Problem einer kunstspezifischen Codierung im Zeitraum von 1981 bis 1995, so zeigt sich zunächst einmal folgender Sachverhalt: Die Abfolge seiner Beiträge entspricht ganz offenkundig einem Prozess wachsender Verunsicherung. 1981 noch beantwortet Luhmann die im

48 Kaum anders äußern sich Holger Dainat und Hans-Martin Kruckis: "Wenn man aber die Autopoiesis der Kunst über Stil bzw. Werke laufen läßt, dann gehört - im strengen Sinne - die ästhetische Kommunikation, die auf Kunst referierende und am Kunst-Code sich ausrichtende Kommunikation, nicht dazu, wenn sie nicht selbst auf Grund eben dieser Elemente und Strukturen erzeugt wird, also nicht selbst wieder Kunst ist." (Dainat/Kruckis 1996: 169f.)

49 Ein Widerspruch überdies, der auch dort noch zu beobachten ist, wo von literaturwissenschaftlicher Seite auf der Grundlage des Autopoiesiskonzepts gegen Luhmann andere Codierungsvorschläge unterbreitet worden sind, etwa von Gerhard Plumpe und Niels Werber. Vgl. Kp. II.2.4 der vorliegenden Arbeit.

50 Wenn sich die weiteren Ausführungen nicht ausschließlich auf Luhmanns Studie von 1995 beziehen, so deshalb, weil es in unserem Zusammenhang interessant und aufschlussreich ist, die Entwicklung seiner kunsttheoretischen Reflexionen im Rekurs auf die früheren Aufsätze zu diesem Thema nachzuvollziehen.

Titel erhobene Frage "Ist Kunst codierbar?" in definitiver Weise: "Das System für Kunst artikuliert seine gesellschaftliche Funktion als Kommunikationsmedium mit Hilfe der Codierung schön/häßlich. Dieser Code garantiert die Gegenwärtigkeit der Kunst, die Möglichkeit aktuell vollziehbarer Operationen. Er kann nicht aufgegeben werden, ohne daß die Kunst ihre Eigenständigkeit, ihre besondere 'Adresse' im System gesellschaftlicher Kommunikationen verlöre. Nur wegen dieser Besonderheit sind auch die Leistungen der Kunst für andere Gesellschaftsbereiche interessant, weil unverwechselbar und nicht ersetzbar (...)." (Luhmann 1981: 262) Der Code schön/hässlich fungiert demzufolge als "Strukturgewinn" (ebd.: 246) einer Kommunikation über Kunst im Rahmen eines als Kommunikationsmedium definierten Systems 'Kunst'. 1986, nach der mittlerweile vollzogenen Übertragung des Autopoiesis-Konzepts auf den Gegenstand soziologischer Systemtheorie, bestimmt Luhmann Kunst als autopoietisches, "sich selbst bestimmendes, sich selbst produzierendes, sich an inneren Kohärenzen und Widersprüchen orientierendes System", dessen "Selbstbeschreibung" durch die "ästhetische Theorie" (Luhmann 1986a: 621) über den "Sondercode schön/häßlich" (ebd.: 620) erfolge. Der eigentümliche Terminus 'Sondercode' deutet bereits an, was im Essay über "Weltkunst" dann unübersehbar wird. Denn 1990 haben sich ehedem vertretene Gewissheiten zumindest in diesem Punkt verflüchtigt. Zwar begreift Luhmann 'Kunst' noch immer als autopoietisches System, dessen Selbstbeschreibung durch die ästhetische Theorie vorgenommen werde; Luhmann vermag jedoch keine Antwort mehr zu geben auf die Frage nach der beobachtungsleitenden Unterscheidung. Eine Antwort auf die Frage nach der Spezifik von Kunst würde, so Luhmann nun, "erleichtert werden, wenn es einen (...) übergreifenden Code gäbe. Das ist umstritten und wird häufig abgelehnt, besonders wenn man dafür die traditionsträchtigen Unterscheidungen von 'schön' und 'häßlich' anbietet." (Luhmann 1990a: 29) Auch 1995 konzediert Luhmann: "Es fällt heute zunehmend schwer, diese Bezeichnungen schön/häßlich für den positiven bzw. negativen Codewert gegen die durchgehenden Proteste des Systems selbst beizubehalten." (Luhmann 1995a: 310f.) Nach einer kritischen Durchsicht der mittlerweile ins Feld geführten Ersatzvorschläge befindet Luhmann jedoch: "Noch immer gibt es hier keine überzeugende Alternative zu schön/ häßlich." (ebd.: 317) Welchen Namen der positive bzw. negative Codewert auch immer tragen würde - dass ein solcher Code existiert, steht für Luhmann außer Zweifel. Denn nur er erlaube Abgrenzung des Systems nach außen, Strukturierung der Kommunikationen nach innen; nur der Code erlaube es mithin einem Beobachter, "die Einheit des Systems" (Luhmann 1990a: 30) zu sehen: "Das Kunstsystem muß codiert sein, es muß einen eigenen, im System nicht überbietbaren Code voraussetzen können, weil anders es nicht gelingen könnte, Kunstwerke als einen besonderen Beobachtungsbereich auszudifferenzieren." (Luhmann 1995a: 307) Unter der theoretischen Prämisse einer "Vergleichbarkeit der Teilsysteme" (ebd.: 217) wird die

Dringlichkeit der Suche nach einer geeigneten beobachtungsleitenden Unterscheidung verständlich. Denn analog zum Recht und zur Wissenschaft, zur Politik und zur Wirtschaft erlaubt es, so Luhmann im Rahmen *seines* Konzepts, nur ein Code, bestimmte gesellschaftliche Kommunikationen als Kommunikationen eines bestimmten gesellschaftlichen Teilsystems zu identifizieren. - Und das heißt für die Kunst: "Sie muß sich dem Code der Kunst stellen. Denn anders wäre sie nicht als Kunst erkennbar." (ebd.: 340)

Zur Erinnerung: In der Theorie autopoietischer Systeme meint der binäre Code die funktionsspezifische Beobachterperspektive einzelner gesellschaftlicher Teilsysteme. Sie sehen mithin, was sie mit Hilfe ihrer unhintergehbaren Leitunterscheidung sehen können und sehen nicht, was als Drittes von dieser Leitdifferenz nicht erfasst wird. Inmitten einer multizentrisch organisierten Welt konstituieren demnach die einzelnen Teilsysteme mit ihrer jeweiligen Beobachterperspektive ihre Welt als *die* Welt. Wenn es nun um die Frage geht, welche Bedeutung die ästhetischen Begriffe des Schönen und des Hässlichen für die Beschreibung moderner Kunst (noch) besitzen, so geht es zugleich um die Frage, ob Luhmanns wachsende Zweifel am binären Code schön/hässlich berechtigt sind. Anders formuliert: Ist dieser Code geeignet, die "Einheit des Systems" (Luhmann 1990a: 30) zu gewährleisten?

Das Schöne und das Hässliche sind ästhetische Kategorien, die seit der Antike, seit Platon und Aristoteles in den ästhetischen Reflexionen eine Rolle spielen, insbesondere aber in den philosophischen Ästhetiken des 19. Jahrhunderts zu Zentralbegriffen avancierten. Dies gilt vor allem mit Blick auf den Aufstieg des Hässlichen als ästhetischem Gegenbegriff zur Schönheit.

Beschränkt man sich auf den deutschen Sprachraum, so zeigt sich, dass sich erst im 18. Jahrhundert das Wort 'hässlich' von der ursprünglichen Bedeutung des 'Verhassten' löst, um in seiner adjektivischen Form zum "ästhetischen Kunstwort" (Götze 1905/06: 218) zu werden. Freilich hat es damit, so Werner Jung in seiner Studie über die 'Ästhetik des Hässlichen', "längst noch nicht die herausragende ästhetische Bedeutung, die ihm im 19. Jahrhundert zuwächst. Denn die ästhetischen Überlegungen des 18. Jahrhunderts scheinen insgesamt noch darauf hinauszulaufen, das als Phänomen bzw. Problem registrierte Häßliche als irrelevant innerhalb einer harmonischen und geordneten Welt und eines schönen Zusammenhangs aller Dinge auszuweisen." (Jung 1987: 27) Zu einer anders akzentuierten Einschätzung mit Blick auf die ästhetische Diskussion des 18. Jahrhunderts gelangt unlängst Winfried Menninghaus. Er macht geltend, dass die Diskussion zwischen 1740 und 1790 vorangetrieben werde durch den Versuch, die "paradoxe Lust an der Darstellung von Schrecken aller Art" begrifflich-theoretisch zu erfassen: "Obwohl zweifellos der höchste programmatische Wert, das 'Ideal' dieses Systems, figuriert das Schöne darin doch nie als sein Alleinherrscher. Vielmehr bleibt das Feld des Ästhetischen stets weiter als das des Schönen. Ja es ist gerade diese Inkongruenz, welche die ästhetische

Reflexion antreibt, die trans- und die innerästhetischen Grenzen und Supplemente des Schönen zu bestimmen. Das bezeugt (...) insbesondere das herausragende Gewicht, das vom späten 17. Jahrhundert über Dubos und Batteux bis Burke, Mendelssohn und Lessing der Frage des ästhetischen Vergnügens an unangenehmen Gegenständen eingeräumt wurde: jener paradoxen Lust an der Darstellung von Schrecken aller Art, die auch Lizenzen zum Häßlichen, Schauerlichen und Abscheulichen einschließt." (Menninghaus 1997: 415) Dabei werde das Feld des Ästhetischen als das des 'Gefallens' freilich strikt begrenzt durch "dessen schlechthin Anderes" (ebd.: 405), nämlich den Ekel "als das einzigartige Skandalon (...), das nicht eingemeindet werden kann" (ebd.: 416). Beispielhaft sei aus Kants "Kritik der Urteilskraft" (1790) zitiert: "Die schöne Kunst zeigt darin eben ihre Vorzüglichkeit, daß sie Dinge, die in der Natur häßlich oder mißfällig sein würden, schön beschreibt. Die Furien, Krankheiten, Verwüstungen des Krieges u.d.gl. können als Schädlichkeiten sehr schön beschrieben, ja sogar im Gemälde vorgestellt werden; nur eine Art Häßlichkeit kann nicht der Natur gemäß vorgestellt werden, ohne alles ästhetische Wohlgefallen, mithin die Kunstschönheit zugrunde zu richten: nämlich diejenige, welche Ekel erweckt." (Kant 1968: 312) Wie immer die ästhetische Diskussion des 18. Jahrhunderts einzuschätzen ist: Vorgezeichnet dürfte mit ihr bereits jenes Postulat sein, das die idealistisch-philosophischen Ästhetiken im 19. Jahrhundert beherrschen wird: die Forderung, das Hässliche nur dann als Gegenstand der Kunst zuzulassen, wenn es zum 'ästhetisch Erfreulichen' poetisch geläutert wird. "Gravitationszentrum" der philosophischen Ästhetiken in der Zeit zwischen Friedrich Schlegel und Nietzsche ist, so Jung resümierend, "die Diskussion um die Moderne. Und als Epitheton des Begriffs der Moderne, ja häufig als deren Synonym fungiert die Häßlichkeit. (...) Akzeptiert wird die moderne Kunst immer dann, wenn sie, entsprechend dem neuen Kunstideal des poetischen bzw. Idealrealismus, ihre eigene Zeit ebenso darstellt wie idealisiert, ebenso widerspiegelt wie verklärt. Dagegen wird (...) gerade diejenige Kunst (...), die Distanz zum Bestehenden wahrt, ja dieses - wie auch immer - anprangert, ausgegrenzt und als häßlich, obszön oder frivol abgestempelt." (Jung 1987: 310f.)

Zum Antipoden idealistischer Ästhetik avanciert im 20. Jahrhundert insbesondere Adorno. Auf der Grundlage eines geschichtsphilosophischen Entwurfs, der nur mehr das "triumphale Unheil" (Horkheimer/Adorno 1971: 7) des neuzeitlichen Weltzustands zu diagnostizieren vermag, wird die Darstellung des Hässlichen als Hässliches folgerichtig zur vornehmsten Aufgabe der Kunst: "Kunst muß das als häßlich Verfemte zu ihrer Sache machen, nicht länger, um es zu integrieren, zu mildern oder durch den Humor (...) mit seiner Existenz zu versöhnen, sondern um im Häßlichen die Welt zu denunzieren, die es nach ihrem Bilde schafft und reproduziert (...)." (Adorno 1981a: 78f.) Nicht minder normativ, wenn auch unter umgekehrten Vorzeichen, verfallen auch hier Kunstwerke dem Verdikt, sofern sie dem Kunstbetrachter Adorno vom Schein falscher Versöhnung, vom Verrat der "Utopie an Schein und Trost" (ebd.: 55) bestimmt zu sein scheinen.

So knapp diese Skizze auch ausfallen musste, eines dürfte deutlich geworden sein: Das Schöne und das Hässliche gehören spätestens seit dem 19. Jahrhundert zu den Grundbegriffen philosophischer Ästhetik und deren Reflexion über Kunst und Literatur. Mehr noch: Das Begriffspaar schön/hässlich verweist auf den jeweiligen normativen Kern solcher Ästhetiken, markiert die Differenz zwischen schön und hässlich doch jene Grenze, mit der ein Werk als Kunst oder Nicht-Kunst qualifiziert bzw. disqualifiziert wird: abhängig von geschichtsphilosophischen Prämissen und ästhetischen Präferenzen. Wo philosophische Ästhetik noch immer an den Begriffen des Schönen bzw. Hässlichen festhält, bezeugt sie nichts anderes als die eigene Ratlosigkeit angesichts einer modernen Kunst, die sich in dieses Schema nicht pressen lässt. "Nicht die Kunst", so Werner Jung, "ist deshalb vergangen, sondern die Ästhetik, die nur für Teilbereiche der Kunst, die zudem aus der Vergangenheit stammen (...), über ein Begriffsinventar verfügt." (Jung 1987: 314)

Mit seinem selbstkritischen Hinweis, der eigene Codevorschlag schön/hässlich beruhe auf umstrittenen "traditionsträchtigen Unterscheidungen" (Luhmann 1990a: 29), registriert Luhmann immerhin die Fragwürdigkeit idealistisch-philosophischer Ästhetiken, deren zentrale Kategorien gewiss nicht geeignet sind, das Spezifische zumal moderner Kunst zu erfassen. Gleichwohl beharrt er darauf, dass ein binärer Code vorhanden und benennbar sein müsse, um Kunst und Literatur als klar abgegrenztes, mit spezifischer Funktion ausgestattetes gesellschaftliches Teilsystem bestimmen zu können. Wie wir gesehen haben, mangelt es nicht an Ersatzvorschlägen von Seiten der systemtheoretisch orientierten Literaturwissenschaft. Schwanitz etwa hält die Literatur der Gegenwart entweder für avantgardistisch oder nostalgisch, Plumpe und Werber für langweilig oder interessant: Vorschläge, die auf den anachronistischen Charakter idealistisch-philosophischer Ästhetiken und deren Restbestände in der Theorie Luhmanns reagieren, indem sie moderne Literatur nicht als hässlich denunzieren, sondern als avantgardistisch oder interessant goutieren - kurz: die Vorzeichen umkehren. Ihre Verfechter geben sich auf diese Weise als Befürworter der Moderne zu erkennen, womit zugleich das Problem einer 'zu traditionsträchtigen Unterscheidung' behoben sein mag. Nicht behoben ist damit allerdings das sehr viel grundsätzlichere Dilemma, in dem sich jede Ästhetik befindet, die sich angesichts der komplexen Fülle höchst unterschiedlicher Formen der Literatur auf dualistisch angelegte Wertungsschemata zurückzieht, um ihre Gültigkeit zu behaupten. Insofern ergänzen Ansätze, die mit Unterscheidungen wie avantgardistisch/nostalgisch oder interessant/langweilig operieren, die Geschichte normativer Ästhetiken nur um ein weiteres Kapitel. Auch wenn Literaturwissenschaftler wie Schwanitz oder Plumpe und Werber Niklas Luhmann vordergründig widersprechen: auch sie verlassen letztlich nicht jene Argumentationsebene, auf der

Luhmann seinen Codierungsvorschlag zur Kunst formuliert, nämlich vor dem Hintergrund der Annahme, dass die ästhetische Theorie die Selbstbeschreibung der Kunst leiste (vgl. Luhmann 1986a: 621). Indem sie, nicht anders als Luhmann, auf wertende, unterschiedlichen Ästhetiken entlehnte Begriffe zurückgreifen, um in Form von "positiv/negativ-Codierungen" (Luhmann 1995a: 159) das Spezifische aller Literaturformen zu erfassen, geraten auch sie unweigerlich in jenes Dilemma, in dem sich die philosophischen Ästhetiken insgesamt befinden: Literatur zu beobachten auf der Grundlage normativer Zuschreibungen und Ausschließungspraktiken. Der Rückgriff auf Begriffsinventarien, die ihren Geltungsanspruch zur Beschreibung von Literatur nur noch in normativer Wendung aufrechterhalten können, bezeichnet daher keinen Weg, die spezifische Qualität von Literatur zu erfassen: im Sinne einer "Einheit des Systems" (Luhmann 1990a: 30).

Erst kürzlich hat Winfried Menninghaus, Luhmanns Unterscheidung schön/hässlich ablehnend, einen weiteren Codierungsvorschlag in die Diskussion eingeführt: "Als Aspirant auf die Leitunterscheidung des ästhetischen Systems kommt viel eher eine andere Differenz in Frage, welche die Phänomenologie des Schönen und die gleitende Skala des Nicht-Schönen durchquert und überlagert: die von (ästhetischer Lust und Unlust." (Menninghaus 1997: 417) Wie Menninghaus anhand zahlreicher Schriften zur Ästhetik im 18. Jahrhundert zeigt, erscheint bereits zu jener Zeit das Schöne als hochgradig ambivalenter Begriff, gekennzeichnet durch "innere Widersprüchlichkeit" (ebd.), weil das 'rein Schöne', so etwa Kant oder Mendelssohn, Überdruss, ja sogar Ekel erzeugen könne. Die Konsequenz solcher Überlegungen habe im Entwurf einer "ausschließlich für die Schrecken der Kunst" konzipierten "Theorie der gemischten Gefühle" bestanden: "(...) in jedem Fall führt diese Theorie auf das paradoxe Resultat, daß 'eine Vermischung von Lust und Unlust (...) reizender ist, als das lauterste Vergnügen'" (ebd.: 415[51]). Solch eigentümliche Ambivalenz des Schönen, keineswegs nur von Mendelssohn hervorgehoben, lässt Menninghaus an die Adresse Luhmanns formulieren: "Das Schöne, definiert als die Einheit seiner selbst und eines nicht (nur) schönen Supplements, das allererst das Schöne vor dem ekelhaften Sättigungsgrad seiner eigenen Reinheit schützt, taugt kraft seiner inneren Widersprüchlichkeit schwerlich dazu, einfach den Pluswert einer binären 'Informationserzeugung' mittels der Differenz schön-häßlich abzugeben." (ebd.: 417) Als Leitunterscheidung des "ästhetischen Systems" käme daher wohl eher die Differenz "von (ästhetischer) Lust und Unlust" (ebd.) in Betracht. Menninghaus' wohlbegründeter Vorschlag bereichert gewiss die systemtheoretische Debatte in der Literaturwissenschaft. Sie sollte allerdings diskutiert werden unter den

51 Menninghaus zitiert hier Moses Mendelssohns 82. Literaturbrief. Vgl. Mendelssohn 1991: 132.

Prämissen, die Menninghaus ausdrücklich benennt: Es handele sich um einen Codierungsvorschlag mit Blick auf das "ästhetische System". Luhmanns These, derzufolge die Ästhetik die Selbstbeschreibung des modernen Kunstsystems leiste, kommentiert Menninghaus nicht.

3.2 Zur Funktion von Kunst in der Gesellschaft

Instruktiver als Luhmanns Bemühungen um eine Bestimmung des kunstspezifischen Codes erscheinen seine Reflexionen über die Funktion, die ein autopoietisches System 'Kunst' in der Gesellschaft besitzen könnte. Hier dominiert jene andere Argumentationskette, in der die Frage nach der Reproduktion von Kunst aus Kunst im Vordergrund steht, das heißt: die Werke selbst als Elemente des Kunstsystems fungieren.

In einer ersten, wie Luhmann meint, "zunächst sehr unscharf angesetzten Beschreibung" sieht er "die Funktion der Kunst in der Konfrontierung der (jedermann geläufigen) Realität mit einer anderen Version derselben Realität" (Luhmann 1986a: 624). Und wenig später heißt es: "Im Ergebnis erscheint die Funktion von Kunst dann schließlich in der Herstellung von Weltkontingenz selbst zu liegen. Die festsitzende Alltagsversion wird als auflösbar erwiesen; sie wird zu einer polykontexturalen, auch anders lesbaren Wirklichkeit (...)." (ebd.: 625) Hans Ulrich Gumbrecht hat mit Recht auf die Nähe dieser Funktionsbestimmung zu derjenigen Wolfgang Isers hingewiesen (vgl. Gumbrecht 1987: 137). Dabei nimmt er Bezug auf die folgende Äußerung Isers: "Nun sind (...) alle Ordnungsformen unserer Welt bestimmte Problemlösungen, die auch dann noch Problemüberhänge hinterlassen, wenn sie erfolgreich sind. Literatur bezieht sich auf solche Hinterlassenschaften, die Aussparungen, Defizite, Verluste, Vernichtungen, aber auch verschenkte Möglichkeiten sein können. So gilt Literatur vornehmlich dem, was in unserer durch Institutionen stabilisierten Welt abgewiesen ist." (Iser 1981: 20) Der Verweis auf 'alternative Weltversionen' bzw. auf das 'von der Welt Abgewiesene' bringt, jeweils implizit, den *Fiktionsbegriff* ins Spiel. Vor allem darin dürfte der Konvergenzpunkt beider Funktionsbestimmungen liegen. Wie sich allerdings noch zeigen wird, sind die Differenzen erheblicher als die Gemeinsamkeiten. Bleiben wir zunächst bei Luhmann.

Um Luhmanns Funktionsbestimmung in all ihren systemtheoretischen Implikationen zu erfassen, bedarf es zunächst einmal einer Antwort auf die Frage: Was versteht die Theorie autopoietischer Systeme unter dem Begriff Realität und, in Abgrenzung dazu, unter dem Begriff Fiktion? In seinem Essay "Weltkunst" von 1990 hebt Luhmann hervor: "Einerseits stellt das Kunstwerk sich als fiktionales Gebilde außerhalb der Realität. Andererseits ist es selbst mitsamt seinen Beobachtern ein durchaus reales Gebilde." (Luhmann 1990a: 13)[52] Auch 1995 verwendet Luhmann zur Beschreibung des vermeintlichen Gegensatzes von Fiktion und Realität die Termini 'reale Realität' und 'fiktionale Realität', ergänzt durch den Hinweis, die fiktionale Realität eines literarischen Textes sei eine "imaginierte Welt", der "keine wirkliche Welt" entspreche (Luhmann 1995a: 93). Auf der Grundlage einer Argumentation, die die Imagination als eine Form der Wahrnehmung, als "selbstveranlaßte Wahrnehmungssimulation" (ebd.: 16) definiert, benutzt Luhmann im weiteren 'fiktiv' und 'imaginär' in beliebig austauschbarer Weise, spricht mithin von "realer Realität und fiktionaler, imaginierender Realität" (ebd.: 230), kurz: das Imaginäre und das Fiktive erscheinen als Synonyme. Eine begriffliche Differenzierung in dieser Frage ist Luhmann offenkundig nicht wichtig, wert legt er dagegen - wie schon 1990 - auf die Feststellung, dass es sich auch bei der Fiktion um etwas Reales handele. Einerseits "keine wirkliche Welt" (ebd.: 93), andererseits Realität - wie soll dies zusammengehen? Für die Beantwortung dieser Frage bedarf es zunächst einmal einer Erläuterung dessen, was die Theorie autopoietischer Systeme unter dem Begriff Realität versteht.

'Realität', darauf hat Nassehi ausdrücklich hingewiesen, gehört neben den Begriffen Welt und Sinn zu jenen Begriffen, die den differenztheoretischen Ansatz der Systemtheorie gleichsam unterlaufen, weil sie "differenzlos", also als "einwertige Begriffe gebraucht" werden. Sie haben "die Funktion, alle gesellschaftlichen oder theoretischen Unterscheidungen und damit die bei Selbstanwendung entstehenden Paradoxien zu absorbieren (...); sie sind sozusagen die 'schwarzen Löcher des Denkens'." (Nassehi 1993: 233f.) 'Realität', verstanden als Einheit der Differenz von Erkenntnis und Gegenstand, ist, so Luhmann, "differenzlos in dem Sinne", dass der Begriff seine eigene Negation einschließt: "Die Negation von Realität kann nur als reale Operation vollzogen werden." (Luhmann 1988c: 42) Freilich verdeutlichen diese Hinweise zunächst nichts anderes als die Tatsache, dass sich Luhmann dieses differenztheoretischen Problems bewusst ist. Anders gewendet: Auf der Grundlage einer Begriffsbestimmung, die von einem basalen Oppositionsverhältnis zwischen Kunst und Realität ausgeht (fiktionales Gebilde außerhalb der Realität - reales Gebilde), gelangt der Beobachter von Kunst in die Paradoxie der Selbstanwendung des Begriffs Realität. Luhmann 'löst' dieses Problem, indem er "zwischen der realen Realität und der fiktionalen Realität" (Luhmann 1990a: 13) unterscheidet. Die 'Lösung' ist ganz offensichtlich keine, denn sie gerät zur Tautologie und damit - systemtheoretisch gesprochen - in eine erneute, nur verdeckte Paradoxie: Denn die

52 Luhmann paraphrasierend, spricht Elena Esposito von der "doppelten Existenz" der Kunstwerke: "als unmittelbare Objekte, die in der 'realen' Welt das sind, was sie sind (Leinwände, Laute, Texte), und als Kunstobjekte, die zur alternativen Welt der Fiktion gehören" (Esposito 1996: 66).

Tautologie 'reale Realität' "behauptet einen Unterschied, von dem sie zugleich behauptet, daß er keiner ist" (Luhmann 1990b: 491).

Zusammengefasst: Die Unterscheidung zwischen 'realer Realität' und 'fiktionaler Realität' reagiert auf das erkenntnistheoretische Problem, dass etwas offensichtlich real ist, ohne jedoch - per definitionem - wirklich sein zu können, löst es jedoch nicht, sondern versucht es lediglich zu invisibilisieren. Damit aber wird die basale Opposition von Realität und Fiktion letztlich nur bestätigt.[53]

Luhmann gelangt zu seiner Unterscheidung von 'realer Realität' und 'fiktionaler Realität' (Kunst) durch Anwendung der differenztheoretischen Reflexionen George Spencer-Browns. Zentral in diesem Zusammenhang ist der Begriff Form: "Form ist danach ein Einschnitt, eine Verletzung eines unbestimmten Bereichs von Möglichkeiten durch eine Unterscheidung, eine Transformation unbestimmbarer in bestimmbare Komplexität. Was vorlag, bleibt dabei erhalten, es nimmt nur Form an. Es entsteht, um es mit Spencer Brown zu fassen, eine Innenseite und eine Außenseite. Und beides ist die Form. Und 'beides', das heißt: die Welt als Differenz." (Luhmann 1990a: 10) Die erste, grundlegende Unterscheidung markiere den Beginn der Arbeit an einem Kunstwerk, mit der zwischen der Innenseite (Werk, Fiktion) und der Außenseite (Realität, Welt) unterschieden werde. Die weitere Entstehung eines Kunstwerks entspreche dann einem Prozess ständiger asymmetrischer Folgeoperationen, das heißt weiterer Unterscheidungen auf der Innenseite (vgl. Luhmann 1990a: 10ff.; vgl. auch 1995a: 51ff. sowie 189). In seiner Besprechung von Luhmanns "Die Kunst der Gesellschaft" äußert Niels Werber die Ansicht, diese operative Theorie künstlerischer Produktion sei überzeugend (vgl. Werber 1996: 171). Dieser Ansicht kann ich mich nicht vorbehaltlos anschließen. Um diese Zweifel zu begründen, muss die Rekonstruktion von Luhmanns Argumentationsgang unterbrochen werden, um einige Anmerkungen einzuflechten, die für das Folgende von Bedeutung sind.

Wie gesehen, hält Luhmann letztlich fest an der Antithesis von Fiktion und Realität, auch wenn er bestrebt ist, der Realität des Kunstwerks durch die Unterscheidung von 'realer Realität' und 'fiktionaler Realität' gerecht zu werden. Das Kunstwerk, seine Form, und nur sie ist in differenztheoretischem Sinne von Belang, ist der "marked space" (Luhmann 1995a: 52) auf der Innenseite jener ersten grundlegenden Unterscheidung, die den "unmarked space" (ebd.) als die unbeobachtete Außenseite dieser Differenz ausschließt: diesseits die fiktionale

53 Dies zeigt sich etwa dort, wo Luhmann über den Gegensatz von alltäglicher und literarischer Sprachverwendung reflektiert. Weil die Alltagssprache der "Mitteilung von Information" (Luhmann 1995a: 187) diene, sei sie darum bemüht, "möglichst eindeutige Denotationen herzustellen (...). Die dichterische Sprachverwendung operiert in Gegenrichtung (...). Sie benutzt nicht die Denotationen, sondern die Konnotationen der Worte und setzt damit die Worte als Medium voraus (...)." (ebd.: 200)

Realität, jenseits die reale Realität. Wird diese differenztheoretische Fundierung des unterstellten Gegensatzes von Realität und Fiktion dem Phänomen literarischer Fiktionalität gerecht? Nehmen wir an, die erste grundlegende Unterscheidung eines Autors gelte dem Titel seines (geplanten) Werkes, und nehmen wir des Weiteren an, der Titel dieses Werkes laute "Berlin Alexanderplatz" (1929). Nun wird ein (potenzieller) Leser mit Recht keinen Zweifel an der Existenz des Alexanderplatzes in Berlin hegen, nur weil es ein Roman ist, der diesen Titel trägt. (Und das Werk wird die Denotation durch zahlreiche identifizierbare Realitätselemente bestätigen.) Doch gilt auch umgekehrt: Selbst der größte Döblin-Verehrer wird nicht auf die Idee kommen, auf den Friedhöfen Berlins das Grab Franz Biberkopfs zu suchen, nur weil an der Existenz des Alexanderplatzes in Berlin nicht zu zweifeln ist. Das kleine Beispiel zeigt bereits: Literarische Fiktionalität widersetzt sich dem - wie auch immer hergeleiteten - vermeintlichen Gegensatz von Fiktion und Realität; literarische Sprachverwendung schließt mitnichten denotative Elemente aus. Es scheint daher zumindest fraglich, ob Literatur (als Kunst) differenztheoretisch im Sinne Luhmanns (und damit Spencer-Browns) in ihrer Komplexität angemessen beschreibbar ist. Offensichtlich bedarf es zumindest zusätzlicher Überlegungen, um das keineswegs antithetische Verhältnis von Realem und Fiktivem, kurz: um literarische Fiktionalität genauer zu erfassen. Doch zunächst zurück zu Luhmann - und damit zu der Frage nach der spezifischen Funktion, die die Kunst einschließlich Literatur für die Gesellschaft erbringen soll.

Im Resultat, so Luhmann nach der differentheoretischen Beschreibung des Produktionsprozesses, erzeuge "Kunst auf beiden Seiten ihrer Form einen Zustand, der vorher nicht da war oder jedenfalls nicht beobachtet werden konnte. Die reale Realität wird zum normalen Alltag, zum Bereich der vertrauten Erwartungen. Die fiktionale Realität wird zum Bereich der Reflexion anderer (unvertrauter, überraschender, nur artifiziell zu gewinnender) Ordnungsmöglichkeiten." (Luhmann 1990a: 13) Ähnlich wiederum äußert sich Luhmann 1995: "Anscheinend geht es also um Versuche, im Bereich des Möglichen mit zunehmenden Freiheitsgraden, mit zunehmender Distanz zu der sonst vorfindbaren Realität Ordnungsmöglichkeiten zu entdecken und zu realisieren." (Luhmann 1995a: 232) Diese Umschreibungen erweitern und präzisieren sicherlich jenen, noch als 'unscharf' bezeichneten Versuch einer Funktionsbestimmung von Kunst, wie ihn Luhmann 1986 vorgenommen hatte: die "Konfrontierung der (jedermann geläufigen) Realität mit einer anderen Version derselben Realität" (Luhmann 1986a: 624). Doch vermögen sie auch zu überzeugen?

Noch einmal: Durch die Konfrontation mit anderen, nämlich fiktionalen Versionen der Realität werde die "reale Realität (...) zum normalen Alltag, zum Bereich der vertrauten Erwartungen" (Luhmann 1990a: 13). Aber bedarf es dazu - diese Frage muss erlaubt sein - der Kunst, wenn es sich bei der 'realen Realität' ohnehin um eine "festsitzende Alltagsversion" (Luhmann 1986a: 625) handelt?

Mit anderen Worten: Diese Funktionsbestimmung von Kunst bleibt eigentümlich leer, weil Luhmann der Kunst hier keine andere Wirkungsmöglichkeit zugesteht als eben die, in der Konfrontation mit 'anderen Ordnungsmöglichkeiten' das ohnehin Vertraute als Vertrautes zu erleben bzw. sich der 'Vertrautheit des Vertrauten' bewusst zu werden. Und darüber hinaus: Wenn sich die Funktion der Kunst in einer "Herstellung von Weltkontingenz" (ebd.) erschöpft, dann stellt sich ernsthaft die Frage, ob es der Kunst überhaupt (noch) bedarf. Denn die funktional differenzierte Gesellschaft ist in der Sicht der Systemtheorie ohnehin gekennzeichnet durch kontingente Beobachterverhältnisse: "In der funktional differenzierten Gesellschaft zerfällt (...) die Einheit der Gesellschaft in jeweils teilsystemspezifische Beobachtungsverhältnisse. (...) Damit zerfällt zugleich ein vormals zentrisch gedachter Weltbegriff zu einem multizentrischen Weltbegriff (...)." (Kneer/Nassehi 1993: 145) Weil es keine teilsystemübergreifende verbindliche Perspektive auf die Gesellschaft als Ganzes gibt, ist jede einzelne Beobachterperspektive kontingent: "Kontingenz ist etwas, was weder notwendig ist noch unmöglich ist; was also so, wie es ist (war, sein wird), sein kann, aber auch anders möglich ist." (Luhmann 1987a: 152) Wozu dann noch die 'Herstellung von Weltkontingenz' durch Kunst? Vor diesem Hintergrund verwundert es nicht, dass Gerhard Plumpe und Niels Werber Luhmanns Funktionsbestimmung mit dem Verweis auf ohnehin kontingente Beobachterverhältnisse ablehnen (vgl. Plumpe/Werber 1993: 27f.) - und auch Gumbrecht stellt, den Überlegungen Luhmanns folgend, die allzu berechtigte Frage: "(...) ob eine Gesellschaft aus vielfachen Wirklichkeiten 'einer anderen Version der Realitäten' überhaupt noch bedarf?" (Gumbrecht 1987: 175)[54]

Offensichtlich geraten auch hier die Reflexionen Luhmanns über ein autopoietisches gesellschaftliches Teilsystem 'Kunst' in die Sackgasse; ein Eindruck, der sich aufdrängen muss, wenn man nicht gewillt ist, gegen allen Augenschein von neuem den Topos vom 'baldigen Ende der Kunst' oder dem 'Tod der Litera-

54 Gemeinsam mit Peter Fuchs versucht Luhmann selbst, dem diese Problematik seiner Funktionsbestimmung nicht verborgen geblieben ist, einen anderen Weg einzuschlagen. Das Kontingentsetzen von Wirklichkeit in einer multizentrischen Welt würde, so Fuchs und Luhmann, nur noch "tautologisch und repetitorisch" die Einsicht bedienen: "Die kontingente Welt ist kontingent." (Fuchs/Luhmann 1989b: 155) Es fragt sich, wie beide die eigene Funktionsbestimmung zu retten versuchen. Auf diesem Wege: "Wir nehmen an, daß im Falle der Literatur unter den angegebenen Bedingungen die Spezifikation der Funktion als deren Inversion zu begreifen ist." (ebd.) Die dargestellte Welt gebe vor, "qua poetischem Genie", inmitten der polykontexturalen Welt eine monokontexturale Welt zu erzeugen: "Der Realitätsindex haftet dann an der poetischen (...) Realität, der Illusionsindex hingegen an dem, was weithin und konventioneller Weise als Realität gilt." (ebd.) Fuchs und Luhmann meinen, damit den "subtilen Umbau", den "Trick" (ebd.) des Literatursystems selbst beobachtet zu haben, mit dem es auf die Paradoxie der eigenen Funktion reagiere. Ich sehe darin eher 'Tricks', um nicht zu sagen: Spitzfindigkeiten, zu denen sich Fuchs und Luhmann durch die Zirkularität ihrer eigenen Argumentation genötigt sehen.

tur' ins Feld zu führen.[55] Womöglich, um bei Gumbrecht zu bleiben, ist es aussichtsreicher, auf der Suche nach der spezifischen Funktion, die die Kunst bzw. die Literatur (als System) im Kontext der Gesamtgesellschaft erfüllt, nicht nur auf die Ähnlichkeit zwischen Luhmanns und Isers Bestimmungen hinzuweisen, sondern auf deren Differenz. Sie deutet sich bereits in den oben zitierten Äußerungen beider an: Während Luhmann, wie bereits mehrfach hervorgehoben, von 'anderen Versionen derselben Realität' spricht, sieht Iser den Bezug der Literatur zur Wirklichkeit in dem, was von der Realität "abgewiesen" (Iser 1981: 20) wird. Anders gewendet: Nicht Versionen einer Realität hat Iser offenkundig im Sinn, sondern etwas in der Realität *Nicht-Gegebenes*, dessen Existenz allein im Fiktiven der Literatur sich den Defiziten gesellschaftlicher Realität verdankt. Offenkundig wird hier - und darin ist Luhmann durchaus Recht zu geben -, dass ein enger Zusammenhang besteht zwischen der Frage nach der Funktion von Literatur und der Frage nach der spezifischen Qualität literarischer Fiktionalität. Insofern wird es in den weiteren Ausführungen (Kapitel III) zunächst einmal darum gehen müssen, das Verhältnis von Realem und Fiktivem genauer in den Blick zu nehmen, ohne von einem Gegensatz zwischen Wirklichkeit und Fiktion, 'realer Realität' und 'fiktionaler Realität' auszugehen.

Anregungen in diese Richtung gibt Luhmann in "Die Kunst der Gesellschaft" selbst. Im Bemühen, das Problem der Fiktionalität von Kunst - erneut und anders - gedanklich einzukreisen, berührt er hier mehrfach Punkte, die von großem Interesse sind, die allerdings weiter zu verfolgen ihm die strikt differenztheoretische Ausrichtung seines Ansatzes offenbar verbietet. So stellt Luhmann unter anderem nochmals die Frage nach dem "Realitätsverhältnis" (1995a: 230) der Kunst. Neben den Möglichkeiten, "imitativ", "kritisch" oder "affirmativ" (ebd.) auf Realität zu reagieren, bestehe eine weitere Variante darin, "den Betrachter als Individuum anzusprechen und ihn in eine Situation hineinzumanövrieren, in der er selbst der Realität (und nicht zuletzt: sich selber) gegenübersteht und sie in einer Weise beobachten lernt, die er sich im Alltagskontext nicht aneignen könnte" (ebd.). Hier deutet sich eine mögliche Funktionsbestimmung an, in der der "normale Alltag" durch literarische Fiktionalität *nicht* "zum Bereich der vertrauten Erwartungen" (Luhmann 1990a: 13) wird, sondern in eine Perspektive gerückt wird, die ihn in seinen individuell erfahrbaren Beschränkungen und Defiziten sichtbar macht. Warum sonst sollte sich ein Leser fiktionalen Alltagsdarstellungen zuwenden? Um das ohnehin Vertraute als Vertrautes zu erleben - gewiss nicht! Vielleicht wird er sogar, nicht anders als ein Autor, durch ein Bedürfnis geleitet, "in der Imagination" die Welt zu erfahren, "wie sie sein

55 Stets von neuem erörtert Luhmann in "Die Kunst der Gesellschaft" die eher skeptisch beurteilte Zukunft des gesellschaftlichen Funktionssystems 'Kunst'. Vgl. Luhmann 1995a: 9, 77, 180f., 197 sowie 501f.

könnte" (Luhmann 1995a: 93).

3.3 Das Konzept eines autopoietischen Sozialsystems 'Kunst'

Die bisherige Vorstellung und Kritik der Reflexionen Luhmanns zu kunsttheoretischen Fragen orientierte sich an jenem Widerspruch, der gleich zu Beginn des Kapitels herausgestellt worden ist: Einerseits sollen es die Werke als Letztelemente des Systems sein, die dessen Autopoiesis gewährleisten, andererseits sei es der Code schön/hässlich, der die funktionsspezifische Beobachterperspektive des Kunstsystems konstituiere. In diesem Falle erscheinen literaturbezogene Kommunikationen insbesondere der Ästhetik als Letztelemente des Systems. Dieser zentrale Widerspruch, der Luhmanns Beiträge zum Thema allesamt durchzieht, erlaubte es, die Codierungsfrage bzw. die Frage nach der Funktion von Kunst in der funktional differenzierten Gesellschaft je eigens zu erörtern. Wie sich im Weiteren zeigen wird, ist auch "Die Kunst der Gesellschaft" noch von diesem Widerspruch gekennzeichnet - und dies, obwohl die Studie sehr wohl Luhmanns Bestreben verdeutlicht, ein Problem in den Griff zu bekommen, das ihm schon neun Jahre zuvor bewusst gewesen ist: "Unser Problem ist zunächst, ob das Kunstwerk wirklich die letzte, nicht weiter dekomponierbare Einheit des Kunstsystems ist. Das wäre, soziologisch gesehen, eine Anomalie. Denn schon die Gesellschaft besteht aus Kommunikationen (...). Folgt man dieser Anregung, dann kann man das Kunstwerk allenfalls als Kompaktkommunikation oder auch als Programm für zahllose Kommunikationen über das Kunstwerk ansehen. Nur so wird es soziale Wirklichkeit." (Luhmann 1986a: 621) Wie, so fragt sich nun, konzipiert Luhmann 'Kunst' als selbstreferenzielles und operativ-geschlossenes, mithin autopoietisches Sozialsystem in seiner Studie von 1995?

Grundlegend für die avisierte Lösung des Problems ist - wieder einmal - die differenztheoretische Beschreibung des Produktionsprozesses von Kunst unter den Bedingungen der funktional differenzierten Gesellschaft. Der Sinn des einzelnen Kunstwerks sei es, "spezifische Formen für ein Beobachten von Beobachtungen in die Welt zu setzen. Nur dafür wird das Werk 'hergestellt'. (...) Die in ein Kunstwerk eingebauten Formen - immer Zwei-Seiten-Formen! - sind in ihrem Eigensinn nur verständlich, wenn man mitsieht, daß sie fürs Beobachten produziert sind. Sie legen eine Beobachtungsweise fest." (Luhmann 1995a: 115f.) Zwar könnten die Formen, dies bestreitet Luhmann nicht, sehr verschieden beobachtet werden; gelenkt jedoch werde die Beobachtung durch im Werk eingebaute "Beobachtungsdirektiven" (ebd.: 116). Auf diese Weise leiste das Kunstwerk die strukturelle Koppelung zwischen der Beobachtung erster Ordnung, mithin jener Beobachtung von Welt, die durch das Kunstwerk erfolge, und der Beobachtung zweiter Ordnung, wie sie der Beobachter des Kunstwerks vollziehe. Der Künstler wie der Betrachter (in unserem Falle: Autor und Rezipient) erscheinen unter diesem Blickwinkel gleichermaßen als Beobachter zweiter Ordnung. Der Künstler kläre "am eigenen Beobachten des entstehenden Kunstwerks (...), wie er und andere das Werk beobachten werden. (...) Für den Betrachter gilt Dasselbe. Er kann an Kunst nur teilnehmen, wenn er sich als Beobachter auf die für sein Beobachten geschaffenen Formen einläßt, also am Werk die Beobachtungsdirektiven nachvollzieht." (ebd.) Das Kunstwerk, auch das "Sprachkunstwerk" (ebd.: 187), erscheint als Objekt, das wahrgenommen, in der Anschauung (Imagination) erfasst werden soll (vgl. ebd.); zugleich diene es als Medium für jene Kommunikationen, die über den Mechanismus struktureller Koppelung an das Werk gebunden seien: "Vielmehr sind die Werke selbst Medium der Kommunikation insofern, als sie Beobachtungsdirektiven enthalten, die von verschiedenen Beobachtern adäquat oder inadäquat aufgegriffen werden können und dazu bestimmt sind." (ebd.: 129) In dieser Perspektive (allerdings wirklich nur in dieser Perspektive!) erweist sich Kunst als operativ geschlossenes und selbstorganisiertes Sozialsystem, dessen Elemente 'Kommunikationen *durch* Kunst' seien (vgl. ebd.: 33, 88).

Ungeachtet der Tatsache, dass Luhmann unter dem Stichwort 'Beobachtungsdirektiven' einen gewiss relevanten, Literaturwissenschaftlern durchaus vertrauten Sachverhalt (impliziter Leser) anspricht, führt ihn das eigene Konzept in Aporien, die nicht aufgelöst werden können durch die Bestimmtheit, mit der Luhmann seine Argumentation vorträgt. Zunächst einmal ist er gezwungen, die Sprachlichkeit literarischer Werke - und damit: den kommunikativen Charakter literarischen Sprechens zu ignorieren. In seiner ausführlichen Besprechung von Luhmanns Studie hat Georg Stanitzek diesen Aspekt als fatale Folge "einer grundsätzlichen Theorieentscheidung" Luhmanns rekonstruiert: "Die Besonderheit der Kommunikationsweise von Kunst, wird eingangs dargelegt, liege darin, daß sie wesentlich ohne Sprache stattfinde. 'Kunst ist ein funktionales Äquivalent zur Sprache' (S. 36), in der künstlerischen Wahrnehmung werden nonverbale Formen an Wahrnehmung adressiert, Kunst mutet ein 'Wahrnehmen des Wahrnehmens' zu (S. 70) und kommuniziert damit zugleich immer auch die Differenz von - nichtsprachlicher - Wahrnehmung und - sprachlicher - Kommunikation. Diese begriffliche Disposition hat Folgekosten. Sie bestehen darin, daß literarische Kommunikation an späterer Stelle wieder-eingeführt werden muß, und zwar nun, auf seiten der Kunst, als nicht-sprachliche." (Stanitzek 1997: 21)[56]

56 Diesen Aspekt seiner Besprechung beschließend, merkt Stanitzek zuletzt ironisch an: "Insofern ist Lektüre (oder Interpretation) (...) keineswegs aus dem Haushalt der ästhetischen Kommunikation zu entfernen. Sollte man dafür nicht in Kauf nehmen, daß die Rezeption der Schriften Luhmanns *und* Rainald Goetz' unter einem einzigen Namen für eine doch zumindest ähnliche Operation erfolgt: Lesen?" (Stanitzek 1997: 22)

Vor diesem Hintergrund erscheinen literarische Werke - wie alle künstlerischen Objekte - als Medien, deren spezifische, auf Wahrnehmung gegründete Kommunikationsweise von literaturbezogener, Sprache verwendender Kommunikation - kurz: von Kommunikation durch Kunst abgegrenzt werden kann. Ist die behauptete Nicht-Sprachlichkeit von Literatur[57] für Literaturwissenschaftler, die mit den Besonderheiten literarischer Sprachorganisation, aber auch mit Kommunikationsmodellen etwa zum Erzähltext vertraut sind, bereits nicht nachvollziehbar, so führt Luhmann das eigene Konzept postwendend in eine zweite Aporie, nämlich die, zwischen Kommunikationen *über* Kunst und Kommunikationen *durch* Kunst klar unterscheiden zu müssen. "Sicher kann man", so Luhmann, "auch über Künstler als Menschen oder über Kunstwerke als materielle Artefakte sprechen"; Kunstkommunikation dagegen realisiere "besondere Formen struktureller Kopplung von Bewußtsein und Gesellschaft. Sie ist Kommunikation mit Hilfe von Unterscheidungen, die im Kunstwerk selbst lokalisiert sind." (Luhmann 1995a: 88f.) Kommunikation durch Kunst werde geleistet von der "Ästhetik als Reflexionstheorie des Kunstsystems" (ebd.: 317) und einer "kompetenten Kunstkritik" (ebd.: 339). So beherzigenswert es ist, die Beobachtung von (Sprach-) Kunstwerken auf eine Argumentation zu verpflichten, die sich stets an den Formen (den Strukturen) des beobachteten Werks orientieren soll, so abwegig ist es aber auch, eine strikte Unterscheidung zwischen (systemexterner) Kommunikation über Kunst und (systemimmanenter) Kommunikation durch Kunst vorzunehmen. Jede Kommunikation, deren Gegenstand ein Kunstwerk ist, beruht, mehr oder weniger stringent, mehr oder weniger plausibel, auf einer Beobachtung des Kunstwerks selbst; sollte hingegen "über Künstler als Menschen" (ebd.: 88) gesprochen werden, so wäre dies weder Kommunikation über noch durch Kunst, sondern Kommunikation über einen anderen Gegenstand, ein anderes Thema. Und darüber hinaus: Man tritt der Literaturkritik, auch

57 Elena Esposito konzediert: "Die Behauptung, daß die Kommunikation durch literarische Werke nicht primär sprachliche Kommunikation ist, ist wenigstens ungewöhnlich (...)." (Esposito 1996: 69) Espositos Versuch, sich selbst und anderen Luhmanns Entscheidung zu erklären, ist allerdings auch bemerkenswert. Während die Sprache im sozialen Verkehr als Zeichensystem fungiere, mithin stets auf "außersprachliche Referenten" (ebd.: 70) verweise, sei die Lage im Falle von (Sprach-) Kunstwerken eine andere: "Die Kunstwerke dienen nicht als Zeichen: Sie stehen für nichts anderes (weiteres), sondern sind direkt das, was sie sind." (ebd.: 68) Nämlich: Fiktionale Welten, die einen "autonomen Repräsentationsraum ohne jeglichen Außenbezug" (ebd.: 73) konstituieren. Sieht man einmal ab von der Tatsache, dass literarische Sprachverwendung mitnichten denotative Elemente ausschließt, so ist es darüber hinaus schon befremdlich zu sehen, wie in modernisiertem, nun systemtheoretischen Gewand erneut jenes Literaturverständnis postuliert wird, auf das sich die Vertreter der werkimmanenten Schule (Staiger) und der positivistischen Literatursoziologie (Silbermann, Fügen, Escarpit) einigen konnten: Literatur - "vollkommen autonom von der realen Realität" (Esposito 1996: 73), eine "von der Welt unseres Handelns verschiedene zweite Welt" (Fügen 1964: 22).

der kompetenten Literaturkritik, gewiss nicht zu nahe, wenn man behauptet, dass die von Luhmann geforderte Formbeobachtung gerade von jener Disziplin am ehesten geleistet wird, die Luhmann als solche in den Fallstricken seiner Argumentation gar nicht zur Kenntnis nehmen darf, weil sie - als *Wissenschaft* - einem anderen System angehören müsste: die Literaturwissenschaft. Ihr bzw. allen Versuchen, Textanalyse nach wissenschaftlichen Kriterien zu betreiben, erteilt Luhmann eine zwar indirekte, doch unmissverständliche Absage. Vor allem Friedrich Schlegel dient Luhmann als Gewährsmann für das eigene Systemkonzept, sei doch mit der von Schlegel und anderen Romantikern vertretenen Ansicht, "Kritik sei ein wesentliches Moment der Vervollkommnung von Kunst (...), zum ersten Male [Theorie] als Selbstbeschreibung des Systems im System anerkannt" (ebd.: 462) worden. Solche Kunstkritik habe nichts mit Wissenschaft zu tun, vielmehr sei "konsequent von jeder Analogie mit Wissenschaft abzusehen" (ebd.: 463). Spätestens seit der Romantik, so Luhmann in diesem Zusammenhang, sei der 'Beobachter durch Kunst' in den Rang einer "Mitarbeit an der Gestaltung von Kunst" (ebd.: 377) erhoben: "Kunstwerke konzedieren jetzt ihre eigene Interpretationsbedürftigkeit und öffnen sich für mangelnden Konsens. Und Kritik kann jetzt nicht mehr heißen: Suche nach der richtigen Beurteilung, sondern nur noch: weitere Arbeit am Kunstwerk selbst." (ebd.: 458) Und 1996 betont Luhmann nochmals, Kritik sei die "Fortsetzung der Arbeit am niemals fertigen Kunstwerk in der Reflexion" (Luhmann 1996b: 335). Mit diesen Wendungen, die dem Interpreten von Kunst den Status des 'Mitschöpfers' verleihen, versucht Luhmann offenbar, das eigene Konzept gegen alle Einwände zu immunisieren, die, bleiben wir bei der Literatur, mit dem Verweis auf die Spezifik literarischer Fiktionalität und mit dem Verweis auf die besondere Organisation literarischer Sprachverwendung literarische Kommunikation und Kommunikation über Literatur (Ästhetik, Literaturkritik und Literaturwissenschaft) unterschiedlichen Systemen zuordnen wollen. Eben dieser Weg soll im Weiteren beschritten werden. Zeigen wird sich auf diesem Weg, dass die Systemtheorie Luhmanns durchaus theoretische Grundlagen enthält, Literatur als Kommunikationssystem zu konzipieren - allerdings entschieden anders, als Luhmann es in "Die Kunst der Gesellschaft" vorschlägt.

Luhmanns Argumentationsgang verläuft, wie er verläuft, weil die "Vergleichbarkeit der Teilsysteme" (1995a: 217) als Apriori seines Ansatzes fungiert. "Die Gesellschaftstheorie", so Luhmann in seinem Vorwort, benötige "die These, daß die Funktionssysteme, die sich in der Gesellschaft bilden, an operative Schließung anschließen, dieses Prinzip für sich selbst realisieren müssen und eben deshalb bei aller Sachverschiedenheit vergleichbare Strukturen aufweisen werden." (ebd.: 7) Ob dies wirklich zutrifft, und ob es zutreffen muss, um Literatur als gesellschaftliches Teilsystem zu konzipieren, muss sich im Weiteren zeigen.

Zuvor jedoch ist es vonnöten, die Beschäftigung mit Luhmanns eigenen

Arbeiten über Kunst einschließlich Literatur zu ergänzen durch einen letzten Abschnitt, in dem es um Luhmanns Reflexionen über die modernen Massenmedien gehen muss. Seine Studie "Die Realität der Massenmedien", 1996 in erweiterter Fassung eines zwei Jahre zuvor gehaltenen Vortrags erschienen, enthält zahlreiche Implikationen von literaturwissenschaftlicher Relevanz. Würde man sich mit Luhmanns Systemkonzept zur Kunst einverstanden erklären, so wären sie allenfalls von beiläufigem Interesse; brisant werden sie jedoch, wenn man dieses Konzept als fragwürdig erachtet.

3.4 Massenmedien

Unterhaltung, so habe ich an anderer Stelle bereits erläutert, bezeichnet für Gerhard Plumpe und Niels Werber die primäre Funktion von Literatur in der modernen Gesellschaft (vgl. II.2.4). Nun taucht das Stichwort Unterhaltung bei Luhmann ebenfalls auf - nicht allerdings mit Blick auf die Kunst und deren mögliche Funktion, sondern als eines von mehreren Programmen der modernen Massenmedien. Sie wiederum werden von Luhmann konzipiert als autopoietisches Sozialsystem der funktional differenzierten Gesellschaft. Kunst und Massenmedien erscheinen demnach als zwei verschiedene, gleichermaßen rekursiv-geschlossene Sozialsysteme, die überschneidungsfrei operien und deshalb füreinander Umwelt sind. Es fragt sich, wie Luhmann diese These zu begründen versucht.

Unter den Begriff der Massenmedien fallen für Luhmann sämtliche Einrichtungen, "die sich zur Verbreitung von Kommunikation technischer Mittel der Vervielfältigung bedienen" (Luhmann 1996a: 10) - im Resultat also etwa Druckerzeugnisse (Bücher, Zeitungen, Zeitschriften), über Funk vervielfältigte Kommunikationen oder Produkte photographischer oder elektronischer Kopierverfahren (Rundfunksendungen, Fernsehen, Filme, Videos, Disketten etc.). Auch wenn die Auflistung gewiss nicht vollständig sein könne, entscheidend sei, "daß keine Interaktion unter Anwesenden zwischen Sender und Empfängern stattfinden kann" (ebd.: 11). Was Luhmann hier als entscheidendes Kriterium zur Definition der Massenmedien benennt, ist den Literaturwissenschaften seit längerem bekannt als die fundamentale Asymmetrie literarischer Kommunikation. Dient dieser Sachverhalt dort als konstitutive Grundlage für den Entwurf von Kommunikationsmodellen zum literarischen Text[58], so bezeichnet er für Luhmann die notwendige Voraussetzung für die Systembildung im Falle der Massenmedien: "Für die Ausdifferenzierung eines Systems der Massenmedien dürfte die ausschlaggebende Errungenschaft in der Erfindung von Verbreitungs-

58 In Kapitel III.2 wird dieser Problemzusammenhang in den Vordergrund rücken.

technologien gelegen haben, die eine Interaktion unter Anwesenden nicht nur einsparen, sondern für die eigenen Kommunikationen der Massenmedien wirksam ausschließen. (...) So kann im Bereich der Massenmedien ein autopoietisches, sich selbst reproduzierendes System entstehen, das auf Vermittlung durch Interaktionen unter Anwesenden nicht mehr angewiesen ist. Erst damit kommt es zu einer operativen Schließung mit der Folge, daß das System die eigenen Operationen aus sich heraus reproduziert, sie nicht mehr zur Herstellung von interaktionellen Kontakten mit der gesellschaftsinternen Umwelt verwendet, sondern sich statt dessen an der systemeigenen Unterscheidung von Selbstreferenz und Fremdreferenz orientiert." (ebd.: 33ff.) Wie in allen anderen gesellschaftlichen Funktionssystemen auch, seien die systeminternen Operationen eindeutig identifizierbar durch einen binären Code: "Der Code des Systems der Massenmedien ist die Unterscheidung von Information und Nichtinformation." (ebd.: 36) Die Besonderheit dieses Codes liege wiederum "in dessen Verhältnis zur Zeit. Informationen lassen sich nicht wiederholen; sie werden, sobald sie Ereignis werden, zur Nichtinformation. Eine Nachricht, die ein zweites Mal gebracht wird, behält zwar ihren Sinn, verliert aber ihren Informationswert. Wenn Information als Codewert benutzt wird, heißt dies also, daß die Operationen des Systems ständig und zwangsläufig Information in Nichtinformation verwandeln" (ebd.: 41) - und damit: ständigen "Bedarf für neue Information" (ebd.: 43) schaffen. Um nun unterscheiden zu können, was als informativ, mithin als systeminterne Kommunikation behandelt werden könne und was nicht, bedürfe es darüber hinaus verschiedener Programme, die ihrerseits Ausdruck einer durch die Evolution erzwungenen "Binnendifferenzierung" (ebd.: 51) des Systems seien. Typische Programmbereiche, die die Kriterien für die Auswahl von Information bereitstellen, sind für Luhmann Nachrichten und Berichte, die Werbung und schließlich: die Unterhaltung.

Luhmann verzichtet erneut darauf, eine Auflistung in diesem Fall sämtlicher massenmedialer Unterhaltungsformen vorzunehmen. Die herangezogenen Beispiele verdeutlichen jedoch das avisierte Spektrum. Zu ihm gehören insbesondere Romane, Fernsehspiele und Spielfilme, aber auch "zum Mitschwingen einladende Musik" (ebd.: 109), "Sportsendungen" (ebd.: 110) oder Talk-Shows, in denen von geladenen Gästen oft "höchstpersönliche Erfahrungsberichte" mit "intimsten Details ihres Privatlebens" (ebd.: 111f.) vor der Kamera ausgebreitet werden - kurz: eine in der Tat breite Palette unterschiedlicher Medien und Formen, die Luhmann zufolge allesamt dem Programmbereich Unterhaltung des Sozialsystems Massenmedien angehören. Stellte sich zuvor bereits die Frage nach der operativen Schließung des Sozialsystems, wenn doch Literatur auch als Kunst gekennzeichnet ist durch die raum-zeitliche Trennung von Sender und Empfänger (vgl. ebd.: 11), so stellt sich diese Frage jetzt noch dringender: Was unterscheidet Luhmann zufolge Literatur als Kunst von Unterhaltungsliteratur?

Unter systemtheoretischem Blickwinkel erstaunt Luhmanns Antwort nicht:

Es sei der binäre Code Information/Nichtinformation, der eben auch Unterhaltungsliteratur oder Spielfilme als Elemente des Systems der Massenmedien ausweisen würde - in Abgrenzung zur Kunst, die sich durch "hinreichende Ambiguität, eine Mehrzahl möglicher Lesarten" (ebd.: 41, Anm. 15) auszeichne. Zwar seien solche Unterhaltungsformen, wie künstlerische Objekte auch, "fiktiv" (ebd.: 99), je verschiedene Entwürfe einer Welt "eigener fiktionaler Realität" (ebd.: 98), doch benötigten zur Unterhaltung bestimmte Texte und Filme "Information" (ebd.: 99). Fiktive Formen der Unterhaltung leben, so Luhmann, "von selbstproduzierten Überraschungen, selbstaufgebauten Spannungen", erzeugen demnach "immer wieder erneuerte Unsicherheit, die auf weitere Information angewiesen ist" (ebd.: 101f.). Überdies dürfe im Falle von Unterhaltungsliteratur und -filmen "nicht schlechthin alles fiktiv sein"; es müssten dem Leser resp. Zuschauer "in den Bildern oder Texten genügend ihm bekannte Details mitgeliefert werden" (ebd.: 99); "Wiedererkennbares" mithin, das dem Rezipienten "Rückschlüsse auf die ihm bekannte Welt und auf sein eigenes Leben" ermögliche, "aber Rückschlüsse, die ihm, eben weil es sich um fiktionales Geschehen handelt, freigestellt sind" (ebd.: 104). Grundmuster aller spannenden Unterhaltung sei in jedem Fall der erst zuletzt erfolgende "Abbau einer selbsterzeugten Unsicherheit" (ebd.: 117): "Man darf, wenn es spannend und unterhaltsam sein soll, nicht schon vorweg wissen, wie der Text zu lesen oder die Geschichten zu verstehen sind. Man will immer neu unterhalten werden. Aus demselben Grund muß jede Unterhaltung ein Ende finden und selbst dafür sorgen. (...) Am Ende weiß man: das war's also. Man geht mit dem Gefühl heraus, mehr oder weniger gut unterhalten worden zu sein." (ebd.: 105f.)

Betrachtet man Luhmanns Ausführungen zum Programmbereich Unterhaltung genauer, so stellt sich zuletzt die Frage, warum er nicht alle Formen der Literatur, zumindest aber alle narrativen Formen der Literatur aus seinem Konzept zum Kunstsystem ausgliedert, um sie kurzerhand dem Sozialsystem Massenmedien zuzuweisen - oder anders: warum er sich nicht der systemtheoretischen Bestimmung von Literatur, wie sie Gerhard Plumpe und Niels Werber vorgelegt haben, anschließt. Denn all das, was er als spezifische Merkmale und Muster von Unterhaltung auszuweisen sich bemüht, lässt sich ohne weiteres auch auf Literatur als Kunst übertragen. Die raum-zeitliche Trennung von Produzent (Sender) und Rezipient gilt für alle Formen von Literatur, aber auch für andere schriftliche Kommunikationen in der modernen Gesellschaft; Fiktionalität kennzeichnet Literatur diesseits und jenseits der behaupteten Grenze zwischen den Massenmedien und der Kunst, und auch die Rede von den identifizierbaren Details sozialer Wirklichkeit lässt sich mitnichten auf Unterhaltungsliteratur einschränken. Denn auch anspruchsvolle literarische Texte weisen ein bestimmtes Potenzial wiedererkennbarer Details der 'realen Realität' auf.[59] So bleibt Luhmann zuletzt der Verweis "auf eine allgemeine Struktur, die als Aufhebung einer selbsterzeugten Ungewißheit über den Ausgang der Geschichte jeder Art von Unterhaltung" (ebd.: 104) zugunde liegen soll, um bestimmte Formen der Literatur unter einen behaupteten Code zu zwingen, demzufolge ein Text als Unterhaltung und damit *nicht* als Kunst, als Element des Sozialsystems Massenmedien und damit *nicht* als Medium für kunstspezifische Kommunikationen von Beobachtern identifiziert werden soll. Um die behauptete Codierung Information/Nichtinformation auf verschiedene Formen der Literatur und des Films beziehen zu können, ist Luhmann gezwungen, die narrative - man könnte auch sagen: die ästhetische Struktur solcher Werke in Abrede zu stellen, sie zu reduzieren auf eine Ansammlung gegebener und vorenthaltener Information, bis schließlich das letzte selbsterzeugte Rätsel über den Ausgang der (Film-)Erzählung gelüftet ist: Nun weiß man, wer der Mörder ist. In den Worten Luhmanns: "Unterhaltung heißt eben: keinen Anlaß suchen und finden, auf Kommunikation durch Kommunikation zu antworten." (ebd.: 107)[60] Es ist fast überflüssig zu erwähnen: Untersuchungen zu vermeintlich oder tatsächlich trivialen Formen der Literatur und des Films haben ergeben, dass auch solche Werke verschiedene Lesarten erlauben, mithin auslegungsbedürftig sind.[61] Und umgekehrt fragt sich, warum Kunst bzw. Literatur per se nicht unterhaltsam und ohne Spannungselemente sein sollen, die den Rezipienten erwartungsvoll dem Ende des Werkes entgegenblicken lassen.

Einige der vorgebrachten Einwände hätten Luhmann nicht überrascht, versucht er doch, ihnen bereits vorab zu begegnen: Das "Prinzip der Auflösung einer selbsterzeugten Ungewißheit durch Informationssequenzen findet man auch in der Kunst, vor allem im Roman, aber auch in der Musik, im Tanz, im Theater. Deshalb liegt es nahe, Unterhaltung als Trivialkunst aufzufassen. Aber was besagt dann die Unterscheidung trivial/nichttrivial? Vermutlich liegt der Unterschied in der Problematisierung der Information, oder genauer: in der Frage, ob die Selbstreferenz der Information mitbeobachtet wird oder nicht. Wenn selbstreferentiell, dann wird die Information im rekursiven Netzwerk des Kunstwerks gewürdigt, also bezogen auf das, was die Selektion gerade dieser Information (und keiner anderen) zum Formenspiel des Kunstwerks beiträgt. Wenn

59 Dieser Sachverhalt wird in Kapitel III.1 ausführlich zur Sprache kommen.

60 Die implizite Bezugnahme auf das eigene Kunstbuch ist offenkundig. Während sich Unterhaltung in der Befriedigung des selbsterzeugten Informationsbedarfs erschöpfe, konzediere die Kunst seit der Romantik ihre eigene Interpretationsbedürftigkeit, fordere gewissermaßen Kommunikation *durch* Kunst (vgl. Luhmann 1995a: 458).

61 Erinnert sei etwa an die Modellanalyse des Romans "Im Hause des Kommerzienrates" von Eugenie Marlitt, durchgeführt von Jochen Schulte-Sasse und Renate Werner im Rahmen ihrer "Einführung in die Literaturwissenschaft" (Schulte-Sasse/Werner 1990: 153ff.).

trivial, dann wird die Information nur als Überraschung, als angenehme Aufhebung noch offener Unbestimmtheiten erlebt. Es ist danach durchaus möglich, Kunstwerke trivial zu erleben oder sie trivial zu kopieren unter Verzicht auf die Mitreflexion der durch die Sequenz der Informationen ausgeschlossenen Möglichkeiten. Und dafür spricht nicht zuletzt die Tatsache, daß viel Unterhaltung mit Bausteinen gearbeitet ist, die zunächst für Kunstwerke entwickelt worden waren. (...) eine Anlehnung der Unterhaltung an das Kunstsystem läßt sich beobachten und damit auch eine mehr oder weniger breite Zone, in der die Zuordnung zu Kunst oder Unterhaltung uneindeutig ist und der Einstellung des Beobachters überlassen bleibt." (ebd.: 123f.) Das Letzte ist zweifellos richtig: Die Rezeption eines literarischen Textes bleibt abhängig von den Einstellungen des jeweiligen Beobachters. Und keine "Beobachtungsdirektiven" (Luhmann 1995a: 116), ob nun eingebaut in einen komplexen oder einfachen Text, sind in der Lage, eine bestimmte Lesart dieses Textes zu garantieren. Doch gilt dies, wie gesagt, für alle literarischen Texte - und nicht nur für "mehr oder weniger breite Zonen" zwischen 'zwei Literaturen', bei denen "die Zuordnung zu Kunst oder Unterhaltung" nicht "uneindeutig", also offenbar eindeutig sein soll; 'zwei Literaturen', deren Gegensätzlichkeit Luhmann in Fortsetzung einer fragwürdigen Tradition behauptet - in seinem Fall: um die Massenmedien und die Kunst als je operativ-geschlossenes und selbstreferenzielles Sozialsystem gegeneinander abgrenzen zu können. So entschieden sich Luhmanns allgemeine Theorie sozialer Systeme von geschichtsphilosophischen und gesellschaftstheoretischen Modellen etwa der Kritischen Theorie absetzt, so wenig nutzt er die virtuellen Möglichkeiten seiner eigenen Theorie, wenn es um Fragen der Kunst bzw. Literatur geht. Begreift man Luhmanns Konzept eines Sozialsystems Massenmedien als Komplement des ein Jahr zuvor vorgelegten Konzepts zum Kunstsystem, so lässt sich sagen: Auf entschieden anders gearteter methodologischer Grundlage reproduziert Luhmann jene fragwürdigen Dichotomien, wie sie unter anderem auch für die marxistisch orientierten Ansätze zur Literatursoziologie samt und sonders kennzeichnend gewesen sind.[62] Mehr noch: Er verleiht diesen Dichotomien neuen Glanz, weil sie eingebaut werden in ein Theoriedesign, das sich den Anschein sachlicher Beobachtung durch einen systemexternen, nämlich wissenschaftlichen Beobachter gibt. Das ändert freilich nichts an einer fatalen Nähe insbesondere zu Adornos normativem Literaturverständnis und der von ihm behaupteten Antithesis Kunst vs. Kulturindustrie. So treffend einzelne Beobachtungen Luhmanns zu Teilaspekten der Literatur oder des Films auch sind, sie können nicht darüber hinwegtäuschen, dass die Aufspaltung der Literatur in Kunst bzw. Unterhaltung nur auf der Grundlage normativer Implikationen aufrechterhalten werden kann, die den blinden Fleck seiner Beobachtung markieren.

62 Vgl. dazu Kapitel I dieser Arbeit.

In einem 1998 erschienenen Beitrag nimmt Armin Nassehi die methodologischen Vorbemerkungen Luhmanns in "Die Gesellschaft der Gesellschaft" zum Anlass, um auf die fragwürdige Nähe zwischen Adorno und Luhmann in einem bestimmten Punkt aufmerksam zu machen: die Skepsis beider Gesellschaftstheoretiker gegenüber dem, "was fachüblich als 'empirische' Forschung behandelt wird" (Luhmann 1997: 36). Nassehis diesbezüglicher Vergleich zwischen Adorno und Luhmann mündet in die Feststellung: "Die entscheidende Gemeinsamkeit der beiden Kritiken an der empirischen Forschung ist aber - und hier treffen sich Adornos und Luhmanns Postulate des Vorrangs der Gesellschaftstheorie vor der empirischen Tatsachenfeststellung in der Tat -, daß es nicht Forschungsergebnisse sein können, die zu einer Theorie der Gesellschaft führen können, sondern daß umgekehrt erst diese für eine angemessene Würdigung der Einzeltatsache sorgen kann. Gemeinsamer sozialtheoretischer Hintergrund ist die theoretische Voranname, daß sich mit jeder sozialen Einzeltatsache das Ganze vollzieht, zugleich aber das Ganze nicht als schlichte Summe von Einzeltatsachen zu verstehen ist." (Nassehi 1998: 201) Demgegenüber macht Nassehi in seinen weiteren Ausführungen geltend, dass es unter dem Vorzeichen eines operativen Konstruktivismus "keinen unüberwindlichen Graben, keinen wechselseitigen Ausschluß empirischer Forschung und einer Theorie der Gesellschaft" (ebd.: 203) geben müsse. Luhmanns Einwand, "daß sich die 'projektförmig' betriebene Forschung stets nur auf eine fiktive Auswahl von Variablen beziehen könne und damit ihrerseits ihr Unbekanntes, Ausgeschlossenes, ihre andere Seite nicht berücksichtigen könne, gilt", so Nassehi, "nicht nur für diese Form von Forschung, nicht einmal bloß für wissenschaftliche Kommunikation - also auch für 'Theorie' -, sondern für soziale Systeme schlechthin." (ebd.) Jede Form von Kommunikation sei empirisch beobachtbar, mithin potenzieller Gegenstand empirischer Forschung, wenn man sie denn nicht Individuen zurechne oder nach deren Motiven und Intentionen frage. Und nichts anderes, so möchte man hinzufügen, betreibt eine literaturwissenschaftliche Textforschung, wenn sie denn methodisch reflektiert ist und damit berücksichtigt, dass auch sie "die Anschauung ihres *Gegenstandes* der *Anschauung* ihres Gegenstandes" verdankt, also sich darüber im Klaren ist, dass die literaturwissenschaftliche Textanalyse wie "jedes kommunikative Ereignis mit dem Einschluß von Sinn auch Sinn ausschließt" (ebd.: 204). Luhmann verzichtet in seinen Studien zur Kunst und zu den Massenmedien auf jede genauere Beobachtung literarischer Kommunikationen. Und vielleicht ist auch dies Ausdruck seiner letztlich kaum zu begründenden Skepsis gegenüber empirischer Forschung. Eine solche Beobachtung literarischer Texte hätte dann allerdings wohl zwangsläufig zu der Einsicht geführt, dass die These von den 'zwei Literaturen', die unterschiedlichen autopoietischen Funktionssystemen angehören sollen, auch dann unhaltbar bleibt, wenn man 'Übergangszonen' einzuräumen bereit ist.

3.3 Fazit

Die kritische Perspektive, unter der Luhmanns Konzept eines selbstreferenziellen, rekursiv-geschlossenen Sozialsystems Kunst in diesem Kapitel vorgestellt wurde, beruht auf einem Apriori, das Luhmann selbst heftig bestreiten würde: Literatur, verstanden als literarische Kommunikation, unterscheidet sich in struktureller Hinsicht *grundlegend* von Kommunikationen über Literatur - und zwar unabhängig davon, unter welchen Perspektiven und ästhetischen Präferenzen Literatur von einem Beobachter in den Blick genommen wird. Deshalb führt m.E. auch jeder Versuch in die Irre, den kunst- bzw. literaturspezifischen Code (sofern er denn existieren sollte) unter Rückgriff auf ästhetische Begriffe wie schön oder hässlich benennen zu wollen. Solche Versuche sind bestenfalls geeignet, die funktionsspezifische Beobachterperspektive des 'ästhetischen Systems' (W. Menninghaus) zu erfassen. Wenn es dagegen um die Frage geht, ob 'Literatur' als autopoietisches Sozialsystem begriffen werden kann, sind Luhmanns Reflexionen über die Funktion von Kunst und deren Fiktionalität sehr viel interessanter und instruktiver. Nun gelangt Luhmann, wie gesehen, auch in diesen Fragen zu keinen zufrieden stellenden Lösungen; ein Sachverhalt, der m.E. mit einem Fiktionsbegriff in Zusammenhang steht, der die vermeintlich basale Antithesis von Fiktion und Realität lediglich differenztheoretisch reproduziert: 'reale Realität vs. fiktionale Realität'. Gleichwohl zeichnen sich in Luhmanns diesbezüglichen Überlegungen die Konturen dessen ab, worum es im Weiteren zunächst einmal gehen muss: um die Suche nach einer Fiktionstheorie, die literarischer Fiktionalität angemessen erscheint - und zwar unabhängig davon, ob ein als literarisch beobachteter Text von seinem Beobachter nun als Kunst oder Unterhaltung eingestuft wird. Eine solche Fiktionstheorie sollte überdies die Möglichkeit bieten, spezifische Funktionen von Literatur in der funktional differenzierten Gesellschaft zu erörtern.

Teil II

Literatur als System. Eine Erörterung

III. Kapitel: Literaturtheoretische Fragestellungen

In Kapitel II hat sich erwiesen, dass weder Luhmann selbst noch die systemtheoretischen Ansätze in der Literaturwissenschaft in der Lage sind, die durch die Systemtheorie neu aufgeworfenen, jedoch alten Fragen der Literatursoziologie zu beantworten: Worin besteht die genuine Qualität von Literatur und welche Funktion (oder Funktionen) besitzt sie innerhalb der Gesellschaft? Systemtheoretisch formuliert: Wodurch zeichnet sich literarische Kommunikation gegenüber Kommunikationen anderer gesellschaftlicher Teilsysteme aus und welche Funktion erfüllt sie in der funktional differenzierten Gesellschaft der Moderne?

Nun deutet der schon mehrfach erwähnte Hinweis Gumbrechts auf die punktuelle Nähe zwischen Iser und Luhmann bereits an, dass es notwendig sein dürfte, auf vorhandene Theoriebestände der Literaturwissenschaft zurückzugreifen, um in systemtheoretischer Sicht die Rede von einem Literatursystem plausibilisieren zu können. Anders gewendet: Literaturwissenschaftliche Theorien sollen im Weiteren auf ihre Anschlussfähigkeit an die soziologische Systemtheorie hin befragt werden, ohne dass die Übertragbarkeit des Systemkonzepts auf den Gegenstandsbereich 'Literatur' schlicht unterstellt würde. Dabei konzentriere ich mich im Rahmen dieses Kapitels III auf die systematische Erörterung literaturtheoretischer Fragestellungen, genauer: auf die Erörterung jener grundlegenden Voraussetzungen, die den Zusammenhang von Produktion, Text und Rezeption im Falle literarischer Kommunikation betreffen. Es geht also um eine wissenschaftliche Beobachtung von Texten, die als literarische eingestuft werden - und damit als 'Elemente des Literatursystems'.[1]

Kapitel 1 greift unmittelbar zurück auf Luhmanns Reflexionen über Fiktionalität und die Funktion von Kunst einschließlich Literatur - in dem Bestreben, aus jener Sackgasse herauszuführen, in die Luhmann mit seiner Unterscheidung zwischen 'realer Realität' und 'fiktionaler Realität' geraten ist. Einen Ausweg bietet, so meine ich, der Fiktionsbegriff Wolfgang Isers, wie er ihn in seiner 1991 erschienenen Studie "Das Fiktive und das Imaginäre" dargelegt hat. Dessen Erläuterung erfolgt in der Absicht, Fiktionalität als - freilich beobachter-

1 Die Frage, welche Kommunikationen unter welchen ästhetischen und literaturtheoretischen Prämissen in der modernen Gesellschaft als Literatur verstanden werden, rückt erst in Kapitel IV in den Mittelpunkt meiner Ausführungen.

abhängiges - Merkmal literarischer Kommunikation auszuweisen. Untrennbar verbunden ist damit auch die Erörterung der Frage nach der spezifischen Funktion, die Literatur bzw. literarische Fiktionalität in der modernen, funktional differenzierten Gesellschaft erfüllen kann.

Der literarische Text als kommunikatives Ereignis rückt in *Kapitel 2* in den Mittelpunkt der Ausführungen. Hier soll der Nachweis erbracht werden, dass Literatur aufgrund ihrer besonderen Qualität nicht an binäre Codes gebunden ist. Die unterschiedliche Besetzung des Element-Begriffs bei Luhmann, mit der die Differenz zwischen literarischer Kommunikation und Kommunikation über Literatur verwischt wird, ist von den Protagonisten literaturwissenschaftlicher Systemtheorie bislang noch gar nicht oder in nur ungenügender Weise problematisiert worden. Dies, aber auch der diffuse Literaturbegriff der ETL zeigt, dass der Unterschied zwischen literarischer und pragmatischer Sprachverwendung kaum noch oder gar nicht mehr gesehen wird. Dass diese Differenz besteht, lässt sich verdeutlichen - und zwar auf dem Boden der systemtheoretischen Beobachtungstheorie. Sie freilich ist zu ergänzen um Einsichten literaturwissenschaftlicher Kommunikationstheorie, die sich durchaus als anschlussfähig erweisen. Unter diesem Blickwinkel erscheint Literatur als Beobachtung zweiter Ordnung, als ein Beobachtungen beobachtendes System, dem die Multizentrizität von Welt gewissermaßen eingeschrieben ist.

Kapitel 3 beschäftigt sich mit dem Problem der strukturellen Koppelung zwischen psychischen Systemen und sozialen Systemen, wie es sich mit Blick auf Literatur präsentiert: als Verhältnis zwischen dem psychischen System des Autors und seinem Text im Prozess des Schreibens bzw. zwischen dem Text und dem psychischen System des Lesers im Akt der Lektüre. Auch hier wird sich zeigen, dass der Rückgriff auf Theorien zur literarischen Produktion bzw. Rezeption durchaus geeignet ist, die systemtheoretische Reflexion über das Problem struktureller Koppelung zu bereichern.

1. Fiktionalität als genuines Charakteristikum literarischer Kommunikation

In seiner Besprechung von Niklas Luhmanns "Die Kunst der Gesellschaft" bemerkt Georg Stanitzek: "Selbstverständlich kommt Luhmann ohne kritische Entscheidungen nicht aus, und selbstverständlich sind viele seiner Argumente in diesem Sinne von fremdreferentiellen Optionen gesteuert und entsprechend beobachtbar (unterscheidbar, kritisierbar). Das wird beispielsweise bei seiner Bestimmung der Funktion von Kunst sehr deutlich. Diese Funktion: Welt in der Welt und im damit erschlossenen Raum unwahrscheinliche Ordnung erscheinen zu lassen, ist eng an den Fiktionsbegriff angelehnt (S. 236ff.) Das ist nicht nur eine Entscheidung gegen ganze Genres - wie auf dem Gebiet der Literatur Fakto- und Autobiographie, Formen 'operativer' Autorschaft oder 'experimenteller' Poesie; es ist zugleich, wie Luhmann an anderer Stelle indirekt einräumt, ein skeptischer Kommentar zu großen Teilen der Kunst des 20. Jahrhunderts. 'Das moderne Kunstwerk (...) sucht die eigene Realität (...) nicht mehr im Fiktionalen zu verankern.' (S. 470)." (Stanitzek 1997: 15) Auch Gerhard Plumpe und Niels Werber wenden sich indirekt gegen Luhmanns verengten Kunst- bzw. Literaturbegriff, wenn sie Unterhaltung als primäre Funktion der Kunst in der modernen Gesellschaft bezeichnen: "Die Funktion der Kunst ist als Faszination sinnlichen Wahrnehmens Unterhaltung, die langweilig oder kurzweilig sein kann, interessant oder banal. Hollywood-Filme und pulp fiction gehören für uns also auch zum Kunstsystem, weil sie primär unterhalten wollen." (Plumpe/Werber 1996: 185, Anm. 15) Solche Kritik, explizit bzw. implizit formuliert, ist sicherlich berechtigt. Die Ursache für Luhmanns höchst eingeschränkten Kunstbegriff allerdings in dessen Entscheidung zu sehen, mögliche Funktionen von Kunst vor dem Hintergrund ihrer Fiktionalität zu erörtern, beruht dagegen auf einem bezeichnenden Irrtum. Angelastet wird *dem* Fiktionsbegriff, was doch nur Folge eines *fragwürdigen* Fiktionsbegriffs ist, den Stanitzek freilich mit Luhmann teilt, hält er es doch offenbar nicht für nötig, "den Fiktionsbegriff" (Stanitzek 1997: 15) Luhmanns zu erläutern. Anders formuliert: Der von Luhmann lediglich differenztheoretisch reformulierte Fiktionsbegriff, demzufolge Fiktion und Realität einen Gegensatz bilden, gilt auch Stanitzek als so selbstverständlich, dass er nicht eigens thematisiert werden muss.

Die zitierten Passagen zeigen m.E. einmal mehr, welche Missverständnisse einzukalkulieren sind, wenn Fiktionalität als spezifisches Charakteristikum literarischer Kommunikation ausgewiesen werden soll. Deshalb sei an dieser Stelle unmissverständlich betont: Die Aufgabe besteht darin, einen Fiktionsbegriff - und damit auch: einen Literaturbegriff zu entwickeln bzw. anzuwenden, der auf normative Implikationen zu verzichten in der Lage ist. Es kann und darf nicht darum gehen, "normativ zu definieren, was Literatur ist und was nicht" (Barsch 1996b: 316). Die von Achim Barsch stellvertretend für die ETL formulierte Kritik an einer in dieser Weise arbeitenden Literaturwissenschaft ist berechtigt und muss ernst genommen werden. Dass die Reflexion auf Literatur, genauer: auf die Spezifik literarischer Organisation von Sprache gleichbedeutend sei mit der Suche nach vermeintlich ahistorischen Wesensmerkmalen der Literatur, wäre allerdings eine Unterstellung, die energisch zurückgewiesen werden müsste. *Es geht mithin um den Entwurf eines streng deskriptiven Literaturbegriffs, der eben nicht vorzuschreiben versucht, was als Literatur zu gelten habe (Kanon) und wie sie zu beobachten sei (Interpretation, Wertung).*

Ich stimme mit Hans Ulrich Gumbrecht darin überein, dass die "Entwicklung eines systemtheoretischen Konzepts von Textualität" (Gumbrecht 1995: 182, Anm. 23) den bislang noch sehr eng gefassten Rahmen der systemtheoretischen Debatte überwinden muss in Richtung auf einen Einbezug vorhandener Theoriebestände der Literaturwissenschaft. Ich bin darüber hinaus mit Gumbrecht der Ansicht, dass Wolfgang Isers Fiktionstheorie "unter den heute im Umlauf befindlichen den fruchtbarsten Ausgangspunkt für ein derartiges Projekt bilden würde" (ebd.). Also: Wenden wir uns Iser zu.[2]

1.1 Reales, Imaginäres und Fiktives

Wollte man Wolfgang Isers umfangreiche und in ihren Argumentationen weitgefächerte Studie über "Das Fiktive und das Imaginäre" (1991)[3] auf einen zentralen, sämtliche Reflexionen organisierenden Gesichtspunkt zurückführen, so wäre dies der Versuch, den vermeintlichen Gegensatz von Fiktion und Realität in seiner Unhaltbarkeit offenzulegen und zu überwinden. Gleich zu Beginn rechnet Iser die "Opposition von Wirklichkeit und Fiktion (...) zu den Elementarbeständen unseres 'stummen Wissens'" (Iser 1991: 18), spricht sogar vom "unaustilgbar eingefleischten Argument", demzufolge "Fiktionen (...) der Gegensatz zur Realität (seien)" (ebd.: 160).[4] Dieses 'Argument' liege auch der geläufigen Unterscheidung zwischen literarischen und nicht-literarischen Texten zugrunde: "Literarische Texte - so lautet heute eine weithin geteilte Ansicht - sind fiktionaler Natur. Mit dieser Klassifikation sollen sie von Texten unter-

---

2 Für den Einbezug der literaturtheoretischen Reflexionen Wolfgang Isers in die systemtheoretische Debatte habe ich bereits an anderer Stelle plädiert. Vgl. Sill 1997a.

3 1983 erschien der von Wolfgang Iser und Dieter Henrich herausgegebene Band X der Forschungsgruppe *Poetik und Hermeneutik*. Bereits der Einladungstext zum Kolloquium (9-14) und erst recht Isers Vorlage unter dem Titel "Akte des Fingierens. Oder: Was ist das Fiktive im fiktionalen Text?" (121-151) lassen die Grundzüge dessen bereits deutlich erkennen, was in der Studie von 1991 dann systematisch entfaltet worden ist. Über Isers Beiträge hinaus bietet der Band noch immer eine Fülle von Implikationen zum Thema "Funktionen des Fiktiven", die zu berücksichtigen auch im Horizont systemtheoretischer Fragestellungen durchaus lohnenswert erscheint.

4 Mit 'stummem Wissen', einer der Wissenssoziologie entlehnten Bezeichnung, sei, so Iser, "jener Vorrat an Gewißheit gemeint, der so gesichert erscheint, daß er als selbstverständlich gelten darf" (1991: 18). Eher problematisch wäre es, darin konsensuell akzeptierte Hintergrundüberzeugungen (im Sinne von Habermas) zu erblicken. Die Bezeichnung 'stummes Wissen' deckt sich wohl eher mit dem, was Luhmann "relativ stabile Orientierungen" in der modernen Gesellschaft genannt hat, bei denen es sich um kommunikativ erzeugte Objekte handele, "die in der weiteren Kommunikation vorausgesetzt werden können", ohne dass damit ein "Verbot des Gegenteils" (Luhmann 1996a: 177f.) ausgesprochen wäre. Isers kritische Beobachtung des 'stummen Wissens' über den vermeintlichen Gegensatz von Fiktion und Wirklichkeit nimmt ja die Möglichkeit des Widerspruchs ganz offenkundig wahr. Und wir werden im weiteren Verlauf dieser Arbeit noch sehen, dass auch andere die Gelegenheit zum Einspruch nutzen - sei es im Rahmen literarischer oder literaturbezogener Kommunikation.

schieden werden, die ein solches Merkmal nicht besitzen und folglich im Sinne des herrschenden Sprachgebrauchs dem Gegenpol der Fiktion, der Wirklichkeit, zuzurechnen sind." (ebd.: 18) 'Fiktion' und 'Realität' im Rahmen dieses üblichen Oppositionsverhältnisses zu definieren, setzt, so Iser, immer eine ontologische Bestimmung dessen voraus, was das jeweils andere denn nun sei; ein Dilemma, dem sich auch Luhmann bewusst ist, dem zu entgehen ihm allerdings, wie gesehen, nur um den Preis einer tautologischen Begriffsbestimmung von 'Realität' gelingt. Iser beschreitet einen anderen Weg. Er schlägt vor, das Begriffspaar 'Realität vs. Fiktion' durch eine *dreistellige Begriffsbestimmung* zu ersetzen: durch die Triade von Realem, Imaginärem und Fiktivem.

Den Ausgangspunkt der Reflexionen Isers über das Reale, das Imaginäre und das Fiktive bildet eine Beobachtung, die zwar auf der Hand liegt, die auszublenden jedoch alle Ansätze gezwungen sind, die den Gegensatz von Fiktion und Wirklichkeit postulieren: "(...) offensichtlich gibt es im fiktionalen Text sehr viel Realität, die nicht nur eine solche identifizierbarer sozialer Wirklichkeit sein muß, sondern ebenso eine solche der Gefühle und Empfindungen sein kann. Diese gewiß unterschiedlichen Realitäten sind ihrerseits keine Fiktionen, und sie werden auch nicht zu solchen, nur weil sie in die Darstellung fiktionaler Texte eingehen." (ebd.: 19f.) Das *Reale*, so Iser in einer Anmerkung, "bestimmt sich (...) als die Vielfalt der Diskurse, denen die Weltzuwendung des Autors durch den Text gilt" (ebd.: 20). Ausführlicher und in expliziter Berufung auf Luhmann definiert Iser das Reale bereits 1976: Klar sei, "daß sich der Text nicht auf Wirklichkeit schlechthin, sondern nur auf 'Wirklichkeitsmodelle' beziehen kann. Wirklichkeit als pure Kontingenz scheidet für den fiktionalen Text als Bezugsfeld aus. Vielmehr beziehen sich solche Texte bereits auf Systeme, in denen Kontingenz und Weltkomplexität reduziert und ein je spezifischer Sinnaufbau der Welt geleistet ist." (Iser 1990: 118) Freilich trete in literarischen Texten das Reale als "offensichtlich Gegebenes" in Beziehung zu einem "Fiktiven" als einem "Hinzugedachten" (1991: 18). "Enthält" demnach "der fiktionale Text Reales, ohne sich in dessen Beschreibung zu erschöpfen, so hat seine fiktive Komponente wiederum keinen Selbstzweckcharakter, sondern ist als fingierte die Zurüstung eines Imaginären" (ebd.). Dieser Satz bedarf der Erläuterung, muss doch zunächst einmal geklärt werden, was Iser unter dem Imaginären und dem Fiktiven versteht, bevor das angedeutete Zusammenspiel aller drei Komponenten beschrieben werden kann.

Das Imaginäre und das Fiktive gehören, so Iser, zu den menschlichen Dispositionen, sind mithin keine Phänomene, die allein der Literatur vorbehalten sind, sondern als "Evidenzerfahrungen" (ebd.: 15) das alltägliche Leben jedes Einzelnen mitbestimmen - "sei es, daß wir im Lügen und Täuschen über das hinaus sind, was ist, oder sei es, daß wir in Tagträumen, Träumen und Halluzinationen in unserer Phantasie leben" (ebd.). Während das *Fiktive* im lebensweltlichen Zusammenhang durch Intentionalität gekennzeichnet sei, stelle sich Imaginäres eher spontan und unwillkürlich ein. Das *Imaginäre*, so Iser, lässt sich nur in den "Weisen seiner Manifestation und Operation" (ebd.: 21) einkreisen: "bald ist es ein Ausufern (Phantasie), bald eine Bilderwelt (Imagination) und bald die Mächtigkeit, Abwesendes in einem Vorstellungspanorama zur Anschauung zu bringen (Einbildungskraft)" (ebd.: 292). Selbst "nichts Bestimmtes" (ebd.: 310), habe das Imaginäre bereits seinen "Anteil am Zustandekommen der Wahrnehmung". Doch "steigen diese Anteile in den Vorstellungen, Tagträumen, Träumen und Halluzinationen. Sie alle sind unterschiedliche Gestaltprägungen, durch die Imaginäres in eine erfahrbare Evidenz gelangt." (ebd.: 314)

Kein Zweifel: Das Imaginäre, aber auch das Fiktive als intentional gesteuerter Akt, etwa in Form der Lüge oder der Täuschung, gehören zu den Evidenzerfahrungen jedes Einzelnen - und dies gewiss nicht erst seit Entstehung der modernen, funktional differenzierten Gesellschaft. In seiner "Kleinen Kulturgeschichte der Lüge" bemerkt Steffen Dietzsch: "Da die Lüge als Verkehrsform unter uns Menschen über alle Zeiten und politischen Systeme hinweg Verbreitung fand, ist es natürlich schwierig, eine durchweg anzuerkennende Klassifizierung zu unternehmen. Bei der ordinären Lüge im Alltagsleben wurden in unserer christlich geformten Kultur (...) drei Modifikationen ausgemacht. Es sind dies die vom heiligen Thomas von Aquino unterschiedenen Formen der Scherzlüge (mendacium iocosum), der Notlüge (mendacium officiosum) und der Schadenslüge (mendacium perniciosum). Während die beiden zuerst genannten Formen der Lüge die Funktion haben, im Mitmenschlichen abzuwiegeln, vermag die letztere vor allem aufzuwiegeln." (Dietzsch 1998: 9f.) In der Moderne, zumal im "politischen Raum", fügt Dietzsch allerdings hinzu, "scheint mir nun besonders diese Schadenslüge eine unaufhaltsame Karriere zu machen" (ebd.: 10). Kein Zweifel also, das Imaginäre (Vorstellung, Tagträume, Träume etc.) und das Fiktive (Lüge, Täuschung) gehören zum Grundbestand menschlicher Erfahrung. Was das Fiktive und das Imaginäre *als Komponenten literarischer Werke* vom lebensweltlichen Vorkommen beider Phänomene - Iser zufolge - jedoch unterscheidet, "ist der organisierte Verbund von Fiktivem und Imaginärem, aus dem Literatur allererst entsteht und daher ihre mediale Abgrenzung ermöglicht" (ebd.: 15). Begreife man das Fiktive literarischer Texte als Resultat des Zusammenspiels von Realem und Imaginärem, so werde es entlastet von dem Anspruch, "als Lüge und Täuschung" (ebd.: 20) einen Gegensatz zur Realität bilden zu müssen. Vor diesem Hintergrund bestimmt Iser das Fiktive literarischer Texte als das Ergebnis eines "intentionalen Akts" (ebd.), und zwar des Fingierens; ein Akt, in dem sich *die Beziehung von Realem und Imaginärem als wechselseitige Grenzüberschreitung* manifestiere: "So gewinnt der Akt des Fingierens seine Eigentümlichkeit dadurch, daß er die Wiederkehr lebensweltlicher Realität im Text bewirkt und gerade in solcher Wiederholung das Imaginäre in eine Gestalt zieht; wodurch sich die wiederkehrende Realität zum Zeichen und das Imaginäre zur Vorstellbarkeit des dadurch Bezeichneten aufheben." (ebd.) Die Grenzüberschreitung widerfährt demnach dem Realen wie dem Imaginären; jenes wird irrealisiert, dieses erfährt eine Realwerdung: "In der Überführung wiederholter lebensweltlicher Realität zum Zeichen für anderes manifestiert sich die Grenzüberschreitung als eine Form der Irrealisierung; in der Überführung des Imaginären als eines Diffusen in bestimmte Vorstellungen geschieht ein Realwerden des Imaginären." (ebd.: 22)[5]

Ein Textbeispiel mag verdeutlichen, was bei Iser gemeint ist. Die Wochen vor der Ardennen-Offensive im Dezember 1944 bilden den exakt recherchierten historischen Rahmen in Alfred Anderschs Roman "Winterspelt" (1974). Was realhistorisch sich nicht ereignete, obwohl es durch die Romanhandlung als ein Mögliches ausgewiesen wird, ist der Plan Major Dincklages, in der militärisch ohnehin aussichtslosen Lage sein Bataillon an die Amerikaner kampflos zu übergeben. In der Terminologie Isers: Das Hinzugedachte, die vorbereitete, wenn auch letztlich scheiternde Übergabe, erweist sich im fiktionalen Text als ein "unter Formzwang" (Iser 1991: 393) geratenes Imaginäres, welches in dem Maße seine Realwerdung erfährt, wie der geschichtliche Sachverhalt, die Untätigkeit vor der militärischen Katastrophe, durch die erfundene Handlung überschritten, damit irrealisiert wird. Mit anderen Worten: Imaginäres und Reales heben sich im Fiktiven des Textes wechselseitig auf. Die wiederholte Realität wird zum Zeichen für ein Imaginäres und das Imaginäre in der konkreten Gestalt des Textes vorstellbar als scheinbar Reales. Die Textwelt, so wird offenkundig, wiederholt Reales nur, um es zu überschreiten. Dabei rückt der Text die ihm vorausliegende Realität in eine Perspektive, die sich dem imaginären Potenzial

---

5 Zumindest am Rande sei darauf hingewiesen, dass auch Bernd Scheffer in seiner konstruktivistischen Literaturtheorie einen Terminus an zentraler Stelle einführt, der dem des Imaginären bei Iser zumindest nahe kommt. Auf der Grundlage bzw. in den methodologischen Engpässen des 'radikalen' Konstruktivismus sieht Scheffer sozialen und kulturellen Wandel vornehmlich als Resultat neuer, kreativer, (noch) nicht durch gesellschaftlichen Konsens gedeckter Wirklichkeits-Konstruktionen, wie sie im Kopf Einzelner entworfen und in künstlerischen bzw. literarischen Phänomenen manifestiert, versprachlicht worden sind. Solch kreativ-abweichende Konstruktionen von Welt belegt Scheffer nun mit dem Begriff der Halluzinatorik: "'Halluzinatorik' meint das Hervorbringen einer Welt-Wahrnehmung, einer Welt-Interpretation, die nicht sogleich schon durch andere Menschen 'ratifiziert' erscheint, die zunächst 'unbegründet' erscheint aus dem Blickwinkel der vorherrschenden, der gängigen sozialen Wirklichkeits-Konstruktionen. Grundlegende Impulse kulturellen und gesellschaftlichen Wandels entstammen der halluzinatorischen Sonder-Beobachtung, besonders der in Sprache hervorgebrachten und damit potentiell allgemein verfügbaren halluzinatorischen Sonder-Beobachtung (...)." (1992: 75) Falsch wäre es jedoch, Isers Imaginäres und Scheffers Halluzinatorik kurzerhand in eins zu setzen. Denn das jeweilige Theoriedesign beider Ansätze ist doch zu verschieden. Überdies erscheint mir Isers Fiktionstheorie sehr viel präziser ausformuliert als Scheffers Rede von der halluzinatorischen Weltwahrnehmung. Denn letztlich meint er mit Halluzinatorik nichts anderes als die menschliche Fähigkeit zur "Erfindung innerer und äußerer Vorgänge" (1992: 45). Die lässt sich konzedieren, ohne dass damit allerdings schon viel gewonnen wäre.

des Textes verdankt; eine Optik, die der Wirklichkeit in ihrer definitiven Faktizität nicht eignet: Was sich de facto ereignete, wissen wir, doch was hätte sein können oder sein sollen...[6]

1.2 Die elementaren Akte des Fingierens

Deutlich dürfte geworden sein, wie Iser die Opposition von Fiktion und Wirklichkeit verabschiedet, um an ihrer Stelle die Triade von Realem, Imaginärem und Fiktivem zu etablieren. Nun erwächst nach Iser das Fiktive des fiktionalen Textes aus *drei elementaren Akten des Fingierens*: der Selektion, der Kombination und der Selbstanzeige als Fiktion. Gemäß jener Grenzüberschreitungen, die das Reale in Form einer Irrealisierung und das Imaginäre in Form einer Realwerdung durch den Akt des Fingierens erfahren, manifestiert sich das Fiktive für Iser in unterschiedlichen "Relationen" (Iser 1991: 23), deren Grund-

6 Vor 35 Jahren erschien Hans-Jürgen Krysmanskis Studie "Die utopische Methode. Eine literatur- und wissenssoziologische Untersuchung deutscher utopischer Romane des 20. Jahrhunderts" (1963). Vornehmlich in Anlehung an Karl Mannheims "Ideologie und Utopie" (1929) und Hans Vaihingers "Die Philosophie des Als Ob" (1911) ist Krysmanski darum bemüht, literarische Utopien als Konsequenz eines "verunsicherten Denkens" (1963: 4) in der Moderne zu interpretieren. "'Schöpferisches', erfinderisches Denken", so Krysmanski, diene dazu, "das Vertraute und Gewußte" spielerisch zu überschreiten, "so daß Neues Raum gewinnt und vorgedacht werden kann" (ebd.: 6). Insofern müsse der utopische Roman "letzten Endes alle Faktizität (übergreifen), ohne jedoch auf die Basis der Faktizität zu verzichten: die Fakten dienen als das Material, von dem aus gedacht wird. Die utopische Methode verschließt in ihrem Modell Elemente gemeinsamer sozialer Vorstellungen, Tatsachenbruchstücke, wissenschaftliche Grenzhypothesen etc. und mischt sie mit Unmöglichkeiten." (ebd.: 135f.) Vor diesem Hintergrund bestimmt Krysmanski die 'Methode' und die 'Intention' fiktionaler Weltentwürfe in Form utopischer Romane folgendermaßen: "Was bleibt, ist erstens die 'Methode' der Utopie: sich in einer Denkkammer von der sozialen Wirklichkeit zu lösen und deren Elemente zu neuen Mustern zu kombinieren; und zweitens ihre Intention: die verschlossene spielerische Kombination in die soziale Wirklichkeit zu entlassen, wo sie den Einzelnen die denkerische Befreiung aus Handlungs- und Sachzwängen verschafft und den Ausblick auf die 'unendliche Möglichkeit' erlaubt." (ebd.: 132) Auch wenn Krysmanski den Blickwinkel auf utopische Romane einschränkt, so zeigt seine Bestimmung der Form und Funktionsweise fiktionaler Weltentwürfe doch bereits eine erstaunliche Nähe zu Isers dreistelligem Fiktionsbegriff. Dieser wiederum wurde entwickelt ohne Rückgriff, vermutlich auch: ohne Kenntnis der mittlerweile nahezu vollständig vergessenen Arbeit Hans-Jürgen Krysmanskis. Ihm jedoch ging am Beispiel literarischer Utopien damals bereits auf, dass Fiktionen keinen Gegensatz zur Realität bilden, sondern dezidiert Reales einbeziehen, um es zu überschreiten und unter neue Perspektiven zu stellen. Über Krysmanski hinaus muss mit Iser allerdings festgehalten werden: Dies gilt für alle literarischen Fiktionen - unabhängig davon, ob sie mit Hilfe des Imaginären Reales in retrospektiver oder prospektiver Dimension überschreiten: als gegenwärtige Vergangenheit oder gegenwärtige Zukunft.

struktur die *Doppelung* sei; Relationen, die sich als Spielräume des Textes beschreiben lassen.

Zunächst die *Selektion*: Der literarische Text, "eine bestimmte Form der Weltzuwendung", nimmt Elemente "aus vorhandenen Umweltsystemen" auf, seien diese nun "sozio-kultureller Natur oder solche der Literatur selbst" (ebd.: 24).[7] Entscheidend ist in diesem Zusammenhang, dass die ausgewählten, in die Textstruktur eingegliederten Realitätselemente "nicht mehr an die semantische oder systematische Strukturiertheit der Systeme gebunden sind, denen sie entnommen wurden" (ebd.). Gerade mit Blick auf die pragmatischen Umweltsysteme der Literatur gilt es, sich folgenden Zusammenhang klar zu machen: Solange die Bezugsfelder eines literarischen Textes "als Systeme die Organisationsform der jeweiligen sozio-kulturellen Welt bilden, fallen sie so weitgehend mit ihren regulativen Funktionen zusammen, daß sie als solche kaum wahrgenommen werden; sie werden für die Realität selbst gehalten" (ebd.: 24f.).[8] Reduziert auf ihre Bezeichnungsfunktion, dient Sprache in diesen Funktionssystemen allein der Denotation empirisch gegebener Objektwelten. Die Selektion nun "reißt", so Iser, die seligierten Elemente aus der Identifikation mit ihren regulativen Funktionen heraus "und macht sie zum Gegenstand der Wahrnehmung" (ebd.: 25) - ein Vorgang, der den "Referenzrahmen" (1990: 178) pragmatischer Sprachverwendung aufsprenge. Doch bleibe, bei aller durch die Selektion bewirkten "Deformation" (1991: 388), das jeweilige Bezugssystem in seiner Organisation weiterhin präsent, wenn auch in virtualisierter Form. Um das Beispiel 'Winterspelt' noch einmal aufzugreifen: Virtuell präsent bleiben demnach sämtliche Bezugsfelder dieses literarischen Textes, also auch all jene Quellen, Abhandlungen und literarischen Texte, die der Autor Andersch im Zuge seiner Recherchen zur Ardennenoffensive herangezogen hat, und die, im Sinne einer "Umformulierung formulierter Welten" (ebd.: 23), in einzelnen Elementen Eingang gefunden haben in den Roman. So ergeben sich, grundsätzlich gesehen, Relationen zwischen der Neuorganisation der Elemente im Text und deren lebensweltlicher Organisation bzw. deren Organisation in jenen Texten, denen sie entnommen worden sind: "Präsentieren sich die in den Text eingekapselten Elemente der Bezugsfelder vor dem Hintergrund dessen, was durch sie ausgegrenzt ist, so sind die im Text anwesenden Elemente durch abwesende gedoppelt." (ebd.: 25)

Als zweiten elementaren Akt des Fingierens bezeichnet Iser die *Kombination*. Sie erscheint als "innertextuelle Entsprechung" (ebd.: 27) zur Selektion. Hier geht es um die vielfältigen Relationen zwischen den einzelnen bedeutungs-

---

7 Unter "Umweltsystemen" versteht Iser jede andere, zeitlich vorausliegende Form schriftlich fixierter Weltzuwendung, kurz: die "formulierte Welt" (Iser 1991: 23).

8 Ähnlich Helmut Arntzen: "Das Sprechen der Medien als Tatsachenübermittlung ist bewußtlos dem gegenüber, daß gesprochen wird." (Arntzen 1983: 43)

tragenden Textelementen selbst, ob es sich nun um die Semantik der Handlungsstrukturierung, die Erzählperspektive, die Anlage der Figuren und ihre Präsentation, die Organisation von Raum und Zeit, Motivketten und Symbole handelt, oder auch um die "in den Text eingekapselten Konventionen, Normen, Werte, Anspielungen und Zitate" (ebd.: 30). Diese sind, im Zuge der Selektion, anderen Umweltsystemen des Textes entnommen, werden dann jedoch auf der Textebene zueinander in Beziehung gesetzt und durch "innertextuelle Relationierung" (ebd.: 29) in ihrer jeweiligen Bedeutung überschritten: "(...) fiktionale Rede selektiert aus den verschiedenen Konventionsbeständen, die sich in der historischen Lebenswelt vorfinden. Sie stellt diese so zueinander, als ob sie zusammengehörten. Deshalb erkennen wir in fiktionaler Rede auch so viele Konventionen wieder, die in unserer bzw. anderen sozialen und kulturellen Umwelten eine regulierende Funktion ausüben; die horizontale Organisation bewirkt es allerdings, daß sie nun in unvermuteten Kombinationen auftauchen und dadurch die Stabilität ihrer Geltung verlieren. Folglich erscheinen die Konventionsbestände als sie selbst, weil sie von ihrem lebensweltlichen Funktionszusammenhang abgelöst sind. Sie hören auf, Regulative zu sein, da sie selbst thematisch werden." (1990: 100) Integriert in die horizontale Organisation des Textes, sind die selektierten Elemente der Umweltsysteme nun Elemente der Erzählstruktur. Insofern erweist sich der literarische Text in seiner Struktur als ein dicht geknüpftes Netz "innertextueller Bezugsfelder" (1991: 31), das durch die fingierenden Akte der Selektion und Kombination konstituiert wird.[9]

Bleibt zuletzt die *Selbstanzeige* des Textes *als Fiktion*, die "Entblößung seiner Fiktionalität" (ebd.: 35). Literatur gibt sich, so Iser, "durch ein Signalrepertoire als fiktional zu verstehen" (ebd.). Die prominenteste Form sind sicherlich literarische Gattungsbezeichnungen: "Denn das im Text markierte Fiktionssignal wird erst zu einem solchen durch bestimmte, historisch variierende Konventionen, die Autor und Publikum teilen" und den Text als "inszenierten Diskurs" (ebd.) ausweisen. Dies scheint vor allem dann notwendig, wenn der Text eine große Zahl "identifizierbarer Realitätsfragmente" enthält: "Im Kenntlichmachen des Fingierens wird alle Welt, die im literarischen Text organisiert ist, zu einem Als-Ob." (ebd.: 37)[10] Die im Text wiederholte Realität wird auf

9 Die Parallelen zum Literaturbegriff von Plumpe und Werber sind nicht zu übersehen. Auch sie sprechen von der Selektion (Systemreferenz und Fremdreferenz) und der spezifischen Kombination der selegierten Elemente im literarischen Text (vgl. Plumpe/Werber 1993: 25ff.). Was sie freilich nicht sehen, und dies markiert die entscheidende Differenz zu Iser, ist die konstitutive Bedeutung des Imaginären als einer Komponente des Fiktiven; ein Imaginäres, dessen Vergegenständlichung im Text dafür sorgt, dass die im Text anwesend abwesenden Bezugsrealitäten überschritten, das heißt: irrealisiert werden.

10 Die ETL läuft Gefahr, Literatur letztlich auf diesen dritten Akt des Fingierens zu reduzieren, ist sie doch der Auffassung, dass Literatur nur zur Literatur werde aufgrund einer historisch variablen, konventionalisierten Übereinkunft darüber, was als Literatur zu gelten habe

diesem Weg ausgewiesen als "Gegenstand einer wie immer gearteten Inszenierung oder Betrachtung. (...) Folglich ist die im Text dargestellte Realität auch nicht als solche gemeint; sie ist Verweis auf etwas, das sie nicht ist, wenngleich dieses durch sie vorstellbar gemacht werden soll." (ebd.: 38)

Weil die skizzierten elementaren Akte des Fingierens ihr gemeinsames Kennzeichen in der Grenzüberschreitung besitzen, findet sich der Sinn eines literarischen Textes nach Iser auch nicht in der Summe seiner expliziten Aussagen. Konstituiert werde der Sinn vielmehr in der "Offenheit der Textorganisation" (ebd.: 51), in dem, was durch die Sprache des Textes erzeugt wird, ohne selbst versprachlicht zu sein. Die den Selektionen zugrunde liegenden Wahlentscheidungen werden Iser zufolge ebensowenig explizit ausformuliert wie die in der innertextuellen Relationierung sich manifestierenden Korrespondenzen zwischen einzelnen Textelementen. Und Gleiches gelte auch für die Zwecke, um deretwillen die Textwelt als inszenierter Diskurs kenntlich gemacht werde: "Damit aber entziehen sich die archimedischen Punkte des Textes der Versprachlichung (...)." (ebd.)[11] Und deshalb bedürfe der literarische Text auch der Auslegung.

1.3 Isers Literaturbegriff in systemtheoretischer Sicht

Wenn nun die Frage erörtert werden soll, inwieweit Isers literaturtheoretische Reflexionen sich als anschlussfähig an die systemtheoretische Debatte in der Literaturwissenschaft erweisen, so sei zunächst einmal - insbesondere an die Adresse der radikal-konstruktivistisch fundierten ETL - formuliert: Wolfgang Isers dreistelliger Fiktionsbegriff entgeht dem Dilemma ontologischer Begriffsbestimmungen. Denn die Kategorien des Realen, des Imaginären und des Fiktiven sind streng deskriptiv, weil sie weder Bestimmungen darüber enthalten, was das Reale, das Imaginäre und folglich auch das Fiktive zu sein habe, noch festzulegen versuchen, in welcher Weise die einzelnen Textelemente kombiniert bzw. in ihrer Kombination beobachtet werden sollen. Anders ausgedrückt: Isers Kategorien versuchen nicht zu bestimmen, *was* darzustellen sei (Thema, Gegenstand), *wie* es darzustellen sei (Form) oder *wie* das Dargestellte zu beobachten sei (Analyse, Interpretation). Sie sind demnach auf alle literarischen Texte anwendbar, ob es sich nun um Joyce' "Ulysses" handelt oder um die Romane eines

---

(Makro-Konventionen). Was ihr damit alles entgeht bzw. was sie aufgrund definitorischer Festlegungen nicht zur Kenntnis nehmen will, braucht vor dem Hintergrund von Isers Ausführungen nicht eigens aufgeführt zu werden.

11 Dieser Sachverhalt dürfte es sein, der Luhmann zu der Annahme verleitet, Literatur, seiner Ansicht nach allerdings erst die Literatur seit der zweiten Hälfte des 18. Jahrhunderts, erfordere eine Kunstkritik, die "Mitarbeit an der Gestaltung von Kunst" (Luhmann 1995a: 377) zu leisten habe.

Heinz G. Konsalik, ob es sich um ein Gedicht, ein Drama oder einen Prosatext handelt - unabhängig also auch davon, ob ein einzelner Text von einem Beobachter nun als schön oder hässlich (Luhmann), avantgardistisch oder nostalgisch (Schwanitz), interessant oder langweilig (Plumpe/Werber) eingestuft wird. Literarische Fiktionen, so lässt sich im Anschluss an Iser darüber hinaus festhalten, sind *nicht* durch bestimmte textimmanente Merkmale stets als solche eindeutig auszumachen. Es handelt sich bei ihnen eben *nicht* um Gebilde, "die ihr eigenes Fundament in sich trügen, sondern zu solchen durch unsere Einstellungen zu ihnen werden" (Iser 1991: 160). Das aber heißt: Die Beobachtung des literarischen Textes *als* Fiktion ist abhängig von den Dispositionen des Betrachters. Diese wiederum sind *historisch konditioniert*, also abhängig von konventionalisierten Wahrnehmungsmustern, die den Umgang mit Literatur in einer bestimmten historisch-gesellschaftlichen Epoche prägen. Und es steht außer Zweifel, dass ästhetische Programme zur Konventionalisierung bestimmter Wahrnehmungsmuster einen gewichtigen Beitrag leisten.[12] Insofern herrscht volle Übereinstimmung zwischen Iser und einer ETL, die immer wieder darauf verweist, "daß kein Text an und für sich literarisch ist. Texte werden vielmehr von den verschiedenen Akteuren im Phänomenbereich 'Literatur' als literarisch produziert und rezipiert, angeboten und verkauft, kommentiert und kritisiert." (Rusch 1993b: 170) In einem anderen Punkt lässt sich freilich *keine* Übereinstimmung zwischen der ETL und Wolfgang Isers Überlegungen erzielen. Ich meine den vornehmlich von Siegfried J. Schmidt entwickelten aktantenorientierten Literaturbegriff. 'Literatur' als "Organisationsform für Handlungen und Kommunikationen" (Schmidt 1989: 20) zu definieren, ist mit Isers Literaturbegriff nicht kompatibel. Denn Schmidts Literaturbegriff unterscheidet nicht in genügender Klarheit zwischen literarischen Kommunikationen (Texten) und psychischen Operationsformen der im 'Literatursystem' agierenden Personen.

Dagegen besteht in diesem Punkt sehr wohl wechselseitige Anschlussfähigkeit zwischen Isers Literaturtheorie und Luhmanns Theorie autopoietischer Systeme. Bei aller Unterschiedlichkeit der jeweiligen Theorieanlage: in diesem entscheidenden Punkt treten Isers und Luhmanns Ausführungen nicht zueinander in Widerspruch. Gemeint ist die in beiden Ansätzen unbezweifelte Trennlinie, die zwischen der Psyche bzw. dem Bewusstsein des Autors und des Rezipienten einerseits und der Kommunikation bzw. dem literarischen Text andererseits zu ziehen ist. Immer wieder betont Luhmann die operative Geschlossenheit psychischer Systeme und sozialer Systeme (Kommunikationen): "Der Mensch kann nicht kommunizieren, nur die Kommunikation kann kommunizieren" (Luhmann

---

12 Es ist klar, dass damit noch längst nicht alle Implikationen des Literaturbegriffs von Iser zur Sprache gekommen sind. Doch wird von ihnen im weiteren Verlauf dieser Arbeit noch hinlänglich die Rede sein.

1990b: 31), auch wenn die Kommunikation - selbstverständlich - auf die Kopräsenz zumindest zweier psychischer Systeme angewiesen sei. Iser wiederum hebt zum Zusammenhang 'Autor-Text' ausdrücklich hervor, dass die in den Akten des Fingierens wirksam werdenden Zwecksetzungen (intentionalen Akte) sich in der Textgestalt, der Textintentionalität manifestieren. Nur dort könnten sie interpretierend nachgezeichnet werden. Jeder Versuch dagegen, "die Psyche des Autors oder die Strukturen seines Bewußtseins zu ergründen, [brächte] immer nur spekulative Lösungen hervor" (Iser 1991: 27). Auf der Grundlage des Autopoiesiskonzepts systemtheoretisch reformuliert: Zwar ist der literarische Text als kommunikatives Ereignis angewiesen auf psychische Systeme (des Autors und des Rezipienten), doch bleiben der Text als Element des Literatursystems und die beteiligten psychischen Systeme füreinander Umwelt. Sie operieren jeweils überschneidungsfrei. Der Text gibt keinen Aufschluss über die internen Vorgänge der beteiligten psychischen Systeme, sondern erlaubt allenfalls Rückschlüsse und Mutmaßungen, die dann freilich wiederum nur als Kommunikation beobachtbar werden.

Die grundsätzliche Anschlussfähigkeit dieser beiden Theorien ist offensichtlich gegeben; offenkundig sind aber auch die erheblichen Differenzen. Sie betreffen insbesondere den jeweiligen Fiktionsbegriff. Der Vergleich beider Begriffe wird zeigen, dass Isers Reflexionen weit eher geeignet sind, die auch von der Systemtheorie gestellte Frage nach der spezifischen, die 'Einheit des Systems' verbürgenden Qualität von Literatur zu beantworten.

Wie gesehen, hält Luhmann fest an einer differenztheoretisch begründeten basalen Opposition von Fiktion und Realität. Freilich gelingt es ihm damit nicht, das - sehr wohl wahrgenommene - erkenntnistheoretische Problem zu lösen. demzufolge etwas offensichtlich real ist, ohne es - per definitionem - sein zu können. Sein Vorschlag, zwischen 'fiktionaler Realität' (Kunst) und 'realer Realität' zu unterscheiden, invisibilisiert das Problem eher schlecht als recht in Form einer Paradoxie. Iser hingegen begegnet dem Problem, indem er das basale Oppositionsverhältnis zwischen Realität und Fiktion aufhebt durch die Triade von Realem, Imaginärem und Fiktivem, wobei sich das Fiktive in einer wechselseitigen Überschreitung von Realem (Irrealisierung) und Imaginärem (Realwerdung) konstituiert.

Doch muss man bei der bloßen Gegenüberstellung beider Konzepte vielleicht gar nicht stehen bleiben. Wollte man den m.E. sehr viel plausibleren Fiktionsbegriff Isers differenztheoretisch reformulieren, so bedürfte es weiterer Unterscheidungen auf der Seite der 'fiktionalen Realität'; Unterscheidungen, die allerdings zu berücksichtigen hätten, wie es in diesem Bereich zu einer Art Synthese kommt. Vielleicht ließe sich sagen, auf der Seite der 'fiktionalen Realität' komme noch einmal die Unterscheidung von Fiktion und Realität zur Anwendung. Demnach würden auf dieser Seite ein importiertes Reales (oder 'reales Reales') mit einem in diesen Bereich importierten Imaginären auf einer emergenten Ebene zusammengeschlossen. Das Imaginäre entspräche demnach der Seite des Fiktiven im Bereich fiktionaler Realität. Luhmann selbst bietet Hinweise, die diese Überlegungen stützen. Mit Blick auf einfache literarische Kommunikationen, die Luhmann allerdings als Elemente des Sozialsystems der Massenmedien begreift, betont er die Existenz von Realem auf der Seite fiktionaler Realität. In unterhaltender Literatur und in entsprechenden Filmen dürfe, so Luhmann, "nicht schlechthin alles fiktiv sein. Der Leser/Zuschauer muß in die Lage versetzt werden, sehr schnell ein zur Erzählung passendes, auf sie zugeschnittenes Gedächtnis zu bilden; und das kann er nur, wenn ihm in den Bildern oder Texten genügend ihm bekannte Details mitgeliefert werden." (Luhmann 1996a: 99) Luhmann nähert sich hier, wenn auch auf Umwegen, jenen Überlegungen, die Iser zum Entwurf eines dreistelligen Fiktionsbegriffs geführt haben. Doch wie immer der Versuch auch ausfallen mag, Luhmanns und Isers Reflexionen über Fiktion aufeinander zu beziehen, eines scheint mir unabdingbar, nämlich: die begriffliche Unterscheidung zwischen dem Fiktionalen eines literarischen Textes als dem *Resultat einer Synthesenbildung* und dem Imaginären, das dem literarischen Text *vorausliegt* und dem er seine Entstehung allererst verdankt.

Es ist ganz offensichtlich die von Iser eingeführte Kategorie des Imaginären, die den wesentlichen Unterschied beider Fiktionsbegriffe begründet. Über das bislang Erörterte hinaus verweist sie m.E. noch auf einen weiteren Schwachpunkt in der Konzeption Luhmanns, den es nun genauer zu erörtern gilt. - Und wir werden sehen, dass damit auch die von Luhmann noch keineswegs schlüssig beantwortete Frage nach der Funktion von Kunst (Literatur) in der modernen, funktional differenzierten Gesellschaft in Zusammenhang steht. Angesprochen ist der Sachverhalt, dass Luhmann nur unzureichend den Aspekt einer *Öffnung* des Sozialsystems gegenüber psychischen Systemen berücksichtigt. Insbesondere seine operative Theorie künstlerischer Produktion vermag noch nicht zu überzeugen, weil ihr die konstitutive Bedeutung eines zunächst keineswegs vom Bewusstsein gesteuerten Imaginären für den Prozess der Produktion von Kunst nicht ins Blickfeld gelangt. Anders formuliert: Bei der Beschreibung des Entstehungsprozesses von Kunst hebt Luhmann die Rolle des Bewusstseins im Sinne *intentional gerichteter Akte* m.E. zu einseitig hervor; eine Einseitigkeit, die gesehen werden muss vor dem Hintergrund jener Reflexionen, die Luhmann in den vergangenen Jahren zur Operationsform psychischer Systeme vorgelegt hat.[13]

In seinem Aufsatz "Die Autopoiesis des Bewußtseins" definiert Luhmann bereits 1985 *Gedanken* als Letztelemente des Produktions- und Reproduktionsprozesses psychischer Systeme, wobei er die Begriffe 'psychisches System' und

13 Sie wurden in Abschnitt II.1.2 (Psychische Systeme) bereits ausführlich erörtert, so dass an dieser Stelle eine kurze Erinnerung genügt.

'Bewusstseinssystem' als Synonyme verwendet (vgl. Luhmann 1985: 404). 1992 dann erwägt Luhmann in Anlehnung an Husserl, nicht mehr von Gedanken als den Letztelementen psychischer Systeme zu sprechen, sondern "von intentionalen (gerichteten) Akten" (1992: 123), die die Autopoiesis des Bewusstseins gewährleisten sollen. Die Auseinandersetzung mit Kunst führt Luhmann 1995 schließlich dazu, auch die Wahrnehmung als "Spezialkompetenz des Bewußtseins" (1995a: 14) in seine Reflexionen über psychische Systeme einzubeziehen. Und zu den unterschiedlichen Manifestationsformen der Wahrnehmung gehöre auch die Imagination: "Die Feststellung des Primats der Wahrnehmung im Bewußtsein soll, zumindest für menschliches Bewußtsein, imaginierte Wahrnehmung einschließen, also selbstveranlaßte Wahrnehmungssimulation. Wir werden das im folgenden Anschauung nennen. Anschauung wird üblicherweise durch die Benutzung der Medien Raum und Zeit definiert. Das impliziert ein Doppeltes, und dadurch unterscheiden sich Wahrnehmung und Anschauung, nämlich ein Hinausgehen über das in der Wahrnehmung unmittelbar Gegebene, also die Konstitution räumlicher und zeitlicher Horizonte, und das Löschen von Information über den eigenen räumlichen/zeitlichen Standort." (ebd.: 16f.) Allerdings gelte auch für die Imagination (Anschauung), was für alle Formen der Wahrnehmung zutreffend sei: "Die Freiheitsgrade, die das Wahrnehmen dem Bewußtsein anbietet, sind also beschränkt. Sie beziehen sich stets auf Etwas-in-der-wahrnehmbaren-Welt. Diese Beschränkung kann nie prinzipiell abgeworfen werden, auch nicht in der Anschauung gebenden Imagination, die auf die eine oder andere Weise Wahrnehmung simuliert." (ebd.: 28) Mit Blick auf Isers Fiktionstheorie ist es wichtig, Folgendes noch einmal hervorzuheben: Für Luhmann bleibt die Imagination gebunden an das, was sich in der Welt der Wahrnehmung präsentiert. So begrüßenswert es auch ist, dass Luhmann nunmehr die Wahrnehmung bzw. die Imagination in den Kontext seiner Überlegungen einbezieht; es stellt sich gleichwohl die Frage, ob die Definition der Imagination als eines *abwesend Gegebenen* nicht eine unzulässige Einschränkung bedeutet, die gerade dort zu Ausblendungen führen muss, wo sich die Frage nach den "Anfangsmotiven" (ebd.: 55) künstlerischer Produktion stellt. Und darüber hinaus lässt sich ebenfalls festhalten: Auch wenn Luhmann, wie gesehen, seit 1992 Zweifel daran hegt, Gedanken als nicht weiter auflösbare Letztelemente psychischer Systeme zu bestimmen, so bleibt es doch auch in "Die Kunst der Gesellschaft" bei der einseitigen Hervorhebung des Bewusstseins im Rahmen psychischer Operationsformen. Dies zeigt sich insbesondere dort, wo Luhmann den Entstehungsprozess von Kunstwerken als eine Kette intentional gerichteter, Unterscheidungen produzierender Akte beschreibt (vgl. 1995a: 51ff.).

Wechseln wir zu Iser - und damit zu der Frage, wie er, über das bereits Dargelegte hinaus, das Imaginäre in seinem Verhältnis zum Bewusstsein bestimmt. Das Imaginäre, so Iser, "ist in seiner uns durch Erfahrung bekannten Erscheinungsweise diffus, formlos, unfixiert und ohne Objektreferenz. Es manifestiert sich in überfallartigen und daher willkürlich erscheinenden Zuständen, die entweder abbrechen oder sich in ganz anderen Zuständlichkeiten fortsetzen. 'Das Eigene der Phantasie', meint Husserl, 'ist ihre Beliebigkeit. Und daher ideal gesprochen ihre unbedingte Willkürlichkeit.'" (Iser 1991: 21) Vornehmlich in Auseinandersetzung mit Coleridge, Sartre und Castoriadis (vgl. ebd.: 292ff.) legt Iser im Weiteren dar, wie sich das Imaginäre in je unterschiedlicher Intensität in Wahrnehmungen und Vorstellungen, Tagträumen, Träumen und Halluzinationen manifestiert; ein Zusammenspiel je unterschiedlicher Faktoren, an dem *auch* das Bewusstsein beteiligt sei, weil es das Imaginäre in den Dienst bestimmter Intentionen stelle. Im Wahrnehmungsakt werde ein Objekt intentional angezielt; in der Vorstellung von *Abwesendem* und *Nicht-Existierendem* erfolge hingegen "ein Dirigieren von Imaginärem durch erinnerungsgeladene, kognitive Absichten" (ebd.: 315). "Erinnerung, Wissen und gegebene Information" seien jene Faktoren, die es dem Bewusstsein erlaubten, "das, was nicht wahrnehmbar ist, vorstellbar zu machen" (ebd.: 334). Wie immer man den jeweiligen Anteil des Bewusstseins am Zustandekommen unterschiedlicher Gestaltprägungen des Imaginären einschätzen mag: das Bewusstsein tritt, so Iser, vor allem dann auf den Plan, wenn es gilt, die verschiedenen Manifestationsformen des Imaginären im Prozess künstlerischer Produktion durch den intentional gerichteten Akt des Fingierens in eine bestimmte Form zu bringen: "Deshalb ist auch das Fingieren mit dem Imaginären nicht identisch. Da das Fingieren auf Zwecksetzung bezogen ist, müssen Zielvorstellungen durchgehalten werden, die dann die Bedingung dafür abgeben, Imaginäres in eine bestimmte Gestalt zu überführen, welche sich von den Phantasmen, Projektionen und Tagträumen unterscheidet, durch die das Imaginäre direkt in unsere Erfahrung tritt." (ebd.: 21f.) Um es noch einmal hervorzuheben: Auch wenn das Bewusstsein in je unterschiedlicher Intensität an diesen innerpsychischen Vorgängen beteiligt ist: das Auftauchen solcher Bilder - und zwar nicht nur von abwesend Gegebenem (wie Luhmann meint), sondern gerade auch von Nicht-Existierendem - erscheint keinesfalls als bewusstseinsgesteuerter, intentional gerichteter Akt. Dominanz gewinnt das Bewusstsein erst, wenn das Imaginäre unter Formzwang gerät, wenn es - intentionengeleitet - durch die elementaren Akte des Fingierens in die verbindliche Gestalt eines Kunstwerks überführt wird.

Welche fruchtbaren Implikationen besitzen diese Ausführungen nun für die systemtheoretische Beschreibung künstlerischer Produktion? Obgleich Luhmann in "Die Kunst der Gesellschaft" diesen Prozess sehr viel ausführlicher beschreibt als noch 1990, wird er keineswegs präziser mit Blick auf die Frage, *wie* die erste Unterscheidung bei der Herstellung eines Kunstwerks zustande kommt. Die erste Markierung "wählt", so Luhmann, "(irgendwie) aus unendlich vielen möglichen Unterscheidungen eine aus" (1995a: 52). Und wenig später heißt es: "Ihr Anfangsmotiv bleibt (...) ein Zufall und für den Aufbau von Ordnung irrelevant. Jeder Zufall würde genügen." (ebd.: 55) Offensichtlich ist das Desinteresse Luhmanns an der Frage nach den Beweggründen, jenen 'Anfangsmotiven', aus denen heraus nicht nur der Wille zur künstlerischen Vergegenständlichung erwächst, sondern eben auch diese (und keine andere) Erstunterscheidung vorgenommen wird. Bloßer Zufall? Hier hilft, so meine ich, die oben erläuterte Unterscheidung Isers zwischen dem Fingieren und dem Imaginären ein bedeutendes Stück weiter. Denn Luhmanns Theorie vernachlässigt die Frage, wie sich das Sozialsystem gegenüber psychischen Systemen öffnet - auf die es doch angewiesen ist, um die Autopoiesis des Systems zu sichern. Luhmann begnügt sich mit der Beschreibung der Unterscheidungen produzierenden Operationen im Sinne intentionaler Akte, in Isers Terminologie: die auf Zwecksetzungen bezogenen Akte des Fingierens. Demgegenüber hebt Iser jedoch die *konstitutive Bedeutung des Imaginären* für den Prozess künstlerischer (literarischer) Produktion hervor, jener Vorstellungen, Phantasien, Tagträume und Träume, in denen Abwesendes oder Nicht-Existierendes in sinnlicher Prägnanz erfahrbar werden; 'Anfangsmotive' mithin, die erst mit den elementaren Akten des Fingierens unter die Dominanz eines zweckorientierten Bewusstseins geraten.

Woraus speist sich das Imaginäre? Hier dürfte erneut jene Formulierung Wolfgang Isers bereits aus dem Jahre 1981 von Bedeutung sein; eine Formulierung, die Gumbrecht schon 1987 aufgegriffen hat, um auf Parallelen zwischen Luhmann und Iser hinzuweisen (vgl. Gumbrecht 1987: 137): "Nun sind (...) alle Ordnungsformen unserer Welt bestimmte Problemlösungen, die auch dann noch Problemüberhänge hinterlassen, wenn sie erfolgreich sind. Literatur bezieht sich auf solche Hinterlassenschaften, die Aussparungen, Defizite, Verluste, Vernichtungen, aber auch verschenkte Möglichkeiten sein können. So gilt Literatur vornehmlich dem, was in unserer durch Institutionen stabilisierten Welt abgewiesen ist." (Iser 1981: 20) Diese "Hinterlassenschaften", gleichsam die Bruchstellen der auf Funktionalität ausgerichteten Gesellschaft, dürften die Quellen des Imaginären sein. Das Imaginäre selbst wäre dann jener - historisch konditionierte - Fundus, aus dem sich - keineswegs zufällig - die 'Anfangsmotive' künstlerischer Produktion herleiten lassen.

Vor diesem Hintergrund wird auch verständlich, warum es nicht möglich ist, die Funktion von Kunst und Literatur in der funktional differenzierten Gesellschaft über den skizzierten Rahmen hinaus genauer zu bestimmen. Weiter oben (II.3.2) wurde ausführlich dargelegt, wie Luhmann auf der Suche nach einer schlüssigen Funktionsbestimmung über ebenso vage wie fragwürdige Vermutungen nicht hinausgelangt (Herstellung von Weltkontingenz, Realisierung anderer Ordnungsmöglichkeiten im Bereich 'fiktionaler Realität'). Immerhin: Luhmanns 1995 vorgelegte Erörterung einer ganzen Reihe möglicher Funktionen des Fiktiven könnte Ausdruck dafür sein, dass es auch seiner Ansicht nach *die* Funktion von Kunst in der modernen, funktional differenzierten Gesellschaft nicht gibt. In seiner Studie über "Das Fiktive und das Imaginäre" hebt Iser mehrfach hervor, dass "weder das Fiktive noch das Imaginäre in einem bestimmten Sinne zu fundieren sind" (Iser 1991: 15). Festhalten lässt sich nur, dass das Fiktive sich auf die von Iser schon 1981 angesprochenen Hinterlassenschaften bezieht; Hinterlassenschaften, die im literarischen Text vorstellbar gemacht werden durch die Darstellung einer Realität, die in dieser Wiederholung auf das verweist, was sie nicht ist.

Wie gesehen, gelangt Luhmann das von der Realität *Abgewiesene* letztlich nicht in den Blick. Und doch besitzt die Theorie sozialer Systeme durchaus Aspekte, in denen sich die Einschränkungen und Defizite der funktional differenzierten Gesellschaft abzeichnen - anders formuliert: *Quellen des Imaginären* fassbar werden. Wie in Kapitel II.1.6 bereits dargelegt, unterscheidet Luhmann zwischen der Individualität psychischer Systeme und der Form *Person*. Die Person erscheint danach als eine Form notwendiger Einschränkung von Individualität in lebensweltlichen Zusammenhängen, in denen es um erfolgreiche Kommunikation als Voraussetzung zufriedenstellenden Handelns geht: "In einer Situation mit doppelter Kontingenz, in der jeder Teilnehmer sein Verhalten gegenüber anderen davon abhängig macht, daß diese ihm gegenüber zufriedenstellend handeln, besteht ein zwingendes Bedürfnis nach Einschränkung des Spielraums der Möglichkeiten. Es ist diese instabile, zirkuläre Notlage der doppelten Kontingenz, die die Entstehung von Personen provoziert: oder genauer: die die Beteiligten, was immer psychisch in ihnen abläuft, dazu bringt, sich im Sozialsystem, also kommunikativ, als Person zu geben (...)." (Luhmann 1991: 171) In der Form *Person* erfährt demnach das psychische System, "mit welchen Einschränkungen im sozialen Verkehr gerechnet wird" (ebd.: 174). Angesprochen ist damit auch die Unterscheidung Inklusion/Exklusion. Während sich die großen Funktionssysteme in der modernen Gesellschaft gewissermaßen "voneinander wegdifferenzieren (...), gehen die Teilsystemgrenzen in der funktional differenzierten Gesellschaft durch Individuen hindurch. Von der Systemreferenz der Gesellschaft her gesehen werden nicht ganze Menschen, nicht Individuen in die gesellschaftlichen Teilsysteme inkludiert, sondern lediglich rollen- bzw. inklusionsspezifische Teilaspekte der Person, die dann aus den jeweiligen teilsystemspezifischen Perspektiven als Dividuum erscheint." (Nassehi 1997b: 125) Umschrieben wäre damit der "Inklusionsbereich", während das *Un*teilbare (*In*dividuum), mithin "der unteilbare Bereich der persönlichen Selbstbeschreibung", im "Exklusionsbereich" (ebd.: 127f.) der Gesellschaft auftaucht. Was bedeutet dies für die Individuen? Psychische Systeme, strukturell gekoppelt an eine Vielzahl funktionaler Sozialsysteme, erleben tagtäglich 'am eigenen Leib' die *Differenz zwischen Individualität und Person*. Nassehi hat sicherlich recht: Unter den Bedingungen funktionaler Differenzierung, unter denen sich das Ich als "multiples Selbst" (ebd.: 125) erfahren muss, gewinnt "die Selbstbeobachtung und Selbstbeschreibung von Individuen eine (...) zunehmend gewichtige Rolle". Entstanden ist deshalb in der funktional differenzierten Gesellschaft ein weitgefächerter, von unterschiedlichen Disziplinen geführter "Diskurs um die

Individualisierung persönlicher Lebenslagen in der Moderne" (ebd.: 123f.). Hinzuzufügen bleibt allerdings: Die Erfahrung der Differenz von Individualität und Person, von Individuum und Dividuum markiert in der Moderne *auch* die entscheidende Bruchstelle, die auf Seiten psychischer Systeme imaginäre Potenziale freisetzt. Dabei handelt es sich unter anderem um Vorstellungen, Phantasien und Tagträume, in denen sich das andere jenseits funktionaler Adressierung, aber auch: das andere *dieser* funktionalen Adressierung[14] Geltung zu verschaffen sucht; ein Imaginäres, in dem - in welchem Grad und welcher Form auch immer - die Grenzen empirischen Daseins überschritten werden; ein Imaginäres schließlich, das im Fiktiven der Literatur Gestalt gewinnen kann. Der auf diese Weise sich artikulierende *Geltungsanspruch von Individualität* dürfte eine wesentliche, vielleicht die entscheidende Antriebskraft sein, der die Literatur der Moderne, womöglich jede Form von Kunst in der funktional differenzierten Gesellschaft, ihre Entstehung verdankt.

Was das andere jenseits funktionaler Adressierung durch gesellschaftliche Teilsysteme sein kann und wie es sich ins Zentrum literarischer Beobachtung von Beobachtern rücken lässt, zeigen - ein Beispiel unter zahllosen - die Werke der rumäniendeutschen Schriftstellerin Herta Müller. Sie in diesem Zusammenhang illustrierend heranzuziehen, bietet sich aus zweierlei Gründen an: Zum einen hat Herta Müller die Voraussetzungen ihrer literarischen Produktion in einer Poetik-Vorlesung (Paderborn 1989/90) dargelegt, zum anderen verdeutlichen ihre Reflexionen in prägnanter Weise, welchen Stellenwert das Imaginäre in diesem Prozess gewinnt. Ins Zentrum ihrer Poetik stellt Herta Müller den Begriff der *erfundenen Wahrnehmung* - und Ausgangspunkt einer "Wahrnehmung, die sich erfinden muß" (Müller 1991: 26), ist für Müller der unhintergehbare Sachverhalt radikaler Intransparenz psychischer Systeme: "Wenn man Menschen, auch, wenn sie einem nahestehen, ansieht, wird man schonungslos. Man zerlegt sie. Das Detail wird größer als das Ganze. Man schaut in sie hinein. Man sieht nichts, doch man ahnt, was innen ist. Weil es bei der Ahnung bleiben muß, wird diese zum Sehen, das sich ganz erfindet." (ebd.: 25f.) Für den Soziologen Luhmann ist die operative Geschlossenheit psychischer Systeme vor allem deshalb von Interesse, weil sie die Entstehung sozialer Systeme erklärt. Kommunikation, so Luhmann, ist eine mögliche Operationsweise des Bewusstseins gegenüber anderem Bewusstsein (vgl. Luhmann 1985: 405). Für die Schriftstellerin Herta Müller ist die Intransparenz psychischer Systeme dagegen empirische Voraussetzung für eine Wahrnehmung, die sich als ein "ebenso selektiver wie imaginärer und damit höchst subjektiver" (Ottmers 1994: 282) Beobachtungs-

14 Denn wenn man auch dann "ins Wirtschaftssystem inkludiert [ist], wenn man nicht zahlen kann" (Nassehi 1997b: 142), dann setzt *diese* Inklusionsform womöglich imaginäre Potenziale frei, in denen der Wunsch nach einer *anderen* Inklusionsform Gestalt gewinnt: 'Wenn ich einmal reich wär'...'

vorgang beschreiben lässt. Den Soziologen interessiert primär die Frage, wie zufriedenstellendes Handeln als Resultat erfolgreicher Kommunikation gesichert werden kann, anders formuliert: wie soziale Systeme ihre Autopoiesis gewährleisten. Die Schriftstellerin richtet den Blick hingegen eher auf das Ausgegrenzte, das Abgewiesene, auf die Bruchstellen zwischen Individuum und Person - unter anderem auf das, was Herta Müller als die 'Diskurse des Alleinseins' bezeichnet, Träume etwa oder das laute Sprechen mit sich selbst: "Und dann stand ich seit einigen Minuten hinter der Tür. (...) Sie sprach, das konnte ich aus dem, was sie sagte, entnehmen, sie sprach mit sich selbst, sie sprach mit ihrem Mann, der sie entwürdigt hatte. Sie führte für sich ein Gespräch zu Ende, das sie gar nicht geführt hatte, oder, das sie halb geführt und ganz entwürdigt hatte. / Die Person, von der ich spreche, war meine Großmutter. Es war zum ersten Mal, daß ich sah, daß auch sie, die Erwachsenen, laut mit sich sprechen, wenn sie allein waren." (Müller 1991: 57f.) Vornehmlich solche Erinnerungen sind es, die den beobachtenden Blick der Schriftstellerin Herta Müller geprägt haben. Resultat wiederum ist ein literarisches Sprechen, das sich konzentriert auf Wahrnehmungsvorgänge, auf imaginierte Dialoge (Selbstgespräche), auf Träume, Vorstellungen und Phantasien, deren Spuren sich im Wahrnehmbaren zeigen - und die doch erfunden werden müssen, weil die Intransparenz psychischer Systeme unaufhebbar bleibt: "Man sieht nichts, doch man ahnt, was innen ist. Weil es bei der Ahnung bleiben muß, wird diese zum Sehen, das sich ganz erfindet." (ebd.: 26)

1.4 Zur Beobachtbarkeit autobiographischer Texte als Fiktionen

Zu Beginn meiner Erläuterungen zur Fiktionstheorie Wolfgang Isers habe ich Georg Stanitzek zitiert, der die enge Anlehnung Luhmanns an "den Fiktionsbegriff" verantwortlich dafür hält, dass "ganze Genres", etwa "Fakto- und Autobiographie" (Stanitzek 1997: 15), in Luhmanns Konzept zum Kunstsystem unberücksichtigt bleiben. Von Stanitzek angesprochen ist damit zunächst einmal ein Sachverhalt, der in der Tat nicht zu akzeptieren ist. Wenn die Frage nach den Grenzen des Literatursystems aufgeworfen wird, stellt sich unausweichlich auch die Frage, ob nicht auch jene Genres und Gattungen einbezogen werden müssten, die zwar gemeinhin als literarisch gelten, allerdings in der Regel als literarische Zweckformen klassifiziert werden. Die Autobiographie oder die Biographie, das Tagebuch oder der Brief wären hier zu nennen. All diese Formen werden zumeist als Wirklichkeitsaussagen eingestuft und damit in Gegensatz gebracht zu anderen Prosaformen, die fraglos als künstlerisch und damit als fiktional gelten, man denke etwa an die Novelle oder den Roman.

Es ist an der Zeit, dieser Frage genauer nachzugehen. Ziel meiner Ausführungen in diesem Abschnitt ist der Nachweis, dass die von Stanitzek mit Recht hervorgehobene Schwäche in Luhmanns Konzept behoben werden kann - allerdings nicht durch Verzicht auf einen Fiktionsbegriff, sondern durch Anlehnung an eine Fiktionstheorie, die in ihrem streng deskriptiven Charakter durchaus Potenziale enthält, die es erlauben, auch die sogenannten literarischen Zweckformen als fiktive Entwürfe zu begreifen. Konzentrieren möchte ich mich dabei auf autobiographische Texte.[15] Vorab soll jedoch ein mögliches Missverständnis sogleich ausgeräumt werden: Solche Texte müssen keineswegs als Fiktionen verstanden werden[16], ob dies geschieht, ist abhängig von den historisch konditionierten Dispositionen des Betrachters. Gezeigt werden soll lediglich, dass solche Texte durchaus mit Hilfe des dreistelligen Fiktionsbegriffs beobachtet werden können, auch wenn die spezifischen Modalitäten autobiographischer Vergegenständlichung dabei berücksichtigt werden müssen. Anders formuliert: Die Dreistelligkeit von Realem, Imaginärem und Fiktivem soll im Weiteren mit Blick auf die Besonderheiten literarischer Selbstdarstellung erneut bedacht werden.

Unmittelbar einleuchtend ist zunächst der Sachverhalt, dass ein autobiographischer Text ein hohes Maß an wiederholter Realität enthält, bezieht sich doch die dargestellte Lebensgeschichte auf den empirischen Lebenslauf des Autors, unabhängig davon, ob dieser nun in Ausschnitten oder in seiner gesamten zeitlichen Erstreckung bis zum Schreibzeitpunkt zur Sprache kommt. Reales im Sinne verifizierbarer Sachverhalte findet mithin allemal Eingang in den autobiographischen Text. Was ihn jedoch vom fiktionalen Text im Sinne Isers unterscheidet, ist die elementare Bedeutung der *Erinnerung*. Wenn sich im fiktionalen Text das Fiktive als wechselseitige Aufhebung von Realem und Imaginärem in der Form beschreiben lässt, so fragt sich, wie es mit Blick auf autobiographische Texte um das Verhältnis von Imaginärem als bloß Vorgestelltem und der Erinnerung von Erlebtem bestellt ist.

Wie oben bereits dargelegt, manifestiert sich nach Iser das Imaginäre in Wahrnehmungen und Vorstellungen, Tagträumen, Träumen und Halluzinationen. Das Bewusstsein trete erst dort auf den Plan, wo es darum gehe, das durch Willkürlichkeit gekennzeichnete Imaginäre in den Dienst bestimmter Intentionen zu stellen. So seien es "Erinnerung, Wissen und gegebene Information" (Iser 1991: 334), die es erlaubten, der Vorstellung von Abwesendem und Nicht-Existierendem genauere Konturen zu verleihen. Die Vorstellung erscheint demnach als Produkt eines Zusammenspiels von Imaginärem und Erinnerung, wobei die Erinnerung, gepaart mit Wissen und Information, das Imaginäre

15 Mit der Theorie und Praxis autobiographischen Schreibens habe ich mich bereits in einer Reihe von Arbeiten beschäftigt. Vgl. Sill 1991, 1995b, 1997b.

16 Dass eine solche Sicht autobiographischen oder biographischen Schreibens auch heute noch keineswegs üblich ist, wird in Kapitel IV dieser Arbeit noch Gegenstand der Erörterung sein.

überformt, begrenzt, vielleicht auch als dessen Gegenspieler fungiert.

Im Hinblick auf das Autobiographische bedürfen Isers Hinweise der Ergänzung. Denn von großer Bedeutung sind in diesem Zusammenhang auch die unterschiedlichen Manifestationsformen der Erinnerung in ihrem Zusammenspiel mit dem Imaginären und dem Bewusstsein. In erster Linie zu nennen ist hier das *willentlich-intentionale Erinnern*, das auf Verlangen jederzeit mobilisierbar ist. Es bleibt weitgehend in der 'Botmäßigkeit des Bewusstseins' (W. Benjamin) und liefert die im Gedächtnis gespeicherten, 'jetzt' abrufbaren Daten über die eigene Lebensgeschichte. Wenn überhaupt bildlich ausgeprägt, so lassen diese Bilder doch jede Anschaulichkeit, Prägnanz und Intensität vermissen. Anders im Falle *unwillkürlicher Erinnerung*: dass das Bewusstsein als steuernde, intentionengeleitete Instanz hier von weit geringerer Bedeutung ist, zeigt allein schon das Geheimnisvolle eines Vorgangs, von dem wir nicht oder nur selten wissen, was die plötzlich aufscheinenden Erinnerungsbilder ausgelöst hat.[17] Schwierigkeiten bereitet überdies vielfach, den Ursprung solcher Bilder in der vergangenen Lebensgeschichte zu lokalisieren, ihre raum-zeitlichen Koordinaten zu rekonstruieren. Diese Schwierigkeit kann bis zum Verlust jener Gewissheit führen, mit der Erinnertes als Erlebtes von bloß Vorgestelltem unterschieden wird. Die Grenze zwischen Erinnerung und Imaginärem beginnt offenbar dort zu verschwimmen, wo das Bewusstsein als steuernde Instanz weitgehend entmächtigt ist und die bildliche Vorstellung sich dem Tagtraum zuneigt.

Welche Schlussfolgerungen lassen sich daraus ziehen? Der Prozess autobiographischer Vergegenständlichung beruht demnach auf einer innerpsychischen Bewegung, auf einer Kette unterschiedlicher Operationsformen psychischer Systeme, die sich in ihrer Gesamtheit als je unterschiedlich akzentuiertes Zusammenspiel von Imaginärem, Erinnerung und Bewusstsein beschreiben lässt. Dabei reicht das Spektrum von der willentlich-intentionalen Erinnerung über das unwillkürliche Erinnern bis hin zu jenen Grenzbereichen, in denen sich die Erinnerung dem freien Imaginationsfluss öffnet. Nun haben all diese Manifestationsformen des Erinnerns ihre je spezifische Gestaltung im Spektrum moderner autobiographischer Literatur erfahren. Dabei geraten sie in den Horizont unterschiedlicher Zwecksetzungen und Absichten, die mit dem autobiographischen Schreiben verbunden sind und ihren Niederschlag im Text finden. Gerade Autoren, die nicht zu den "unbefangenen Erzählern" gehören und deshalb auch nicht ihre Texte "mit der Realität [verwechseln]" (Kronauer 1992), begegnen ihrer Erinnerung vielfach mit Skepsis oder sind bestrebt, die Grenze zwischen Erinnertem und bloß Vorgestelltem deutlich zu markieren.

Peter Härtling geht es in seinem schmalen Band "Zwettl" (1973) um die

17 Erinnert sei nur an das berühmt gewordene 'Madeleine-Beispiel' in Prousts "Auf der Suche nach der verlorenen Zeit" (1913/27).

"Nachprüfung einer Erinnerung" (Untertitel) - und das heißt: um die möglichst exakte Rekonstruktion eines "von tiefer Dunkelheit umlagerten Ausschnitts" (Proust 1979: 61) der eigenen Kindheit. Infolgedessen wird die eigene Erinnerung durch Hinzuziehung aller verfügbaren Dokumente und Zeugenaussagen bestätigt, ergänzt oder korrigiert; ein Verfahren, in dem sich immer wieder zeigt, wie Erinnerung und Imaginäres sich überlagern. So prallen unterschiedliche Versionen des vergangenen Geschehens mitunter unversöhnlich aufeinander; andernorts entlarven Zeugenaussagen vermeintliche Erinnerungsbilder als bloß Vorgestelltes, denn es kann nicht geschehen sein, was vom Bewusstsein gleichwohl als Erinnerungsbild identifiziert wird: der Vater "auf einem wackligen Stuhl auf der Altane" (Härtling 1982: 33). Die Erinnerung erweist sich als trügerisch, stets versehen mit imaginären Anteilen; ein Imaginäres freilich, das unter dem Maßstab verifizierbarer historischer Faktizität als unliebsamer Gegenspieler der Erinnerung fungiert. Wie der Autobiograph Peter Härtling, so will auch der Biograph Härtling "nicht erfinden, was sich finden läßt" (Härtling 1984: 21). Und deshalb gilt es, bloß Vorgestelltes als solches explizit auszuweisen: Hölderlins "Leben hat sich niedergeschlagen in Poesie und Daten. Wie er geatmet hat, weiß ich nicht. Ich muß es mir vorstellen." (Härtling 1978: 7) In anderen autobiographischen Werken der Gegenwart ist nicht die Rekonstruktion des Lebenslaufs intendiert, sondern allein die Gestaltung der eigenen Erinnerung. Folglich wird sie keiner Prüfung unterzogen. Doch auch hier erscheint das Imaginäre als prekär. In Helga M. Novaks "Die Eisheiligen" (1979) finden sich nur zwei Passagen, in denen der Wahrnehmungshorizont des erzählten Ichs überschritten wird, wo es also der Imagination obliegt, die Lücke im erinnerten Handlungszusammenhang zu schließen. Das Hypothetische dieser Rekonstruktion wird jeweils ausdrücklich vermerkt: "Und so stelle ich mir, den späteren Erzählungen nach, folgenden Dialog vor." (Novak 1981: 7) Auch in Elias Canettis "Die gerettete Zunge" (1977) fungiert die Erinnerung als konstitutives Apriori der Darstellung. Was vom Gedächtnis nicht bewahrt wurde, wird hier konsequent ausgeklammert: "An die Schiffsfahrt über den Kanal habe ich keine Erinnerung behalten (...)." (Canetti 1983: 81)[18]

Wie unterschiedlich auch immer die im Text objektivierten Intentionen der Autobiographen ausfallen mögen: die vergangene Wirklichkeit in ihren Koordinaten bildet den übergeordneten Bezugsrahmen der Darstellung, ob es nun um die Rekonstruktion der Vergangenheit oder um die Gestaltung gegenwärtiger Erinnerungsbilder geht. Wissen, Information und Erinnerung begrenzen das Imaginäre, ohne es allerdings gänzlich suspendieren zu können. Anders formuliert:

---

18 Detaillierte Analysen unter anderem von Peter Härtlings "Zwettl", Helga M. Novaks "Die Eisheiligen" und Elias Canettis "Die gerettete Zunge" habe ich an anderer Stelle vorgelegt. Vgl. Sill 1991. Und nochmals zu Canetti: Sill 1992b.

Das Imaginäre bleibt gebunden durch ein übergeordnetes, den Erinnerungsprozess steuerndes Bewusstsein. Der autobiographische Text erscheint infolgedessen als das Resultat einer *Bewusstseinsbewegung* des Autobiographen, deren zentrale Elemente die Erinnerung und die Reflexion sind.

Nun erwächst, wie gesehen, nach Iser das Fiktive des fiktionalen Textes aus drei elementaren Akten des Fingierens: der Selektion, der Kombination und der Selbstanzeige als Fiktion. Wie die weiteren Ausführungen zeigen werden, beruht auch die je bestimmte Organisation des autobiographischen Textes auf den Akten der Selektion und der Kombination, auch wenn Modifikationen vorgenommen werden müssen, die der Spezifik des Autobiographischen geschuldet sind. Doch wie steht es mit der Selbstanzeige als Fiktion? Wenn sich ein autobiographischer Text durch eindeutig markierte Signale als Fiktion zu erkennen gibt, so geschieht dies in einer - gegenüber dem Roman - grundlegend verschiedenen Situation. Denn eine solche Selbstanzeige kollidiert gleichsam mit jenem stummen Wissen, demzufolge der autobiographische Text als Wirklichkeitsaussage zu lesen ist.

Zunächst jedoch zur *Selektion*: Im autobiographischen Text kann stets nur ein Ausschnitt dessen zur Sprache kommen, was als lebensgeschichtliches Material autobiographischer Darstellung potenziell gestaltbar ist. Selektion ist unvermeidlich, weil die Summe dessen, was das Ich im Verlauf seines bisherigen Lebens gemacht hat oder ihm widerfuhr, was es erlebt, genossen, erlitten und erfahren hat, potenziell unendlich ist. Doch muss man bei dieser prinzipiellen Einsicht nicht stehen bleiben. An anderer Stelle habe ich am Beispiel zahlreicher Texte zu zeigen versucht, wie - bewusste und unbewusste - Mechanismen den Prozess der Selektion im autobiographischen Text determinieren (vgl. Sill 1995b: 431-436). Neben individuellen Darstellungsintentionen sind es gesellschaftlich vermittelte Identitätsmuster (Selbst- und Weltbilder), die normative Kraft autobiographischer Erzähltraditionen sowie gesellschaftlich vorgegebene Normen und Werte, Tugenden und Tabus, die als historisch relative Eckpunkte die Selektivität autobiographischer Texte steuern. Ohne diese Mechanismen hier im Einzelnen nachvollziehen zu müssen, lässt sich hervorheben: Allein schon die prinzipiell gegebene Selektivität autobiographischer Texte dürfte geeignet sein, jenes 'stumme Wissen' zu konterkarieren, demzufolge autobiographische Texte der Wirklichkeit zuzurechnen seien. Folgt man dieser Sichtweise, so bezeichnet allein schon die Selektion als fingierender Akt, in dem sich bestimmte Intentionen abschatten, ein zentrales Element des Fiktiven autobiographischer Literatur. Erzeugt wird auf diese Weise ein je spezifischer Sinnzusammenhang, der in der Struktur dieses Textes objektiviert ist und für den der empirische Lebenslauf in seiner Faktizität allein als Bezugsrahmen fungiert. Und dieser Sinnzusammenhang, davon ist jedenfalls Peter Härtling überzeugt, "wird immer fiktiv sein müssen" (Onderdelinden 1980: 94).

Darüber hinaus öffnet diese Einsicht den Blick für einen weiteren Sachverhalt: Nicht anders als bei Texten, die im herrschenden Sprachgebrauch als Fiktionen gelten, ist es auch bei autobiographischen Texten erforderlich, im innertextuellen Verweiszusammenhang die Spezifik dieser Textorganisation zu beschreiben und zu analysieren, um ihr "ästhetisches Potential zu verdeutlichen" (Iser 1991: 9). Angesprochen ist damit die *Kombination* als textinterne Entsprechung zur Selektion. Selbstverständlich ist auch jeder autobiographische Text durch ein solches Netz innertextueller Relationen gekennzeichnet; ein Netz, das je nach Komplexität des Textes mehr oder minder dicht geknüpft sein kann. Doch stellt sich in diesem Zusammenhang auch die Frage, ob es verbindliche Grundmuster autobiographischer Textorganisation gibt. Orientiert an den Mustern der Goethe-Zeit, hat Klaus-Detlef Müller noch 1976 versucht, die textinterne Ich-Ich-Doppelung als 'gattungskonstitutiv' auszuweisen: ein gegenwärtiges Ich erzählt von einem vergangenen Ich im Zuge einer weitgehend chronologisch geschilderten Entwicklung (vgl. Müller 1976: 56). Der Versuch einer solchen Normierung erweist sich indes als obsolet, findet er doch keine Antwort auf die Frage, worin denn die autobiographische Qualität von Texten besteht, in denen sich der Autor ein "Double, Alter ego" oder "Schatten-Ich"[19] schafft, in denen die Chronologie zugunsten einer anachronischen oder gar achronischen Erzählweise aufgelöst worden ist, oder in denen die Fluktuation zwischen Pronomina unterschiedliche Grade der Identifikation bzw. Distanzierung vom vergangenen Ich anzeigt, man denke nur an Wolfgang Koeppens "Jugend" (1976) oder Christa Wolfs "Kindheitsmuster" (1976). Nein, das Ziel der Textanalyse kann es nicht mehr sein, den Grad der Entsprechung oder Abweichung von einer postulierten Norm zu erweisen. Wenn dagegen die Selektion und die Kombination als fingierende Akte auch des Autobiographischen anerkannt werden, lässt sich erst deren ästhetisches Potenzial ausleuchten.

Bleibt zuletzt die *Selbstanzeige* des Textes *als Fiktion*, dessen prominenteste Form sicherlich literarische Gattungsbezeichnungen sind. Nun mangelt es gerade in der neueren autobiographischen Literatur keineswegs an solchen Fiktionssignalen. Die gewählte Gattungsbezeichnung 'Roman' (etwa Christa Wolf: "Kindheitsmuster", 1976), Titel wie "Jugend" (Koeppen 1976) oder Untertitel wie "Geschichte einer Jugend" (Canetti 1983), aber auch Motti wie "Das Gedichtete behauptet sein Recht, wie das Geschehene" (Koeppen 1976: 7) erlangen durch ihre Plazierung geradezu programmatischen Charakter. Sie dementieren von vornherein eine Lesart des Textes als Wirklichkeit ('Roman'), signalisieren den Anspruch ästhetischer Transzendierung der eigenen Lebensgeschichte ('Jugend') oder erzeugen als Spiel mit der Konvention einen Schwebezustand, in dem der

19 So der Titel eines aufschlussreichen Aufsatzes von Dieter Wellershoff (1992), der auch am Beispiel eigener Werke diese Begriffe als graduell unterschiedliche Entwürfe, man könnte auch sagen: Modellierungen des Autor-Ichs erläutert.

Text zwischen 'Gedichtetem' und 'Geschehenem' zu oszillieren beginnt.

All dies hat freilich noch nicht dazu geführt, das 'stumme Wissen' über den vermeintlichen Gegensatz von Fiktion und Wirklichkeit und über den Status autobiographischer Texte als Wirklichkeitsaussage entscheidend zu unterlaufen. Wenn autobiographische Texte als Wirklichkeitsaussagen gelesen werden, so gilt die Aufmerksamkeit vornehmlich der im Text wiederholten Realität, dem Faktischen des dargestellten Lebenslaufs. Rücken dagegen die Selektion und die Kombination ins Blickfeld eines Beobachters, so lassen sich die Spielräume zwischen dem Text und seinen Bezugsfeldern sowie zwischen den bedeutungstragenden Textelementen selbst wahrnehmen; Spielräume, mit deren Hilfe das dargestellte Ich und seine Lebensgeschichte unter Perspektiven behandelt wird, die die Begrenzungen und Fixierungen empirischer Wirklichkeit überschreiten. Relationierungen und Doppelungsphänomene, wie Iser sie mit Blick auf fiktionale Texte beschrieben hat, kennzeichnen unter diesem Blickwinkel auch autobiographische Texte. Dann allerdings gerät die dargestellte Faktizität des Lebens ins Schwimmen, offenbart ihren Möglichkeitscharakter. Die Beschränkungen faktischen Daseins, die im sozialen Verkehr abverlangte Reduktion der Individualität auf die Person lässt sich demnach auch in Form autobiographischen Schreibens überschreiten. Am Beispiel eigener Werke hat Dieter Wellershoff dies anschaulich dargelegt: "Vor allem in krisenhaften Situationen erleben wir, daß unser Dasein in einem Horizont verschiedener Möglichkeiten steht, eine Erfahrung, die beängstigend und befreiend sein kann. / In der nie abreißenden Diskussion, was Literatur denn eigentlich sei und wozu sie uns diene, habe ich sie als eine Bühne für ein imaginäres Probehandeln dargestellt, auf der wir, befreit von den unmittelbaren Risiken und Konformitätszwängen des praktischen Handelns, alle unsere latenten und verborgenen Möglichkeiten entfalten und bis zu ihren extremsten Konsequenzen durchspielen können, um so, über die Blindheiten und Grenzen unserer Alltagserfahrung hinaus, ein vielfältigeres und tieferes Bild des Lebens zu gewinnen." (Wellershoff 1992: 53)

Deutlich dürfte geworden sein, dass die strenge Unterscheidung zwischen fiktionalen Texten im engeren Sinne und autobiographisch orientierten Texten sich nicht umstandslos aufrechterhalten lässt, wenn literarische Selbstdarstellungen unter Rückgriff auf Isers dreistelligen Fiktionsbegriff beobachtet werden. Denn auch sie werden als Fiktionen erkennbar, wenn ihre Form als Resultat einer wechselseitigen Grenzüberschreitung von Realem und Imaginärem beobachtet wird, als eine je spezifische Gestalt, die durch die Selektion und die Kombination konstituiert wird. Eingebaute Fiktionssignale bieten allerdings keine Gewähr für eine solche Rezeption des Textes als Fiktion. Denn es hängt - wie gesagt - vom Betrachter und seinen Dispositionen ab, wie er den Text wahrnimmt, ob der Text für ihn Identifikationspotenziale bereithält oder nicht, ob er jenem Bild entspricht, dass der Betrachter von der Realität hat, oder nicht, ob der Text folglich als realistisch oder unrealistisch, als glaubwürdig oder unglaubwürdige, als pure Erfindung oder als reine Wahrheit begrüßt oder abgelehnt wird. Auch autobiographische Literatur ist demnach in vielfältiger Weise funktionalisierbar. Ihre Produktion geht keineswegs allein zurück auf das Bedürfnis, das gelebte Leben zu rekapitulieren; und gelesen werden solche Texte keineswegs nur deshalb, weil der dargestellte Realitätsausschnitt das geschichtlich motivierte Interesse eines Lesers weckt. Im literarischen Entwurf des eigenen Ichs artikuliert sich stets auch der Geltungsanspruch von Individualität. Er wird zur Geltung gebracht gegen eine lebensgeschichtliche Faktizität, die dem Entwurf des Ichs zugleich Grenzen setzt. Und die Beobachtung solcher Texte als Fiktion oder Wirklichkeit hängt wiederum ab von den Einstellungen und Überzeugungen des Betrachters - und damit von den Leistungen bzw. Funktionen, die ein autobiographischer Text, wie jeder andere literarische Text auch, für Individuen wie Kollektive erbringen bzw. erfüllen kann.

Kehren wir zu der von Stanitzek aufgeworfenen Ausgangsfrage zurück. Ohne an dieser Stelle eine Entscheidung darüber treffen zu wollen, ob auch sogenannte literarische Zweckformen zum Literatursystem gehören, lässt sich immerhin sagen: Mit der Entscheidung für Isers dreistelligen Fiktionsbegriff kann das Literatursystem sehr viel weiter gefasst werden, als Luhmann es in "Die Kunst der Gesellschaft" tut. Auch Luhmann arbeitet, ohne es zu bemerken, mit einem auf normativen Implikationen gegründeten Literaturbegriff (reale Realität vs. fiktionale Realität), der zur Ausschließung ganzer Genres und Gattungen führt. Konzipiert man das Literatursystem jedoch vor dem Hintergrund von Isers Fiktionstheorie, so lassen sich *alle* - und damit auch: literarische Zweckformen als Elemente dieses Systems beschreiben.

Mit dieser Feststellung könnte man sich begnügen - wäre da nicht ein weiterer Aspekt zu bedenken, den die Entscheidung für Isers Fiktionsbegriff im Gepäck hat. Angesprochen ist der Sachverhalt, dass Fiktionen Iser zufolge auch in lebensweltlichen Zusammenhängen eine beträchtliche Rolle spielen, vielleicht gerade deshalb, weil sie in den seltensten Fällen von Sprechern wie Adressaten als solche begriffen werden. Hier geraten unter anderem auch mündliche Kommunikationsformen ins Spiel, die als alltagssprachliche lebensgeschichtliche Erzählungen im Rahmen der Biographieforschung Gegenstand wissenschaftlicher Beobachtung werden. Lässt sich auch mit Blick auf solche Kommunikationen, etwa in narrativen Interviews erhobene Erzählungen, von Fiktionen sprechen? Und wenn dies der Fall sein sollte, was würde dies für das Konzept eines operativ geschlossenen Literatursystems bedeuten? - Fragen, die auszuklammern unstatthaft erscheint, auch wenn sie für Literaturwissenschaftler eher gewöhnungsbedürftig sind.[20] Ihnen widmet sich der folgende Abschnitt - im Bestreben,

20 Genauer gesagt: noch immer gewöhnungsbedürftig sind, obwohl bereits verschiedene Beiträge existieren, die die Frage nach dem Fiktiven auch in alltäglicher Kommunikation

in der Tat *sämtliche* Implikationen zu erörtern, die mit dem Vorschlag verbunden sind, Literatur als System auf der Grundlage von Isers Fiktionstheorie zu konzipieren.

1.5 Lebensweltliche Fiktionen

Bereits im ersten Abschnitt dieses Kapitels wurde mit Iser darauf hingewiesen, dass neben dem Imaginären auch das Fiktive zu den Evidenzerfahrungen jedes Einzelnen im alltäglichen Leben gehört. Die Lüge bzw. die Täuschung implizieren, dass dem Sprecher das Unwahre seiner Äußerungen bewusst ist. Womöglich weit größere Wirksamkeit in lebensweltlichen Zusammenhängen entfalten hingegen Fiktionen, die für den Sprecher und/oder für seinen Adressaten Wahrheit beanspruchen. Fiktionen, so Wolfgang Iser, "spielen in den Aktivitäten des Erkennens, Handelns und Verhaltens eine ebenso große Rolle wie für die Fundierung von Institutionen, Gesellschaften und Weltbildern." (Iser 1991: 35f.) Gleichwohl: Jede Fiktion ist historisch konditioniert - und so ist es eine Frage der Zeit, wann sie ihren Realitätscharakter und damit ihre Wirkungsmacht eingebüßt hat. Durch "Falsifizierung" allein sind Fiktionen in ihrer "pragmatischen Natur", so Iser, allerdings nicht zu überwinden. "Sie mögen sich als untauglich erweisen, doch nur, um durch tauglichere ersetzt zu werden; denn für die Pragmatik zählt der Erfolg und nicht die Wahrheit, die dem Erfolg immer dann interpoliert wird, wenn er durchschlagend war." (ebd.: 160f.) Es dürfte sinnvoll sein, Isers Hinweise anhand zweier Beispiele zu verdeutlichen.

Hat eine lebensweltliche Fiktion ihre Leistungsfähigkeit endgültig eingebüßt, können sich zu ihrer Bezeichnung Termini einbürgern, die den ehedem beanspruchten Wahrheitsgehalt eindeutig dementieren, anders gewendet: den nunmehr erkannten und allgemein akzeptierten fiktiven Charakter der Fiktion unmissverständlich markieren. So signalisiert die heute einhellige Rede von der Dolchstoß*legende* den gesellschaftlichen Konsens darüber, diese Fiktion als Fiktion zu behandeln. Der vermeintliche 'Dolchstoß in den Rücken der Front', der gemeinsam mit Schlagwörtern wie 'Novemberverbrecher' und 'Versailler Diktat' die national gesinnte Rechte im Kampf gegen die Weimarer Demokratie vereinte, erbringt für die heutige Gesellschaft der Bundesrepublik Deutschland keinerlei Fundierungsleistung mehr. Dabei hatte die Widerlegung des angebli-

---

stellen. Zu ihnen gehört Wolf-Dieter Stempels "Fiktion in konversationellen Erzählungen". Wie manifestiert sich, so Stempels Ausgangsfrage, das Fiktive in mündlichen Erzählungen, die sich "gerade nicht von vornherein der Suspendierung der Wahrheitsmaxime verdanken", sondern von der Aufforderung des Erzählers an den Hörer gelenkt werden, "dem Erzählten Glauben zu schenken" (Stempel 1983: 333). Vgl. dazu auch den Beitrag von Johannes Anderegg im selben Band (1983).

chen Dolchstoßes als Ursache für die Kapitulation an der Westfront, in den zwanziger Jahren bereits vielfach widerlegt durch die angegriffenen Politiker selbst, durch die demokratisch gesonnene Presse und durch Historiker, die Wirksamkeit dieser Fiktion zu jener Zeit kaum verringert. Abgelebt war der von ihr beanspruchte Wahrheitsgehalt endgültig erst nach dem Ende des Zweiten Weltkriegs: eine Zäsur, die das (vorläufige) Ende des deutschen Nationalismus brachte und zugleich die Notwendigkeit, die untauglich gewordenen Fiktionen zur Fundierung von Weltbildern und Institutionen durch neue, nun leistungsfähige zu ersetzen. Zu ihnen gehört für die Zeit nach 1945 sicherlich die Rede von der 'Stunde Null'. Unter der herrschenden Konvention eines vermeintlichen Gegensatzes von Fiktion und Wirklichkeit konnte (und kann) sie nun Wahrheit für sich beanspruchen, während die überholte Fiktion ins Reich der Legenden jenseits der Realität verbannt worden ist.

Ähnliches gilt auch für Fiktionen von allein individueller Relevanz, die jedoch in nicht minder nachhaltiger Weise das Handeln, Denken und Empfinden konditionieren können. Als Beispiel mag die Geschichte vom Pechvogel in Max Frischs "Mein Name sei Gantenbein" (1964) dienen, vom Ich-Erzähler einem Barmann bei einer zufälligen Begegnung geschildert. Danach stürzt der Hauptgewinn in einer Lotterie einen Mann in eine ernsthafte Krise, weil dieses Ereignis seine "Erfindung" (Frisch 1979: 47), ein Pechvogel zu sein, in ihren Grundlagen bedroht. Gerettet, so der Ich-Erzähler, ist der Mann erst, als er seine Brieftasche mit dem Lottoschein verliert. Der Erfolg der Fiktion, stets und immer nur ein Pechvogel zu sein, ist mit dem Verlust des Lottoscheins in der Tat durchschlagend. Wer wollte jetzt noch an dieser 'Wahrheit' zweifeln? Doch auch hier offenbart sich der pragmatische Charakter der Fiktion, hängt sie doch von der Einstellung ab, die ihr gegenüber eingenommen wird. Denn was für den einen als identitätssichernde Überzeugung fungiert, ist für den anderen, daran lässt der Ich-Erzähler in seiner ironischen Distanz keinen Zweifel, allein ein Truggebilde.

Beide Beispiele verdeutlichen auch dies: Die Fiktion, die Wahrheit für sich beanspruchen kann, solange sie für Kollektive oder Individuen eine Leistung erbringt, bezeichnet *keinen* Gegensatz zur Wirklichkeit, enthält durchaus Reales, ohne sich jedoch in dessen Wiederholung zu erschöpfen. Vielmehr *zeigt* sie auf Realität: in Form eines geschlossenen Sinnzusammenhangs, der von sich behauptet, *die* Wirklichkeit zu sein. Wie immer Fiktionen in ihrer einstellungsabhängigen pragmatischen Natur Gestalt gewinnen, ihre Unverzichtbarkeit steht für Iser außer Zweifel, "weil sie die Bedingung von Sinn darstellen" und erst sie "die Realität" zu dem werden lassen, "wofür wir sie jeweils halten" (Iser 1991: 160).

Erreicht ist damit ein Punkt, an dem sich weitere Anschlussmöglichkeiten zwischen Luhmanns Systemtheorie und Isers Fiktionstheorie abzeichnen. Sinnhaft operierende Systeme sind nach Luhmann allein psychische und soziale Systeme. Beide Systemarten operieren entweder als Beobachter erster oder zweiter Ordnung. Wie in Abschnitt II.1.4 bereits erläutert, erscheint Beobachtern erster Ordnung die Welt als monokontexturale, sind sie doch bestrebt, die Welt bzw. die Gesellschaft "als beobachterunabhängiges Objekt von außen zu betrachten" (Kneer/Nassehi 1993: 188). Folglich erscheint psychischen Systemen wie sozialen Systemen, wenn sie als Beobachter erster Ordnung in Erscheinung treten, ihre Welt als die Welt. Ignoriert man einen Moment lang den Sachverhalt, dass es sich beim Pechvogel und beim Erzähler nicht um reale Personen, sondern um literarische Figuren handelt, so wäre zu sagen: Der Pechvogel bzw. dessen psychisches System ist ein Beobachter erster Ordnung, während sich der Erzähler in seiner ironischen Distanz als Beobachter zweiter Ordnung zu erkennen gibt, der um die Polykontexturalität der Welt weiß. *Fiktionen, deren Fiktionalität nicht erkannt wird, weil sie für die Realität selbst gehalten werden, sind Beobachtungen erster Ordnung,* ob sie nun von psychischen Systemen (bei Iser: Individuen) oder sozialen Systemen (bei Iser: Kollektive) hervorgebracht werden. Entscheidend wiederum ist die Funktion, die eine solche Fiktion erfüllt bzw. die Leistung, die sie erbringt. Im Falle von Individuen und gesellschaftliche Gruppen dürften vornehmlich identitätssichernde Überzeugungen dafür verantwortlich sein, dass der hergestellte Sinn nicht als Verweis auf Realität erkannt, sondern als die Wirklichkeit selbst begriffen wird. Hat sich die Leistungsfähigkeit der Fiktion erschöpft, wird sie aufgegeben und durch neue ersetzt. Im Falle großer gesellschaftlicher Funktionssysteme liegt der Fall vermutlich etwas anders: Sie operieren in der funktional differenzierten Gesellschaft der Moderne stets *auch* als Beobachter zweiter Ordnung. Und angesichts der wachsenden Komplexität, die sie selbst erzeugen, müssen sie dies tun. Um allerdings erfolgreich zu sein, um ihre Funktion im sozialen Verkehr der Gesellschaft wahrnehmen bzw. Leistungen für andere gesellschaftliche Teilsysteme erbringen zu können, operieren auch sie zunächst einmal als Beobachter erster Ordnung. Dies aber bedeutet: Auch sie erzeugen Fiktionen, ob sie sich im Zuge von Beobachtungen zweiter Ordnung dessen bewusst sind oder nicht.

Isers Fiktionstheorie schließt unmittelbar an Luhmanns Beobachtungstheorie an. Sie führt allerdings auch über sie hinaus. Denn die Beobachtungstheorie bekommt mit ihrem Theoriedesign das Imaginäre und dessen Stellenwert für alle Beobachtungen nicht in den Blick. Für alle psychischen Systeme ist es konstitutiver Bestandteil im Spektrum unterschiedlicher Operationsformen, hier von größerer, dort von geringerer Bedeutung. Im Falle sozialer Systeme liegt es den einzelnen Operationen (Kommunikationen) voraus. In welchem Maße teilsystemspezifische Kommunikationen durch imaginäre Potenziale disponiert werden, hängt von der jeweiligen Systemart ab - und das heißt: von ihren Funktionen und Leistungen.

'Fiktionen lassen die Wirklichkeit zu dem werden, wofür wir sie jeweils halten.' - Was in lebensweltlichen Kommunikations- und Interaktionszusammenhängen gilt, trifft auch zu, wenn ein Befragter seine Version des eigenen Lebens und seine Sicht der Welt einem Interviewer erzählt - vielleicht auch unter der Perspektive, ein Pechvogel, ein vom Schicksal stets Benachteiligter zu sein. Dass dem so ist, dass in Interviews erhobene Lebensgeschichten exakt beschrieben werden können mit der Triade von Realem, Imaginärem und Fiktivem, dass also die in Interviews präsentierten Geschichten als Fiktionen im Sinne Isers begriffen werden können, möchte ich kurz verdeutlichen im Rekurs auf die - noch immer - lesenswerte "Rekonstruktion jugendlichen Zeitbewußtseins", wie sie von Uwe Sander und Ralf Vollbrecht am Beispiel eines befragten vierzehnjährigen Schülers schon 1985 vorgelegt worden ist.

Sander und Vollbrecht beginnen ihre Ausführungen mit dem Hinweis, dass in der Biographieforschung üblicherweise ein lineares Zeitmodell zur Rekonstruktion biographischer Verläufe angelegt werde. Ihnen gehe es hingegen darum, "Lebensphantasien, Wirklichkeitskonstruktionen und Weltdeutungen" (Sander/Vollbrecht 1985: 14) in ihrer subjektiven Konstitution am Interviewmaterial zu beschreiben und zu interpretieren: "Aufgabe einer Interpretation des Zeitbewußtseins muß es sein, die alltagsweltlichen Objektivationen und subjektiven Konstitutionen von Zeit, die in den Erzählungen der Jugendlichen lediglich als deiktische Redeelemente, lexikalische Items, Gelegenheitsausdrücke etc. indexikalisiert auftreten, aufzudecken und zu rekonstruieren." (ebd.: 143) Udo, der in einer tristen Satelliten-Vorstadt lebende und dort befragte Jugendliche, erzählt nicht nur von seinem bisherigen Leben, detailliert entfaltet er auch seine Zukunftswünsche und Lebensziele; als jemand, der sehr an Geschichte interessiert ist, entwickelt Udo überdies eine negative Diagnose der gesellschaftlichen Gegenwart Anfang der achtziger Jahre, die er abzugrenzen versucht von der positiv bewerteten Aufbauphase der fünfziger Jahre, wie sie ihm durch Erzählungen der Eltern, des Großvaters und durch eigene Lektüren bekannt ist. All dies, im Text von Sander und Vollbrecht ausführlich dokumentiert, ist den Autoren Anlass genug für den nachdrücklichen Hinweis, dass Udos Vorstellungen und Phantasien nicht mit Husserls Beschreibung des Phantasmas erfasst werden könnten. Hätten Phantasmen für Husserl "keine feste Zeitstelle in der objektiven Zeit", so erführen die Phantasien Udos stets noch eine "Konkretion" durch die Koppelung an die von ihm erlebte "Wirklichkeit der Alltagswelt" (ebd.: 148). Konvergenzpunkt aller Vorstellungen, die der Jugendliche über die Vergangenheit und die Zukunft entwickele, sei die von ihm als "bedrückend empfundene Gegenwart" (ebd.: 153). So werde etwa die Zeit des Nationalsozialismus und der fünfziger Jahre von Udo *rekonstruiert*, aber eben auch *idealisiert*. Sie fungiere als Projektionsfläche einer implizit geäußerten Kritik an der eigenen Lage bzw. der Lage heutiger Jugendlicher.

Ohne sich dieser Terminologie zu bedienen, führen Sander und Vollbrecht hier vor, wie Reales und Imaginäres im Fiktiven der Rede Udos eine Synthese bilden, wie "Erinnerung, Wissen und gegebene Information" (Iser 1991: 334) über die eigene Lebensgeschichte, aber auch über Geschichtliches dem bloß Vorgestellten Konturen verleihen in Form eines (Selbst-)Entwurfs, in dem Vergangenheit und Zukunft immer gegenwärtige Vergangenheit und gegenwärtige Zukunft sind. Husserls Phantasmen korrelieren mit dem, was Iser das Imaginäre nennt; was Sander und Vollbrecht in der verschriftlichten Rede Udos jedoch als "Konkretion" (Sander/Vollbrecht 1985: 148) beobachten, ist das Fiktive als Resultat einer wechselseitigen Grenzüberschreitung von Realem und Imaginärem; ein Fiktives, dessen Gestalt sich in diesem Fall den Wünschen eines Jugendlichen verdankt, der die Beschränkungen seines empirischen Daseins wenigstens auf diesem Wege zu überwinden weiß.

Selbstverständlich, dies sei abschließend hervorgehoben, lässt sich das Interview mit Udo nicht umstandslos als literarischer Text begreifen. Es handelt sich zunächst einmal um dokumentierte soziale Praxis im Sinne einer "Verschriftlichung kommunikativer Ereignissequenzen" (Nassehi 1997a: 59). Die unstrittig gravierenden Unterschiede zwischen literarischer Kommunikation und der Kommunikationssituation eines Interviews sind bereits aus literaturwissenschaftlicher (vgl. Sill 1995a, 1999 sowie 2000) sowie soziologisch-systemtheoretischer Perspektive (vgl. Nassehi 1997a+c) eingehend erörtert worden. All diese Unterschiede ändern freilich nichts an dem Sachverhalt, dass ihnen mit der vermeintlich kategorialen Differenz fiktional/real nicht beizukommen ist. Sie mag dem Gegenstandsbereich der (soziologischen) Biographieforschung durch Abgrenzung vom Gegenstand klassischer Textwissenschaften die gewünschten festen Konturen verleihen. Doch stichhaltig ist sie nicht. Iser betont, dass sich das Fiktive und das Imaginäre als Komponenten literarischer Werke vom lebensweltlichen Vorkommen beider Phänomene durch den "organisierten Verbund von Fiktivem und Imaginärem" unterscheiden. Erst dadurch werde die "mediale Abgrenzung" (Iser 1991: 15) von Literatur möglich. Lebensweltliche Fiktionen, zu denen auch die in Protokolltexten objektivierten Fiktionen gerechnet werden können, wären demnach gekennzeichnet durch den *un*organisierten Verbund von Fiktivem und Imaginärem. Damit schrumpft jedoch die vermeintlich kategoriale Differenz zwischen Literatur und Protokolltexten zusammen. Es bleibt nur mehr eine *graduelle* Differenz, die nur dort als kategoriale erscheint, wo der Sprecher und/oder Adressat einer mündlichen lebensgeschichtlichen Erzählung von deren Realitätscharakter (Wahrheit) überzeugt ist.

Diese Hinweise mögen genügen. Sie sollten - ja: sie müssen dort berücksichtigt werden, wo die Frage nach den Grenzen des Literatursystems gestellt bzw. diskutiert wird. Im Rahmen dieses Kapitels III geht es jedoch erst einmal um eine Erörterung literaturtheoretischer Fragestellungen, die die - für literarisch gehaltenen - Texte selbst sowie deren Produktion und Rezeption betreffen. Die in der Tat heikle Frage, wer wann und unter welchen Prämissen welche Texte für literarisch hält, bleibt vorerst ausgeklammert.

1.6 Fazit

Vor dem Hintergrund der bisherigen Ausführungen erscheint es nun möglich, in Form einer wenn auch noch sehr vorläufigen Skizze die Grundzüge des gesellschaftlichen Teilsystems 'Literatur' zu benennen.

Zur Erinnerung: Soziale Systeme sind nach Luhmann geschlossen operierende Einheiten, auch wenn sie auf bestimmte Umweltbedingungen angewiesen sind, das heißt: auf die Kopräsenz zumindest zweier psychischer Systeme. Die Einheit eines Sozialsystems werde gewährleistet durch die rekursive Produktion seiner Elemente. Die nicht weiter auflösbaren Letzteinheiten sozialer Systeme seien Kommunikationen. Als Kommunikationssysteme reproduzieren sich soziale Systeme demnach durch die fortlaufende Aneinanderreihung von einzelnen kommunikativen Akten.

Nun zur Literatur: Wenn auch angewiesen auf psychische Systeme (Autor, Rezipient), erhält sich Literatur als gesellschaftliches Teilsystem, indem fortlaufend einzelne literarische Texte, verstanden als kommunikative Akte, an andere literarische Texte angeschlossen werden. Zwar nimmt der einzelne literarische Text nicht nur Elemente anderer literarischer Texte auf (Selbstreferenzialität), sondern auch Elemente aus anderen gesellschaftlichen Umweltsystemen (Fremdreferenzialität): die Zugehörigkeit des Textes zum Kommunikationssystem 'Literatur' bleibt jedoch gewahrt durch den spezifischen Charakter literarischer Fiktionalität. Mit anderen Worten: Die integrierten Umweltelemente werden nach Maßgabe systeminterner Operationen neu organisiert und erfahren einen kategorialen Wandel, weil sie durch die Akte des Fingierens unter das Vorzeichen des Als-Ob rücken, kurz: zu Teilelementen der Fiktion werden. Das Literatursystem erweist sich demnach im Sinne Luhmanns als autonom, nicht aber als autark. Das Fiktive, verstanden als wechselseitige Grenzüberschreitung von Realem und Imaginärem in der besonderen Gestalt einzelner literarischer Texte, markiert zugleich die Grenze des Systems gegenüber den anderen teilsystemspezifisch organisierten Formen gesellschaftlicher Kommunikation. Denn in der Literatur ist die Bezeichnungsfunktion umgangssprachlicher Verwendung von Zeichen wenn auch nicht aufgehoben, so doch eingeklammert, ihrer vermeintlichen Selbstverständlichkeit beraubt. Folglich erschöpft sich literarische Kommunikation auch nicht in der Wiederholung oder Repräsentation von Realität, sondern überschreitet diese in Form eines Verweises auf Wirklichkeit, durch den das vorstellbar wird, was die Realität selbst nicht ist. Klammert man mündliche Kommunikationsformen in diesem Zusammenhang aus, so lässt sich darüber hinaus festhalten: Literatur sichert ihre mediale Eigenständigkeit durch den organisierten Verbund des Fiktiven und des Imaginären gegenüber dem lebensweltlichen Vorkommen beider Phänomene.

Nun sind, mit dieser Skizze, beileibe noch nicht alle Implikationen ausgeschöpft, die der hier zugrundegelegte Fiktionsbegriff (Fiktionalität als genuines

Merkmal literarischer Kommunikation) mit Blick auf systemtheoretisch relevante Fragestellungen besitzt. Zunächst einmal muss es jetzt um eine Erörterung des kommunikativen Charakters literarischer Fiktionalität gehen. Luhmann zufolge ist jede Beobachtung psychischer oder sozialer Systeme unhintergehbar gebunden an beobachtungsleitende Unterscheidungen, an binäre Codes. Die auf Luhmann sich berufende systemtheoretische Literaturwissenschaft folgt ihm darin - und begibt sich, wie gezeigt, auf die Suche nach dem binären Code des Literatursystems. Literatur, so meine Ausgangshypothese für das folgende Kapitel, lässt sich als autopoietisches Sozialsystem begreifen, allerdings als ein System, das in Abgrenzung zu anderen gesellschaftlichen Kommunikationen in der Beobachtung von Welt *nicht* an beobachtungsleitende Unterscheidungen gebunden ist. Auf der Textebene offenbart sich Fiktionalität als eine spezifische Qualität, die es erlaubt, beobachtungsleitende Unterscheidungen und damit die blinden Flecke textimmanenter Beobachter auszuleuchten, ohne selbst an binäre Codes gebunden zu sein. Dieser erste Hinweis deutet bereits an, dass nun ein Wechsel der Blickrichtung vonnöten ist. Es geht jetzt vorrangig um den einzelnen Text als kommunikatives Ereignis.

2. Der literarische Text als kommunikatives Ereignis[21]

Die eben aufgestellte Behauptung, die weiteren Ausführungen beruhten auf der Systemtheorie, bedarf einer Präzisierung. Denn auch in diesem Kapitel muss es darum gehen, Anschlussmöglichkeiten zu eruieren zwischen der Theorie sozialer Systeme und literaturwissenschaftlichen Theoriebeständen. Dass dies notwendig ist, zeigt bereits folgender Sachverhalt: Luhmann definiert einzelne kommunikative Akte als nicht weiter auflösbare Letzteinheiten eines Sozialsystems. Damit können sich Literaturwissenschaftler nicht zufrieden geben - wenn sie es denn nicht aufgegeben haben, danach zu fragen, wie literarische Texte durch die fingierenden Akte der Selektion und Kombination Sinn konstituieren. Es geht mithin um den Nachweis durchaus vorhandener Anschlussmöglichkeiten zwischen Luhmanns Systemtheorie und literaturwissenschaftlichen Ansätzen zur Erzähl- und Kommunikationsforschung.

Daraus ergibt sich folgender Aufbau: Der erste Abschnitt widmet sich Luhmanns Kommunikationstheorie, die in ihrer Reichweite und ihren Grenzen zu skizzieren ist. Danach geht es um jene Implikationen, die Luhmanns, aber auch Nassehis Ausführungen zur Zeitlichkeit kommunikativer Akte zu entneh-

---

21 Bei diesem Kapitel handelt es sich um die - beträchtlich erweiterte - Fassung eines 1997 erschienenen Aufsatzes mit dem Titel "Literatur als Beobachtung zweiter Ordnung". Vgl. Sill 1997b.

men sind. Gerade das Theorem von der Ereignisgegenwart des kommunikativen Akts erlangt große Bedeutung für die Möglichkeit eines wechselseitigen Anschlusses von soziologischen und literaturwissenschaftlichen Wissensbeständen. Im letzten Abschnitt rückt der literarische Text als kommunikatives Ereignis in den Mittelpunkt der Ausführungen. Das im Vergleich zur Systemtheorie wesentlich differenziertere Begriffsinventar literaturwissenschaftlicher Kommunikationsmodelle erlaubt es, den literarischen Text als Beobachtung zweiter Ordnung zu beschreiben, allerdings als ein Beobachter beobachtendes kommunikatives Ereignis, das selbst nicht an eine spezifische beobachtungsleitende Unterscheidung gebunden ist. Genau dieser Sachverhalt markiert die Differenz zwischen Literatur (als System) und jenen gesellschaftlichen Funktionssystemen, die die sozio-kulturelle Umwelt des Literatursystems bilden. Es geht, kurz gesagt, um die Differenz zwischen literarischer Kommunikation und pragmatischer Kommunikation.

2.1 Der kommunikative Akt als dreistelliger Selektionsprozess

Aufgrund der Überschneidungsfreiheit von psychischen Systemen und sozialen Systemen gibt es, Luhmann zufolge, im Hinblick auf Sozialsysteme weder einen Input noch Output von Gedanken oder Vorstellungen. Aus diesem Grund lehnt Luhmann auch die klassischen kommunikationstheoretischen Begriffe 'Sender', 'Botschaft' und 'Empfänger' ab und bezeichnet stattdessen den einzelnen kommunikativen Akt als dreistelligen Selektionsprozess, in dem 'Information', 'Mitteilung' und 'Verstehen' miteinander kombiniert werden (vgl. Luhmann 1987a: 191ff.). Georg Kneer und Armin Nassehi fassen Luhmanns Ausführungen zusammen: "Selektion bedeutet Auswahl aus mehreren Möglichkeiten. Jede Information ist eine Selektion aus einem Horizont von Möglichkeiten - es ist möglich, nicht diese, sondern eine andere Information zu kommunizieren. Dazu stehen mehrere Mitteilungsmöglichkeiten zur Verfügung (...). Und die mitgeteilte Information kann in der einen oder anderen Weise verstanden werden. Kurz: Eine Kommunikation liegt vor, wenn eine Informationsauswahl, eine Auswahl von mehreren Mitteilungsmöglichkeiten und eine Auswahl von mehreren Verstehensmöglichkeiten getroffen wird. Es ist wichtig zu betonen, daß von Kommunikation erst bei einer Synthese aller drei Selektionsleistungen gesprochen werden kann." (Kneer/Nassehi 1993: 81)

Die 'Übersetzung' dieser Termini in literaturwissenschaftliche Grundbegriffe, so sollte man jedenfalls meinen, bereitet keine Schwierigkeiten: *Information*, die Auswahl einer bestimmten Information unter vielen, entspricht dem, was als Thema, als Gegenstand oder als Stoff eines literarischen Textes bezeichnet werden kann. *Mitteilung*, also die Mitteilung dieser Information in einer bestimmten, doch stets auch anders denkbaren Art und Weise, verweist auf das Wie der Darstellung, auf die verbindliche, in Form einer bestimmten Struktur realisierten Gestalt des literarischen Textes. *Verstehen* als selektiver Vorgang impliziert die Verschiedenverstehbarkeit literarischer Texte, deren jeweiliges semantisches Potenzial unterschiedliche Möglichkeiten des Verstehens bereithält. Schwierigkeiten, wie gesagt, sollten Literaturwissenschaftler bis zu diesem Punkt mit Luhmanns Modell nicht haben. Oder doch? Bei genauerem Hinsehen beginnen diese Probleme bereits bei der Unterscheidung von Information und Mitteilung. Noch einmal Nassehi: "'Information' steht für den selektiven Zugriff eines Kommunikationsinhalts im Horizont unendlich vieler Kommunikationsinhalte, sie seligiert also das, was kommuniziert wird. Dieses Was ist vom Wie der Kommunikation zu unterscheiden (...)." (Nassehi 1997a: 49) Nimmt man - wie oben geschehen - an, 'Information' bezeichne den Stoff, den Gegenstand bzw. das Thema eines literarischen Textes, so fehlt dem Kommunikationsmodell von Luhmann allerdings eine begriffliche Bestimmung dessen, was von textwissenschaftlicher Seite als das semantische Potenzial eines Werkes bezeichnet wird. Der Sinngehalt eines literarischen Textes, sein Bedeutungspotenzial, ließe sich schwerlich mit dem Terminus 'Information' belegen, weil diese Potenziale eben nicht vom Wie der Darstellung, also von der Mitteilungsseite, abgelöst werden können. Mit Recht betont Stanitzek, dass es sich im Falle von Literatur um eine Kommunikation handelt, "in der sich die Information nicht ohne weiteres von der Mitteilung trennen läßt" (Stanitzek 1996: 40). Die "interne Verweisungsstruktur" sei es, die "eine Isolierung der Information behindert" (ebd.: 46). Und Harro Müller bringt den Sachverhalt auf den Punkt: In der Kunst werde "die Mitteilungsseite der Information zur Information" (H. Müller 1996: 226).[22]

Bereits zu diesem frühen Zeitpunkt lässt sich demnach festhalten: Luhmanns Beschreibung kommunikativer Akte als Synthese eines dreistelligen Selektionsprozesses mag mit Blick auf pragmatische Kommunikation vielleicht angehen; die Spezifik literarischer Organisation von Sprache erfasst dieses Modell allerdings nicht. Anders gewendet: Es transportiert noch immer jenen alten Irrglauben, demzufolge das Wie der Darstellung (Form) nur mehr Ornament eines (literarisch) vermittelten Inhalts, einer Aussage, einer Botschaft - oder eben: einer Information sei.[23] Und darüber hinaus: Für Literaturwissenschaftler und die

22 Und dies gilt auch, so wäre zu ergänzen, für all jene literarischen Kommunikationen, die Luhmann - als Formen der Unterhaltung - auf Information bzw. vorenthaltene Information zu reduzieren versucht. Vgl. dazu Abschnitt II.3.4.

23 Damit steht Luhmann im Kontext kultursoziologischer Ansätze der Gegenwart im Übrigen keineswegs allein da. Mögen die beiden derzeit wohl noch immer meistdiskutierten kultursoziologischen Gegenwartsdiagnosen, Pierre Bourdieus "Die feinen Unterschiede" (1979) und Gerhard Schulzes "Die Erlebnisgesellschaft" (1992), auch noch so sehr als Antipoden kontrovers geführter Debatten erscheinen, dort, wo beide auf ästhetische und literatur- bzw. kunsttheoretische Prämissen zurückgreifen, um die klassen- bzw. milieuspezifische Funktion von Kunst und Literatur zu verdeutlichen, herrscht - fragwürdige - Übereinstimmung.

sie "interessierenden Fragen, die gerade darauf abzielen zu ermitteln, wie literarische Texte Sinn konstituieren" (Hempfer 1990: 28), ist das Kommunikationsmodell Luhmanns wenig brauchbar. Es ist, wie Felicitas Englisch mit Recht festgestellt hat, ein "im Vergleich zu anderen Theoriebereichen [der Systemtheorie] erstaunlich traditionelles, fast banal unterkomplex anmutendes Kommunikationsmodell" (Englisch 1991: 231).

Ebensowenig kann sich die Literaturwissenschaft mit dem Hinweis begnügen, nach Luhmann seien einzelne kommunikative Akte die "nicht weiter auflösbaren Letzteinheiten" (Kneer/Nassehi 1993: 65) eines sozialen Systems. Immerhin lässt sich dieser Formulierung jedoch entnehmen, dass einzelne literarische Kommunikationen (Texte) auch aus Sicht der Theorie sozialer Systeme (nach Luhmann) als selbständige, gegen andere literarische oder nicht-literarische Texte abgegrenzte Gebilde begriffen werden können. Dagegen spricht auch nicht der fingierende Akt der Selektion, weil die aus den Umweltsystemen seligierten Elemente eine Neuorganisation (Kombination) in der besonderen, die Spezifik dieses Textes konstituierenden Struktur erfahren. Die Geschlossenheit des literarischen Textes erscheint danach als Voraussetzung seiner Offenheit: im Sinne einer unbestimmbar großen Zahl intertextueller Relationen.

Summa summarum: Mit Blick auf die interne Organisation einzelner Textelemente und die spezifische Art und Weise, wie literarische Texte Sinn konstituieren, bleiben Luhmanns Ausführungen und sein Kommunikationsmodell wenig aussagekräftig. Von größerem Interesse sind hingegen Luhmanns und Nassehis Hinweise zur Zeitlichkeit kommunikativer Akte. Sie sind wichtig, weil sie weitere Anschlussmöglichkeiten zwischen Systemtheorie und Literaturtheorie signalisieren.

Die falsche Antithesis von Form und Inhalt, von "Darstellungsweise" und "Dargestelltem" (Bourdieu 1982: 59), findet sich in Bourdieus Behauptung, moderne Kunst intendiere "das absolute Primat der Form über die Funktion" (ebd.: 63), sie erzwinge den "reinen Blick" (ebd.: 62) für ein "zum Selbstzweck erhobenes künstlerisches Streben" (ebd.: 60), eine ästhetische Einstellung des Betrachters, die vom "Inhaltlichen der Darstellung" (ebd.: 63) gänzlich abzusehen habe. Darin zumindest stimmt Gerhard Schulze mit Bourdieu überein, wenn er sich moderner Kunst zuwendet, um sein "Hochkulturschema" (Schulze 1996: 142ff.) zu erläutern: "Nicht auf den Inhalt der poetischen Mitteilung kommt es primär an, sondern auf die Form." (ebd.: 144) So gebe es viele Gedichte "mit gleichem Informationsgehalt", die sich nur durch geringeres oder "größeres formales Raffinement" (ebd.) unterscheiden würden. Wie in Luhmanns Modell steht bei Schulze und Bourdieu die 'Information' (das Was der Darstellung) der 'Mitteilung' (dem Wie der Darstellung) gegenüber; eine Unterscheidung, die die Formgebundenheit literarischer Sinnvermittlung nicht zur Kenntnis nimmt. Im Gegensatz zu Bourdieu und Schulze muss Luhmann allerdings zugute gehalten werden: Sein Modell zielt auf pragmatische Kommunikation, nicht literarische. Sie nimmt er gar nicht als Kommunikation zur Kenntnis, weil ihm Literatur als Kunst durch Nicht-Sprachlichkeit gekennzeichnet zu sein scheint. Dazu wurde weiter oben (II.3.3) bereits das Notwendige gesagt.

2.2 Zur Zeitlichkeit des kommunikativen Akts

Einzelne Elemente - 'Gedanken' oder 'Vorstellungen' in psychischen Systemen, Kommunikationen in sozialen Systemen - erscheinen in der Sicht der Theorie autopoietischer Systeme als "temporalisierte Elemente, die nur in Kurzzuständen (...) je gegenwärtig sind" (Nassehi 1993: 190), weil die Autopoiesis des Systems eine beständige Folge einzelner, aneinander anschließender Elemente hervorbringt. Insofern konstituiert jedes einzelne Element "eine neue Gegenwart" (ebd.: 186), operiert mithin als "Ereignisgegenwart" (ebd.: 196), während die vorausgegangenen Elemente, stets flüchtig, vom Zerfall betroffen seien. Für den sinnhaften Anschluss neuer kommunikativer Ereignisse sorge wiederum das Verstehen "als Komponente der Kommunikation" (Nassehi 1997a: 49). Auf diese Weise werde mündliche Kommunikation zum selbstreferenziellen und in sich strukturierten Prozess: "Die Einheit von Systemzusammenhängen läßt sich (...) in der temporalen Dynamik ihrer in strukturbildenden Prozessen sich konstituierenden Temporalität erkennen. Kommunikation kommt also empirisch ausschließlich als temporalisierter Prozeß, als Nacheinander je gegenwärtiger Ereignisse, als (...) Kommunikationsstrom vor." (ebd.: 51)

Nun lässt die schriftliche Fixierung eines kommunikativen Akts diesen - als Text - "relativ zeitbeständig" werden und "ent-ereignet" (Luhmann 1986a: 631) ihn auf diese Weise. Nur deshalb kann er, wie Luhmann hervorhebt, "wiedererkannt und immer neu beobachtet werden" (Luhmann 1995a: 348). Während die Beobachtung des Kunstwerks "ein aus Operationen bestehendes, also ereignishaftes, also real nur in der Zeit stattfindendes historisches Geschehen" sei, müsse das Kunstwerk "im Verhältnis zur Operationalität seiner Beobachtung ein zeitabstraktes Gebilde sein. Es ist in diesem Sinne ein Programm für wiederholten Gebrauch (...)." (ebd.: 76) Gleichwohl erscheint der literarische Text im Moment seiner Entstehung zunächst einmal als *gegenwartsbasiertes Ereignis*, denn sonst wäre es unmöglich, jene "'Diskurse'" in ihrem Vorher und Nachher zu beobachten, die "Kunstwerke untereinander (...) führen" (ebd.: 395); wäre es überhaupt unsinnig, von einem auf Dauer sich erhaltenden, durch "Intertextualität" (ebd.) gekennzeichneten autopoietischen System 'Literatur' (oder 'Kunst') zu sprechen. Dass einzelne literarische Texte, ungeachtet ihrer Ent-Ereignung durch Schriftlichkeit, zunächst einmal als Ereignisgegenwarten begriffen werden müssen, hebt auch Nassehi hervor - im Rahmen einer Reflexion, in der literarische Texte als Letztelemente des autopoietischen Sozialsystems 'Literatur' erscheinen: "Der Terminus der Ereignishaftigkeit des Textes thematisiert zunächst einen textexternen Sachverhalt. Er sagt (wie gesagt: zunächst) nichts über den Text als solchen aus, sondern legt den Fokus bereits auf ein bestimmtes Verständnis des gesellschaftlichen Teilsystems Kunst/Literatur fest. Danach sind die Elemente des Literatursystems eindeutig auf literarische Texte als Letztelemente festgelegt. Da aber die einzelnen Elemente autopoietischer Systeme als temporalisierte Elemente, also Ereignisse erscheinen, die nur in quasi zeitlosen Kurzzuständen je gegenwärtig sind (...), werden (literarische) Texte in diesem Sinne als *ganze* als kommunikative Akte verstanden, denen keine eigene Zeitlichkeit, sondern lediglich eine Ereignisgegenwart eignet. Da aber autopoietische Systeme, bestehend aus zeitlosen Ereignisjetzten, darauf angewiesen sind, daß Ereignisse durch Ereignisse abgelöst werden, ist es letztlich das Nacheinander jener Ereignisgegenwarten, also das Nacheinander des Auftretens literarischer Texte, was die Einheit des Literatursystems in der Zeit konstituiert." (Nassehi 1997a: 55)

So weit, so gut. Doch kann man sich - als Literaturwissenschaftler - mit diesen Überlegungen nicht begnügen. Mögen einzelne literarische Texte auch als "Letztelemente" des Systems erscheinen, es fragt sich, welche Schlussfolgerungen mit Blick auf die *interne* Organisation der einzelnen Elemente eines Textes zu ziehen sind: Wenn dieser als *Ereignisgegenwart* verstanden wird, so bedeutet dies m.E. nichts anderes als die *Simultanpräsenz aller sinntragenden Textelemente*, unabhängig davon, an welcher Stelle in der sequenziellen Abfolge des Textes sie auch verankert sind. Man muss sich - gerade in der Soziologie - klarmachen, was dies mit Blick auf literarische Texte bedeutet. Ein Beispiel, das Literaturwissenschaftlern freilich wenig Überraschendes zu bieten hat, mag den angesprochenen Sachverhalt veranschaulichen.

Thomas Manns Roman "Buddenbrooks", 1901 erstmalig erschienen, behandelt bekanntlich die Geschichte vom allmählichen Verfall einer hanseatischen Kaufmannsfamilie im Zeitraum zwischen 1835 und 1876. Der Roman beginnt mit einer Frage der achtjährigen Tony Buddenbrook, die in der erzählten Situation unbeantwortet bleibt: "Was ist das." (Mann 1960: 9) Im letzten Abschnitt, nach 750 Seiten Erzählzeit und 41 Jahren erzählter Zeit, stellt Sesemi Weichbrodt ungefragt fest: "Es ist so!" (ebd.: 759) Wie immer man die Korrespondenz beider Textstellen interpretieren will: Frage und Antwort umrahmen das zwischenzeitlich erzählte Geschehen; eine Strukturkorrespondenz, die durch das Formulierte des Textes erzeugt wird, ohne selbst versprachlicht zu sein, und auf die hinzuweisen nur möglich ist, wenn die Gegenwart, die Simultanpräsenz aller sinntragenden Textelemente, grundsätzlich akzeptiert wird. Das Nacheinander einzelner Ereignisse auf der Handlungsebene - schließlich kann eine Frage erst dann beantwortet werden, wenn sie gestellt worden ist - betrifft das erzählte Geschehen, gestaltet in der Abfolge einer endlichen Zahl von Sätzen; als sinntragende Einheit hingegen ist der Text charakterisiert durch die *virtuelle Gleichzeitigkeit* all seiner Elemente, die zu beobachten nur deshalb möglich ist, weil der Text in seiner verbindlichen Gestalt 'zeitfest' geworden ist.

Gehen wir noch einen Schritt weiter. Sicherlich ist das "Nacheinander des Auftretens literarischer Texte" (Nassehi 1997a: 55), ihr Vorher und Nachher, eine wichtige Voraussetzung, um jene "Diskurse" rekonstruieren zu können, die "Kunstwerke untereinander (...) führen", um erkennen zu können, wie "Kunst

Kunst zitiert, copiert, ablehnt, innoviert, ironisiert - jedenfalls, wie auch immer, in einem über das Einzelwerk hinausgreifenden Referierzusammenhang reproduziert wird. Man nennt das heute 'Intertextualität'." (Luhmann 1995a: 395) Mit dem Verweis auf die Chronologie und den durch sie gesicherten Systemerhalt ist aber nur ein Aspekt eines insgesamt doch sehr viel komplexeren Sachverhalts angesprochen. "Niemand wird bestreiten", so Hans-Jost Frey, "daß es eine Chronologie der Texte gibt" (Frey 1990: 19); reduziere man dagegen das Phänomen der Intertextualität auf diesen Teilaspekt, so erliege man dem "Bann der Chronologie" (ebd.: 20) - und übersehe, dass Textbeziehungen *reziprok* seien: "In der reziproken Textbeziehung ist weder die Chronologie der Texte noch deren Bedeutung verneint, sondern das voreilige Dogma von der Unveränderlichkeit der Texte." (ebd.) Und zuvor schon erläutert Frey: "In der reziproken Textbeziehung sind Prophezeiung und Erinnerung gleichberechtigt und im Text der Beziehung gleichzeitig. Daß der frühere Text unter den Einfluß des späteren gerät, oder daß das Original sein Übersetztwerden nicht übersteht, ohne verändert zu werden, ist nur befremdlich, solange man Gewesenes für endgültig hält. Endgültig ist aber nur, was aufgehört hat. Was bleibt, bleibt unvollendet, veränderlich, interpretierbar." (ebd.: 8) Solche Textbeziehungen zu erfassen sei allerdings "immer Sache des Lesers, denn nur ihm sind die Texte in der Gleichzeitigkeit gegeben, in der sie gegenseitig aufeinander einwirken können." (ebd.: 21) Folgt man Freys Einsichten, so wird klar: Die Simultanpräsenz aller sinntragenden Elemente eines literarischen Textes ist kein Phänomen, das nur isolierte, einzelne Texte betrifft, vielmehr kennzeichnet es - streng genommen - die *Gesamtheit* literarischer Texte; sie wird, wie Hans-Jost Frey im Titel seiner Studie hervorhebt: "Der unendliche Text". Die Ereignisgegenwart eines Textes als "textexterner Sachverhalt" (Nassehi 1997a: 55) *und* die virtuelle Simultanpräsenz aller Elemente - und zwar sowohl in intratextueller wie intertextueller Hinsicht - sind gleichermaßen gültig, nur scheinbar sich widersprechende Facetten eines komplexen Phänomens. Frey spricht mit Blick auf reziproke Textbeziehungen von einer "Sache des Lesers" (Frey 1990: 21); in systemtheoretischer Perspektive wäre zu präzisieren: Es sind Kommunikationen, genauer gesagt: wissenschaftliche Kommunikationen, in denen reziproke Beziehungen zwischen literarischen Texten aufgezeigt werden können, in denen der selbstverständliche Sachverhalt einer Chronologie der Texte berücksichtigt werden kann, ohne in deren Bann zu geraten.[24]

Auf den ersten Blick, so könnte man meinen, widerspricht die Hypothese von der Simultanpräsenz sinntragender Elemente in literarischen Texten jenen Befunden, zu denen Wolfgang Iser in seiner Studie "Der Akt des Lesens. Theo-

24 Als Beispiel mag mein Versuch gelten, Textbeziehungen zwischen Werken von W.G. Sebald, Franz Kafka und Vladimir Nabokov zu beschreiben und zu interpretieren. Vgl. Sill 1997c.

rie ästhetischer Wirkung" (1976) gelangt. In diesem Zusammenhang ist Iser bestrebt, den durch die Erzählstruktur gelenkten "stromzeitlichen Fluß des Lesens" (Iser 1990: 165), den "wandernden Blickpunkt" (ebd.: 178) des Lesers im Lektürevorgang zu beschreiben. "Eine Phänomenologie des Lesens", so Iser, müsse "die Erfassungsakte verdeutlichen, durch die sich der Text in das Bewußtsein des Lesers übersetzt. Nun aber sind wir gar nicht in der Lage, einen Text in einem einzigen Augenblick aufzunehmen, ganz im Gegensatz etwa zur Objektwahrnehmung, die vielleicht ihren Gegenstand im Akt der Zuwendung nicht voll erfaßt, ihn jedoch in einem solchen Akt zunächst als ganzen vor sich hat. Bereits in dieser Hinsicht unterscheidet sich ein Text von Wahrnehmungsobjekten, wenngleich er wie diese erfaßt werden soll. Steht das Wahrnehmungsobjekt als Ganzes im Blick, so ist ein Text nur über die Ablaufphasen der Lektüre als ein 'Objekt' zu erschließen. Stehen wir dem Wahrnehmungsobjekt immer gegenüber, so sind wir im Text immer mitten drin." (ebd.: 177)[25] Auch wenn der literarische Text, wie jeder Text, zunächst einmal nur durch die "Ablaufphasen der Lektüre" zu erschließen ist, so ändert auch dies freilich nichts an der Ereignisgegenwart des literarischen Textes. Denn Iser geht es hier, wie gesagt, um den notwendig sequenziell angeordneten Erfassungsakt des Lesens, nicht aber um die Beschreibung des Objekts der Lektüre. Dieses ist ja im Falle literarischer Texte durch eine Sprache gekennzeichnet, in der nicht - Satz für Satz - empirische Objekte denotiert werden, sondern die Kombination der Textelemente, deren "horizontale Organisation" (Iser 1990: 239), ein beständiges "Ineinanderstrahlen der Satzkorrelate" (ebd.: 183) bedingt; ein Sachverhalt, der die "wechselseitige Beobachtbarkeit" (ebd.: 166) aller sinntragenden Textelemente zur zeitfesten Voraussetzung jeder Lektüre werden lässt. Der Lektürevorgang selbst mag beschreibbar sein als "Mittendrin-Sein des Lesers im Text", als Vorgang einer "unausgesetzten Modifikation" (ebd.: 181) der durch die Textperspektiven disponierten Erwartungen; die Textanalyse, die Beobachtung des Textes durch einen Interpreten hat es dagegen mit der Aufgabe zu tun, die in der horizontalen Organisation des Textes erkennbaren Strukturkorrespondenzen zu beschreiben und zu interpretieren; Korrespondenzen, die durch die Sprache des Textes erzeugt werden, ohne selbst versprachlicht zu sein. Dem Interpreten

25 Mit Blick auf die Bildwahrnehmung, eines Photos etwa oder eines Gemäldes, müssen Isers Hinweise korrigiert werden. Neuere empirische Untersuchungen haben gezeigt, dass schon "nach einem ersten Blick auf ein stehendes Bild (nach ca. drei Zehntel Sekunden) (...) in der Regel eine globale inhaltliche Orientierung [besteht], die dann die nachfolgende aktive Bildauswertung mit Blicksprüngen und Augenfixationen steuert" (Schmidt 1994: 156). Insofern befindet sich auch der Betrachter eines Bildes nahezu von Beginn an 'mitten drin', kann allerdings, im Unterschied zum Leser eines Textes, "seinen 'Blickpfad' selbst wählen (...), während Texte die Reihenfolge der wahrzunehmenden Elemente rigide sequentiell vorgeben" (ebd.: 158).

präsentiert sich demnach der literarische Text, nicht anders als ein Bild, in seiner "Gegenwart" (ebd.: 214) - und das heißt: in der virtuellen Gleichzeitigkeit seiner Sinnpotenziale, die allerdings organisiert sind in einer sequenziell geordneten Abfolge von Sätzen. Interpretation wiederum deckt solche Sinnpotenziale auf, formuliert mithin explizit, was in der Offenheit der Textorganisation implizit angelegt ist. Anders gewendet: Die Einbindung von seligierten Textelementen, die nun als Belegstellen zur Absicherung der Argumentation dienen, löst diese aus der Ereignisgegenwart des Textes: nunmehr Bausteine einer auf zeitlichem Nacheinander beruhenden wissenschaftlichen Kommunikation. Als zitierte sind die seligierten Textelemente jetzt Bestandteile eines anderen, nämlich des Wissenschaftssystems, das es sich unter anderem zur Aufgabe gemacht hat, Literatur (als Umwelt) zu beobachten.

'Beobachtung' ist das passende Stichwort, um zu Luhmann zurückzukehren. Wie in den einleitenden Hinweisen zur Beobachtungstheorie Luhmanns bereits dargelegt, weist jede Beobachtung, also die 'Beobachtung-anhand-einer-Unterscheidung', ihren blinden Fleck auf - unabhängig davon, ob es sich um eine Beobachtung erster oder zweiter Ordnung handelt. Das hat offensichtlich zeitliche Gründe. Luhmann hebt denn auch hervor, "daß die Operation des Beobachtens sich in ihrem Vollzug nicht selbst (...) beobachten kann, sondern daß dies voraussetzt, daß nun diese Beobachtung ihrerseits beobachtet wird" (Luhmann 1990b: 85). Davon gibt es, so Luhmann, aus 'logischen Gründen' (vgl. Luhmann 1990a: 10) keine Ausnahme. Und so konzentrieren sich seine Bemühungen, 'Kunst' als autopoietisches System analog zu anderen gesellschaftlichen Teilsystemen zu beschreiben, auf die Frage nach der spezifischen Funktion dieses Teilsystems und auf die Frage nach der spezifischen, dieses Teilsystem charakterisierenden beobachtungsleitenden Unterscheidung - ohne allerdings zu einem befriedigenden Ergebnis zu gelangen.

Ein Ausweg aus diesem Dilemma lässt sich durchaus finden: und zwar auf dem Boden der Theorie autopoietischer Systeme. Luhmann sieht ihn, so meine ich, nur deshalb nicht, weil er bestimmte Implikationen des eigenen Ansatzes mit Blick auf Kunst und Literatur nicht durchdenkt. Im Klartext: Akzeptiert man das Theorem von der Ereignisgegenwart des kommunikativen Akts und damit den Sachverhalt der Simultanpräsenz aller bedeutungstragenden Elemente eines literarischen Textes, so erweist sich *Literatur als Beobachtung zweiter Ordnung*; allerdings als ein Beobachtungen beobachtendes System, das die vermeintliche Unhintergehbarkeit beobachtungsleitender Differenzen sehr wohl zu hintergehen weiß und infolgedessen als ein gesellschaftliches Teilsystem aufzufassen ist, dessen Einheit gewährleistet ist, ohne dass es an einen bestimmten oder auch an verschiedene binäre Codes gebunden wäre. Diese These stellt sich explizit in Gegensatz zu den bislang vorgelegten systemtheoretischen Ansätzen in der Literaturwissenschaft. Umso mehr bedarf sie einer ausführlichen Erläuterung und Begründung. Erfolgversprechend erscheint auch in dieser Hinsicht die Anknüpfung an vorhandene Wissensbestände der Erzählforschung, konkret: an die literaturwissenschaftliche Kommunikationsforschung und deren Modelle zum Zusammenhang von Produktion, Text und Rezeption. Auch in diesem Zusammenhang muss es darum gehen, die Anschlussfähigkeit der angesprochenen Theoriebestände und Modelle an die Theorie autopoietischer Systeme zu erweisen.

2.3 Literatur als Beobachtung zweiter Ordnung

Zu den Kernelementen der Theorie autopoietischer Systeme gehört das Theorem operativer Geschlossenheit psychischer und sozialer Systeme, von Luhmann auf die bündige Formel gebracht: "Der Mensch kann nicht kommunizieren; nur die Kommunikation kann kommunizieren." (Luhmann 1990b: 31) Weil Kommunikationssysteme jedoch auf die Kopräsenz zumindest zweier psychischer Systeme angewiesen sind, gilt auch: "Keine Kommunikation ohne Bewußtsein und kein Bewußtsein ohne Kommunikation." (Kneer/Nassehi 1993: 71) Die Komplementarität von psychischen und sozialen Systemen bedeutet freilich nicht, dass menschliches Bewusstsein den eigendynamischen Prozess der Kommunikation kausal steuern oder determinieren könnte. All dies wurde bereits in den einleitenden Hinweisen zur Systemtheorie nach Luhmann näher erläutert. Was in unserem Zusammenhang nunmehr von Belang ist, ist die Frage, wie Kommunikationen Personen zugerechnet werden können. Dies geschieht, so die ebenso einfache wie schlüssige Antwort der Systemtheorie, indem Kommunikationen interne Einheiten ausbilden, die als "Identifikationspunkte der Kommunikation" (ebd.: 87) fungieren und damit nicht nur die Zuordnung einzelner kommunikativer Akte zu Sprechern bzw. Adressaten erlauben, sondern auch die Autopoiesis des Systems, das heißt den Fortgang der Kommunikation sichern helfen.[26] Die Unverzichtbarkeit solcher Identifikationspunkte, etwa in Form von Personalpronomen oder Anreden, beschwöre allerdings ein weit verbreitetes Missverständnis herauf, dem auch all jene Theorien aufsäßen, die Kommunikationssysteme als Handlungssysteme begreifen, Kommunikationen als Handlungen einer Person zurechnen würden. Solch "handlungs- und personenorientierte Darstellung" unterlaufe "die Eigenständigkeit und Komplexität des kommunikativen Geschehens (...). Man reduziert Kommunikation auf Handlung und damit letztlich auf psychische Absichten, Pläne, Intentionen der Handelnden. Dabei wird

26 Angesprochen ist hiermit die zweifache Bedeutung des Begriffs 'Person' in der Theorie autopoietischer Systeme: 'Personen' sind die Adressaten von Kommunikation, also psychische Systeme; sie sind aber auch Gegenstand der Kommunikation, mithin eine kommunikationsinterne Größe. Vgl. dazu Abschnitt II.1.6.

übersehen, daß das menschliche Bewußtsein die Kommunikation (...) nicht kausal steuern oder determinieren kann." (ebd.: 89f.)

Mit dieser Warnung läuft die Systemtheorie bei der literaturwissenschaftlichen Kommunikationsforschung in der Tat offene Türen ein. Konfrontiert mit dem Sachverhalt, dass der Kommunikationsvorgang im Falle literarischer Kommunikation unterbrochen ist, sah sich die literaturwissenschaftliche Kommunikationsforschung seit je dazu gezwungen, zwischen Autor, Text und Rezipient, zwischen textinternem und textexternem Bereich zu unterscheiden, auch wenn, anders als in der Theorie autopoietischer Systeme, literarische Texte als Mitteilungshandlungen begriffen werden. Für den Autor, so die grundlegende Überlegung, existiert zum Zeitpunkt des Schreibens der Leser allein als gedachter, als Abstraktion zukünftiger realer Leser. Ebenso ist der Autor für den Leser eines Textes in der Regel nicht anwesend, 'existiert' allein in Form eines Textes, der durch den Namenszug des Autors (ein Identifikationspunkt der Kommunikation!) als von ihm verantwortet ausgewiesen wird. Der Kommunikationsvorgang zwischen Autor und Rezipient zerfällt demnach in die beiden zeitlich und räumlich voneinander getrennten Teilbereiche 'Autor - Text (gedachter Leser)' sowie 'Text (gedachter Autor) - Leser'.[27]

Eine solche Sicht, die Kommunikation als - wenn auch unterbrochenen - Vorgang zwischen 'Sender' und 'Empfänger' begreift, entspricht nicht im

27 Allerdings gilt dies nur für Literatur im spezifisch neuzeitlichen Sinne. Mit Recht hat David Roberts auf den Sachverhalt hingewiesen, dass 'Literatur' "als Sammelbegriff und Terminus in bezug auf vormoderne Gesellschaften anachronistisch wirkt. Literatur im modernen Sinn ist ein Produkt des Buchdrucks und unterscheidet sich grundlegend vom Gattungssystem in Kulturen ohne Buchdruck, die trotz Schrift primär mündliche Kulturen geblieben sind. (...) Gattungen in stratifizierten Gesellschaften werden erst 'literarisch' (und in diesem Sinne Teil der Literaturgeschichte), wenn sie zu Gedrucktem reduziert werden, das heißt vom gesungenen oder vorgetragenen Wort, von Musik, Gestus und Tanz, kurz gesagt: vom unmittelbaren gesellschaftlichen Aufführungskontext getrennt werden." (Roberts 1996: 293f.) Auch Luhmann weist in unterschiedlichen Kontexten auf den entscheidenden evolutionären Einschnitt hin, der mit der Erfindung des Buchdrucks in der Mitte des 15. Jahrhunderts für die Entstehung autonomer gesellschaftlicher Teilsysteme gegeben gewesen ist: "Erst der Buchdruck multiplizierte das Schriftgut so stark, daß eine mündliche Interaktion aller an Kommunikation Beteiligten wirksam und sichtbar ausgeschlossen wird." (Luhmann 1996a: 33f.) Gerade für "die Ausdifferenzierung eines Systems der Massenmedien dürfte", so Luhmann "die ausschlaggebende Errungenschaft in der Erfindung von Verbreitungstechnologien gelegen haben, die eine Interaktion unter Anwesenden nicht nur einsparen, sondern für die eigenen Kommunikationen der Massenmedien wirksam ausschließen." (ebd.: 33) Wie bereits erläutert (II.3.4), berücksichtigt Luhmann im Rahmen seines Medienbuchs die erst mit dem Buchdruck möglich gewordene raum-zeitliche Trennung "zwischen Sender und Empfängern" (ebd.: 11) an zentraler Stelle; mit Blick auf Literatur als Kunst spielen diese Zusammenhänge für Luhmann dagegen nur beiläufig eine Rolle; ein Sachverhalt, der angesichts jener Prämissen, unter denen Luhmann Kunst als System konzipiert, nicht weiter erstaunt.

strengen Sinne des Wortes dem Autopoiesis-Konzept; wohl aber lässt sich sagen, dass der schlichte Sachverhalt raum-zeitlicher Trennung von Autor und Rezipient, die fundamentale Asymmetrie literarischer Kommunikation, theoretische Anstrengungen auf Seiten der Literaturwissenschaft befördert hat, den Text selbst als kommunikatives Ereignis genauer zu beschreiben. Aus diesem Grunde ist es durchaus möglich, Resultate literaturwissenschaftlicher Kommunikationsforschung systemtheoretisch zu reformulieren, mehr noch: *Erst der Rückgriff auf diese Resultate gibt m.E. auch der Systemtheorie ein begriffliches Instrumentarium an die Hand, das es ihr erlaubt, den literarischen Text als kommunikatives Ereignis adäquat zu beschreiben.*

Die von der Erzählforschung erarbeiteten Kommunikationsmodelle[28] differieren in verschiedenen Einzelaspekten. Übereinstimmung besteht jedoch darin, zwischen textexternem Bereich (realer Autor - realer Rezipient) und textinternem Bereich grundsätzlich zu unterscheiden. Der textinterne Bereich, der uns in diesem Zusammenhang ausschließlich interessiert, ist gekennzeichnet durch drei verschiedene, hierarchisch gestaffelte Kommunikationsniveaus: auf der hierarchieuntersten Ebene stehen die erzählten sendenden Figuren und die erzählten empfangenden Figuren (S1 - E1), auf der mittleren Ebene wird die Kommunikation zwischen dem fiktiven Erzähler und dem fiktiven Adressaten erfasst (S2 - E2), auf der hierarchiehöchsten Ebene schließlich ist die Kommunikation zwischen dem impliziten Autor und dem impliziten Leser angesprochen (S3 - E3).[29] Einige wenige Hinweise zu diesen einzelnen Kommunikationsniveaus mögen genügen[30], bevor ich den Versuch unternehme, sie auf der Grundlage der Beobachtungstheorie systemtheoretisch zu reformulieren.

Auf dem hierarchieuntersten Niveau ist die Ebene der erzählten Figuren angesprochen, die im Zuge des erzählten Geschehens handeln oder als Sprecher bzw. Adressaten von Kommunikation fungieren. Es versteht sich von selbst, dass Sprecher- bzw. Adressatenrolle variabel sind und sich das Personenensemble im Verlauf der Handlung ändern kann.

Kommunikationsniveau 2 betrifft die Kommunikation zwischen dem fiktiven Erzähler des Textes und dem fiktiven Adressaten, der ihm werkimmanent zugeordnet ist. Die Erzählfigur, ob sie nun als Ich-Erzähler Konturen gewinnt

---

28 Auf eine ausführliche Erläuterung dieser Modelle kann verzichtet werden. Vgl. dazu die Ausführungen von Kahrmann/Schluchter/Reiß 1986, 19-63 sowie Zerbst 1982. Vgl. auch Harth 1982.

29 Nur der Vollständigkeit halber sei erwähnt: Der 'reale Autor in seiner Rolle als Autor' und 'der reale Leser in seiner Rolle als Leser' werden auf der textexternen Ebene 4 (S4 und E4) erfasst.

30 Mit Blick auf die Besonderheiten autobiographischer Literatur habe ich die einzelnen Kommunikationsebenen und die verschiedenen Sender- bzw. Empfänger-Instanzen anhand zahlreicher Beispieltexte in aller Ausführlichkeit erörtert. Vgl. dazu Sill 1995b, insbesondere 455-469.

oder als anonyme Instanz in der dritten Person Singular erzählt, erscheint in ihrer Funktion stets als übergeordnete Instanz der erzählten Welt, die durch sie konstituiert wird. Von ihr hängt es ab, in welcher Form die erzählten Figuren auf der Ebene 1 gestaltet werden, ob sie sich in direkter Rede äußern dürfen oder ihre Aussagen in indirekter Rede wiedergegeben werden, ob ihre Vorstellungen und Gedanken gleichsam aus der Innenperspektive heraus sichtbar gemacht werden oder in allwissender Manier aus der Außenperspektive dargestellt werden, ob ihr Handeln mit Kommentaren und Wertungen des Erzählers versehen wird oder nicht. Weniger leicht zu fassen ist das logische Korrelat des fiktiven Erzählers: der fiktive Adressat. Er ist jene Instanz, an die sich der werkimmanente Erzähler mit seinen Aussagen, sei es explizit oder implizit, wendet. Es können einzelne, direkt angesprochene Personen oder Personengruppen sein, etwa der 'geneigte' oder der 'verständige' Leser, alle 'Eingeweihten', die über den historischen Hintergrund des erzählten Geschehens Bescheid wissen, oder auch bestimmte gesellschaftliche Gruppen. Werden im Erzählvorgang die Konturen einer solchen Zielgruppe sichtbar, so erscheint der fiktive Adressat zugleich auch als intendierter Rezipient. Ebensogut ist es aber auch möglich, dass der fiktive Adressat keine genaueren Konturen gewinnt, sich der Text mithin in aller Unbestimmtheit an das anonyme Lesepublikum richtet.

Impliziter Autor und impliziter Leser, andernorts auch abstrakter Autor und abstrakter Adressat genannt (vgl. Kahrmann/Schluchter/Reiß 1986: 46), sind die hierarchiehöchsten, gleichwohl am schwierigsten zu erfassenden Instanzen im werkinternen Bereich. Rainer Zerbst erläutert das Kommunikationsniveau 3 folgendermaßen: "Autor und Leser 'treffen' sich (...) auf einer Ebene, die konkret nicht faßbar ist, die jedoch als Treffpunkt beider, als hypothetisches Konstrukt unabdingbar ist. (...) Rolf Fieguth umschreibt diese Ebene mit dem 'Subjekt des Werkganzen' und dem 'impliziten Empfänger des Werkganzen'; wesentlich ist das Werkganze. Es handelt sich bei dieser Ebene nicht um fassbare 'Figuren' im Sinne der Ebenen 1 und 2; statt von 'Empfänger' und 'Subjekt' zu reden, ist es daher sinnvoller, von implizit im Text vorhandenen Elementen zu sprechen." (Zerbst 1982: 56f.) Es sind nicht, in diesem Punkt bleibt auch Zerbst missverständlich, 'vorhandene Elemente im Text', sondern alle bedeutungstragenden Elemente, die über die fingierenden Akte der Selektion und Kombination die Spezifik dieser Textgestalt und deren Sinnpotenzial konstituieren: Erzählerbericht und -kommentare; Anlage, Präsentation und Dialogführung handelnder Personen auf der Ebene 1; Titel und Untertitel; Kapitel- und Abschnittanordnung; Handlungsstrukturierung; Raum- und Zeitgestaltung; Motivketten und Symbolverflechtungen - kurz: *alle* in einer bestimmten Erzählstruktur verankerten bedeutungstragenden Elemente des Textes, die ein mehr oder minder dicht geknüpftes Netz von Relationen ausbilden und sich - im Sinne Isers - als Spielräume des Textes beschreiben lassen. Weil der Text in seiner verbindlichen Gestalt durch einen Autor verantwortet wird, erscheint dieser als das *organisierende Prinzip des Textganzen.*[31] Dabei wird der Autor sicherlich durch Zielsetzungen in seiner Arbeit geleitet; kommunizierbar ist hingegen allein die Textintentionalität. Sie entspricht dem impliziten Autor, nicht dem realen Autor, über dessen Intentionen, vom Text aus gesehen, allenfalls spekuliert werden kann. Vor diesem Hintergrund liegt es auf der Hand, dass der implizite Leser, logisches Korrelat des impliziten Autors, ebensowenig eine 'ausformulierte Figur' ist, sondern "implizite Projektion einer intendierten Rezeption des Gesamttexts" (Kahrmann/Schluchter/Reiß 1986: 52). Iser definiert den impliziten Leser als "die Gesamtheit der Vororientierungen, die ein fiktionaler Text seinen möglichen Lesern als Rezeptionsbedingungen anbietet. Folglich ist der implizite Leser nicht in einem empirischen Substrat verankert, sondern in der Struktur der Texte selbst fundiert." (Iser 1990: 60) Indem der reale Leser im Rezeptionsvorgang Zug um Zug die Textintentionalität erschließt, nähert er sich dem impliziten Leser, ohne jedoch jemals mit ihm identisch sein zu können. Denn die vollständige Erschließung aller Sinnpotenziale eines Textes ist nicht möglich.

Im Versuch, das skizzierte Modell auf seine Anschlussfähigkeit an systemtheoretische Grundlagen zu prüfen, muss zunächst noch einmal die wesentliche Differenz hervorgehoben werden: Die horizontal angelegte Beschreibung des unterbrochenen Kommunikationsvorgangs als Mitteilungshandlung zwischen Autor und Rezipient widerspricht der Theorie autopoietischer Systeme, liegt gewissermaßen quer zu ihr, weil diese Kommunikation als geschlossenen, eigenständigen und eigendynamischen Prozess begreift. Doch auch aus Sicht der Systemtheorie ist Kommunikation auf Bewusstsein angewiesen. Zentral für die Beschreibung

31 Selbst in seinem umfangreichen Werk "Die Kunst der Gesellschaft" (1995) vermeidet es Niklas Luhmann weitgehend, sich auf einzelne Kunstwerke, hier literarische Texte, einzulassen. Eine Ausnahme bilden seine interpretierenden Hinweise zu Pasolinis Roman-Fragment "Petrolio" (1994): "Eine anonym bleibende Gruppe entschließt sich, den Protagonisten des Textes, Carlo, überwachen zu lassen. Der dafür ausgewählte Spitzel fertigt ausführliche Protokolle über seine Beobachtungen an. Der damit gefüllte Koffer wird nachts gestohlen. Damit wird auch für den Autor des Romans selbst, für Pasolini, eine genaue Darstellung der Sachverhalte unmöglich. ('Dies schlägt sich natürlich in meiner Erzählung nieder.')" (Luhmann 1995a: 415) Eine solche Arglosigkeit, die umstandslos den fiktiven Ich-Erzähler (S2) mit dem Autor Pasolini (S4) identifiziert, ist schon verblüffend. Methodische Sorgfalt im Umgang mit Texten, die auch dem Soziologen zugemutet werden muss, wenn er sich denn auf Literatur einlässt, wird hier offenbar ersetzt durch das Vertrauen in die erste Person Singular als 'Identifikationspunkt der Kommunikation'. Und die Unhaltbarkeit seiner Vorgehensweise wird keineswegs gemildert durch Luhmanns Hinweis: "Wenn der Künstler sich selbst (...) in sein Werk einbringt, etwa als Autor, der sich selbst erwähnt (...), copiert er sich selbst in sein Werk hinein." (ebd.: 123) Das Pasolini-Beispiel zeigt ein weiteres Mal, warum Luhmanns Kommunikationsmodell auch nicht annähernd differenziert genug ist, um dem Gegenstand 'Literatur' in seiner Komplexität gerecht werden zu können.

dieses Verhältnisses ist der Begriff 'Person'. Als interne Einheiten des kommunikativen Akts erscheinen in der Sicht der Systemtheorie Personen, Sprecher wie Adressaten, als Thematisierungen der Kommunikation. Personen, so Luhmann, lassen sich beschreiben als die Summe jener semantischen Merkmale, die die strukturelle Koppelung zwischen psychischen Systemen und dem kommunikativen Ereignis konstituieren (vgl. Luhmann 1991: 174). Mit anderen Worten: Die textinternen 'Sender'-Instanzen (S 1-3) sind Ausprägungen einer 'Thematisierung' des psychischen Systems 'Autor', die 'Empfänger'-Instanzen (E 1-3) entsprechende Ausprägungen einer textinternen 'Thematisierung' des psychischen Systems 'Rezipient'.[32] Freilich handelt es sich dabei um 'Thematisierungen', die durch den Text ungleich komplexer und auch vermittelter vorgenommen werden, als es der Verweis auf sprecher- bzw. adressatenbezogene 'Identifikationspunkte der Kommunikation' zu erfassen vermag.

Bereits diese vorläufigen Hinweise verdeutlichen die Anschlussfähigkeit des Kommunikationsmodells in seinem textinternen Bereich. Der Bezug zwischen dem Text als kommunikativem Akt und dem realen Autor bzw. dem realen Rezipienten wäre dann über das Stichwort 'strukturelle Koppelung' zwischen dem Text und den beteiligten psychischen Systemen zu fassen.[33] An dieser Stelle geht es jedoch erst einmal um die Reformulierung der Ebenen 1-3 auf der Grundlage der Luhmannschen Beobachtungstheorie.[34] Konzentrieren wir uns zunächst auf die *produktionsorientierte Dimension*: die Sprecher-Instanzen 1 bis 3.

Es bereitet keine Schwierigkeiten, die Personen auf der Ebene der erzählten Welt als Beobachter erster und zweiter Ordnung zu qualifizieren. Sie sind in der erzählten Zeit Handelnde oder Sprechende, sind konfrontiert mit dem Sachverhalt der Intransparenz psychischer Systeme, mithin auf Teilnahme an Kommunikation sowie Beobachtung angewiesen. Die von ihnen beobachtete Welt erscheint ihnen monokontextural oder auch polykontextural, sofern die Personen - in ihrer Anlage und Präsentation auf der Textebene - als Beobachter von Beobachtungen fungieren. Stets jedoch bleiben sie, gemäß der Luhmannschen Beobachtungstheorie, an ihre eigenen beobachtungsleitenden Unterscheidungen gebunden, entgeht ihnen, was als ausgeschlossenes Drittes ihrer Unterscheidungen nicht gesehen werden kann.

---

32 Um einem gravierenden Missverständnis vorzubeugen: 'Thematisierung' des psychischen Systems des Autors meint nicht die autobiographische Thematisierung des eigenen Ichs bzw. der eigenen Lebensgeschichte, sondern die je individuelle Weltzuwendung eines Autors, wie sie in der bestimmten Gestalt eines literarischen Textes objektiviert ist. Mit dieser Form individueller Weltzuwendung ist der Leser konfrontiert, wenn er sich auf die besondere Gestalt eines literarischen Textes einlässt.

33 Vgl. dazu Kapitel III.3.

34 Um eine systemtheoretische Beschreibung kommunikativer Prozesse im Falle von Lyrik bemüht sich Peter Hühn. Dabei dient auch ihm die Beobachtungstheorie als Grundlage seiner Ausführungen. Vgl. Hühn 1997, insbesondere 173-178.

Die Pointe besteht nun darin, dass diese Beobachter auf der Ebene 1 ihrerseits beobachtet werden, und zwar durch den Erzähler. Als hierarchiehöhere Instanz, von der es abhängt, wie die erzählte Welt im Text gestaltet wird, erweist er sich als Beobachter zweiter Ordnung. In sein - freilich intentionengeleitetes - Belieben ist es gestellt, die von ihm selbst erzählten Kommunikationen (Dialoge) in Form eigenen Sprechens zu beobachten (Erzählerrede); in seiner Macht steht es, die Intransparenz psychischer Systeme aufzuheben, Gedanken bzw. Vorstellungen der dargestellten Personen offenzulegen: aus distanzierter Warte oder auch distanzlos, als verborgener, in der Innenperspektive der Personen gleichsam verschwindender Beobachter. Nicht zuletzt kann er als Beobachter von Beobachtungen die blinden Flecke der Personen, kommentierend und reflektierend, benennen. Und dennoch: Auch er bleibt - erzählend, zeigend, kommentierend, reflektierend - an eigene beobachtungsleitende Unterscheidungen gebunden. Auch er kann nur in der Zeit Beobachtungen beobachten. Man muss sich klarmachen, was dies bedeutet: Die Realität des literarischen Textes steht unter dem Vorzeichen des Fingiertseins. Das Fingieren klammert die im Text dargestellte Welt ein; sie wird zu einem Als-Ob. Kommunizierbar wird auf diese Weise nicht nur das Sprechen von Personen auf der Ebene 1 (Dialoge, Monologe), sondern auch Gedanken, Vorstellungen, Tagträume und Träume *als* Gedanken, Vorstellungen, Tagträume und Träume (innere Monologe, stream of consciousness). Es handelt sich also um Operationsformen psychischer Systeme, die im Fiktiven der Texte *simuliert* und - als Kommunikation - beobachtbar werden. Darstellungsformen wie der innere Monolog bleiben aber abhängig von der übergeordneten Instanz des Erzählers, ohne dass er als Beobachter von Beobachtern, der er ist, in Erscheinung träte. Als solcher wird er erst fassbar im weiten Spektrum unterschiedlicher Formen der Erzählerrede. Obwohl also die erzählte Welt als Ganze abhängig ist von der Erzählinstanz, ist sie in ihrer Bedeutungsvielfalt keineswegs identisch mit der Summe jener Beobachtungen zweiter Ordnung, die die Position des Erzählers konstituiert. Gemeinsames Kennzeichen aller Beobachtungen auf den Ebenen 1 und 2 ist allerdings die Abhängigkeit der Beobachter von beobachtungsleitenden Unterscheidungen, weil ihr Sprechen bzw. Denken in der erzählten Zeit stattfindet, manifestiert in einer jeweiligen Abfolge von Sätzen. Insofern trifft bis zu diesem Punkt zu, was Nassehi folgendermaßen ausführt: "Die operative Geschlossenheit eines Systems tritt stets in Form zeitloser, d.h. verschwindender Ereignisse auf, die sich selbst letztlich nicht sehen können. Dadurch ist sich die ereignende Gegenwart schlicht gegeben und ist, um gleichsam registriert zu werden, auf neue Ereignisse angewiesen, die jene Relationierungen vornehmen, die als Zeit, Kausalität, Folge, Entwicklung, Strom, Unordnung oder Bruch beobachtet werden." (Nassehi 1993: 196).

Nun ist jedoch, wie ich bereits erläutert habe, der literarische Text als Ganzes ein von Ereignisgegenwart gekennzeichneter kommunikativer Akt, der seine Einheit dadurch gewinnt, dass er die in einem zeitlichen Nacheinander von

Sätzen organisierten bedeutungstragenden Elemente in eine Simultanpräsenz, in eine virtuelle Gleichzeitigkeit versetzt. Nichts anderes meint die auf der Textebene hierarchiehöchste 'Sender'-Instanz des impliziten Autors: fassbar allein als das organisierende Prinzip des Textganzen. Mit Blick auf die Beobachtungstheorie liegt die Pointe auf der Hand: Der implizite Autor fungiert als hierarchiehöchste Beobachtungsinstanz, als *Beobachter aller horizontal und vertikal verschränkten Beobachtungsverhältnisse*. Anders gewendet: Die Beobachter auf der Ebene 1 und die Erzählinstanz als Beobachter zweiter Ordnung auf der Ebene 2 werden ihrerseits der Beobachtung ausgesetzt. Ihre beobachtungsleitenden Unterscheidungen werden durch diese Beobachtung offengelegt, ihre blinden Flecke ausgeleuchtet, ohne dass dieser 'Beobachter' auf der Ebene 3 seinerseits an eine beobachtungsleitende Unterscheidung gebunden wäre, basiert seine Beobachtung doch *nicht* auf einer weiteren, explizit ausformulierten Instanz, sondern auf der Simultanpräsenz aller, in einer spezifischen Art und Weise organisierten und in einer bestimmten Erzählstruktur realisierten bedeutungstragenden Elemente des Textes. Der implizite Autor als Beobachter auf der Ebene 3 setzt demnach die literarische Kommunikation charakterisierende "Offenheit der Textorganisation" (Iser 1991: 51) voraus. Fassbar wird er allein in all jenen Implikationen, die durch die Akte des Fingierens erzeugt werden und als Textintentionalität im Ausformulierten erkennbar sind, ohne selbst versprachlicht zu sein. Wolfgang Iser spricht von Relationen, von Spielräumen des Textes, die durch die fingierenden Akte erzeugt werden; ebensogut lässt sich von Oszillationseffekten sprechen. Georg Kneer und Armin Nassehi bezeichnen das Oszillieren als Charakteristikum paradoxer Aussagen: "Offensichtlich sind solche Aussagen paradox, die uns in eine Situation der Unentscheidbarkeit führen. (...) Was wahr ist, ist falsch und was falsch ist, ist wahr. Charakteristisch für eine paradoxe Aussage ist somit ein Oszillieren zwischen zwei Werten, ohne daß dieses ständige Hin und Her zugunsten einer Seite entschieden werden könnte." (Kneer/Nassehi 1993: 105) Der literarische Text lässt sich als *paradoxe Aussage* charakterisieren, denn er setzt die verschiedenen ausformulierten Beobachter in Beziehung zueinander, schafft auf diese Weise ein mehr oder minder dicht geknüpftes Netz vertikal und horizontal angelegter Relationen, deren Simultanpräsenz den Effekt der Unentscheidbarkeit hervorruft; ein Netz, in dem sich semantische Potenziale abschatten, die über das explizit Formulierte des Textes hinausreichen.

Eine unter potenziell unendlich vielen Möglichkeiten, wie dieser Oszillationseffekt Form gewinnen kann, ist die Gestaltung von Dialogen, in denen verschiedene Sprecher unterschiedliche Positionen zu bestimmten Themen vertreten. Solch fiktionale Konfigurationen, mit deren Hilfe komplexe Problemfelder in ihren widersprüchlichen Facetten ausgeleuchtet werden können, kennzeichnen beispielsweise die Romane Jurek Beckers. Die vielfach mit Vehemenz und Verbitterung vorgetragenen Positionen, man denke nur an die Streitgespräche zwischen Jakob Heym und Professor Kirschbaum in "Jakob der Lügner" (1969) oder zwischen dem Ich-Erzähler und Aron Blank in "Der Boxer" (1976), prallen unvermittelbar aufeinander - und doch relativieren sie sich wechselseitig (vgl. dazu Sill 1992a). Den Konventionsbeständen sozio-kultureller Umweltsysteme des Textes entnommen, werden diese Positionen in der horizontalen Organisation des Textes neu kombiniert und zugleich entpragmatisiert. Herausgelöst aus ihrer funktionalen Einbettung in lebensweltliche Zusammenhänge, werden sie ihrer dort womöglich fraglosen Geltung beraubt, mit anderen Positionen konfrontiert und enthüllen wechselseitig am anderen, was dieses in seiner Bestimmtheit ausschließt. Der sich so ergebende Oszillationseffekt bringt das wechselseitig sich Ausschließende in einen Zustand der Gleichzeitigkeit, der erst beendet wird, wenn ein Betrachter oder Beobachter des Textes selbst Position bezieht.[35]

Begreift man den impliziten Autor, das organisierende Prinzip des Textganzen, als die strukturierte Gesamtheit der im Text entfalteten und in virtuelle Gleichzeitigkeit versetzten Beobachterverhältnisse, so erweist sich die im literarischen Text gestaltete Welt per se als eine polykontexturale. Anders formuliert: *Das Wissen um die Multizentrizität der Welt ist dem literarischen Text in seiner durch die elementaren Akte des Fingierens konstituierten Organisation gewissermaßen eingeschrieben*, das Wissen darum, dass die Welt stets auch anders gesehen, anders beobachtet werden kann.[36] Die Systemtheorie betont, dass es in der funktional differenzierten Gesellschaft "keine zentrale Instanz von gesamtgesellschaftlicher Reichweite (...) geben kann, die alle System-Umwelt-Dif-

35 Auch Fuchs und Luhmann registrieren am Beispiel moderner Lyrik den Oszillationseffekt, wie er durch die Simultanpräsenz sinntragender Elemente eines literarischen Textes erzeugt wird: "Der Schlüsselbegriff hier ist die Spiegelung. Jeder Augenblick ist ein Kreuzungspunkt zu simultaner Präsenz gebrachter Spiegelungen von Sprachelementen. Genau damit ist Verstehbarkeit ausgeschlossen, oder ist Verstehen nur möglich durch Analyse, durch geduldig und sequentiell verfahrendes Entspiegeln (...)." (Fuchs/Luhmann 1989b: 169f.) Allerdings sehen Fuchs und Luhmann nicht, dass der von ihnen beobachtete Sachverhalt keineswegs nur für moderne Lyrik gilt. Anders gewendet: Sie sehen nicht die Konsequenzen, die aus ihrer Beobachtung für die Beschreibung von Literatur als autopoietischem System erwachsen.

36 Wohlgemerkt: dieses Wissen ist dem Text eingeschieben. Der Produzent und/oder der Rezipient können da ganz anderer Meinung sein, entschieden andere Intentionen verfolgen. Der Autor kann von der Überzeugung geleitet werden, die (einzig gültige) Wahrheit über eine Person, eine soziale Gruppe oder Klasse, über eine Gesellschaft oder eine Nation, über das eine oder das andere Geschlecht zum Ausdruck zu bringen, kurz: der Wirklichkeit, so wie er sie sieht, 'schonungslos den Spiegel vorzuhalten'. Und ein Leser kann ihm darin folgen - oder auch: solch schonungslos präsentierte 'Wahrheit' in einem Text erblicken, dessen Autor ganz anderes beabsichtigte. In all diesen Fällen soll der Text Wirklichkeit *re*präsentieren, so wie der Autor und/oder der Leser sie als gleichsam beobachterunabhängiges Objekt wahrnehmen - anders formuliert: als Beobachter *erster* Ordnung. Dazu später mehr!

ferenzen transzendieren und damit sinnhaft verbinden könnte" (Kneer/Nassehi 1993: 142). Auch Literatur gibt nicht vor, eine Zentralperspektive 'oberhalb' der gesellschaftlichen Systeme einnehmen zu können - mag ein textimmanenter Erzähler, Allwissenheit vorgebend, sich auch noch so sehr darum bemühen. Literatur jedoch integriert in der Gesellschaft vorhandene Beobachterverhältnisse in die Textwelt, um sie in einen Zustand der Gleichzeitigkeit zu versetzen - mit dem Effekt, die Multizentrizität von Welt vorzuführen.

Vor dem Hintergrund der bisherigen Ausführungen können die Hinweise zur *rezeptionsorientierten Dimension* im textimmanenten Bereich sehr viel knapper ausfallen. Grundsätzlich lässt sich zunächst Folgendes festhalten: Der Adressat literarischer Kommunikation, der reale Rezipient, existiert für den Autor zum Zeitpunkt der Abfassung allein als Abstraktion, als gedachter Leser. Die Hierarchie der 'Empfänger'-Instanzen erweist sich demnach als textimmanente Ausdifferenzierung des Adressaten der Kommunikation. Wenn sich nun, wie gezeigt, die produktionsorientierte Dimension des literarischen Textes als die *Gesamtheit hierarchisch gestaffelter Beobachterverhältnisse* beschreiben lässt, so erscheint die rezeptionsseitige Dimension als ein gleichfalls hierarchisch gestaffeltes Angebot im Sinne einer *Aufforderung zur Beobachtung der im Text entfalteten Beobachterverhältnisse*[37]. Doch nun zu den Ebenen 1 bis 3 im Einzelnen:

Auf der hierarchieuntersten Ebene fungieren Personen in der erzählten Welt auch als Adressaten von Kommunikation (Dialoge), werden ihrerseits zu Sprechern - und das heißt: zu Beobachtern erster und zweiter Ordnung, die wiederum durch die Erzählinstanz, von der sie abhängen, im Sinne einer Beobachtung zweiter Ordnung beobachtet werden.

Der fiktive Adressat, sofern er im Text Konturen gewinnt, konzipiert einen möglichen, womöglich den gewünschten Rezipienten des Textes. Im zweiten Falle fielen der fiktive Adressat und der intendierte Rezipient zusammen. In jedem Falle aber entspricht ein mit Konturen versehener Adressat auf der Ebene 2 dem Versuch, den Rezeptionsvorgang zu disponieren, erweist sich mithin als Teilmoment der Textintentionalität. Beobachtungstheoretisch gesprochen: Der fiktive Adressat dient dazu, den Prozess der Beobachtung des Textes durch reale Beobachter zu beeinflussen, wenn nicht zu steuern.

Der implizite Leser schließlich, Korrelat des impliziten Autors, erscheint als Adressat der Gesamtheit dargestellter Beobachtungsverhältnisse, als eine wiederum allein aus der Textintentionalität heraus erschließbare Instanz, die der Aufforderung zur Beobachtung der im Text entfalteten, freilich hierarchisch gestaffelten und damit vorstrukturierten Beobachterverhältnisse nachkommt. Dem rea-

37 In diesem Punkt berühren meine Überlegungen diejenigen Luhmanns. Er hebt hervor: "Die Herstellung eines Kunstwerks hat (...) den Sinn, spezifische Formen für ein Beobachten von Beobachtungen in die Welt zu setzen." (Luhmann 1995a: 115)

len Leser gelingt es jedoch nicht, dieses Angebot vollständig wahrzunehmen, denn Rezeptionsvorgänge müssen immer selektiv bleiben, weil der Text eine potenziell unendliche Zahl von Möglichkeiten zur Kombination seiner bedeutungstragenden Elemente bereithält. Jede Auslegung des literarischen Textes ist mit dem Sachverhalt konfrontiert, dass er auch anders beobachtet werden kann. Doch ist es nicht allein die Verschiedenverstehbarkeit aller literarischen Texte, die die unaufhebbare Differenz zwischen dem impliziten Leser und dem realen Leser begründet. Diese Differenz ist auch deshalb unüberbrückbar, weil ein realer Rezipient nicht dazu in der Lage ist, was der implizite Leser, allein 'hypothetisches Konstrukt', zu leisten vermag: die Gesamtheit der durch die fingierenden Akte hervorgerufenen Oszillationseffekte des Textes vollständig und gleichzeitig zu beobachten. Die Aufforderung zur Beobachtung der im Text entfalteten, horizontal und vertikal verschränkten Beobachterverhältnisse kann vom realen Rezipienten nur selektiv und in einem zeitlichen Nacheinander wahrgenommen werden. Und dies gilt selbstverständlich auch, wenn der Autor eines literarischen Textes dessen Leser und Interpret wird. Mit anderen Worten: Der Leser ist gezwungen, den Text auf der Grundlage beobachtungsleitender Unterscheidungen zu beobachten. Anders als der implizite Leser ist der reale genötigt, den literarischen Text *als paradoxe Aussage zu entparadoxieren*. Hier lässt sich durchaus mit Luhmann festhalten: "Vielmehr ist jede beobachtende Teilnahme am Kunstgeschehen ein zeitlicher Prozeß, eine als System geordnete Sukzession von Ereignissen. Nicht nur die Herstellungshandlungen müssen sequentiell erfolgen und sich rekursiv orientieren an dem, was bereits entschieden ist, und an dem, was damit an Möglichkeiten erschlossen und eingeschränkt ist. Sondern auch die Betrachtung erschließt das Kunstwerk temporal, also im schrittweisen Aktualisieren von Referenzen im Kontext von dadurch jeweils verschobenen Unterscheidungen." (Luhmann 1995a: 38) Gegen Luhmann muss jedoch darauf bestanden werden: Die Aussagen eines Betrachters zum Text, einschließlich jener Elemente, die er dem literarischen Text entnimmt, um seine Argumentation abzusichern, gehören einem anderen System an - und stellen die Gültigkeit jener Aussage wieder her, die wohl für alle pragmatischen Formen der Kommunikation zutrifft, nicht jedoch für literarische Kommunikation: dass "die Operation des Beobachtens sich in ihrem Vollzug nicht selbst (...) beobachten" kann (Luhmann 1990b: 85).

2.4 Fazit

Wie immer man auch darum bemüht ist, jene Dimension von Literatur zu erfassen, die in literaturwissenschaftlichen Kommunikationsmodellen als Ebene 3 umschrieben wird, ob man vom 'impliziten Autor' bzw. 'impliziten Rezipienten' spricht, oder von der 'Gesamtheit im Text entfalteter Beobachterverhältnisse' bzw. dem 'Beobachter aller im Text entfalteten Beobachterverhältnisse': es handelt sich stets um Versuche, die spezifische Qualität von Literatur als Fiktion, die ästhetische Besonderheit literarischer Texte begrifflich einzukreisen. Der von der literaturwissenschaftlichen Kommunikationstheorie ausdrücklich erfolgende Hinweis, dass es sich beim impliziten Autor bzw. Rezipienten allein um ein 'hypothetisches Konstrukt' handelt, trägt der Spezifik des Welt beobachtenden gesellschaftlichen Teilsystems 'Literatur' Rechnung. Wenn es irgend Sinn machen soll, von Literatur als einem gesellschaftlichen Teilsystem zu sprechen, so nur dann, wenn Literatur in ihrem fiktiven, allein sie kennzeichnenden Charakter unterschieden wird von allen anderen Kommunikationen: von Kommunikation über Literatur (Philosophie, Wissenschaft) ebenso wie von Kommunikationen anderer gesellschaftlicher Funktionssysteme. Denn der literarische Text erweist sich als ein kommunikativer Akt, dessen ereignishafte Gegenwart es ihm erlaubt, die gestalteten Beobachtungsverhältnisse zu beobachten, ohne an eigene beobachtungsleitende Unterscheidungen gebunden zu sein: *Beobachtung zweiter Ordnung sui generis*. An binäre Codes gebunden sind die beobachteten Beobachter der Textwelt, nicht anders als die Beobachter des Textes - der Text selbst ist es nicht.

3. Psychische Systeme und literarische Kommunikation: das Problem der strukturellen Koppelung

Sowohl die Beschäftigung mit Fiktionalität als spezifischer Qualität literarischer Kommunikation (III.1) als auch die Konzentration auf den einzelnen literarischen Text als kommunikatives Ereignis (III.2) dürften hinlänglich gezeigt haben: Literatur, literarische Kommunikation unterscheidet sich grundsätzlich von allen anderen Formen pragmatischer Kommunikation. Beobachtungstheoretisch erweist sich ihre besondere Qualität in der Fähigkeit, textimmanente Beobachter, ihre Unterscheidungen und blinden Flecke, in virtueller Gleichzeitigkeit zu beobachten, ohne selbst an binäre Codes gebunden zu sein. Nur wenn dieser Sachverhalt berücksichtigt wird, lässt sich Literatur, wie Luhmann es macht, als "Kompaktkommunikation" (Luhmann 1995a: 63), als "Programm für zahllose Kommunikationen" (Luhmann 1986a: 627) bezeichnen. Diese literaturbezogenen Kommunikationen sind allerdings - im Gegensatz zur Literatur - jenen Modalitäten unterworfen, die die systemtheoretische Beobachtungstheorie zutreffend beschreibt. All dies gilt es auch im Blick zu behalten, wenn es im Folgenden darum geht, jenen Aspekt in der Theorie autopoietischer Systeme zu erörtern, der sich bislang eher als ein ungelöstes Problem präsentiert: die Frage nach der strukturellen Koppelung zwischen psychischen und sozialen Systemen

(Kommunikationen). Wie, so fragt sich in unserem Zusammenhang, ist die strukturelle Koppelung zwischen dem psychischen System 'Autor' und dem literarischen Text bzw. zwischen dem Text und dem psychischen System des Rezipienten beschreibbar. Wie schwierig die Beantwortung dieser Frage auch sein mag, gestellt werden muss sie, weil sie durch einen ebenso simplen wie fraglosen Sachverhalt erzwungen wird: Der Fortbestand der Literatur, die Autopoiesis des Literatursystems ist angewiesen auf die Aktivitäten von Produzenten und Rezipienten.

Sowohl die Systemtheorie Luhmanns als auch der radikale Konstruktivismus thematisieren die strukturelle Koppelung zumeist mit Blick auf das Verhältnis von Bewusstsein und Kommunikation. Einen anderen Akzent setzt Luhmann freilich in "Die Kunst der Gesellschaft". Vor dem Hintergrund seiner theoretischen Basisannahme, Kunst, mithin auch Literatur, sei "ein funktionales Äquivalent zur Sprache" (Luhmann 1995a: 36), sie gewinne "ihre Eigenart daraus, daß sie es ermöglicht, Kommunikation stricto sensu unter Vermeidung von Sprache, also auch unter Vermeidung all der an Sprache hängenden Normalitäten durchzuführen" (ebd.: 39), rückt hier die Wahrnehmung ins Zentrum von Luhmanns Reflexionen zum Problem struktureller Koppelung. Das Kunstwerk, Objekt der Wahrnehmung, leiste "die strukturelle Kopplung von Wahrnehmung und Kommunikation" (ebd.: 80) - mehr noch: Es sei "die Funktion der Kunst, etwas prinzipiell Inkommunikables, nämlich Wahrnehmung, in den Kommunikationszusammenhang der Gesellschaft einzubeziehen" (ebd.: 227), gerade dies gebe "der Kunst ihre Bedeutung" (ebd.: 82). Auch wenn man die von Luhmann behauptete Nicht-Sprachlichkeit von Literatur als fragwürdigen Irrweg seines Systemkonzepts zur Kunst ablehnt (vgl. II.3.3), enthalten seine diesbezüglichen Überlegungen doch einige interessante Implikationen, die es an späterer Stelle aufzugreifen gilt.

Die folgenden Abschnitte beleuchten den Problemzusammenhang der strukturellen Koppelung im Falle von Literatur aus unterschiedlichen theoretischen Perspektiven. Zunachst werden Stellungnahmen von Seiten der Systemtheorie und des radikalen Konstruktivismus zum Verhältnis von Bewusstsein und Kommunikation kurz skizziert. Im zweiten Abschnitt geht es dann um das Verhältnis von realem Autor und implizitem Autor bzw. implizitem Leser und realem Rezipienten, wie es von Seiten der Literaturwissenschaft im Rahmen von Theorien zur literarischen Produktion bzw. Rezeption beschrieben worden ist. Diese Ausführungen münden in den Versuch einer systemtheoretischen Reformulierung der literaturwissenschaftlichen Befunde. Im letzten Abschnitt schließlich soll der Nachweis erbracht werden, dass erst die Berücksichtigung des Imaginären eine angemessene Beschreibung der strukturellen Koppelung im Falle literarischer Kommunikation erlaubt. Und hier wird es hilfreich sein, nochmals auf Luhmanns "Die Kunst der Gesellschaft" zurückzukommen.

3.1 Bewusstsein und Kommunikation

Bereits in den einleitenden Hinweisen zur Systemtheorie (II.1), aber auch in den Folgekapiteln wurde die strukturelle Koppelung zwischen Kommunikation und Bewusstsein beiläufig angesprochen. Es dürfte sinnvoll sein, die insgesamt noch spärlichen Ergebnisse der Systemtheorie zu diesem Problemkomplex mit Blick auf die nun interessierenden Zusammenhänge nochmals zu skizzieren. Dabei beziehe ich mich insbesondere auf einen Aufsatz Niklas Luhmanns von 1988, in dem er sich ausschließlich mit der Frage beschäftigt: "Wie ist Bewußtsein an Kommunikation beteiligt?" Zum anderen berücksichtige ich Aussagen Siegfried J. Schmidts. Denn auch er, in den letzten Jahren stets darum bemüht, seinen konstruktivistischen Ansatz in kritischer Auseinandersetzung mit Niklas Luhmann zu profilieren, widmet der strukturellen Koppelung in seinem 1994 erschienenen Band "Kognitive Autonomie und soziale Orientierung" ein eigenes Kapitel.

Für Niklas Luhmann ist die operative Geschlossenheit psychischer und sozialer Systeme nicht ein Konstrukt, das sich der Überprüfbarkeit an einer wahrnehmungsunabhängigen Realität entzieht, sondern Resultat der Beobachtung von Wirklichkeit, mithin eine angemessene Beschreibung der "wirklichen Verhältnisse" (Luhmann 1988a: 886). Folglich habe die Suche nach einer "theoretischen Erklärung" (ebd.) für das Verhältnis zwischen Bewusstsein und Kommunikation zunächst einmal von dem Befund auszugehen, dass "Bewußtsein und Kommunikation, psychische Systeme und soziale Systeme niemals fusionieren [können], auch nicht partiell überlappen können, sondern völlig getrennte, selbstreferentiell-geschlossene, autopoietisch-reproduktive Systeme sind" (ebd.: 892f.). Durch die Realität gleichsam genötigt, zwischen Gedanken als den Elementen des Bewusstseins und den kommunikativen Ereignissen strikt zu unterscheiden, überdies davon überzeugt, dass Kommunikation auf Bewusstsein angewiesen ist, gelangt Luhmann allerdings nur zu einer vagen Beschreibung dieses von Abhängigkeit und Unabhängigkeit gleichermaßen gekennzeichneten Verhältnisses. Kommunikation sei einzig und allein durch Bewusstsein reizbar (vgl. ebd.: 893), deshalb käme Kommunikation "kaum ohne Koinzidenz von Bewußtsein zustande" (ebd.: 886), mehr noch: beide Systeme bildeten "ein Verhältnis struktureller Komplementarität" (ebd.: 893). Die wesentliche Ursache dafür sieht Luhmann in der großen Faszination von Sprache und Schrift für das Bewusstsein; ein Sachverhalt, der gerade auch in unserem Zusammenhang von Interesse ist, weil er verdeutlicht, dass Luhmann im Hinblick auf das Phänomen 'strukturelle Koppelung' zwischen Sprache und Schrift, Sprechen und Schreiben bzw. Lesen nicht unterscheidet: "Die Evolution der gesellschaftlichen Kommunikation ist nur möglich in ständiger operativer Kopplung mit Bewußtseinszuständen. Diese Kopplung ist zunächst durch Sprache, sodann mit einem weiteren Effektivitätsschub durch Schrift und schließlich durch Buchdruck erreicht worden. (...)

Sprache und Schrift faszinieren und präokkupieren das Bewußtsein und stellen dadurch sicher, daß es mitzieht, obwohl die Eigendynamik des Bewußtseins dies keineswegs notwendig macht und stets Ablenkungen bereithält" (ebd.: 888f.) - Ablenkungen, so lässt sich wohl hinzufügen, die als 'geistige Abwesenheit' oder 'Selbstvergessenheit' beschreibbar wären. Soweit zu Luhmann. Wie dürftig die skizzierten Resultate auch sein mögen, festhalten lässt sich immerhin, dass auch in der Sicht der Theorie autopoietischer Systeme die Produktion eines literarischen Textes bzw. dessen Rezeption unter dem Stichwort 'strukturelle Koppelung' behandelt werden kann.

Kommen wir nun zu Siegfried J. Schmidt. Dabei interessieren an dieser Stelle nicht die methodologischen Differenzen zwischen der Theorie autopoietischer Systeme und dem radikalen Konstruktivismus, sondern allein die Frage, wie Schmidt die auch von ihm mit dem Terminus 'strukturelle Koppelung' belegte "operative Beziehung" der "theoretisch scharf voneinander getrennten Dimensionen Kognition und Kommunikation" (Schmidt 1994: 89) zu erfassen versucht. Klar ist zunächst auch für ihn, was "der Alltagserfahrung ebenso entspricht wie systemtheoretischen und konstruktivistischen Kognitionstheorien: daß nämlich Denken und Reden, Gedanken und Texte, Vorstellungen und Wörter keinesfalls identisch sind (...). Wir schauen trivialerweise beim Reden nicht in den Kopf des Kommunikationspartners, beim Lesen nicht 'in das Herz' des Autors. Skeptische Fragen wie 'Must we mean what we say?' verweisen darüber hinaus auf die Möglichkeit, in der Kommunikation zu lügen und zu täuschen, gedankenlos daherzureden oder vieldeutig zu schweigen." (ebd.: 89f.) Spielt Schmidt hier auf psychische Operationsformen an (Lügen, Täuschen), die mit dem Begriff 'Kognition' gewiss nicht hinlänglich erfassbar sind, so reduziert er im Weiteren das Problem doch wieder auf die Frage: "Müssen wir beim Reden denken und beim Denken reden?" (ebd.: 90) Seine Antwort, soweit sie der Beschreibung des Verhältnisses von Bewusstsein und Kommunikation dient, hebt sich nun von den Ausführungen Luhmanns kaum ab. In Anlehnung an Humberto R. Maturana bezeichnet auch er die strukturelle Koppelung als "ein Verhältnis der Gleichzeitigkeit, nicht der Kausalität", obwohl "Kausalverhältnisse" (ebd.) auch nicht ausgeschlossen seien. Von elementarer Bedeutung sei die Sprache; von ihr werde das Bewusstsein im Zuge sprachlicher Sozialisation abhängig: "Anders gewendet: Die Individuen werden abhängig von der Teilnahme an Kommunikation." (ebd.: 92) Die jeweils einem eigenen Zeitrhythmus gehorchenden Prozesse des Bewusstseins und der Kommunikation sind Schmidt zufolge durch Sprache sowohl strukturell gekoppelt als auch voneinander distanziert: ein gleichsam "automatisiertes" (ebd.: 93) Abhängigkeitsverhältnis.

Wie gesagt: Nicht die Bemühungen Schmidts, sein Konzept von Luhmann abzugrenzen (vgl. ebd.: 93ff.), sind hier von Interesse, wohl aber der Sachverhalt, dass Schmidt und Luhmann, aus welchen Gründen auch immer, vollständig darauf verzichten, literaturwissenschaftliche Theoriebestände zu sichten, die durchaus geeignet wären, das Problem der strukturellen Koppelung differenzierter zu erfassen - auch wenn sich diese Theorien in erster Linie auf den Prozess literarischer Produktion bzw. Rezeption konzentrieren. Es gilt, diese Theorien in die weiteren Überlegungen einzubeziehen.

3.2 Realer Autor und impliziter Autor; impliziter Leser und realer Rezipient

In der Erzähltheorie gehört es mittlerweile zu den Gemeinplätzen, die Ebene der Beobachtung psychischer, beim Schreiben bzw. Lesen wirksam werdender Prozesse streng zu unterscheiden von der Beobachtung, der Analyse und Interpretation des literarischen Textes selbst. Sowohl neuere Theorien zur literarischen Produktion als auch Rezeptionstheorien bzw. Rezeptionsästhetiken nehmen diese in methodischer Hinsicht grundlegende Unterscheidung vor.

Gelangt die literarische Produktion ins Blickfeld der Forschung, so spaltet sich das Aufgabengebiet einerseits in die Ausgangsfrage "Was tut der Autor, während er schreibt?" (Peters 1982: 56), andererseits in die Frage nach der produktionsorientierten Dimension *in* der literarischen Kommunikation (vgl. ebd.: 63). Ist es hier der literarische Text als kommunikatives Ereignis, dem die Beobachtung gilt, so sind es dort schriftliche Zeugnisse, die den Produktionsprozess der Literatur dokumentieren. Auf sie ist die Forschung in der Tat angewiesen, weil es sich bei der literarischen Produktion um "alles andere (...) als einen empirisch beobachtbaren Untersuchungsgegenstand" handelt (ebd.: 56). In den Worten Dietrich Harths: "Schreiben als kommunikative Handlung ist der direkten Beobachtung unzugänglich. Alles was der Autor darüber zu sagen weiß, bezieht sich (...) auf Intentionen, Bedingungen, erwünschte Folgen." (Harth 1982: 256)

Auch in den Rezeptionstheorien jüngeren Datums besteht über die skizzierten Sachverhalte Einigkeit. Wolfgang Iser, darum bemüht, jeglichen Missverständnissen vorzubeugen, hebt 1984 im Vorwort zur zweiten Auflage seiner Studie über den "Akt des Lesens" (1976) hervor: "Rezeption im strengen Wortgebrauch nimmt die Phänomene dokumentierter Textverarbeitung in den Blick und ist folglich in starkem Maße auf Zeugnisse angewiesen, in denen sich Einstellungen und Reaktionen als bedingende Faktoren für die Aufnahme von Texten bekunden. Gleichzeitig aber ist der Text selbst eine 'Rezeptionsvorgabe' und damit ein Wirkungspotential, dessen Strukturen Verarbeitungen in Gang setzen und bis zu einem gewissen Grade kontrollieren. Wirkung und Rezeption bilden daher zentrale Forschungsansätze der Rezeptionsästhetik, die angesichts ihrer verschiedenen Zielrichtungen jeweils mit historisch-soziologischen (Rezeption) beziehungsweise texttheoretischen (Wirkung) Methoden arbeitet. Rezeptionsästhetik kommt dann in ihre volle Dimension, wenn die beiden unterschiedlich orientierten Zielrichtungen aufeinander bezogen werden." (Iser 1990: I)[38]

Was Iser hier als die "volle Dimension" der Rezeptionsästhetik bezeichnet, meint nichts anderes als jenen Problembereich, der die Systemtheorie unter dem Stichwort 'strukturelle Koppelung' zwischen Kommunikation und Adressat beschäftigt. Als texttheoretisch fundierte Wirkungsforschung widmet sich die Rezeptionsästhetik dem in der Struktur des Textes objektivierten Versuch, den Prozess der Lektüre zu konditionieren, in historisch-soziologischer Perspektive gelangt ihr die dokumentierte Rezeption ins Blickfeld. Vom Text als Rezeptionsvorgabe aus gesehen, kann freilich nicht mit Bestimmtheit gesagt werden, in welchem Maße die Lektüre durch den literarischen Text determiniert wird. Anders formuliert: Die Notwendigkeit, beide strikt voneinander getrennten Richtungen aufeinander zu beziehen, trägt der Einsicht Rechnung, dass zwischen dem Text (Kommunikation) und der Psyche des Rezipienten im Lektürevorgang ein Verhältnis der Gleichzeitigkeit vorliegt und darüber hinaus ein Kausalverhältnis zwischen Kommunikation und Psyche weder ausgeschlossen noch gewiss ist. Unbezweifelbar ist allerdings, was für die literarische Produktion ebenso gilt wie für die Rezeption literarischer Texte: Sie "ist direkter Beobachtung entzogen. Der Akt der Lektüre, der mit einem zeitlich gegliederten Vollzug zusammenfällt, kann nur im nachhinein sprachlich dokumentiert werden." (Harth 1982: 256)

Bis zu diesem Punkt sollte deutlich geworden sein: Literaturwissenschaftliche Theorien zur Produktion und Rezeption, sofern sie zwischen Text und Psyche klar zu unterscheiden wissen, sind in hohem Maße relevant, wenn es darum geht, das durch die Systemtheorie unter dem Stichwort 'strukturelle Koppelung' neu formulierte Verhältnis von Produktion und Text bzw. Text und Rezeption genauer zu erfassen. Um die wechselseitige Anschlussfähigkeit von Systemtheorie und literaturwissenschaftlichen Theoriebeständen allerdings nicht nur im Grundsätzlichen, sondern im Detail zu erweisen, ist es auch an dieser Stelle sinnvoll, den skizzierten Problemzusammenhang beobachtungstheoretisch zu reformulieren.

Zunächst die Ebene der Beobachtung psychischer Vorgänge: Bei der nur in einer zeitlichen Nachfolgeoperation durchführbaren Beobachtung psychischer, den Schreibvorgang begleitender Prozesse handelt es sich um eine Beobachtung zweiter Ordnung: um Selbstbeobachtung des psychischen Systems 'Autor'

38 Zu dieser Klarstellung sieht sich Iser auch deshalb gezwungen, weil die Rezeptionsästhetik, wie er einräumt, "diese Probleme immer gebündelt und als einen Zusammenhang verstanden" habe (Iser 1990: IV). Den Vorwurf einer mangelnden Trennschärfe muss sich auch Hans Robert Jauß gefallen lassen, in dessen weitläufigen Reflexionen über "Ästhetische Erfahrung und literarische Hermeneutik" (1982) die kategoriale Verschiedenheit von Rezeptionsvorgabe im Text und dokumentierter Rezeption des Öfteren ignoriert wird.

(Selbstreferenz/Fremdreferenz)[39], oder, sofern mitgeteilt oder schriftlich fixiert, um die Beobachtung eines psychischen Systems durch die Kommunikation (Fremdreferenz). Entsprechendes gilt auch für die Rezeption: Die nachfolgende Beobachtung des Lektürevorgangs in actu durch das psychische System des Rezipienten bleibt eingespannt in die Dimension Selbstreferenz/Fremdreferenz, die mündlich geäußerte oder schriftlich festgehaltene Beobachtung des Lektürevorgangs ist die Beobachtung eines beobachtenden psychischen Systems durch die Kommunikation. So oder so: es handelt sich um *Beobachtung zweiter Ordnung*. Darüber hinaus lässt sich ein weiterer gemeinsamer Nenner festhalten: Die wie auch immer vorgenommene nachträgliche Beobachtung kann niemals die vergangenen psychischen Prozesse exakt rekonstruieren, weil diese Prozesse vom Dauerzerfall ihrer Elemente gekennzeichnet sind. Seien es nun Gedanken, Vorstellungen, Erinnerungen oder andere bildliche Ausprägungen, alle psychischen Operationsformen, die den Schreib- bzw. Lesevorgang begleiten, sind nur in Kurzzuständen je gegenwärtig.

Kommen wir zur zweiten Ebene: Hier handelt es sich nicht um die Beobachtung mitlaufender psychischer Prozesse, sondern um die Beobachtung der produktionsorientierten bzw. rezeptionsorientierten Dimension des Textes durch ein psychisches System oder durch literaturbezogene Kommunikationen, die freilich einem anderen Sozialsystem angehören als der literarische Text selbst. Dieser ist in seiner Schriftlichkeit *zeitfest* geworden, das heißt: beobachtet werden Textelemente, die nicht, wie im Falle psychischer Systeme, flüchtig sind. Gilt demnach die Beobachtung der sprecher- bzw. adressatenbezogenen Dimension eines literarischen Textes, so rückt damit dieser als *kommunikatives Ereignis* ins Blickfeld.

An dieser Stelle ist es unabdingbar, nochmals die von der literaturwissenschaftlichen Erzählforschung erarbeiteten Kommunikationsmodelle in die Argumentation einzubeziehen. Auch wenn diese Modelle in einzelnen Punkten voneinander abweichen, so berücksichtigen sie doch allesamt die unaufhebbare Differenz von Psyche und Kommunikation, unterscheiden prinzipiell zwischen textinternem und textexternem Bereich. Darauf wurde bereits im vorausgegangenen Kapitel hingewiesen. Während dort allerdings der textinterne Bereich einzig von Interesse war, muss nun die textexterne Ebene 4 in die Überlegungen einbezogen werden. Danach erfasst die Sprecherseite auf diesem Kommunikationsniveau den "realen Autor in seiner Rolle als Autor", die Adressatenseite den "realen Leser in seiner Rolle als Leser" (Zerbst 1982: 52). Wenn es also darum

39 Zur Erinnerung: Analog zur Kommunikation, die für Luhmann immer Kommunikation über irgendetwas ist, ist der Gedanke im Falle psychischer Systeme immer Gedanke an etwas (Fremdreferenz). Werde dieser Gedanke nun seinerseits durch einen zeitlich nachfolgenden Gedanken beobachtet, so erscheine er "als atomisiert und zugleich als eingespannt in die Dimension Selbstreferenz/Fremdreferenz" (Luhmann 1985: 407).

geht, die eine Seite des Phänomens 'strukturelle Koppelung', die Seite der an der Kommunikation beteiligten psychischen Systeme (Autor, Rezipient) in den Blick zu nehmen, so ist offensichtlich die Ebene 4 im Rahmen literaturwissenschaftlicher Kommunikationsmodelle angesprochen.

Größere Schwierigkeiten bereitet hingegen der Versuch, jene textinterne Ebene zu benennen, die die andere Seite im Rahmen struktureller Koppelung markiert. In den Theorien zur literarischen Produktion bzw. zur Rezeption wird mit Recht davor gewarnt, eine direkte Verbindungslinie zwischen dem Autor (S4) und dem textinternen fiktiven Erzähler (S2) sowie zwischen dem fiktiven Adressaten (E2) und dem realen Rezipienten (E4) ziehen zu wollen. Es wäre, so Günter Peters, ein Fehlschluss, den fiktiven Erzähler als 'Subjekt' zu begreifen, von dem aus "auf den Autor zurückgeschlossen werden" könne: "Der Erzähler ist das Resultat der literarischen Produktion, nicht ihr Subjekt." (Peters 1982: 59) Und Gleiches gilt auch für den fiktiven Adressaten. Die "Leserfiktion", so Wolfgang Iser, ist "nur eine der Textperspektiven, die mit den anderen zu einem Interaktionsverhältnis zusammengeschlossen bleibt" (Iser 1990: 60). Auch wenn es sich bei ihr zweifellos um eine "aus dem Text ableitbare Rolle" handelt, "durch die das Lesepublikum gelenkt werden soll" (ebd.: 52), so bezeichnet sie doch nur ein Element einer insgesamt hochgradig komplexen Struktur, die in ihrer Gesamtheit den Lektürevorgang konditionieren soll. Diese sehr viel komplexere Struktur wird im Kommunikationsmodell markiert durch die Ebene 3 in ihrer produktions- bzw. rezeptionsorientierten Dimension.

Das Kommunikationsniveau 3 umfasst, wie im vorherigen Kapitel bereits dargelegt, den impliziten Autor (S3) als organisierendes Prinzip des Textganzen und den impliziten Leser (E3) als intendierte Rezeption des Gesamttextes: Instanzen, die nicht als ausformulierte Personen im Text gelten können, sondern allein als hypothetisches, allerdings unverzichtbares Konstrukt. Damit ist die Ebene 3 die hierarchiehöchste im textinternen Bereich. Sie schließt die Ebene 1 (Figuren) und die Ebene 2 (fiktiver Erzähler, fiktiver Adressat) mit ein bzw. überformt sie. In ihrer produktionsorientierten Dimension erscheint sie als ebenso komplexe wie hochgradig vermittelte 'Thematisierung' des psychischen Systems des Autors; in ihrer rezeptionsorientierten Dimension umgreift sie die entsprechende Gesamtheit textinterner 'Thematisierungen' des psychischen Systems des Rezipienten, gilt ihm doch der Text in seiner Gesamtheit als Rezeptionsvorgabe. Anders formuliert: Die Textstruktur in ihrer produktionsorientierten Dimension weist stets *zurück* auf die strukturelle Koppelung zwischen dem Text und dem psychischen System seines Autors, in ihrer rezeptionsorientierten Dimension weist sie *voraus* auf die strukturelle Koppelung mit dem psychischen System des Rezipienten. Beide Dimensionen sind, wie gesagt, in der Struktur des kommunikativen Ereignisses verankert, mit anderen Worten: sie sind 'zeitfest' geworden. Da allerdings jede Beobachtung des Textes selektiv bleiben muss, eine vollständige Erschließung aller semantischen Potenziale nicht möglich ist, gelingt der Beobachtung allein eine Annäherung an den Text als der kommunikativen Seite des gleichsam gespaltenen Phänomens 'strukturelle Koppelung'.

Werden hingegen die psychischen Begleitprozesse auf Seiten des Autors bzw. des Rezipienten als die jeweils andere Seite der strukturellen Koppelung beobachtet, so ist damit die Ebene 4 des Modells angesprochen. Die Annäherung an diese Seite hat es mit anders gelagerten Problemen zu tun. Eine unmittelbare Beobachtung dieser psychischen Vorgänge ist nicht möglich, denn im Moment der Beobachtung sind diese Elemente bereits zerfallen, nur mehr erinnerbar. Die Annäherung bleibt demnach stets hypothetische Rekonstruktion.

Auch in diesem Zusammenhang zeigt sich, dass die Systemtheorie bislang nicht über ein geeignetes Begriffsrepertoire verfügt, um die Besonderheiten literarischer Kommunikation zu erfassen. Sie erliegt der Gefahr, die strukturelle Koppelung als "bestimmtes Abhängigkeits-/Unabhängigkeitsverhältnis" (Kneer/ Nassehi 1993: 63) zwischen psychischem System und Kommunikation auf den Ebenen 2 und 4 zu lokalisieren. Verantwortlich dafür ist der Begriff 'Person'. Einerseits meint er die durch den sozialen Verkehr eingeschränkte Individualität psychischer Systeme[40], zum anderen bezeichnet er kommunikationsinterne Identifikationspunkte. Nun mag dies für pragmatische Kommunikationen, in denen Individuen als Personen funktionsspezifisch adressiert werden, durchaus zutreffen. Sprache wird in pragmatischer Kommunikation reduziert auf ihre Bezeichnungsfunktion, ohne in ihrer Sprachlichkeit selbst noch bewusst zu werden. Ziel ist, wie Luhmann zutreffend bemerkt, erfolgreiche Kommunikation als Voraussetzung für zufriedenstellendes Handeln (vgl. Luhmann 1991: 171). "Kommunikation", so Dietrich Harth mit Blick auf die pragmatische Verwendung von Sprache, "zielt auf Erfolg, d.i. Verständigung. Unter dieser Voraussetzung ist es für Sprecher und Hörer angebracht, geltende Konventionen (Verhaltensregularitäten) einzuhalten und der Handlungsmaxime 'Sei kooperativ!' zu folgen." (Harth 1982: 248) Für literarische Kommunikation hingegen, die ihre Fiktionalität entblößt, in der die Bezeichnungsfunktion der Sprache eingeklammert wird und die horizontale Organisation (Kombination) der selektierten Umweltelemente eine Vielzahl semantischer Potenziale konstituiert, gelten diese Konventionen nicht. Ja, ihre Außerkraftsetzung stellt die Voraussetzung dar, um eine bestimmte, in der besonderen Gestalt des einzelnen Texts objektivierte Form der Weltzuwendung zu realisieren. Diese Form der Weltzuwendung fügt der Wirklichkeit etwas hinzu, das von den Wirklichkeitsmodellen pragmatischer Kommunikation, die funktionalen Erfordernissen geschuldet sind, nicht erfasst wird. Zugleich artikuliert sich in der je besonderen Weltzuwendung literarischer

40 Niklas Luhmann: "Personen dienen der strukturellen Kopplung von psychischen und sozialen Systemen. Sie ermöglichen es den psychischen Systemen, am eigenen Selbst zu erfahren, mit welchen Einschränkungen im sozialen Verkehr gerechnet wird." (Luhmann 1991: 174)

Texte 'meine' Sicht der Welt - und das heißt auch: der Geltungsanspruch von Individualität gegen die Reduktion auf die Person. Folglich zielt literarische Kommunikation auf eine Überwindung jener Einschränkungen, denen die Individualität psychischer Systeme im sozialen Verkehr unterworfen ist. Die für erfolgreiche Kommunikation in pragmatischen Handlungszusammenhängen unverzichtbare Klarheit schließt notwendig kommunikationsinterne Identifikationspunkte ein, sichern sie doch auf der kommunikativen Ebene, wer von wem im Sinne erfolgreichen Handelns etwas erwartet. Literarische Kommunikation ist dagegen entbunden vom unmittelbaren Druck handlungsorientierter Erwartungen - ein Freiraum, der es ihr allererst erlaubt, den instrumentellen Charakter der Sprache in pragmatischen Kommunikationssystemen zu überwinden. *Ist es im Falle pragmatischer Kommunikation die Person, die der strukturellen Koppelung zwischen psychischen und sozialen Systemen in Form eindeutig identifizierbarer Merkmale dient, so ist es in literarischer Kommunikation die im Textganzen objektivierte individuelle Weltzuwendung seines Autors, die den Mechanismus struktureller Koppelung in ungleich komplexerer Art und Weise bestimmt*, als es der systemtheoretische Begriff 'Person' nahelegt.

Vor diesem Hintergrund wird auch verständlich, warum es eine unzulässige, die Komplexität struktureller Koppelung verfehlende Einschränkung bedeutet, psychische Systeme, hier des Autors und des Rezipienten, auf das Bewusstsein einzugrenzen. Sowenig die Arbeit am literarischen Text allein auf bewusstseinsgesteuerte, intentionale Akte zurückzuführen ist, sowenig handelt es sich bei der Lektüre eines literarischen Textes allein um ein gedankliches Erfassen seines Sinnes. Folglich bezeichnet die strukturelle Koppelung auch einen Vorgang, der sich mitnichten auf die Dimensionen 'Bewusstsein' und 'Kommunikation' einschränken ließe.

Mit der Einführung der Kategorie 'Wahrnehmung' ist Luhmann 1995 zumindest darum bemüht, dieses Defizit der Systemtheorie mit Blick auf Kunst zu beheben. Produzent und Rezipient eines in Entstehung begriffenen bzw. fertig gestellten Kunstwerks seien gleichermaßen Beobachter eines Objekts, das nicht gelesen, sondern wahrgenommen werden solle; ein Objekt, das für diese Wahrnehmung bzw. Anschauung Beobachtungsdirektiven (Formen) bereithalte (vgl. Luhmann 1995a: 187). Während "das herstellungsleitende Beobachten" des Künstlers "nur einmal" erfolgen könne, sei "das betrachtende dagegen wiederholt" (ebd.: 69) möglich. Für beide Beobachter (Produzent wie Rezipient) gelte jedoch gleichermaßen: "Das Kunstsystem konzediert dem wahrnehmenden Bewußtsein sein je eigenes Abenteuer im Beobachten der Kunstwerke (...)." (ebd.: 227) Peter Hühn greift diese Überlegungen Luhmanns auf, um sie mit Blick auf die Produktion von Literatur zu präzisieren: Das "Bewußtseinssystem" eines Autors könne "interne Ereignisse in ein Kunstwerk - in generalisierter und typisierter Weise - externalisieren und sozusagen simulieren, also in wahrnehmbare Form überführen" (Hühn 1997: 173) Sowohl Luhmann als auch Hühn verweisen hier auf etwas, das in der Terminologie dieser Arbeit in Anlehnung an Wolfgang Iser als das *Imaginäre* bezeichnet worden ist. Meine Hypothese ist nun folgende: In seiner Komplexität theoretisch erfassbar wird das Phänomen der strukturellen Koppelung erst, wenn die konstitutive Bedeutung des Imaginären im Prozess des Schreibens, aber auch im Lektürevorgang berücksichtigt wird. Imaginäre Potenziale bestimmen die Produktion eines literarischen Textes entscheidend mit, gewinnen im Fiktiven des Textes durch den Einbezug des Realen Gestalt und werden im Akt des Lesens erneut mobilisiert. Dieser Prozess, dessen Konvergenzpunkt die eigentümliche Übergangsgestalt literarischer Fiktionalität ist, soll im letzten Abschnitt dieses Kapitels skizziert werden.

3.3 Strukturelle Koppelung als Übersetzung des Imaginären

Als Ausgangspunkt meiner Überlegungen soll eine Formulierung Wolfgang Isers dienen. Dessen Reflexionen über das Fiktive und das Imaginäre bilden auch in diesem Zusammenhang die Grundlage: hier für den Versuch, den Mechanismus der strukturellen Koppelung mit Blick auf literarische Kommunikation genauer und angemessener zu beschreiben, als es Luhmann auch nach Einführung der Kategorie 'Wahrnehmung' in seine Reflexionen zum Kunstsystem gelingt. Die "Semantisierung", so Iser, leistet "den gleichen Übersetzungsvorgang auf der Rezipientenseite, den das Fiktive im fiktionalen Text auf der Produzentenseite bewerkstelligt. Ist das Fiktive die Übersetzung des Imaginären in die konkrete Gestalt zum Zweck des Gebrauchs, so ist die Semantisierung die Übersetzung eines erfahrenen Ereignisses in die Verstehbarkeit des Bewirkten. Es sind diese komplementären Übersetzungsvorgänge des Imaginären, die das Imaginäre als die konstitutive Energie des fiktionalen Textes ausweisen." (Iser 1991: 47) Es geht Iser hier offensichtlich um die Beziehung zwischen der Psyche des Autors und dem Text im Prozess des Schreibens bzw. um die Beziehung zwischen dem Text und der Psyche des Rezipienten im Lektürevorgang. Darüber hinaus charakterisiert Iser diese Beziehungen als 'komplementäre Übersetzungsvorgänge', geht mithin von einer strukturellen Analogie jener beiden Verhältnisse aus, die in unserem Zusammenhang mit dem Begriff 'strukturelle Koppelung' bedacht werden.

Beginnen wir mit dem *Produktionsprozess*: Wie an anderer Stelle bereits ausführlich dargelegt, konstituiert sich nach Iser das Fiktive des fiktionalen Textes durch die wechselseitige Aufhebung von Realem und Imaginärem in der konkreten Gestalt des Textes. Es sind die imaginären Potenziale innerhalb des psychischen Systems des Autors, seine Vorstellungen von Abwesendem und Nicht-Gegebenem, denen sich eine Textwelt verdankt, die sich nicht in der Wiederholung von Realem erschöpft, sondern die Wirklichkeit als Fiktion überschreitet.

Insofern ist das Imaginäre in der Tat die "konstitutive Energie" literarischer Produktion. Als bildlich ausgeprägte Manifestationsform ist das Imaginäre zunächst diffus, unbestimmt, überdies flüchtig und in beständigem Wandel begriffen. Kommunizierbar wird es erst, wenn es im Schreibprozess durch die Akte des Fingierens unter Zwecksetzungen gerät, die durchgehalten werden müssen, um das Imaginäre, nun unter Formzwang, in die zuletzt bestimmte Gestalt des literarischen Textes zu überführen. In dieser Phase erst dominiert das Bewusstsein - in Form intentionaler Akte, die sich im literarischen Text selbst, in seiner Struktur, als Textintentionalität objektivieren. Auch wenn sich, wie Iser formuliert, das Imaginäre "auf Sprache einlassen [muß]" (Iser 1991: 50), um im Fiktiven Gestalt zu gewinnen, bleibt es gleichwohl in der Offenheit der Textorganisation noch präsent. Denn weder die den Selektionen zugrunde liegenden Wahlentscheidungen, noch die Korrespondenzen zwischen den kombinierbaren Textelementen und ebensowenig die Zwecke, denen die Offenlegung (oder auch Verschleierung) der Fiktionalität geschuldet ist, werden versprachlicht: "Damit aber entziehen sich die archimedischen Punkte des Textes der Versprachlichung, und in der angezeigten Offenheit manifestiert sich in der versprachlichten Textgestalt die Gegenwart des Imaginären." (ebd.: 51) Umschrieben ist damit zugleich die produktionsorientierte Dimension literarischer Texte, in der sich das psychische System des Autors, als organisierendes Prinzip des Textganzen, zu erkennen gibt.

Mit dem Textganzen hat es der reale Rezipient im *Lektürevorgang* zu tun: als Adressat eines Textes, dessen bestimmte Gestalt in rezeptionsorientierter Dimension jene Konditionen bereithält, auf die sich der Leser einlassen muss. Erzeugt wird auf Seiten des Rezipienten zunächst ein durch den Text gelenkter Vorstellungsakt. Vorgestellt wird allerdings eine Textwelt, die fiktiv ist. Mit anderen Worten: Die Lektüre erzeugt im psychischen System des Rezipienten imaginäre Potenziale, in denen die Textwelt als Nicht-Gegebene erfahren wird, als ob sie gegeben sei; ein Vorgang, in dem sich der Leser, so Iser, selbst irrealisiert: "Wenn wir uns durch das Fiktive selbst zu irrealisieren vermögen, um der Irrealität der Textwelt die Möglichkeit ihres Erscheinens zu sichern, dann wird - zumindest strukturell - unsere Reaktion auf die Textwelt den Charakter des Ereignisses besitzen. (...) Durch diese Ereignishaftigkeit übersetzt sich das Imaginäre in eine Erfahrung. (...) Aus dem Ereignis resultiert ein Spannungszustand, der nach Aufhebung drängt, und die Möglichkeit einer solchen Aufhebung bietet sich darin an, das im Ereignis Aufgebrochene auf seine Sinnhaftigkeit zurückzubringen. Denn erst ein solcher Semantisierungsvorgang erlaubt es, die entstandene Spannung auszugleichen." (Iser 1991: 44f.) Dabei handelt es sich, so Iser weiter, um "sinnsuchende oder sinnsetzende Aktivitäten im Rezipienten" (ebd.: 46), die stets, darauf verweist auch Dietrich Harth, von einem "Bedürfnis nach Sinnkonstanz" (Harth 1982: 257) gelenkt werden. Das in diesem Fall durch die Textwelt ausgelöste und durch die Textstruktur gelenkte Imaginäre gerät also, nicht anders als im Prozess literarischer Produktion, unter den Einfluss des Bewusstseins. Es geht nun um das mit dem Gesagten Gemeinte, um den Versuch, das erfahrene Imaginäre "auf Vertrautes zurückzubringen" (Iser 1991: 46). Wie geht dies vonstatten? In anderem Zusammenhang erwähnt Iser, Erinnerung, Wissen und gegebene Information seien jene Faktoren, die es erlaubten, das, was als Nicht-Gegebenes nicht wahrnehmbar sei, vorstellbar zu machen (vgl. ebd.: 334). Angewendet auf den Bereich literarischer Rezeption, lässt sich demnach sagen: Es sind die je individuellen Dispositionen eines Rezipienten, die es ihm erlauben, das erfahrene Imaginäre, das sich der Referenzialisierbarkeit entzieht, auf Sinn, auf Vertrautes, auf Gegebenes zurückzuführen, um es auf diesem Wege in einen Referenzrahmen einzuordnen. Dazu zählt bereits die Erinnerung, die, indem sie dem Vorgestellten Konturen verleiht, dieses zugleich auf vertraute Wirklichkeiten zurückbezieht; dazu zählt gewiss auch, ganz allgemein, "Erfahrung im Umgang mit konventionalisierten Diskursen" (Harth 1982: 247), im Besonderen mit dem literarischen Diskurs; darüber hinaus gehört dazu spezielles Wissen über den Autor, die Entstehungszeit des Textes und über die vom Text ins Spiel gebrachten Bezugsrealitäten. All dies und vieles mehr dürfte in den sinnsuchenden Aktivitäten des Rezipienten eine Rolle spielen; einer Sinnsuche, schließlich Sinnsetzung, die einer "unausweichlichen Übersetzungsoperation", einer notwendigen "Pragmatisierung des Imaginären" (Iser 1991: 46) entspricht. Während der Text, einerseits von bestimmter Gestalt, andererseits durch die Offenheit seiner Organisation gekennzeichnet, eine Vielzahl von Sinnpotenzialen bereithält, ist der konkretisierte Sinn stets Ausdruck vorausgegangener Aktivitäten eines Rezipienten; ein Vorgang, in dessen Verlauf das Imaginäre unter den wachsenden Einfluss des Bewusstseins gerät, um in eine kohärente Sinngestalt zu münden. Die Einordnung des Erfahrenen in vertraute lebensweltliche Bezüge bedeutet freilich nicht - und dies wäre ein großes Missverständnis -, dass auf diesem Wege das Fiktive literarischer Texte durch den Rezeptionsprozess neutralisiert würde. Denn die Konkretisierung des Sinns ist nichts anderes als die Aneignung einer Erfahrung, die sich dem Fiktiven des literarischen Textes verdankt. Anders gewendet: Die Konkretisierung des Sinns verdankt sich einer Erfahrung, die sich nur deshalb bilden kann, weil in ihr das überschritten wird, worüber wir in der Realität verfügen können.

Über die Quellen des Imaginären im Falle literarischer Produktion wurde bereits das Notwendige in Kapitel III.1.3 gesagt. Überdies wurde dort das theoretisch Erörterte am Beispiel des literarischen Werkes von Herta Müller kurz illustriert. Deshalb sei an dieser Stelle der komplementäre Übersetzungsvorgang, die Rückführung eines erfahrenen Imaginären auf Vertrautes im Rezeptionsprozess, an einem Textbeispiel abschließend veranschaulicht. In Andrei Makines Roman "Das französische Testament" (1995) erinnert sich der in der Sowjetunion geborene Ich-Erzähler, wie er als Kind den Erzählungen seiner aus Frankreich stammenden Großmutter lauschte. Charlotte erzählt von großen politischen

Ereignissen, etwa Staatsbesuchen im Paris des späten 19. Jahrhunderts, erzählt aber auch von ihrer Geburtsstadt Neuilly-sur-Seine. Ohne jede eigene Erfahrung und ohne jedes Wissen über Frankreich, erscheint dem Jungen Paris wie ein "nebelverhangenes Atlantis" (Makine 1997: 26). Um nun das erfahrene Imaginäre mit Konturen zu versehen, um es auf Vertrautes zurückführen zu können, kommt daher nur die eigene, sowjetisch geprägte Erfahrungswelt in Betracht: "Neuilly-sur-Seine bestand aus einem guten Dutzend Holzhäusern, echten russischen Isbas, umgeben von Zäunen, auf denen Wäsche trocknete, unter Dächern, die mit schmalen Holzlatten gedeckt und durch die Unbilden der Witterung im Winter silbergrau geworden waren, und mit Fenstern in hübschen, von Holzschnitzereien verzierten Rahmen. Junge Frauen schleppten an einem Joch tropfende Wassereimer über die staubige Hauptstraße. Männer luden schwere Getreidesäcke auf einen Leiterwagen. Träge trottete eine Herde zu ihrem Stall. (...) Dem Bild des [französischen] Staatspräsidenten fügten wir in unserer Vorstellung Züge hinzu, die Stalin ähnlich waren. Neuilly war mit Kolchosbauern bevölkert." (ebd.: 39f.) Auch wenn das 'märchenhafte Atlantis' - zwangsläufig - sowjetische Konturen gewinnt: jener Spannungszustand, in den sich der Junge durch die Erzählungen der französischen Großmutter versetzt sieht, erscheint noch in der Retrospektive als ein elementares Ereignis, von dem der Erzähler nun weiß, dass es für sein ganzes weiteres Leben richtungweisend gewesen ist. Davon handelt Makines Roman.

3.4 Fazit

Die Produktion eines literarischen Textes bzw. dessen Rezeption sind beschreibbar als strukturell analoge Prozesse, in denen imaginäre Potenziale jeweils den Ausgangspunkt bilden, um dann, unter dem Einfluss des Bewusstseins, in eine bestimmte Gestalt überführt zu werden: in die Gestalt des Textes bzw. in die Gestalt eines konkretisierten, vom Text zwar ermöglichten, doch von ihm selbst nicht ausformulierten Sinnes. Konvergenzpunkt beider Übersetzungsvorgänge ist der literarische Text selbst, in dem das Imaginäre, dem er seine Entstehung verdankt, im Fiktiven Gestalt gewinnt und in dieser Gestalt imaginäre Potenziale auf Seiten des Rezipienten mobilisiert, die es im Verlauf des Rezeptionsprozesses als Erfahrung zu verarbeiten gilt. Der Versuch der Systemtheorie und des radikalen Konstruktivismus, die strukturelle Koppelung auf das Verhältnis von Bewusstsein und Kommunikation einzugrenzen, verfehlt - auch in diesem Zusammenhang - das Spezifische literarischer Kommunikation. Gleichwohl lässt sich auch mit Blick auf literarische Produktion und Rezeption von einer strukturellen Koppelung, hier zwischen dem psychischen System des Autors und dem Text bzw. dem Text und dem psychischen System des Rezipienten, sprechen. Denn die beteiligten Systeme operieren jeweils überschneidungsfrei, muss sich das Imaginäre doch auf Sprache einlassen, um, als Kommunikation, handhabbar zu werden - und das heißt auch: um bestimmte Zwecke erfüllen zu können.

IV. Kapitel: Zur historischen Dimension

Die Ausführungen in Kapitel III galten insbesondere dem Versuch, in systematischer Weise jene spezifischen Eigenschaften zu erörtern, die literarische Kommunikation in Abgrenzung zu pragmatischen Formen der Sprachverwendung auszeichnet. Motiviert wurden die Überlegungen durch die von der Systemtheorie neu aufgeworfene Frage nach der besonderen Qualität von Literatur (Kunst) und ihrer Funktion (oder ihren Funktionen) für die funktional differenzierte Gesellschaft. Nur die Beantwortung dieser Frage, so Luhmann zutreffend, ermögliche es, von Kunst einschließlich Literatur als einem rekursiv-geschlossenen, selbstorganisierenden, kurz: autopoietischen Sozialsystem zu sprechen. Während die textwissenschaftlich orientierten Ansätze zur literaturwissenschaftlichen Systemtheorie zumeist mit fragwürdigen Codierungsvorschlägen aufwarten, die die 'Einheit des Systems' gewährleisten sollen, bringt Luhmann neben dem Code schön/ hässlich auch den Fiktionsbegriff ins Spiel. Freilich bedient er sich eines Fiktionsbegriffs, dessen differenztheoretische Fundierung ('reale Realität vs. fiktionale Realität') es m.E. nicht erlaubt, das Realitätsverhältnis literarischer Fiktionalität angemessen zu erfassen. Infolgedessen gelangt er auch nur zu wenig überzeugenden Antworten auf die Frage nach der Funktion von Literatur. Seine Vorschläge, zunächst die Herstellung von Weltkontingenz (1986), dann die Realisierung anderer Ordnungsmöglichkeiten im Bereich fiktionaler Realität (1990/1995), schließlich noch der Einbezug von Wahrnehmung in den Kommunikationszusammenhang der Gesellschaft (1995), bleiben vage und wenig substanziell, so dass sich letztlich die Frage stellt, ob Literatur (Kunst) in einer ohnehin durch Kontingenz gekennzeichneten Welt der Moderne nicht überflüssig seien. Einen Ausweg aus dem Dilemma bietet der dreistellige Fiktionsbegriff (Reales, Imaginäres, Fiktives), wie ihn Iser in die Diskussion eingeführt hat. Auf der Grundlage seiner streng deskriptiven Kategorien gelingt es, die spezifischen Modalitäten literarischer Fiktionalität jenseits normativer Implikationen einzukreisen. Denn die Beschreibung literarischer Fiktionalität als wechselseitige Überschreitung von Realem und Imaginärem im Fiktiven enthält keinerlei Bestimmungen darüber, in welcher konkreten Gestalt sich die konstitutive Energie des Imaginären im literarischen Text objektiviert. Vor dem Hintergrund von Isers Fiktionstheorie wird darüber hinaus erkennbar, dass Literatur höchst unterschiedliche Funktionen erfüllen kann. Exakt diese oder jene Funktion benennen zu wollen, verfehlt daher die Komplexität dieses

Zusammenhangs. Soviel immerhin lässt sich jedoch sagen: Die Existenz der Literatur, die sich gegenüber allen Prognosen über ihr mögliches Ende als gleichgültig erweist, zeigt, dass die moderne, funktional differenzierte Gesellschaft, so erfolgreich sie in ihren Problemlösungen sein mag, individuell erfahrbare Defizite aufweist, die die Quelle des Imaginären bilden und die in der Literatur (bzw. anderen Formen der Kunst) ihre Gestaltung erfahren. Wäre demnach Literatur im Sinne einer 'Einheit des Systems' durch Fiktionalität charakterisiert, so lässt sich der einzelne literarische Text als kommunikatives Ereignis beschreiben; als eine Form der Beobachtung zweiter Ordnung sui generis, die im Unterschied zu allen pragmatischen Formen der Sprachverwendung nicht an beobachtungsleitende Unterscheidungen, nicht an binäre Codes gebunden ist. Genau darin manifestiert sich in beobachtungstheoretischer Perspektive die spezifische Qualität literarischer Fiktionalität auf der Ebene des einzelnen Textes. Wie jedes kommunikative Ereignis ist auch der literarische Text auf psychische Systeme in seiner Umwelt angewiesen. Doch zeigt sich auch hier die Besonderheit literarischer Kommunikation. Denn der Mechanismus struktureller Koppelung ist nicht auf die Ebenen 'Bewusstsein' und 'Kommunikation' begrenzbar. Stattdessen ist von zwei strukturell analogen Übersetzungsvorgängen auszugehen, in denen das erfahrene Imaginäre in die besondere Gestalt eines literarischen Textes (Autor - Text) bzw. in die Gestalt eines konkretisierten, vom Text selbst nicht ausformulierten Sinnes (Text - Rezipient) überführt wird.

Ginge man nun davon aus, es seien damit alle Voraussetzungen geschaffen, um Literatur als autopoietisches Sozialsystem zu konzipieren, so wäre man allerdings auf dem Holzweg. Bis zu diesem Zeitpunkt könnte - zumindest phasenweise - der Eindruck entstanden sein, ein literarischer Text (wie die Literatur insgesamt) sei in seiner Fiktionalität stets eindeutig identifizierbar. Zumal der dritte der fingierenden Akte, die Selbstentblößung als Fiktion, erschiene dann als das entscheidende Kriterium, das es erlaube, zwischen fiktionalen und nicht-fiktionalen (pragmatischen) Texten zu unterscheiden. Dies wäre jedoch ein Missverständnis; ein Missverständnis freilich, das bislang aus Gründen der Übersichtlichkeit in Kauf genommen wurde. Nur am Rande wurde bislang berücksichtigt, was in seinen weitreichenden Implikationen erst jetzt angemessen erörtert werden soll: Fiktionen sind *nicht* durch bestimmte textimmanente Merkmale stets als solche eindeutig auszumachen. Denn es handelt sich bei ihnen eben nicht um Gebilde, "die ihr eigenes Fundament in sich trügen, sondern zu solchen durch unsere Einstellungen zu ihnen werden" (Iser 1991: 160). Mit anderen Worten: Es ist an der Zeit, die Erörterung literaturtheoretischer Implikationen zu ergänzen durch die historische Dimension, wie sie sich unter den Prämissen des in dieser Arbeit zugrunde gelegten Fiktionsbegriffs darstellt. Die Beobachtung des literarischen Textes als Fiktion, so lässt sich im Anschluss an Iser festhalten, ist abhängig von den Einstellungen des Betrachters. Diese wiederum sind historisch konditioniert - das heißt: abhängig von konventionalisierten Wahrnehmungsmustern, die den durch ästhetische Programme stabilisierten Umgang mit Kunst bzw. Literatur in einer bestimmten historisch-gesellschaftlichen Epoche prägen. Die Einschätzung der homerischen Epen etwa oder des höfischen Epos als fiktionale Weltentwürfe ist eine moderne Einschätzung, die unter den jeweiligen historischen Voraussetzungen für die Zeitgenossen eine prinzipiell unnachvollziehbare Vorstellung gewesen wäre. Die Wahrnehmung ihres fiktionalen Charakters setzt mithin das *neuzeitliche Fiktionsbewusstsein* voraus.

Wenn nun die modernen Literaturverhältnisse in ihrer historischen Dimension beobachtet bzw. erörtert werden sollen, so geschieht dies, wie gesagt, auf der Grundlage eines Fiktionsbegriffs, demzufolge das Fiktive literarischer Texte als Resultat einer Synthesenbildung erscheint: als Synthese von Imaginärem und Realem auf emergenter Ebene. Weil dieser Fiktionsbegriff keinerlei Bestimmungen darüber enthält, was das Reale, das Imaginäre und folglich auch das Fiktive zu sein habe und wie es zu beobachten sei, erlaubt er in unserem Zusammenhang auch *die Beobachtung der Beobachter von Literatur* - genauer formuliert: er erlaubt, die (normativen) Implikationen ihrer Literaturbegriffe offenzulegen, die Prämissen ihrer Funktionszuweisungen an Literatur zu beleuchten, ohne selbst Entscheidungen über Themen, Formen und Interpretationsweisen von Literatur treffen zu müssen. Auf diese Weise und - wie mir scheint - *nur* auf diese Weise lässt sich dem Dilemma ontologischer bzw. normativer Begriffsbestimmungen entgehen.

Eben erst wurde darauf hingewiesen, dass die Rede von Literatur im Sinne fiktionaler Weltentwürfe das neuzeitliche Fiktionsbewusstsein voraussetzt. Insofern gilt es, im Rahmen eines *ersten Kapitels* die Frage zu erörtern, *seit wann* von einem modernen Fiktionsbewusstsein gesprochen werden kann und *wie* Fiktionalität in den literaturbezogenen Diskursen thematisiert wird. Nun besteht in der literatur- und kunstsoziologischen Forschung weitestgehend Einigkeit darüber, die Entwicklung von Kunst einschließlich Literatur im Übergang vom Mittelalter zur Neuzeit als einen Prozess der Autonomisierung zu begreifen. Deshalb stellt sich in unserem Zusammenhang die Frage: Wie verändert sich die Beobachtung von Literatur im Verlauf dieses Prozesses? Wenn die Geschichte der Moderne als Übergang von der stratifizierten zur funktional differenzierten Gesellschaft interpretiert wird, darüber hinaus von der Entstehung eines autonomisierten Literatursystems gesprochen wird, dann muss im Rahmen dieses Kapitels der Zusammenhang von *Autonomie und Fiktionalität* beleuchtet werden.

Kapitel 2 wendet sich einem Themenkomplex zu, der von allen systemtheoretischen Konzepten zur Kunst bzw. Literatur bislang ausgeklammert worden ist. Es geht um die sog. literarischen Zweckformen, die in der Regel als Wirklichkeitsaussagen jenseits der Grenze zur Fiktion - und das heißt auch: jenseits der durch Fiktionalität markierten Grenze zur *Literatur als Kunst* angesiedelt werden. Diese Zweckformen geraten freilich dann ins Blickfeld, wenn die fragwürdige Antithesis Fiktion vs. Wirklichkeit, mithin die beobachtungsleitende Unterscheidung fiktional/real (oder: fiktionale Realität/reale Realität) ihrerseits der Beobachtung ausgesetzt wird. Dann zeigt sich, dass der Autonomisierungsprozess der Literatur nicht nur zur Konstituierung eines spezifisch neuzeitlichen Fiktionsbegriffs führte, sondern auch eine gravierende Neuordnung des literarischen Gattungssystems im späten 18. Jahrhundert zur Folge hatte, die bis in die Gegenwart hinein Geltung für sich beansprucht. In systemtheoretischer Perspektive muss dieser Zusammenhang erörtert werden, ist mit ihm doch zugleich die Frage nach den Grenzen des Literatursystems berührt.

Die ersten beiden Kapitel bilden eine unverzichtbare Grundlage, um in *Kapitel 3* die modernen Literaturverhältnisse der Gegenwart in den Mittelpunkt der Beobachtung zu rücken. Hier kann es nicht darum gehen, mittels fragwürdiger Leitdifferenzen ein Systemkonzept zu verteidigen, dass der Komplexität und Widersprüchlichkeit moderner Literaturverhältnisse nicht gerecht wird. Die Literaturverhältnisse in der funktional differenzierten Gesellschaft beruhen eben nicht auf allseits akzeptierten Makro-Konventionen, wie Schmidt dies in seinem Modell zum Sozialsystem Literatur Glauben machen möchte. Und ebensowenig besteht gesellschaftlicher Konsens darüber, welche Texte als Literatur zu gelten haben und welche Funktionen sie erfüllen können. Verdeutlicht werden soll dies anhand einer Reihe von Beispielen, der Literatur ebenso entnommen wie literaturbezogenen Kommunikationen. Das Bild der modernen Literaturverhältnisse, wie es in diesem Kapitel gezeichnet werden soll, ist gewiss diffus. Doch bietet es den Vorteil, in gegenstandsadäquater Weise die Frage nochmals zu erörtern, ob sich Literatur als Teilsystem der funktional differenzierten Gesellschaft konzipieren lässt.

1. Autonomie und Fiktionalität

Beschränkt man den Blickwinkel auf die systemtheoretisch orientierten Konzepte, so muss zunächst einmal festgehalten werden: Bis zu diesem Zeitpunkt hat nur Siegfried J. Schmidt den Versuch unternommen, den Entstehungsprozess eines sich autonomisierenden Literatursystems seit dem 18. Jahrhundert nachzuzeichnen - und dies aus radikal-konstruktivistischer Perspektive (vgl. Schmidt 1989). Niklas Luhmann dagegen bezieht bei der Entfaltung seines Konzepts zum modernen Kunstsystem Literatur in die Betrachtungen zwar ein, verzichtet jedoch weitestgehend darauf, literaturspezifische Fragen in detaillierter Weise zu behandeln. Aus diesen Gründen rücken Schmidts Ausführungen im ersten Abschnitt nochmals in den Vordergrund. Von Interesse ist hier vor allem der Fiktionsbegriff, den Schmidt bei der Beschreibung des Literatursystems zugrunde legt. Die Kritik seines Ansatzes leitet dann über zu einem zweiten Abschnitt, in dem es um die Anfänge des neuzeitlichen Fiktionsbewusstseins geht, wie es seinen Niederschlag in unterschiedlichen Diskursen im späten 16. und Anfang des 17. Jahrhunderts gefunden hat. Was nur mehr in aller Kürze skizziert werden kann, ist in unserem Zusammenhang gleichwohl von großer Bedeutung, weil nur vor diesem Hintergrund jene historischen Konstellationen erkennbar werden, die zu einem Fiktionsverständnis führten, das bis heute der Beobachtung von Literatur (als Fiktion) Form und Struktur verleiht: dass Fiktionen einen Gegensatz zur Realität bilden. Eng verknüpft ist dieser Fiktionsbegriff mit einem grundlegend gewandelten Realitätsverständnis, wie es sich in einem über Jahrhunderte sich hinziehenden Prozess herausgebildet hat. Als wirklich und damit wahr erscheint in der modernen Gesellschaft allein noch die wissenschaftlich bewiesene, damit erst: unbezweifelbare Tatsache. Es ist demnach der wissenschaftliche Wahrheitsbegriff, an dem sich der Anspruch von Kunst bzw. Literatur auf ästhetische Wahrheit in der modernen Gesellschaft auszurichten hat. Darum geht es im dritten Abschnitt.

Schon jetzt dürfte klar sein: Die Weitläufigkeit der angedeuteten Perspektiven erlaubt einzig und allein eine Darlegung, die sich auf eine punktuelle Verdeutlichung beschränken muss. Doch ist sie unumgänglich, weil m.E. nur auf diesem Wege erkennbar wird, unter welchen Prämissen bestimmte Kommunikationen in der modernen Gesellschaft als Literatur beobachtet werden.

1.1 Der Prozess der Autonomisierung

Darüber besteht in der Literatursoziologie Konsens: Die Entwicklung der Kunst und Literatur von der höfisch-feudalen Gesellschaft des Mittelalters zur modernen bürgerlichen Gesellschaft, von der stratifizierten zur funktional differenzierten Gesellschaft erscheint als ein Prozess der Autonomisierung: "In der Befreiung der Kunst von der unmittelbaren Bindung ans Sakrale wäre wohl überhaupt das Zentrum jenes Jahrhunderte währenden und eben darum analytisch so schwer faßbaren Prozesses zu sehen, den wir als Autonomwerden der Kunst bezeichnen." (Bürger 1974: 56) Die erlangte Autonomie von Kunst und Literatur in der Moderne, wie immer sie im Spannungsfeld von Marktabhängigkeit und künstlerischer Freiheit beschrieben und interpretiert wird, setzt geschichtlich die Loslösung der Kunst und Literatur von heteronomen Zwecksetzungen voraus: ihre Befreiung von kultischen Zwecken, aber auch von höfisch-feudalen Zwecksetzungen wie der Repräsentation oder dem divertissement; Zwecksetzungen mithin, die die künstlerische Freiheit entscheidend einzuengen vermochten, solange Kunst und Literatur sich in der Abhängigkeit vom kirchlichen oder höfischen Auftrag befanden.

Für Peter Bürger ist die Autonomie der Kunst eine "Kategorie der bürgerlichen Gesellschaft", der ein wahres Moment insofern zukomme, als sie es erlaube, "die geschichtlich entstandene Herauslösung der Kunst aus lebenspraktischen Bezügen zu beschreiben" (ebd.: 63). Die philosophische Ästhetik des späten 18. Jahrhunderts, und hier meint Bürger vor allem Kant, Schiller und Moritz, habe mit dem Autonomiepostulat "das Ergebnis eines Jahrhunderte dauernden Prozesses auf den Begriff gebracht. Mit dem 'modernen, erst Ende des 18. Jahrhunderts geläufig gewordenen Begriff der Kunst als einer umfassenden Bezeichnung für Dichtung, Musik, Bühnenkunst, Bildkunst, Baukunst' wird die künstlerische Tätigkeit als eine von allen anderen Tätigkeiten verschiedene gefaßt. 'Die verschiedenen Künste wurden aus ihren Lebensbezügen herausgelöst, als ein verfügbares Ganzes zusammengedacht (...); und dieses Ganze wurde als Reich zweckfreien Schaffens und interesselosen Wohlgefallens gegenübergestellt dem Leben der Gesellschaft, die rational, in strenger Ausrichtung auf definierbare Zwecke zu ordnen Aufgabe der Zukunft zu sein schien.'" (ebd.: 57) Mit Blick auf den literarischen Diskurs hebt auch Dietrich Harth die Freisetzung der Literatur aus unmittelbar praktischen Zwecken hervor, sieht darin jedoch das Resultat funktionaler Differenzierung der Gesellschaft: "Die mit der Entwicklung funktionaler gesellschaftlicher Strukturen zu beobachtende Ausdehnung und Differenzierung kommunikativer Fähigkeiten, Techniken und Medien setzt den literarischen Diskurs für Aufgaben frei, die nicht in eindeutiger Weise praktischen, d.h. gesellschaftlichen Nutzen garantierenden Obligationen unterworfen sind." (Harth 1982: 248)

Siegfried J. Schmidt schließlich rekapituliert 1989 den bisherigen Stand literatursoziologischer und literarhistorischer Forschung, um ihn in systemtheoretisch-konstruktivistischer Perspektive zu reformulieren. Wie Harth beobachtet auch er das 18. Jahrhundert als eine "überkomplex gewordene Gesellschaft", in der sich "schrittweise Funktionen" ausdifferenzieren, um sich "in Form eigenständiger sozialer Systeme" zu organisieren (Schmidt 1989: 16). Am Ende eines Prozesses, der erst im 19. Jahrhundert seinen Abschluss finde, erscheine die Literatur als ein "autonomisiertes, selbstorganisierendes Sozialsystem", neben anderen "Teilsystemen wie Technik, Wirtschaft, Recht, Wissenschaft, Religion oder Erziehung" (ebd.: 19). Während Peter Bürger, wie gesehen, die Kategorie 'Autonomie' allein zur Beschreibung von Kunst und Literatur in der bürgerlichen Gesellschaft gelten lässt, um mit ihrer Hilfe den diagnostizierten strikten Gegensatz von Lebenspraxis (Zweckrationalität) und Kunst (Zweckungebundenheit) zu begründen, ist für Schmidt die Literatur, nicht anders als andere gesellschaftliche Teilsysteme auch, durch eine "hohe Autonomie" (ebd.: 16) bei gleichzeitiger Integration in die Gesamtgesellschaft gekennzeichnet. Dabei gliedert er seinen Untersuchungszeitraum in drei Phasen: Zu Beginn des 18. Jahrhunderts sei die Unterhaltungs- und Repräsentationsfunktion im Rahmen höfisch-aristokratischer Kunstauffassung noch vorherrschend gewesen, bevor die Literatur in dezidierter Weise für die Zwecke der deutschen bürgerlichen Aufklärung instrumentalisiert worden sei (Baumgarten, Meier, Gottsched, Bodmer, Breitinger, Lessing). Beendet werde diese Phase schließlich, so Schmidt, durch das Konzept des autonomen Kunstwerks (Moritz, Schiller, Goethe, Fichte). Auf eine Formel gebracht: von der "politischen und theologischen Bevormundung" über die "heteronom definierte Nützlichkeit" zum autonomen Kunstwerk, dessen Zweck "mit seiner Vollendung bereits erreicht" sei (ebd.: 413). Zwar seien in den neunziger Jahren höchst unterschiedliche poetologische Konzeptionen erarbeitet worden, Schmidt erwähnt neben Schillers "Idee der literarischen Autonomie" die von den Jakobinern vertretene "Idee der sozialen und politischen Funktionalisierung von Literatur" (ebd.: 397); doch habe sich das Autonomiekonzept als das historisch tragfähigste erwiesen und bis in die Gegenwart seine Gültigkeit behauptet: "Diese elitäre Gruppe der 'Klassiker' und 'Romantiker' schreibt literarischer Kommunikation - im Gegensatz etwa zu den Spätaufklärern und Jakobinern - eine Funktion zu, die sich - in systemtheoretischer Perspektive - auch tatsächlich als die historisch gesehen bis heute als relevant postulierte Funktion des Sozialsystems Literatur für die Gesamtgesellschaft erweist", nämlich: der Versuch einer "Überwindung der funktionalen Differenzierung und ihrer Folgeschäden für das Subjekt und die 'bürgerliche Gesellschaft'" (ebd.: 418).

Bei Schmidt wie bei Bürger, so lässt sich vorläufig resümieren, gelangt der Autonomisierungsprozess der Literatur in den philosophischen Ästhetiken im Umkreis der Weimarer Klassik gleichsam zum Bewusstsein seiner selbst. Bestimmt Bürger die Autonomie der Kunst als Möglichkeit, "eine nicht zweckrational gebundene Sinnlichkeit" (Bürger 1974: 63) ausbilden zu können, so sieht Schmidt im autonomisierten, selbstreferenziellen Literatursystem "Handlungsmöglichkeiten", die "von der Verpflichtung auf die gesellschaftlich akzeptierten Wirklichkeitsmodelle" abgelöst sind und "fast unbegrenzte Spielräume subjektiven Handelns und Erlebens [eröffnen]" (Schmidt 1989: 19). Was Schmidt jedoch von Bürger unterscheidet, und dies ist in unserem Zusammenhang von besonderem Interesse, ist der Sachverhalt, dass Schmidt den durch Autonomie gewährleisteten Handlungsspielraum im Literatursystem durch *Fiktionalität* charakterisiert sieht. Auf diesem Wege untermauert er seine affirmative Sicht der Autonomieästhetik durch einen Fiktionsbegriff, in dem die Fiktion als Gegensatz zur Wirklichkeit erscheint. Konzentrieren wir uns auf diesen Aspekt.

Die gegen Ende des 18. Jahrhunderts im Zuge funktionaler Differenzierung erreichte Autonomie des Literatursystems skizziert Schmidt folgendermaßen: "Die zunehmende Toleranz (in Gestalt von Indifferenz) der Gesellschaft, die den Subjekten Partizipationsfreiheiten an potentiell allen Sozialsystemen einräumte, eröffnete den Aktanten im Literatursystem einen wachsenden, von heteronomen Zwecksetzungen befreiten Raum kreativer Sinnproduktion, die an kein Ortho-Modell von Realität mehr zurückgebunden werden mußte und damit eine Fiktionalisierung (...) der literarischen Kommunikation eröffnete. Diese Fiktionalisierung, das heißt die Orientierung auf das Mögliche statt auf das Wahre und Wahrscheinliche, wurde zum Muster der thematischen und stilistischen Ausdifferenzierung literarischer Produktion wie Rezeption, machte das Literatursystem zum ausgezeichneten 'Ort' der Entfaltung von Freiheit und Subjektivität, die alle Aspekte des Menschlichen zu integrieren verhieß." (ebd.: 427)[1] Um nachvollziehen zu können, wie Schmidt zu diesem Befund gelangt, ist es vonnöten, nochmals kurz auf die methodologischen Basisprämissen seines konstruktivistischen Ansatzes zu verweisen. Der im Konzept einer Empirischen Theorie der Literatur entfaltete Literaturbegriff meint nicht literarische Texte, sondern begreift Literatur als "Organisationsform" (Schmidt 1989: 20) literaturbezogener Handlungen und Kommunikationen im Rahmen von vier grundlegenden Handlungsrollen: Produktion, Vermittlung, Rezeption und Verarbeitung. Folglich meint 'Fiktionalität' bzw. 'Fiktionalisierung' auch nicht eine beobachterabhängige Qualität literarischer Texte, sondern ein - Ende des 18. Jahrhunderts dominant werdendes - Merkmal literaturbezogener Diskurse. Wie begründet Schmidt nun seine These?

Erst in der Phase der Autonomieästhetik habe die Kategorie 'Fiktion' diskursbestimmende Relevanz erhalten. Die Voraussetzung dafür sieht Schmidt in dem bereits erreichten Stand funktionaler Differenzierung der Gesellschaft - und das heißt auch: in der Überwindung des für die Feudalgesellschaft noch "hoch konsensuellen homogenen Realitätsmodells, das für alle Mitglieder der Gesellschaft die nötige ontologische, moralische, religiöse und empraktische Orientierung" (ebd.: 424) geleistet habe. An die Stelle jenes mittelalterlichen "Ordo-Modells" mit seinem "Globaldeutungsanspruch" (ebd.) seien systemspezifische Realitätsmodelle getreten: "Jedes Sozialsystem entwickelte und verwaltete nun ein funktionsspezifisches eigenes synreferentielles Realitätsmodell; aber hinter diesen systemspezifischen Modellen war kein allgemein verbindliches Modell der Realität mehr erkennbar." (ebd.) Die Überwindung des für alle verbindlichen Ordo-Modells wurde, so Schmidt weiter, "allgemein als Orientierungsverlust empfunden" (ebd.); eine durch die funktionale Differenzierung der Gesellschaft erzwungene "Ausdifferenzierung der Sinnfrage", die nur deshalb nicht zur "sozialen Schizophrenie" geführt habe, "weil im Umbau der Gesellschaft das Wirtschaftssystem die führende Rolle übernommen hatte. Die Objektivität des Geldes (...) entschärfte gleichsam den Bruch, den die Ausdifferenzierung der Sinnfrage in Typen von Sinnfragen erzeugte." (ebd.: 425) In dieser geschichtlichen Situation wird für Schmidt das autonomisierte, auf Selbstreferen-

1 "Fiktion", so Schmidt 1995, "läßt sich bestimmen als Dekontextualisierung und variable Referentialisierbarkeit, die den Lesern Rezeptionslizenzen und entsprechend variable Kommunikationsmöglichkeiten eröffnet" (Schmidt 1995: 125).

zialität umgestellte Literatursystem zu jenem Ort, an dem gemäß der neuen poetischen Leitbegriffe Phantasie, Kreativität sowie subjektives Schöpfertum den Literaturproduzenten sich die Möglichkeit eröffnet, "alternative Realitätsmodelle bzw. Realitätsdeutungen zu entwickeln" (ebd.: 426); Realitätsmodelle freilich, die nur "um den Preis der Fiktionalisierung" (ebd.: 429) produziert und rezipiert werden konnten, weil "alle Sinnfragen, die mit konkreten gesellschaftlichen Auswirkungen verknüpft waren, von den anderen Sozialsystemen 'besetzt' wurden" (ebd.: 428).

Schmidts Argumentationsgang enthält eine Fülle von Implikationen, die seinen Entwurf zum autonomisierten Sozialsystem 'Literatur' als fragwürdig erscheinen lassen. Dabei ist sein systemtheoretisch-konstruktivistischer Ansatz nicht nur deshalb problematisch, weil er auf einem 'erweiterten' Literaturbegriff beruht, der den literarischen Text als Gegenstand literatur*wissenschaftlicher* Beobachtung vernachlässigt; er gelangt m.E. auch deshalb nicht zu einer systemtheoretisch angemessenen Konzeptualisierung von Literatur, weil er, wenn auch auf Umwegen, an literatursoziologische Ansätze im Umkreis der Kritischen Theorie anschließt - und damit all jene Probleme erbt, die es bislang verhindert haben, das Literarische als Literatur beobachteter Texte jenseits normativer Begriffe in den Blick zu nehmen. Diese Hypothese bedarf einer genaueren Begründung.

Sieht man einmal ab von den methodologisch begründeten Differenzen zwischen Schmidts radikalem Konstruktivismus und Luhmanns Theorie autopoietischer Systeme, so zeigen sich zunächst weitreichende Parallelen. Der Übergang von der vertikal differenzierten zur funktional differenzierten Gesellschaft erscheint hier wie dort als Ablösung eines zentrisch gedachten Weltbegriffs (Ordo-Modell) durch einen multizentrischen Weltbegriff (teilsystemspezifische Realitätsmodelle). Und kaum anders als Luhmann, der - zumindest 1986 - im Kunstwerk "eine andere Version derselben Realität" (Luhmann 1986a: 624) erblickt, beschreibt Schmidt die Arbeit des Literaturproduzenten im autonomisierten Literatursystem als Entwurf "alternativer Realitätsmodelle" (Schmidt 1989: 426). Freilich ergibt sich mit diesen Übereinstimmungen hüben wie drüben der gleiche Erklärungsnotstand. Denn es stellt sich nach wie vor die Frage, warum in einer ohnehin polykontextural verfassten Welt Kunst bzw. Literatur alternative Versionen derselben Realität beisteuern sollen, die doch stets und immer nur die Kontingenz der kontingenten Welt bestätigen könnten. Hier trennen sich die Wege beider: Während Luhmann in der Folgezeit andere mögliche Funktionsbestimmungen erörtert, vor deren Hintergrund er die Zukunft der Kunst allerdings skeptisch beurteilt, erlangt die Literatur bei Schmidt eine entschieden positive Wertschätzung, wird das Literatursystem seiner Ansicht nach doch zu jenem "ausgezeichneten 'Ort' der Entfaltung von Freiheit und Subjektivität" (ebd.: 427): eine Funktionszuweisung, in der - nicht zufällig - noch immer jene Emphase mitschwingt, mit der etwa Adorno, Marcuse oder Bürger die Aufgabe der

Kunst in der bürgerlichen Gesellschaft beschrieben haben. Dies verwundert nicht: Denn indem Schmidt, bei aller Ausdifferenzierung der Sinnfrage, dem Wirtschaftssystem gleichwohl "die führende Rolle" (ebd.: 425) in der funktional differenzierten Gesellschaft zugesteht, ergibt sich für ihn die Möglichkeit, seinen konstruktivistisch ausgerichteten Ansatz an literatursoziologische Modelle anzuschließen, wie sie unter dem Einfluss der Kritischen Theorie entstanden sind. Auch für Schmidt ist die Wirtschaft gekennzeichnet durch "Arbeitsteilung und Entfremdung zugunsten des Profits" (ebd.: 21) - und so wird das Literatursystem, wie Schmidt es konzipiert, zu einer - unverzichtbaren - Nische der "geistig, emotional und moralisch gleichermaßen entfalteten Subjektivität" (ebd.) in einer durch Entfremdung gekennzeichneten Gesellschaft.

Vor diesem Hintergrund wird nicht nur vollends verständlich, warum die philosophischen Ästhetiken des ausgehenden 18. Jahrhunderts und die vor allem von Schiller formulierte "zeitgenössische Entfremdungserfahrung" (ebd.: 415) auch in Schmidts Entwurf von elementarer Bedeutung sind; vor diesem Hintergrund wird auch klar, dass das in diesem Entwurf durch den Fiktionsbegriff zusätzlich abgesicherte Autonomiepostulat in unreflektierter Weise auf jenem stummen Wissen beruht, demzufolge Literatur und Wirklichkeit, Fiktion und Realität einen Gegensatz bilden sollen. Die philosophischen Ästhetiken am Ende des 18. Jahrhunderts, "die dem literarischen Werk Autonomie zuschreiben" (ebd.: 418), setzen, so Schmidt, "die endgültige Ausdifferenzierung von 'Fiktion' und 'Realität'" (ebd.: 348) voraus; ein Sachverhalt, der Schmidt zufolge auch für das heutige Literatursystem von konstitutiver Bedeutung sei. Unauflöslich gekoppelt sei die postulierte Funktion einer allseitigen Entfaltung von Subjektivität an die "Fiktionalisierung des gesamten literarischen Diskurses" (ebd.: 430) - im Rahmen eines Systems, in dem Fiktionalität zur entscheidenden Diskursqualität werde. Darüber hinaus stabilisiere Fiktionalität - über die "Leitdifferenz literarisch vs. nicht-literarisch" (ebd.: 420) - die Systemgrenze gegenüber den lebensweltlichen Kommunikationen anderer gesellschaftlicher Teilsysteme. Die vermeintliche Leitdifferenz 'literarisch vs. nicht-literarisch', die im Grunde nur tautologisch die Behauptung eines mit klaren Konturen versehenen Literatursystems dupliziert, offenbart nunmehr ihren unreflektierten literaturtheoretischen Kern, ihren blinden Fleck. Denn sie wendet allein ins Systemtheoretische, was zum Grundbestand traditioneller Literaturtheorien, aber auch zum Grundbestand alltagsweltlichen 'Wissens' über literarische Fiktionen gehört: dass sie einen Gegensatz zur Realität bilden.

Und darüber hinaus: Die vornehmliche Beschränkung auf das 18. Jahrhundert befördert in Schmidts Studie den Eindruck, die Geschichte literarischer Fiktionalität beginne erst in diesem Zeitraum. Verstärkt wird dieser Eindruck noch durch den Sachverhalt, dass Schmidt sich aus methodologischen Gründen auf die Beobachtung der Beobachter von Literatur zurückzieht. In dieser Sicht wird die Autonomieästhetik der Weimarer Klassik zum Ausgangspunkt eines nunmehr selbstreferenziellen, zum Bewusstsein seiner selbst gelangten Literatursystems, dessen Diskurse in der Folgezeit durch Fiktionalisierung gekennzeichnet sind. Die Beschäftigung mit literarischer Fiktionalität kann jedoch nicht auf die Geschichte des modernen Fiktions*bewusstseins* unter den Prämissen faktisch vollzogener funktionaler Differenzierung begrenzt werden. Denn fiktionale Weltentwürfe, auch wenn sie von den jeweiligen Zeitgenossen nicht als solche eingeschätzt wurden und werden konnten, hat es immer schon gegeben. Insofern ist es auch in systemtheoretischer Perspektive von besonderem Interesse, der Frage einmal genauer nachzugehen, *wann* die Anfänge des neuzeitlichen Fiktionsbewusstseins zu datieren sind und *wie* sie sich in den verschiedenen Diskursen manifestieren: im literarischen Diskurs ebenso wie im philosophisch-ästhetischen Diskurs. Hilfreich in diesem Zusammenhang ist erneut Wolfgang Isers Studie über "Das Fiktive und das Imaginäre".

1.2 Die Anfänge neuzeitlichen Fiktionsbewusstseins

Fiktionsbewusstsein im neuzeitlichen Sinne konnte erst entstehen, nachdem das mittelalterliche Ordo-Modell mit seinem "Globaldeutungsanspruch" (Schmidt 1989: 424) den Status einer unbezweifelbaren und damit unantastbaren Seinsordnung einzubüßen begann. In mehreren Abhandlungen, in denen das Problem literarischer Fiktionalität unter verschiedenen Perspektiven beleuchtet wird, zeigt Iser, wie das erwachende Fiktionsbewusstsein sich in unterschiedlichen Diskursen manifestiert. Es findet seinen Niederschlag in der Struktur literarischer Werke in Form einer Abwandlung traditioneller Gattungsschemata; es findet seinen Niederschlag aber auch in der philosophischen Reflexion auf Fiktion und den Weisen ihrer Verwendung. Wendepunkte, in denen sich die Anfänge des neuzeitlichen Fiktionsbewusstseins widerspiegeln, sind für Iser die Eklogen Edmund Spensers (1579) und, mit Blick auf den philosophischen Diskurs, die Idolkritik Francis Bacons (1620). Zunächst zur Literatur.

Jene Zäsur, von der in diesem Zusammenhang die Rede ist, lässt sich beschreiben als Schritt vom literarisch gestalteten 'Bild der Totalität' zum 'Als-Ob', zur Einklammerung, die sich in der Struktur der Werke objektiviert und in der sich das Bewusstsein einer *Differenz* zwischen dargestellter Wirklichkeit und der Realität zu erkennen gibt. An die Stelle einer stabilen Beziehung zwischen Zeichen und Bedeutung, in der das sprachlich gestaltete Bild das Ganze repräsentiert, tritt die Polysemie sprachlicher Zeichen. Der Text wird verschieden auslegbar - ein Sachverhalt, der auf der werkimmanenten Ebene Vorkehrungen notwendig macht, die dem Text die gewünschte Auslegung sichern helfen sollen. Mit anderen Worten: Die bis dahin verbindliche und daher voraussetzbare allegorische Lesart auch der weltlichen Literatur beginnt ihre Selbstverständlichkeit zu verlieren. Iser skizziert die allegorische Lesart und deren Fundierung in der mittelalterlichen Seinsordnung folgendermaßen: "Zwar lag auch der Allegorese der Abstand zwischen dem sprachlichen Medium und dem dadurch übermittelten Bedeutungsgehalt zugrunde, doch die Verfahren, die die biblische Hermeneutik entwickelt hatte, dienten der Strukturierung der im sprachlichen Medium angelegten Polysemie. Solche Verfahren spielten dann auch in der Allegorese der weltlichen Literatur des Mittelalters eine nicht unerhebliche Rolle, da es auch hier die Kluft zwischen Geist und Buchstaben zu überwinden galt. Im Figuralschema war der Geist im Buchstaben vorweggenommen, da der Text die figura für das typologische complementum verkörperte. Im Schema von significatio und personificatio hob sich der Buchstabe entweder in der Abstraktion des Geistes auf, um das Unsichtbare zu verbildlichen, oder der Geist ging in den Buchstaben ein, um durch diesen seine Wirkungsmächtigkeit in konkreten Situationen zu bezeugen. In jedem Falle aber funktionieren Figuralschema und allegorischer modus dicendi als Regulative der Zeichenbeziehungen, durch die die Polysemie des sprachlichen Mediums zu einem jeweils bestimmten Sinn aufgehoben wurde. Buchstabe und Geist waren stets durch ein Drittes miteinander verbunden, und diese vorwiegend hierarchische Beziehung hatte ihren Grund in der mittelalterlichen Seinsordnung, die sich in solcher Zuordnung immer mitpräsentierte. Die Zeichenbeziehung hatte einen ternären Charakter, der der Spätantike selbstverständlich war und erst in der Renaissance eine Problematisierung erfahren sollte." (Iser 1991: 78f.)[2]

Eine solche Problematisierung, die die Anfänge neuzeitlichen Fiktionsbewusstseins indiziert, beobachtet Iser nun in den Eklogen Edmund Spensers: in dessen Zyklus "The Shepheards Calendar" (1579). Die Eklogen Spensers sind für Iser zunächst einmal deshalb von besonderem Interesse, weil sie einem literarischen Diskurs angehören, "in welchem literarische Fiktionalität durch das Kenntlichmachen ihres Fingiertseins in das Bewußtsein einer Epoche getrieben wurde: die Schäferdichtung der Renaissance" (Iser 1991: 59). Die Bukolik, ein literarischer Diskurs, der zu jener Zeit bereits eine anderthalb Jahrtausend umfassende Tradition aufweist, erlaube in ausgezeichneter Weise, in der Abwandlung tradierter Gattungsschemata den Geltungsverlust allegorischer Lesart zu beob-

2 Auf der Grundlage von Luhmanns Beobachtungstheorie beschreibt David Roberts die Literatur vormoderner Gesellschaften durchaus ähnlich: "Selbstbeobachtung in stratifizierten Gesellschaften hat die Form einer gesellschaftlichen Selbstrepräsentation erster Ordnung, deren Zweck darin besteht, die gegebene Ordnung zu affirmieren." (Roberts 1996: 293) Infolgedessen bleibe "das Problem der Form in der stratifizierten Gesellschaft latent (...). Sowohl die Gattungskonventionen wie auch der soziale Kontext des Vortrags bzw. der Aufführung kommen der Zweiseitigkeit der Form zugute, worunter die Kongruenz zwischen Form und Inhalt, zwischen repräsentierendem Wort und repräsentierter Welt zu verstehen ist." (ebd.: 309)

achten. In den Anfängen, bei Theokrit, vor allem aber bei Vergil, erscheine "die Bukolik als Spiegel" einer "totalen Übersetzbarkeit der gesellschaftlichen Ordnung ins Schäferleben" (ebd.). So sei in den Eklogen Vergils über das Verhältnis von schäferlicher Welt und der politischen Welt als Bezugsrealität des Gestalteten noch nichts ausgesagt - ein Indiz dafür, dass es zu jener Zeit "möglich war, die miteinander verschränkten Welten" zu präsentieren, ohne "eine bestimmte Art der Verbindung (...) in das Verhältnis" einzeichnen zu müssen (ebd.: 76). Die zeitgenössische Rezeption beruhte offenbar auf einer stabilen allegorischen Lesart. Anders in der Renaissance: Zwar galt auch in dieser Zeit noch die "allegorische Lesung von Eklogen (...) als Allgemeinplatz" (ebd.: 77); wie die Eklogen Spensers jedoch zeigten, habe die Allegorese ihre Stabilität verloren. So verdeutliche sich die nunmehr freigesetzte Polysemie des Textes unter anderem in der Vielzahl von Figurationen, die das Figurenensemble des Zyklus nach dem Willen des textimmanenten Kommentators zu übernehmen habe. So soll der Hirte Colin Clout "manchmal ein Dichter, manchmal Spenser selbst, manchmal nur ein Schäfer und manchmal das englische Volk" sein (ebd.: 81). Darüber hinaus: Der textinterne Kommentator selbst entspreche einer Abwandlung des Gattungsschemas, werde er in seiner Existenz doch erst erzwungen durch das dichte Netz der auf der Textebene kombinierbaren semantischen Möglichkeiten. Iser gelangt zu dem Schluss: "Die wechselseitige Doppelung von Schäferwelt und Bezugsrealität ist nicht mehr durch einen Code zu überspannen; vielmehr tritt hier die Doppelung selbst an die Stelle des Codes und eröffnet dadurch gerade jene Polysemie des Textes, die der allegorische Code durch seine verschiedenen Modalitäten aufzuheben trachtete. (...) Damit aber hat sich der allegorische Modus nahezu umgekehrt; denn nun übt die Bilderwelt eine sematische Kontrolle über den Sinn aus und ist nicht mehr bloße personificatio, in welcher sich ein schon immer gegebener Sinn lediglich verbildlicht." (ebd.: 92) Und mit David Roberts ließe sich sagen: Das bis dahin latent gebliebene Problem der Form wird in Spensers Eklogen explizit, weil die bis dahin gegebene Entsprechung von "repräsentierendem Wort und repräsentierter Welt" (Roberts 1996: 309) zu zerfallen beginnt.

Diese Hinweise mögen genügen. Sie fielen deshalb etwas ausführlicher aus, weil Iser am Beispiel der Schäferdichtung der Renaissance einen fundamentalen Wandel nachzeichnet, der auch in systemtheoretischer Perspektive von großer Bedeutung ist. Der letztlich Jahrhunderte umfassende Übergang vom Mittelalter zur Neuzeit manifestiert sich auf der Ebene des literarischen Diskurses unter anderem in der Abwandlung tradierter Gattungsschemata. In diesen strukturellen Wandlungsprozessen zeichnen sich zugleich die Anfänge einer veränderten Beobachtung von Literatur ein. Anders gewendet: Indem das mittelalterliche Ordo-Modell "den Status einer garantierten Seinsordnung" (Iser 1991: 83) einzubüßen beginnt, wird zugleich die Voraussetzung dafür geschaffen, die Differenz von dargestellter Wirklichkeit und Realität wahrzunehmen. Dies aber bedeutet: *Literarische Fiktionalität wird als solche beobachtbar.*

Freilich zeigt sich das erwachende Fiktionsbewusstsein der frühen Neuzeit nicht nur auf der Ebene des literarischen Diskurses, sondern auch im philosophischen Diskurs. Wie die Idolkritk Francis Bacons in seiner Schrift "Das neue Organon" (1620) bezeugt, ist es gerade die vom wissenschaftlichen Diskurs noch nicht geschiedene philosophische Reflexion, in der die Grundlagen des mittelalterlichen Weltverständnisses unterminiert werden und sich die Konturen eines neuzeitlichen Realitätsbegriffs abzuzeichnen beginnen, der in forcierter Abgrenzung zu den 'Trugbildern' der Vergangenheit konsolidiert wird.

Erfindungen wie die des Fernrohrs 1608/09 haben nicht unwesentlich dazu beigetragen, den in der Antike wie im Mittelalter tragenden Glauben an die anthropomorphe Finalität des Kosmos zu destabilisieren: "Daß es in der Welt für den Menschen nicht nur zeitweise und vorläufig, sondern definitiv seiner natürlichen Optik Entzogenes und Unzugängliches geben könnte, war eine der Antike wie dem Mittelalter unbekannte, unter ihren philosophischen Voraussetzungen auch unvollziehbare Unterstellung." (Blumenberg 1966: 363) Mit den bahnbrechenden Entdeckungen zu Beginn des 17. Jahrhunderts sind jedoch die Grundlagen der alten Kosmologie nachhaltig erschüttert: "Geist und Natur sind nicht mehr aufeinander zugeordnet, wie es antikem theoria-Verständnis entsprach, wo sich der Kosmos in Selbstpräsentation zeigte. Folglich ist alles, was in Erscheinung tritt, nicht mehr in einem unproblematischen Sinne wirklich." (Iser 1991: 167) Wenn aber, so Iser in seiner Auseinandersetzung mit Bacon (vgl. ebd.: 166-194), sich die Natur als terra incognita jenseits einer ebenso begrenzten wie trügerischen Sinneswahrnehmung entpuppt, dann bedarf es nicht nur der Reflexion auf die Instrumente und Methoden zur Erforschung der Natur, sondern allererst einer Kritik der Trugbilder und Trugschlüsse (Idole) des menschlichen Geistes. Ihr widmet sich Bacon in seiner Abhandlung "Das neue Organon" von 1620. Idole sind für Bacon "Zeichen mangelnder Trennschärfe zwischen Geist und Natur, sie entstehen, wenn sich der Geist mit Natur vermischt - einer Natur, die längst nicht mehr dem Sichtbarkeitspostulat entspricht, geschweige denn auf den Geist zugeordnet ist. Idole nehmen sich daher wie der 'Trümmerschutt' der alten Kosmologie aus und gaukeln nunmehr fatale Zusammenhänge in einer Welt vor, in der die Selbsterhaltung aus eigener Anstrengung geleistet werden muß." (Iser 1991: 174) Das nunmehr erkannte Unwahre der Idole entspricht der Einsicht in die Fähigkeit des menschlichen Geistes, Trugbilder hervorzubringen. Sie als solche zu qualifizieren, setzt demnach Fiktionsbewusstsein voraus; sie, wie Bacon es tut, als "gefährlichen Irrtum" (ebd.: 169) zu disqualifizieren, ersetzt den Wahrheitsanspruch antik-mittelalterlicher Kosmologie durch einen neuen: Für Bacon ist es das naturwissenschaftliche Experiment, das es erlaube, die der menschlichen Sinneswahrnehmung entzogenen Gesetzmäßigkeiten der Natur als deren Wahrheit aufzuschließen. Das "Experiment", so Iser treffend, wird für Bacon "zur Gegenfigur des

Idols" (ebd.: 184).

Bacons "Novum Organon" markiert für Iser jenen Ausgangspunkt, an dem, zu Beginn der Neuzeit, "die Fiktion Gegenstand der Reflexion geworden ist. (...) Die Fiktion wird fiktiv, was aber beileibe nicht heißt, daß sie dadurch den Gegensatz zur Realität bildet." (ebd.: 165) Dem ist zweifellos zuzustimmen - in unserem Zusammenhang allerdings von größerem Interesse ist der Sachverhalt, dass das erwachende Fiktionsbewusstsein der Neuzeit sich sogleich in einer bestimmten Form der Fiktions*kritik* artikuliert und sich auf philosophischer Ebene wohl auch nur in dieser Form artikulieren konnte. Denn das Experiment als einzig verlässlich erscheinender Weg, sich der Realität der Dinge und ihrer Gesetzmäßigkeiten zu vergewissern, kann seine Geltung nur erringen, wenn die wissenschaftlich geleitete Beobachtung der Natur zu jenem Prüfstand avanciert, dem sich die Hervorbringungen des menschlichen Geistes, ungeachtet ihrer früher fraglosen Geltung, nunmehr zu stellen haben.

Wenn man, mit Blick auf Bacons Idolkritik, von einem für die Neuzeit fundamentalen Paradigmenwechsel spricht, sollte man allerdings nicht verkennen, dass es solche Paradigmenwechsel in der Menschheitsgeschichte schon früher gegeben hat. 1200 Jahre zuvor nutzt Augustinus alle ihm zu Gebote stehende Autorität, um in einer Zeit, in der es um die Verbreitung und Festigung des christlichen Glaubens geht, gegen die Lüge zu Felde zu ziehen: in seinen Schriften "De mendacio" (395) und "Contra mendacium" (420). Wie Steffen Dietzsch bemerkt, sind Augustinus' "Überlegungen zur Lüge (...) vor dem Hintergrund dessen zu verstehen, was Augustinus theologisch überhaupt will: nämlich im Glauben auf sicheres Wissen bauen zu können" (Dietzsch 1998: 32f.). Wie aber ist für Augustinus 'sicheres Wissen' zu erreichen: durch die "strikte Unterwerfung unter Gott als der Wahrheit" (ebd.: 39), mithin unter die Autorität der Heiligen Schrift, weil man andernfalls "dem Teufel" als dem "Vater der Lüge", wie es im Evangelium des Johannes (8,44) heißt, anheimfalle. Für Augustinus ist die wahrnehmbare Realität "etwas Täuschendes, Lügnerisches". Weil "das luziferische Prinzip (...) die temporären Formen des Diesseits - temporär - okkupiert, ist diese Welt eo ipso armselig, weil lach- und lügenhaft; damit aber auch etwas, das überwunden werden wird" (Dietzsch 1998: 38). Für Francis Bacon hingegen birgt die wahrnehmbare Wirklichkeit den Schlüssel zur Wahrheit, auch wenn es des Experiments bedarf, um ihrer habhaft zu werden. Der kleine Vergleich zeigt: Die Erörterung der Lüge und der Täuschung begleitet den philosophischen und theologischen Diskurs über Wahrheit seit jeher - so erinnert Steffen Dietzsch auch daran, dass die Worte und Taten des listenreichen, aber eben auch verschlagenen Odysseus schon für Platon Anlass zu philosophischer Reflexion gewesen sind (vgl. Dietzsch 1998: 25ff.). Nicht darin also liegt das Originäre der Idolkritik Francis Bacons. Was sich in ihr freilich zum ersten Male abzeichnet, sind die Konturen eines - spezifisch neuzeitlichen - Fiktionsverständnisses, in dem das (natur-)wissenschaftlich eruierte Faktum den Maßstab dafür bildet, was als wahr bzw. als unwahr zu gelten habe.

Vor dem Hintergrund der bisherigen Ausführungen dürfte deutlich geworden sein: 'Fiktionalität' ist keinesfalls ausschließliches Merkmal literatur*bezogener* Diskurse. Denn wie das Beispiel der Bukolik zeigt, verweist die Abwandlung tradierter Gattungsschemata bereits im späten 16. Jahrhundert auf die Anfänge eines Fiktionsbewusstseins, das einhergeht mit dem Geltungsverlust der im Spätmittelalter noch unangefochtenen allegorischen Lesart auch weltlicher Literatur. Und erst recht ist 'Fiktionalität' kein Phänomen, das erst im späten 18. Jahrhundert, also in der Phase der Autonomieästhetik literarischen wie literaturbezogenen Kommunikationen Form und Struktur verliehen hätte. Denn schon der Idolkritik Francis Bacons liegt in konstitutiver Weise die Einsicht zugrunde, dass der menschliche Geist Imaginäres hervorzubringen imstande ist. Darüber hinaus zeigt sich bereits bei Bacon, in welcher Form Fiktionalität in der beginnenden Neuzeit zu Bewusstsein gelangt: als Trugbild, dem das naturwissenschaftliche Experiment als Weg der Wahrheitsfindung entgegengehalten werden müsse. Anders formuliert: In Bacons Idolkritik zeichnen sich bereits jene Konfliktlinien ab, die für das Selbstverständnis von Kunst bzw. Literatur in der Folgezeit bestimmend werden: den eigenen Wahrheitsanspruch gegen den Geltungsanspruch wissenschaftlicher Wahrheit behaupten zu müssen. Um diesen Prozess wenigstens kurz zu skizzieren, ist es sinnvoll, zunächst noch einmal auf Schmidt und seine materialreiche Studie über das 18. Jahrhundert zurückzukommen.

1.3 Das neuzeitliche Realitätsverständnis

Wie in Abschnitt 1 bereits gezeigt, dient auch Schmidt ein Fiktionsbegriff zur theoretisch-begrifflichen Absicherung seiner Leitdifferenz 'literarisch vs. nichtliterarisch', der, eingespannt in die Antithesis Wirklichkeit vs. Fiktion, noch heute zum kaum oder gar nicht problematisierten 'Wissensbestand' der modernen, funktional differenzierten Gesellschaft gehört. Die Fragwürdigkeit seines Ansatzes hätte Schmidt sehen können, wenn er berücksichtigt hätte, dass die Autonomieästhetik historisch nicht allein den faktisch weitgehend vollzogenen Prozess funktionaler Differenzierung voraussetzt, sondern auch einen gegenüber dem mittelalterlichen Realitätsverständnis grundlegend gewandelten *Wirklichkeitsbegriff*, dessen nunmehr weithin akzeptierte Verbindlichkeit es allererst erlaubt, Literatur und Wirklichkeit, Fiktion und Realität als Gegensätze zu begreifen. Schmidt berücksichtigt diesen Aspekt nicht - im Gegenteil: sein Konzept eines autonomisierten Literatursystems beruht geradezu auf dieser vermeintlichen Opposition.

In anderem Zusammenhang freilich, mit Blick auf das sich herausbildende

Wissenschaftssystem, deutet er jene historischen Voraussetzungen an, die für die Geschichte des neuzeitlichen Fiktionsbewusstseins von elementarer Bedeutung sind: "Der rapide Zuwachs an Erkenntnissen wird im 18. Jahrhundert zum Kernproblem der Wissenschaften. Er zwingt zu einem rationalen empirischen Verfahren und verbietet mythologische oder religiöse Erklärungen. Damit aber wird (...) der Bereich des Empirischen eingeengt, was zwei Konsequenzen nach sich zieht: einmal die Entwicklung langsamer und mühsamer Methoden der Tatsachenvergewisserung, zum anderen die Entwicklung eines rationalen, allein auf empirische Unbezweifelbarkeit abgestellten Begriffs von Wahrheit. Diese Entwicklung macht die Ablösung der Wissenschaft von Literatur und Philosophie (...) wie von der Theologie unausweichlich. (...) Alle drei müssen ihren Wahrheitsanspruch entweder aufgeben oder substantiell modifizieren, etwa durch die Einführung neuer Dichotomien (wie z.B. empirische vs. transzendente Wahrheit, wissenschaftliche vs. künstlerische Wahrheit) (...)." (Schmidt 1989: 243)

Wie immer die Geschichte der Neuzeit seit dem 17. Jahrhundert im Einzelnen beobachtet und interpretiert wird: es ist insbesondere wohl die Geschichte einer fortschreitenden "wissenschaftlichen Durchdringung der gesamten Lebenswelt" (Schmidt 1989: 219); einer Welt, in der "die Form des wissenschaftlichen Wissens" zum "Legitimationswissen" (Nassehi 1995: 40) avanciert, in der "wissenschaftliche Beschreibungen für authentische Realitätserkenntnis" (Luhmann 1996a: 20) gehalten werden. Weitgehend im Einklang mit vorausgegangenen wissenschaftlichen Überblicksdarstellungen skizziert Schmidt diesen Prozess, wobei er mit Blick auf die Naturwissenschaften zwei wesentliche Tendenzen hervorhebt: "(1) Der Aufstieg der explizit kontrollierten experimentellen Methode, ihre Vervollkommnung sowie ihre Anwendung auf immer weitere Bereiche wissenschaftlichen Handelns. (2) Verbunden damit die Verabschiedung der Spekulation zugunsten einer zunehmenden Verpflichtung auf Empirie." (Schmidt 1989: 220) Gegen Ende des 18. Jahrhunderts, so Schmidt weiter, "rechtfertigte eine ausdifferenzierte Wissenschaft ihre Existenz durch selbstreferentielle Orientierung auf die von ihr selbst produzierte unbezweifelbare Wahrheit. Diese Unbezweifelbarkeit wird vor allem auf Empirie und Experiment gegründet und von Subjekten und ihren Handlungen gelöst." (ebd.: 250) Mit Recht hat Schmidt in diesem Zusammenhang darauf hingewiesen, dass die neuzeitliche Wissenschaftsentwicklung in ihrer gesamtgesellschaftlichen Relevanz gravierende Konsequenzen auch für die Literatur und die literaturbezogene Reflexion im philosophisch-ästhetischen Diskurs besaß. Auf der *Grundlage eines nunmehr weithin akzeptierten Wirklichkeitsbegriffs, der als real und damit als wahr nur noch die unbezweifelbare Tatsache gelten lässt*[3], waren Theologie, Philosophie und Lite-

3 Das Wort 'Thatsache' erlebte in der zweiten Hälfte des 18. Jahrhunderts einen rasanten,

ratur gleichermaßen dazu gezwungen, ihren Wahrheitsanspruch "substantiell [zu] modifizieren" (ebd.: 243), das heißt: *den Geltungsanspruch ihrer je eigenen Wahrheit gegen den wissenschaftlichen, auf Empirie gestützten Wahrheitsanspruch zu behaupten.* Niklas Luhmann verweist im Rahmen seines Konzepts zum Kunstsystem ebenfalls auf diesen Zusammenhang: "Im übrigen kennt das 16. Jahrhundert noch keinen strikt auf Tatsachenwissen beschränkten Wahrheitsbegriff, wie er sich erst im Laufe des 17. Jahrhunderts durchsetzt. Wahrheit ist noch zu sehr gebunden an die Erwartung einer richtigen Deutung der Welt, und daran haben nicht nur Tatsachenerklärungen, sondern auch fiktive Darstellungen und natürlich auch normative Geltungsbehauptungen Anteil. Nur vor diesem gemeinsamen Hintergrund ist der Streit um die Wahrheitsansprüche der Dichtung verständlich, der aber die Linien schon markiert, an denen es zur Trennung von beweisbarem Wissen und schönem Schein kommen wird." (Luhmann 1995a: 409) Einige Jahre zuvor schon, genauer gesagt: 1970, hatte Michel Foucault die Dominanz des neuzeitlichen, an der Tatsache orientierten Wirklichkeitsverständnisses als einen "Willen zur Wahrheit" interpretiert, "der seit Jahrhunderten unsere Diskurse durchdringt" (Foucault 1977: 11): "(...) an der Wende vom 16. zum 17. Jahrhundert ist (vor allem in England) ein Wille zum Wissen aufgetreten, der im Vorgriff auf seine wirklichen Inhalte Ebenen von möglichen beobachtbaren, meßbaren, klassifizierbaren Gegenständen entwarf; ein Wille zum Wissen, der dem erkennenden Subjekt (gewissermaßen vor aller Erfahrung) eine bestimmte Position, einen bestimmten Blick und eine bestimmte Funktion (zu sehen anstatt zu lesen, zu verifizieren anstatt zu kommentieren) zuwies; ein Wille zum Wissen, der (...) das technische Niveau vorschrieb, auf dem allein die Erkenntnisse verifizierbar und nützlich sein konnten." (ebd.: 12f.) Als 'Wille zur Wahrheit' im 19. Jahrhundert voll entfaltet, tendiere, so Foucault, der 'Wille zum Wissen' dazu, "auf die anderen Diskurse Druck und Zwang auszuüben. Ich denke daran, wie sich die abendländische Literatur seit Jahrhunderten ans Natürliche und Wahrscheinliche, an die Wahrhaftigkeit und sogar an die Wissenschaft - also an den wahren Diskurs - anlehnen muß." (ebd.: 13f.) Auch im Verständnis Foucaults steht demnach die Rede von der künstlerischen Wahrheit im Banne jenes wissenschaftlichen Wahrheitsbegriffs, auf den sie sich beziehen muss, um sich von ihm abgrenzen zu können. Schließlich Helmut

---

keineswegs auf den wissenschaftlichen Diskurs beschränkten Aufstieg. Nach dem "Deutschen Wörterbuch" von Jacob und Wilhelm Grimm datiert der früheste Nachweis aus dem Jahr 1756. Als Übersetzung für 'factum' umschreibt das Wörterbuch die 'Thatsache' als "eine vorgefallene, wirklich geschehene sache, etwas feststehendes, das nicht bezweifelt werden kann" (Grimm/Grimm 1935, Bd. 21: Sp. 322). Zitiert wird in diesem Zusammenhang auch Lessing, der seiner Verwunderung darüber Ausdruck verleiht, "dasz dieses wörtlein ganz wider das gewöhnliche schicksal neuer wörter in so kurzer zeit ein so gewaltiges glück gemacht hat" (ebd.).

Arntzen: In seiner Studie über den "Ursprung der Gegenwart" (1995) wird das im 19. Jahrhundert vollends konsolidierte 'Tatsachenprinzip' zum Ausgangspunkt einer weiträumigen Reflexion über dessen Folgen für das literarische Sprechen im 20. Jahrhundert. Das moderne, am wissenschaftlichen Wahrheitsbegriff orientierte Wirklichkeitsverständnis ist für Arntzen gleichbedeutend mit der Reduktion von Sprache auf ihren instrumentellen Charakter: "Die Restriktion der Sprache auf ein bloßes Zeichensystem zieht sich über die Jahrhunderte, aber erst der Sieg der 'Tatsache' im 19. Jahrhundert macht sie vollständig. Sprache bedeutet nur noch das Zeigen aufs factum brutum." (Arntzen 1995: VIII) Und wenig später heißt es: "So reduziert sich das Wirklichkeitsprinzip auf das Tatsachenprinzip." (ebd.: 23) Bereits 1983 hatte Arntzen in einer Reihe von Thesen die pragmatische Sprachverwendung, in der die Sprache auf ihre Bezeichnungsfunktion eingeschränkt wird, unterschieden vom literarischen Sprechen. Während das "Sprechen im Alltag, das Sprechen der täglichen Information in den Medien, das Sprechen der Wissenschaft (...) die Möglichkeiten der Sprache" reduziere (Arntzen 1983: 42), Sprache allein noch "zum Transport des (behaupteten) Faktischen oder der (behaupteten) Meinung" (ebd.: 44) benutze, sei Literatur ein "'gesteigertes' Sprechen" (ebd.: 42), verdanke sich "dem mimetischen Vermögen der Sprache", ihrem "metaphorischen Charakter" (ebd.: 43); ein Sprechen, in dem "die in der Sprache sedimentierte Bedeutungsvielfalt" nicht verdrängt werde "zugunsten punktueller Eindeutigkeit" (ebd.: 42). Und deshalb sei die "Bemühung um Literatur als Sprechen (...) sinnvoll nur unter der Voraussetzung, daß Sprache nicht allein und nicht vor allem ein System von Zeichen ist, sondern die Weise, in der Wirklichkeit Wirklichkeit für uns (als Menschen) ist. (...) Wie Welt als Welt für uns sprachlich ist (...), so ist Sprache ein potentielles Universum von Bedeutungen, das sich in der Zeit herstellt, also geschichtlich ist." (ebd.: 41) Der "Druck und Zwang", von dem Foucault mit Blick auf jene Diskurse gesprochen hat, die sich dem neuzeitlichen "Willen zum Wissen", letztlich: dem "Willen zur Wahrheit" (Foucault 1977: 12f.) zu beugen hätten, wird von Arntzen in seiner Studie von 1995 aufgegriffen, um die defensive Position der Literatur im 20. Jahrhundert unter der Dominanz des Tatsachenprinzips zu skizzieren. Die Romane von Kafka, Musil, Broch und Döblin geben Arntzen zufolge die "Mimesis der empirisch-historischen Realität entschieden auf" (Arntzen 1995: 69); andere Texte wiederum, Romane und Erzählungen, überlieferten sich dagegen durch Anlehnung an die Sprache der Medien einer "Mimesis des Faktischen" (ebd.: 86).

Arntzens Hinweis auf die enge Beziehung zwischen dem wissenschaftlichen Wahrheitsbegriff und der Sprachverwendung in den Massenmedien berührt einen Zusammenhang, dem sich auch Luhmann in seinem Medienbuch ausführlich widmet: "Am deutlichsten ist der Programmbereich Nachrichten und Berichte als Erarbeitung/Verarbeitung von Information erkennbar. In diesem Bereich verbreiten die Massenmedien Ignoranz in der Form von Tatsachen, die ständig erneuert werden müssen, damit man es nicht merkt." (Luhmann 1996a: 53) Und wenig später heißt es ergänzend: "Bei Informationen, die im Modus der Nachrichten und Berichterstattung angeboten werden, wird vorausgesetzt und geglaubt, daß sie zutreffen, daß sie wahr sind." (ebd.: 55) Während die wissenschaftliche Beobachtung von Wirklichkeit über den binären Code wahr/unwahr schlechthin an 'Wahrheit' im Sinne eruierbaren Faktenwissens gebunden sei, interessiere dagegen die Massenmedien Wahres "nur unter stark limitierenden Bedingungen, die sich von denen wissenschaftlicher Forschung deutlich unterscheiden" (ebd.: 56). Anders und genauer formuliert: Obwohl Realität von den Massenmedien "durchaus im Modus recherchierter Wahrheit" (ebd.: 144) beschrieben werde, "folgen", so Luhmann, "die Massenmedien nicht dem Code wahr/unwahr, sondern selbst in ihrem kognitiven Programmbereich dem Code Information/Nichtinformation. Das erkennt man daran, daß Unwahrheit nicht als Reflexionswert benutzt wird. Für Nachrichten und Berichte ist es nicht (oder allenfalls im Zuge von nicht mitgemeldeten Recherchen) wichtig, daß die Unwahrheit ausgeschlossen werden kann. Anders als in der Wissenschaft wird die Information nicht derart durchreflektiert, daß auf wahre Weise festgestellt werden muß, daß Unwahrheit ausgeschlossen werden kann, bevor Wahrheit behauptet wird. Das Problem der Meldungen liegt nicht hier, sondern in ihrer Selektion (...)." (ebd.: 73f.) Die Medien könnten "auch falsche oder möglicherweise falsche Informationen bringen", solange sie "die Funktion" im Auge behielten und "den Sensationswert gegen das Risiko möglicher Aufdeckung" (ebd.: 30) abwägen würden. Berücksichtigt man all dies, so ließe sich vielleicht sagen: Auf der Grundlage des auf Empirie gestützten wissenschaftlichen Wahrheitsbegriffs sind es insbesondere die Massenmedien, die mit ihren Realitätskonstruktionen ein Wirklichkeitsverständnis stabilisieren, in dem das Tatsachenprinzip dominiert. Denn als Information taugt in erster Linie das Faktum, verbreitet durch Massenmedien, denen weithin zugestanden wird, was sie für sich selbst in Anspruch nehmen: ein Abbild der Realität zu liefern.

Welche Schlussfolgerungen lassen sich in systemtheoretischer Perspektive ziehen? Sicherlich haben Schmidt und Luhmann, ungeachtet ihrer jeweiligen methodologischen Ausgangslage, gleichermaßen recht: Der Übergang von der stratifizierten zur funktional differenzierten Gesellschaft der Moderne lässt sich beschreiben als Prozess einer Überwindung des mittelalterlichen Ordo-Modells; ein Prozess, in dem an die Stelle eines bis dahin für alle verbindlichen Realitätsmodells eine Vielzahl teilsystemspezifischer Realitätsmodelle treten: zuletzt eine multizentrisch angelegte Welt, in der das jeweilige Teilsystem seine Welt als die Welt konstruiert und damit konstituiert, abhängig von funktionsspezifischen Beobachterperspektiven. Alle gesellschaftlichen Funktionssysteme, sieht man von der Literatur (Kunst) einmal ab, bedienen sich dabei einer Sprache, die auf ihren Referenzcharakter eingeschränkt wird, Informationen zu transportieren hat, die verstanden werden sollen; eine Sprache mithin, die sich durch Verständlichkeit, im besten Falle: Eindeutigkeit auszeichnen soll. Schmidt spricht in diesem Zusammenhang von der Tatsachen-Konvention und der Monovalenz-Konvention, die für alle pragmatischen Funktionssysteme der modernen Gesellschaft gültig seien (vgl. Schmidt 1989: 431). Müßig wäre nun die Spekulation darüber, ob dies so sein muss oder nicht: Funktionale Differenzierung ist das Resultat eines evolutionären Prozesses, in dem die beständige Zunahme von Komplexität nicht nur die Umstellung von der stratifikatorischen auf funktionale Differenzierung erzwingt, sondern auch den unabschließbaren Prozess einer beständigen Ausdifferenzierung der Gesellschaft in Teil- und Subsysteme vorantreibt - mit dem Effekt, neue Komplexität zu erzeugen. Besteht demnach die Aufgabe der gesellschaftlichen Funktionssysteme in einer Reduktion von Weltkomplexität, um zwischen der nur geringen Verarbeitungskapazität psychischer Systeme und der wachsenden Weltkomplexität zu vermitteln, so erscheint die Restriktion der Sprache auf ihre Bezeichnungsfunktion als notwendiges Moment der "soziokulturellen Evolution", des Prozesses einer "Umformung und Erweiterung der Chancen für aussichtsreiche Kommunikation" (Luhmann 1987a: 219). Wenn dem aber so ist, dann wäre Luhmanns Einschätzung zu ergänzen, wonach das Signum der Moderne die Beobachtung zweiter Ordnung sei: die Selbstbeobachtung der Systeme und ihre wechselseitige Beobachtung im fortschreitenden Bewusstsein einer durch Kontingenz gekennzeichneten Welt. Denn zu ihr gehört dann auch das schwindende Bewusstsein für die Möglichkeiten der Sprache, wie sie die Literatur jenseits instrumenteller Sprachverwendung zur Geltung zu bringen versucht. Auf diese Möglichkeiten der Sprache verweist wiederum Arntzen in Form energischer Plädoyers.

1.4 Fazit

Der Autonomisierungsprozess der Literatur im Zuge funktionaler Differenzierung der Gesellschaft ist gekennzeichnet durch die Befreiung der Literatur aus heteronomen Zwecksetzungen. Die Überwindung religiöser bzw. höfisch-feudaler Funktionsbestimmungen sowie die Ausdifferenzierung der Diskurse, in deren Verlauf die Literatur von 'literaturfremden', etwa wissenschaftlichen Aufgaben entbunden wird, erlaubt es, Literatur nunmehr in höchst unterschiedlicher Weise zu funktionalisieren - allerdings um den Preis einer nur *mittelbaren Wirkung*, weil andere gesellschaftliche Teilsysteme - im Gegensatz zur Literatur - gesellschaftliche Funktionen in je spezifischer Weise unmittelbar erfüllen.

Begleitet wird der Autonomisierungsprozess von einem erwachenden Fiktionsbewusstsein, bevor es sich in der Phase der Autonomieästhetik am Ende des 18. Jahrhunderts weitgehend etabliert hat. Literarische Fiktionalität ist damit in gesellschaftlich weithin akzeptierter Weise als solche beobachtbar geworden.

Insofern erscheint die Geschichte der Literatur seit dem späten 18. Jahrhundert zugleich auch als die Geschichte des neuzeitlichen Fiktionsbewusstseins. Doch bereits Jahrhunderte zuvor, wohl erstmalig in der Idolkritik Francis Bacons explizit formuliert, zeigen sich die Prämissen, unter denen Fiktionalität zu Bewusstsein gelangt und in der Folgezeit die Beobachterperspektive bestimmt: Es gelangt zu Bewusstsein unter der fragwürdigen Opposition von Fiktion und Wirklichkeit im Rahmen eines Realitätsverständnisses, das vom wissenschaftlichen Wahrheitsbegriff, zugespitzt formuliert: vom Tatsachenprinzip beherrscht wird. Literatur gilt spätestens seit dem 19. Jahrhundert als Fiktion, deren 'Wahrheit' als künstlerische oder ästhetische in einen Gegensatz gebracht wird zur faktischen Wirklichkeit. Zieht man dies mit in Betracht, so bedeutet Autonomisierung eben nicht nur faktische Freisetzung und Ausweitung literarischer Handlungsspielräume im Sinne eines "befreiten Raums kreativer Sinnproduktion" (Schmidt 1989: 427), sondern auch die Verbannung literarisch gestalteter Wirklichkeiten als 'alternative Weltentwürfe' in ein Reich des schönen Scheins und der letzten Werte. Der Realitätsbezug der Literatur, so ließe sich formulieren, wird unter der Dominanz eines nunmehr weithin akzeptierten Fiktionsbegriffs, der den Gegensatz von Fiktion und Realität postuliert, ignoriert oder in Abrede gestellt.

Vergegenwärtigt man sich dies - anders gewendet: setzt man die beobachtungsleitende Unterscheidung real/fiktional ihrerseits der Beobachtung aus, so gelangt noch ein weiteres Phänomen ins Blickfeld, das weder von Luhmann noch von Schmidt berücksichtigt wird und unter den Prämissen ihres jeweiligen Fiktionsverständnisses wohl auch nicht beobachtet werden kann. Angesprochen ist die im späten 18. Jahrhundert sich vollziehende Neuordnung des literarischen Gattungssystems, das in seinen damals erlangten Konturen auch heute noch Geltung für sich beansprucht. Diese Neuordnung zum Gegenstand eines eigenen Kapitels zu erheben, scheint unabdingbar. Denn der Versuch, Literatur als System der funktional differenzierten Gesellschaft zu beschreiben, muss auch jene Phänomenbereiche berücksichtigen, die etwa Luhmann auf der Grundlage eines fragwürdigen Fiktionsbegriffs unbeobachtet lässt: unter anderem ganze Genres wie die Autobiographie (vgl. Stanitzek 1997: 15).

2. Die Neuordnung des literarischen Gattungssystems. Das Beispiel 'Autobiographie'

"Literarische Texte - so lautet eine heute weithin geteilte Ansicht - sind fiktionaler Natur. Mit dieser Klassifikation sollen sie von jenen Texten unterschieden werden, die ein solches Merkmal nicht besitzen und folglich im Sinne des herrschenden Sprachgebrauchs dem Gegenpol der Fiktion, der Wirklichkeit, zuzurechnen sind." (Iser 1991: 18) Wolfgang Isers wichtiger Hinweis bedarf nunmehr einer kleinen, in ihren Konsequenzen allerdings weitreichenden Korrektur. Denn es existiert eine Reihe von Textsorten, die im herrschenden Sprachgebrauch durchaus als literarisch gelten können, gleichwohl aber - und hier entfaltet das 'stumme Wissen' über den vermeintlichen Gegensatz von Fiktion und Wirklichkeit seine volle Wirksamkeit - als literarische Zweckformen oder Gebrauchsformen auf den Status der Wirklichkeitsaussage in Abgrenzung zur Fiktion, etwa des Romans, fixiert werden. Angesprochen sind damit unter anderem Genres wie der Brief oder das Tagebuch, die Biographie oder Autobiographie. Sie alle gelten als narrative Formen der Geschichtsdarstellung, als wissenschaftliche Form (Biographie) oder als eher subjektive Form - jedoch gleichermaßen gekennzeichnet durch die Darstellung von historisch Verbürgtem; Genres mithin, die Authentizität für sich beanspruchen dürfen, deshalb allerdings auch unter dem Maßstab verifizierbarer Faktizität beobachtet werden. Es ist, systemtheoretisch gesehen, die für die Historiographie als einer Form wissenschaftlicher Kommunikation geltende beobachtungsleitende Unterscheidung wahr/falsch, der diese Prosaformen unterstellt sind. Die zu ihrer Klassifizierung üblicherweise verwendeten Begriffe sind jeweils verspannt in einer Antithesis, die ihren Sinn stets bezieht aus der vorausgesetzten Fundamentalopposition von Fiktion und Wirklichkeit: Kunst und Nicht-Kunst, Dokument und Literatur, Fakten und Erfindungen, 'Dichtung' und 'Wahrheit'. Das 'stumme Wissen' über den nichtfiktionalen Charakter dieser sogenannten Zweckformen ist auch in der gegenwärtigen Alltagspraxis noch fest verankert. Darüber hinaus entfaltet es seine Wirkungsmacht nicht nur in den Zuordnungen, Kategorisierungen und Wertungen der Literaturkritik, sondern auch in den verschiedenen wissenschaftlichen Diskursen, in denen solche Texte unter dem label 'Biographieforschung' thematisiert werden.

Davon war in Kapitel III.1 bereits die Rede - dort allerdings unter entschieden anders akzentuiertem Blickwinkel, ging es doch darum, möglichst sämtliche Implikationen eines Fiktionsbegriffs zu erörtern, dessen streng deskriptive Kategorien es durchaus erlauben, auch sogenannte Zweckformen und sogar mündliche Narrationen als je spezifisches Zusammenspiel von Realem, Imaginärem und Fiktivem zu beobachten. Beschränkt man den Blickwinkel auf das Beispiel 'Autobiographie', so lässt sich sagen: Die Rede von der Fiktionalität literarischer Selbstdarstellungen widerspricht auch heute noch der gängigen Auffassung, derzufolge eine aussagenlogische Differenz zwischen dem Roman und der Autobiographie (bzw. anderen Formen literarischer Selbstdarstellung) bestehe. Ein kurzer Blick auf die literaturwissenschaftliche Autobiographieforschung bestätigt dies in nachhaltiger Weise. Denn auch in ihr dominiert - wenn auch nicht mehr unangefochten - die fraglos vorausgesetzte Fundamentalopposition von Fiktion und Wirklichkeit.

Zu Beginn dieses Jahrhunderts definierten Georg Misch (vgl. Misch 1949-69), dann Werner Mahrholz (vgl. Mahrholz 1919) im Rekurs auf Dilthey die

Autobiographie als 'unmittelbares und authentisches Lebenszeugnis' (Misch). Vorgezeichnet war damit der Weg einer Autobiographieforschung, die sich an den Mustern der Goethe-Zeit, vor allem an Goethes "Dichtung und Wahrheit" (1811/33) selbst orientierte. Zu ihr gehörte die theoretische Anstrengung, vermeintlich überzeitlich gültige Charakteristika der Autobiographie näher zu bestimmen, im Sinne eines 'eigentlichen Wesens der Gattung'. Entweder erschien die Autobiographie als eine 'subjektive Form der Geschichtsschreibung' (vgl. K.-D. Müller 1976) oder, im Idealfall, als Darstellung einer gelingenden Identitätsausbildung der 'reich entfalteten Persönlichkeit' (vgl. Pascal 1965, Neumann 1970 sowie Aichinger 1977). In beiden Richtungen wurde die autobiographische Literatur auf den Status eines literarischen Dokuments, auf den Modus der Wirklichkeitsaussage in Abgrenzung zur Fiktion des Romans festgelegt. Dort jedoch, wo die Fülle und Vielfalt autobiographischer Erzählformen im 20. Jahrhundert ins Blickfeld gelangte, musste die Orientierung am vermeintlichen Ideal 'Dichtung und Wahrheit' ins Wanken geraten. War Roy Pascal noch der Ansicht, Autoren nach Goethe hätten nur noch "Modifikationen beizusteuern" gehabt (Pascal 1965: 65), da stellte Peter Sloterdijk - entgegen allen Spekulationen über einen Niedergang der Gattung - klipp und klar fest: "Allein die Fülle origineller Texte (...) dementiert jede verfallsgeschichtliche Betrachtungsweise." (Sloterdijk 1978: 7) Die Zurkenntnisnahme bzw. Rehabilitierung moderner Formen autobiographischen Erzählens führte freilich nicht dazu, das traditionelle Gattungskonzept zu überprüfen. Mit der prekären Situation konfrontiert, angesichts verschwimmender Gattungskonturen sich des eigenen Forschungsgegenstands nicht mehr sicher sein zu können[4], verkümmerten die autobiographietheoretischen Reflexionen nunmehr vielfach zu dürftigen Eingangsstatements, in denen die seit je behauptete Fundamentalopposition neuerlich befestigt wurde. Gestärkt durch den von Philippe Lejeune behaupteten 'pacte autobiographique' (vgl. Lejeune 1973), schafft Hans Rudolf Picard vermeintliche Klarheit, wo alles andere als eben diese Klarheit die Literaturentwicklung kennzeichnet: "Wie läßt sich nun eine echte Autobiographie als Text von einem möglichen fiktionalen Werk (...) unterscheiden? (...) Es sind allein der wirkliche Name des Autobiographen auf dem Einband und die textimmanente Erklärung, in welcher dieser die Identität von Autor, Erzähler und Person zusichert und garantiert." (Picard 1978: 9; vgl. auch Schwab 1981: 16f. sowie Kronsbein 1984: 184) Der 1989 in der Reihe "Wege der Forschung" erschienene Band "Die Autobiographie. Zur Form und Geschichte einer literarischen Gattung", der es sich zum Ziel gesetzt hat, "die bisherigen Wege der internationalen

4 Ratlos resümiert Reinhold Grimm: "Biographie wie Autobiographie und selbst der Roman sind zu gleichsam amphibischen Gattungen mit verschwimmenden Rändern geworden; denn was in ihnen überwiegt, ist nicht etwa nur das Fragmentarische, sondern sind auch Mischung und Grenzüberschreitung in jeglicher Form." (Grimm 1982: 178)

Autobiographie-Forschung zu verdeutlichen" (Niggl 1989: 17), bezeugt die noch immer weitreichende Wirksamkeit des 'stummen Wissens' über den vermeintlichen Gegensatz von Fiktion und Wirklichkeit. In keinem der Beiträge wird das Gattungskonzept, beruhend auf einer 'aussagenlogischen Differenz von Autobiographie und Roman', ernsthaft in Zweifel gezogen. Und so ist es einem Rezensenten dieses Bandes vorbehalten, auf in jüngerer Zeit erschienene Arbeiten hinzuweisen, in denen die "gattungsüberschreitenden Funktions- und Erscheinungsweisen autobiographischer Literatur" (Völker 1994: 429) in den Blick genommen werden (vgl. etwa Schneider 1986, Paulsen 1991 sowie Sill 1991).

Meine These ist nun folgende: Die Rede vom vermeintlichen Gegensatz zwischen fiktionalen (künstlerischen) Prosaformen und literarischen Zweckformen ist die Folge einer im späten 18. Jahrhundert vollzogenen Neuordnung des literarischen Gattungssystems. Neben den mit sehr viel längerer Tradition ausgestatteten, fraglos als künstlerisch akzeptierten Gattungen 'Lyrik' und 'Drama' erfahren auch bestimmte Prosaformen ihren Aufstieg zur Kunstform, insbesondere natürlich der Roman, aber auch andere Genres wie die Novelle, die Erzählung oder die Kurzgeschichte. Untrennbar gekoppelt ist dieser Aufstieg an den zugewiesenen Fiktionsstatus. Demgegenüber gelten andere literarische Genres, unter anderem die Autobiographie, seit dieser Zeit als zweckgebundene Formen und werden dem Bereich der Wirklichkeit bzw. Wirklichkeitsaussage zugeordnet: gleichsam eine Aufspaltung des vielfältigen Spektrums literarischer Prosa diesseits und jenseits der durch den *Maßstab historischer Faktizität* konstituierten Grenze zwischen Wirklichkeit und Fiktion. Mögen dafür auch aktuelle historische Umbrüche vordergründig ausschlaggebend gewesen sein, diese Entwicklung wäre nicht möglich gewesen ohne jenen übergreifenden, gegen Ende des 18. Jahrhunderts bereits weitgehend vollzogenen Prozess, in dessen Verlauf sich das neuzeitliche, am wissenschaftlichen Wahrheitsbegriff orientierte Realitätsverständnis, kurz: der 'Wille zur Wahrheit' (Foucault) durchgesetzt hat.

In den beiden folgenden Abschnitten soll dieser Prozess einer Neuordnung bzw. Aufspaltung des literarischen Gattungssystems am Beispiel der Autobiographie rekonstruiert werden. Denn die reichhaltige Quellenlage zur literarischen Selbstdarstellung und deren Erschließung in einer ganzen Reihe instruktiver Studien erlaubt es in besonderer Weise, diesen Prozess prägnant zu skizzieren. Wie sich zeigen lässt, wurde die Autobiographie, zunächst noch untrennbar verflochten mit dem Roman, im Verlauf von nur wenigen Jahren auf den Status einer subjektiven Form der Geschichtsschreibung fixiert - und damit in Gegensatz gebracht zur Fiktion des Romans. Mit anderen Worten: Die Autobiographie wurde von den zeitgenössischen Beobachtern der beobachtungsleitenden Unterscheidung wahr/unwahr unterstellt, wie sie für die Historigraphie als einer Form wissenschaftlicher Kommunikation Gültigkeit besitzt.

2.1 Die Autobiographie gegen Ende des 18. Jahrhunderts

In seiner materialreichen Studie über die "Geschichte der deutschen Autobiographie im 18. Jahrhundert" hat Günter Niggl dargelegt, dass die Geschichte des Autobiographischen in der Zeit um 1790 eine folgenreiche Zäsur erfahren hat (vgl. Niggl 1977: 41ff.). In den sechziger und siebziger Jahren gruppierten sich die Reflexionen über Form und Aufgabe autobiographischen wie biographischen Schreibens noch um zwei unterschiedliche Formtypen: einerseits das psychologische Porträt, andererseits die pragmatische Geschichtsschreibung. In der Folgezeit dominiert dann das historiographische Autobiographieverständnis. Wie kam es dazu?

Die Verfechter des psychologischen Porträts, Befürworter von Selbstbekenntnissen und Seelengeschichten, präferieren in der mittleren Phase der Aufklärung einen Formtypus, in dem "noch die Heimlichkeiten, das Verborgene und Verdrängte, Wünsche, Träume, Halbbewußtes, Ausgedachtes und Imaginiertes ihren bezeichnenden Stellenwert" (Wuthenow 1974: 196) besitzen. Zu ihnen gehört der junge Herder. In seinem Essay "Über Abbts Schriften" (1768) bestreitet er vehement die Möglichkeit klarer Selbsterkenntnis und verherrlicht das Unbewusste als "ungebohrne Könige" (Herder o.J., Bd. II: 258) der menschlichen Seele. Infolgedessen plädiert er für offene, bewusst fragmentarische Formen der Selbstdarstellung. Die Wertschätzung psychologischer Porträts verwundert nicht in einer Zeit, in der die ersten Anfänge einer empirischen Psychologie zu verzeichnen sind und großes Interesse an der 'Erfahrungsseelenkunde' besteht. Für unseren Zusammenhang von besonderer Bedeutung ist nun die Tatsache, dass die wissenschaftliche Seelenkunde in dieser Zeit literarisiert (Fallstudien) und die Literatur psychologisiert wird, mithin keine klare Trennlinie zwischen (Auto-)Biographischem und Fiktionalem erkennbar ist. Karl Philipp Moritz' 'psychologischer Roman' "Anton Reiser" (1785/90) und Schillers Erzählung "Der Verbrecher aus verlorener Ehre" (1786) sind die wohl prominentesten Beispiele für die Kongruenz von Erfahrungsseelenkunde und psychologischer Erzählung.

Auf der anderen Seite befinden sich die Verfechter einer pragmatischen Geschichtsschreibung. Niggl zeigt, dass es gerade die Pragmatiker gewesen sind, die die (auto-)biographische Literatur auf eine möglichst lückenlose, chronologisch-kausalpsychologische Struktur festlegen wollten, um sie in den Dienst pädagogisch-pragmatischer Zielsetzungen zu stellen (vgl. Niggl 1977: 104ff.). Auch zu ihnen gehört - in bemerkenswerter Abkehr von seinen ehedem vertretenen Positionen - Johann Gottfried Herder.[5] Spätestens seit seinen Briefen an

5 Die von Widersprüchen begleitete Entwicklung im Denken Herders erweist sich als symptomatisch für jene Richtung, die die Diskussion im Laufe dieser Jahre genommen hat. Vgl.

Johann Georg Müller vom Mai 1790 erteilt Herder jeder schonungslos offenen Selbstdarstellung eine eindeutige Absage, verurteilt die ehedem enthusiastisch begrüßten "Confessions" Rousseaus (1782) und möchte die Darstellung vergangenen Lebens nun auf eine positive Entwicklungsgeschichte beschränkt wissen: präsentiert aus der Perspektive eines gelassenen, zu 'klarer Selbsterkenntnis' gelangten Bewusstseins. Der Versuch einer Darstellung auch der Abgründe menschlicher Psyche, die 'ungeborenen Könige' von einst, erscheint nun als Zeichen einer 'leichtsinnigen', geradezu 'gefährlichen' Schwäche, weil sie die Nützlichkeit autobiographischer Literatur im Sinne pädagogischer Ziele unterlaufen würde: "Wer mich von Kindheit auf in meinen Pflichten stärkt, und mir die Bahn meines Lebens rein und klar vorzeiget, der sey mein Lehrer; nicht der, der mich über diese Bahn erheben will, und mir dazu betrügliche Dädals-Flügel bereitet." (Herder o.J., Bd. XVIII: 366f.) Bei aller Gegensätzlichkeit gilt auch für diesen Typus autobiographischen Schreibens, was zuvor mit Blick auf das psychologische Porträt festgestellt wurde: die Grenze zwischen (Auto-)Biographischem und Fiktionalem verschwimmt; Roman einerseits sowie Autobiographie und Biographie als pragmatische Formen der Geschichtsdarstellung andererseits konvergieren, weil für all diese Spielarten des Erzählens das Konzept "kausalgenetischer Narration" (Schmidt 1989: 389) bestimmend wurde.[6] Konvergenzpunkt ist die für Roman, Autobiographie und Biographie gleichermaßen erhobene Forderung nach Wahrscheinlichkeit.[7]

Für die Zeit nach 1790 lässt sich festhalten, dass nun eindeutig der "positive Wertakzent von den Konfessionen auf die pragmatisch-historische Lebensbeschreibung" verlegt wurde; eine Akzentverschiebung, die die "künftige Hauptrichtung der deutschen Autobiographik" (Niggl 1977: 104) anzeigt. Die Fixierung des Autobiographischen auf eine Form der Geschichtsschreibung unterstellte diese Literatur einem Maßstab, man könnte auch sagen: einer Leitdifferenz, die sich nicht am literarisch-ästhetischen Charakter solcher Texte orientierte, sondern an den Kriterien der Historiographie: der Leitdifferenz wahr/falsch. Historische Wahrhaftigkeit, nicht ästhetische Wahrheit, wurde zum entscheidenden Maßstab einer neuerlich befestigten, vermeintlich klaren Trennlinie,

---

dazu Sill 1991: 112-121.

6 Den Prozess einer wechselseitigen Annäherung von Roman und Autobiographie in dieser Zeit hat Klaus-Detlef Müller detailliert nachgezeichnet. Vgl. Müller 1976: 74ff.

7 In den Annäherungsprozess zwischen dem Roman und den literarischen Zweckformen sind auch das Tagebuch und der Brief einbezogen. Der enorme Erfolg von Briefromanen wie Goethes "Die Leiden des jungen Werther" (1774) oder die Integration fiktiver Tagebücher in den Roman, man denke nur an das Tagebuch Ottiliens in Goethes "Wahlverwandtschaften" (1809), wären nicht denkar ohne die seit etwa 1720 zu beobachtende Literarisierung dieser Textsorten. Zur Geschichte des Tagebuchs im 18. Jahrhundert vgl. H.W. Jäger 1984 sowie Grimminger 1984; zum Brief und zum Briefroman vgl. insbesondere Würzbach 1964, Mattenklott 1980 sowie Grimminger 1984

die zu ziehen umso mehr geboten schien, als die thematische und strukturelle Nähe zwischen autobiographischer sowie biographischer Literatur auf der einen Seite und der neu entstehenden, das 19. Jahrhundert dann beherrschenden Form des Bildungsromans auf der anderen Seite offenkundig war. Die in relativ kurzer Zeit sich durchsetzende Grenzziehung Fiktion vs. Wirklichkeit, Poesie vs. Geschichtsschreibung beendete die Phase einer geradezu stürmischen Literaturentwicklung, in der traditionelle Gattungskonturen durch die allseits erhobene Forderung nach Wahrscheinlichkeit des Dargestellten ins Schwimmen geraten waren.

Die Entgegensetzung von Geschichtsschreibung und Poesie beherrschte dann auch den ästhetisch-philosophischen Diskurs des 19. und frühen 20. Jahrhunderts - eine 'Klarheit' suggerierend, die keineswegs die autobiographisch orientierte Literatur dieser Zeit auszeichnete, sondern allein dazu diente, den Blick auf das Autobiographische in bestimmter Weise zu perspektivieren. Hegel etwa räumt wohl noch ein, dass die Lebensbeschreibung "innerhalb ihrer Grenzen noch am meisten imstande" sei, "der Kunst teilhaftig zu werden" (Hegel 1984, Bd. 2: 352) - aber eben nur: 'innerhalb ihrer Grenzen'. Denn der "Geschichtsschreiber" müsse "erzählen, was vorliegt und wie es vorliegt, ohne umzudeuten und poetisch auszubilden" (ebd.: 354). Und Lukács, der an Hegels Verdikt gegen das Zufällige konkreten Daseins als eines für die Poesie ungeeigneten Stoffes anknüpft, verbannt die (Auto-)Biographie gleichfalls in den Raum jenseits der Kunst: "Die Biographie selbst des bewußtesten, des ausgesprochen planmäßig geführten Lebens, ist voll von ungestaltbaren Zufällen." (Lukács 1965: 369) Noch konsequenter Adorno: In seiner "Ästhetischen Theorie" wird das Autobiographische nicht einmal mehr erwähnt. Bei ihm gelangt es ebensowenig ins Blickfeld wie bei Luhmann, dessen weiträumige Reflexionen über die Kunst in der funktional differenzierten Gesellschaft vieles berücksichtigen, nicht aber jene Formen der Literatur, deren Status als Kunst oder Nicht-Kunst umstritten ist.

2.2 Die Autobiographie als verdeckte Fiktion

Warum, so fragt sich, wurde die Zeit um 1790 zu einer so folgenreichen Zäsur für die Geschichte des Autobiographischen und dessen Thematisierung im philosophisch-ästhetischen Diskurs? Es scheint nicht abwegig, die Konstituierung des pragmatischen Gattungsbegriffs der Autobiographie gegen Ende des 18. Jahrhunderts als unmittelbaren Reflex jener tiefen Verunsicherung der Individuen zu sehen; einer Verunsicherung angesichts eines Geschichtsverlaufs, der sich als fortschreitender Abfall von traditionellen Normen und Werten entpuppte. Denn es fällt auf, dass sich das formkonstituierende Bedürfnis nach Überschaubarkeit und Sinnhaftigkeit individueller wie kollektiver Lebensprozesse gerade in jener Zeit durchsetzte, in der die sich überstürzenden Ereignisse der Französischen Revolution nicht nur die Endlichkeit einer vermeintlich gottgewollten Ordnung bezeugten, sondern darüber hinaus geeignet waren, den Glauben an das 'Vernunftswesen Mensch' nachhaltig zu erschüttern. Anders gewendet: Nicht nur der Bildungsroman als die beherrschende Prosaform des 19. Jahrhunderts, sondern auch die Autobiographie geriet zunehmend unter den Einfluss einer idealistisch-philosophischen Ästhetik.[8] Herder und Goethe sind gerade in diesem Zusammenhang von großer Bedeutung. Beide forderten, der Autobiograph habe sich auf das Positive vergangenen Daseins zu beschränken; aus der herausgehobenen Position desjenigen, der 'sich und sein Jahrhundert kenne' (Goethe), solle in möglichst lückenloser, chronologisch-kausalpsychologischer Strukturierung das vergangene Leben dargestellt werden: "Lebensbeschreibungen dieser Art sind wahre Vermächtnisse der Sinnesart denkwürdiger Personen, Spiegel der Zeitumstände, in denen sie lebten, und eine practische Rechenschaft (...). Mit je froherem Herzen sie aufgezeichnet werden: desto besser." (Herder o.J., Bd. XVIII: 375) Lebensbeschreibungen dieser Art, so lässt sich darüber hinaus festhalten, bilden eine kreisschlüssige Figur: Der Autobiograph, im fortgeschrittenen Lebensalter, spannt den Erinnerungsbogen zurück auf die Anfänge seines Daseins und erzählt von einer kontinuierlichen Aufwärtsentwicklung bis zur endlich errungenen Identität des mit sich und der Welt versöhnten Individuums. Hans Blumenberg hat die Kreisschlüssigkeit als "Grundriß des Weltvertrauens" (Blumenberg 1984: 97) interpretiert, eine "Bewegung der Sinnrestitution (...), vorgestellt im Muster der Schließung des Kreises, die den Ordnungstenor der Welt und des Lebens gegen jeden Anschein von Zufall und Willkür verbürgt" (ebd.: 86). Es ist wohl der Wirkungsmacht des bürgerlichen Individualitätsbegriffs zuzuschreiben, dass insbesondere im 19. Jahrhundert die reale Selbst- und Weltwahrnehmung der Autobiographen in das 'klassische', durch Goethes "Dichtung und Wahrheit" vorgezeichnete Muster einer kreisschlüssigen Figur aufgelöst wurde. Den "konstitutiven Ungewißheiten des menschlichen Lebens" (Iser 1991: 158) wurde auf diese Weise ein im Idealismus wurzelndes Sinnversprechen entgegengehalten. Dazu eignete sich gerade die Autobiographie. Denn als eine im Empirischen fundierte, auf den Maßstab historischer Wahrhaftigkeit verpflichtete Gattung konnte gerade sie den Schein aufrechterhalten, dass dem Suchen ein Finden folgen kann, dass in der Wirklichkeit die Möglichkeit zu allseitiger Persönlichkeitsentfaltung angelegt sei. Die klassische Autobiographie erweist sich unter diesem Blickwinkel als eine *verdeckte Fiktion* - historisch konditioniert, wie alle Fiktionen. Ihre Funktion, die die Autobiographie für Individuen wie Kollektive erfüllte, solange die Muster der Goethe-Zeit für sie

---

8 Dazu ausführlich: Sill 1991: 44-155.

verbindlich blieben, liegt nunmehr auf der Hand: Sie nährte den Glauben an die Möglichkeit, in den Grenzen dieses Lebens zu einer vollendeten und sinnerfüllten Identität zu gelangen - und das heißt: Vollendung diesseits der konstitutiven Ungewissheiten von Anfang und Ende.

Auch wenn die Ereignisse der Französischen Revolution gewiss wesentlich dazu beigetragen haben, dass sich in relativ kurzer Zeit die Festlegung der Autobiographie auf den Status pragmatischer Geschichtsdarstellung durchsetzen konnte, so ist dieser Zusammenhang doch eingebettet in jenen übergreifenden, letztlich Jahrhunderte umfassenden Prozess, in dem sich das neuzeitliche, am Tatsachenprinzip orientierte Wirklichkeitkeitsverständnis konsolidierte, bevor es gegen Ende des 18. Jahrhunderts, vollends im 19. Jahrhundert, zur allgemein akzeptierten Konvention geworden war. Denn nur auf dieser Grundlage wuchs der Autobiographie über den auferlegten Maßstab historischer Wahrhaftigkeit jene Aura zu, die ihr, wie den anderen narrativen Formen der Geschichtsschreibung auch, noch heute zuerkannt wird. Sie zehrt auch heute noch von ihrem Wahrheitsanspruch, man könnte auch sagen: von der 'Fiktion des Faktischen'.

2.3 Fazit

Die Rede von der Literatur als System setzt voraus, den Autonomisierungsprozess der Literatur im Zuge funktionaler Differenzierung der Gesellschaft genauer in den Blick zu nehmen. Autonomie, so dürfte deutlich geworden sein, bedeutet nicht allein die Entbindung der Literatur von heteronomen Zwecksetzungen, sondern auch die allmähliche Herausbildung eines neuzeitlichen Fiktionsbewusstseins, dessen Spezifik wiederum gesehen werden muss vor dem Hintergrund eines gegenüber dem Mittelalter radikal gewandelten Wirklichkeitsverständnisses. In diesen Zusammenhang gehört freilich auch die seit dem späten 18. Jahrhundert sich vollziehende und bis heute Geltung beanspruchende Neuordnung des literarischen Gattungssystems. Wie das Beispiel 'Autobiographie' gezeigt hat, betrifft diese Neuordnung insbesondere das Spektrum literarischer Prosaformen. Die Antithesis Wirklichkeit vs. Fiktion gilt seither als das entscheidende Kriterium, um literarische Zweckformen (Wirklichkeitsaussagen) von fiktionalen Formen der Literatur (Kunst) zu unterscheiden: auf der einen Seite jene Prosaformen, die als künstlerische Anerkennung erfahren um den Preis einer Verbannung ins Reich der Fiktion jenseits der Realität, auf der anderen Seite Prosaformen, die der Historiographie zugeschrieben und dem Maßstab verifizierbarer historischer Faktizität (wahr/unwahr) unterstellt werden, deren Sprache mithin auf ihren Referenzcharakter eingegrenzt wird. Mit diesem 'Wissen' um den vermeintlichen Gegensatz von Fiktion und Realität haben die Produzenten von Literatur, hat die Literatur seither selbst zu rechnen. Anders gewendet: An dieser fundamentalen Zweiteilung richtet sich die Literatur seither aus, sei es in Form von Fiktionssignalen, die einer Lesart der Texte als Wirklichkeitsaussage zumindest entgegenwirken wollen, sei es in Form von Authentizitätssignalen, die den Realitätsbezug oder gar Realitätscharakter des Textes unterstreichen bzw. suggerieren sollen. An dieser fundamentalen Zweiteilung richten sich aber auch die Beobachter der Literatur in den modernen Literaturverhältnissen aus. Die beobachtungsleitende Unterscheidung fiktional/real verleiht den literaturbezogenen Kommunikationen in der funktional differenzierten Gesellschaft Form und Struktur.

All dies gilt es im Blick zu behalten, wenn im folgenden Kapitel die modernen Literaturverhältnisse anhand markanter Beispiele wenigstens in Grundzügen skizziert werden sollen. Dabei ist es auch in diesem Zusammenhang sinnvoll, Schmidts Konzept eines selbstorganisierenden Sozialsystems Literatur sowie Luhmanns Entwurf eines autopoietischen Kunstsystems in die Überlegungen mit einzubeziehen. Denn der kontrastierende Vergleich verdeutlicht, was jeweils ausgespart wird bzw. was über Schmidt und Luhmann hinaus berücksichtigt werden sollte, um in gegenstandsadäquater Weise die Frage zu erörtern, ob und wie von Literatur als Teilsystem der modernen Gesellschaft gesprochen werden kann.

3. Die modernen Literaturverhältnisse. Die Literatur und ihre Beobachter

Beginnen wir mit einer Frage, die Luhmann ebenso wie Schmidt bereits für beantwortet halten, nämlich die Frage, ob Kunst bzw. Literatur als beobachtendes Sozialsystem in struktureller Hinsicht analog zu anderen gesellschaftlichen Teilsystemen (Wirtschaft, Politik, Recht usw.) beschrieben werden kann. Beide bejahen dies - und verweisen zur Begründung auf die im Zuge funktionaler Differenzierung erlangte Autonomie *aller* großen gesellschaftlichen Teilsysteme in der modernen Gesellschaft. Sich explizit gegen Adorno wendend, betont Niklas Luhmann, im Falle von Kunst gehe es "nicht um 'Verselbständigung der Gesellschaft gegenüber' (...), sondern um Verselbständigung in der Gesellschaft; und wir sehen die Gesellschaftlichkeit der Kunst auch nicht in einer Negativität, in einer 'Gegenposition zur Gesellschaft' (...), sondern darin, daß die Freisetzung für eine spezifische Funktion nur als Vollzug von Gesellschaft möglich ist." (Luhmann 1986a: 622f.)[9] In dieser Hinsicht signalisiert auch Siegfried J.

9 Ganz im Windschatten Luhmanns befindet sich auch Gerhard Plumpe: "Der Begriff der Autonomie ist zweifellos mißverständlich; eine überschwengliche Interpretation will suggerieren, autonome Literatur könne den Zwängen des Sozialen entkommen und sei gar so etwas wie eine 'gegengesellschaftliche' Instanz. Von Schiller bis Adorno ist diese Lesart

Schmidt vorbehaltlose Zustimmung. Auch für ihn ist die Literatur, nicht anders als andere Teilsysteme der funktional differenzierten Gesellschaft auch, durch eine "hohe Autonomie" bei gleichzeitiger Integration "in den gesellschaftlichen Zusammenhang" (Schmidt 1989: 16) gekennzeichnet. Beide, Schmidt wie Luhmann, erweisen sich demnach als Antipoden Adornos, hatte dieser doch in seiner "Ästhetischen Theorie" konstatiert: "Gesellschaftlich (...) ist Kunst weder nur durch den Modus ihrer Hervorbringung (...) noch durch die gesellschaftliche Herkunft ihres Stoffgehalts. Vielmehr wird sie zum Gesellschaftlichen durch ihre Gegenposition zur Gesellschaft, und jene Position bezieht sie erst als autonome." (Adorno 1981a: 335)

Unter ihren jeweiligen methodologischen Prämissen haben sowohl Luhmann als auch Schmidt plausibel dargelegt, dass die Kategorie 'Autonomie' keinesfalls allein mit Blick auf Kunst bzw. Literatur angewendet werden kann. Adornos Rede von einem lückenlosen Verdinglichungszusammenhang bzw. von der universellen Herrschaft instrumenteller Vernunft ist nicht geeignet, den Prozess funktionaler gesellschaftlicher Differenzierung adäquat zu erfassen. Es ist richtig: "In der modernen Gesellschaft kann (...) Macht nicht durch wissenschaftliche Wahrheit, religiöses Heil nicht durch Recht und ökonomischer Erfolg nicht durch erzieherische Operationen gesichert werden." (Nassehi 1993: 324) Auch wenn die großen gesellschaftlichen Teilsysteme, wie Luhmanns Theorie sozialer Systeme konzediert, auf Umweltbeiträge, auf psychische und soziale Systeme in ihrer Umwelt angewiesen sind, so operieren sie doch autonom, wenn auch eben nicht: autark. Sehr zu bezweifeln ist allerdings, ob deshalb Dietrich Schwanitz recht gegeben werden muss, der im Anschluss an Luhmann konstatiert: "Die Systemtheorie in der Form, die sie bei Niklas Luhmann erhalten hat, in die Literaturwissenschaft zu importieren, heißt literarische Kommunikation mit anderer gesellschaftlicher Kommunikation vergleichbar zu machen." (Schwanitz 1993: 72) Dem ist unter verschiedenen Blickwinkeln und in unterschiedlichen Zusammenhängen in dieser Arbeit widersprochen worden - nicht zuletzt vor dem Hintergrund der Tatsache, dass sich Literatur durch ihre spezifisch ästhetische Organisation von Sprache in gravierender Weise unterscheidet von allen pragmatischen Funktionssystemen und deren Sprachverwendung. Insofern ist zumindest von einem *Spannungsverhältnis* zwischen der Literatur (als System) und allen übrigen gesellschaftlichen Teilsystemen auszugehen. Hinzu kommt ein zweiter Aspekt: Unter den Prämissen des neuzeitlichen Fiktionsbegriffs, der eine Antithesis von Wirklichkeit und Fiktion postuliert, wird Literatur wie die Kunst insgesamt in Gegensatz gebracht zur gesellschaftlichen Realität, kurz: ins Reich des schönen Scheins verbannt. Der durch faktische Freisetzung (Autonomie) erlangte Freiraum kreativer Produktion besitzt dem-

der Autonomie tradiert worden." (Plumpe 1997: 229)

nach seine Kehrseite in einem zugewiesenen Status, der sich in der Tat als 'Gegenposition zur Gesellschaft' beschreiben lässt - freilich nicht in dem von Adorno gemeinten Sinne. Sähe man wie Adorno die Gegenposition der Kunst zur Gesellschaft allein fundiert durch Kritik, so geriete man unweigerlich in jenes Dilemma, in dem sich Adorno, aber auch all jene, die sich auf die Kritische Theorie berufen, befinden: Literatur bzw. Kunst allein noch unter der beobachtungsleitenden Unterscheidung kritisch vs. affirmativ in den Blick zu bekommen. Texte, die als Literatur beobachtet werden, unterliegen der Konvention eines fragwürdigen Fiktionsbegriffs, der den Realitätsbezug der Werke, ihr Reales als Komponente des Fiktiven, negiert: darin manifestiert sich m.E. ihre 'Gegenposition zur Gesellschaft', wie immer sie diese als Beobachtung zweiter Ordnung perspektivieren und gestalten.

Hält man sich an diese Konvention, behauptet sie darüber hinaus als verbindlich und konsensfähig, dann ist es relativ einfach, Literatur bzw. Kunst als System mit stabilen Grenzen zu konzipieren. Sowohl Luhmann als auch Schmidt beschreiten unter verschiedenen methodologischen Prämissen diesen Weg. Zunächst nochmals zu Luhmann. Vor dem Hintergrund der Annahme, dass die Ästhetik und die (kompetente) Literaturkritik die Selbstreflexion des Systems leisten, bemerkt er: "Das läßt den Ausweg offen, den die neuere Theorie des operativen Konstruktivismus betritt, nämlich Wesensfragen und Fragen des Konsenses aller Beobachter nicht mehr zu stellen, sondern die Bestimmung dessen, was als Kunst zählt, dem Kunstsystem selbst zu überlassen. Alle anderen Beobachter werden in die Position von Beobachtern zweiter Ordnung verwiesen: Sie müssen es folglich diesem System überlassen, die eigenen Grenzen zu bestimmen." (Luhmann 1995a: 393) Und wie bestimmt das moderne Kunstsystem nach Ansicht Luhmanns, welche Werke als Kunst dem System angehören? Auf diese Weise: "Selbstorganisation verdankt ihre Möglichkeit, ihren Spielraum, der Ausdifferenzierung des Systems. Entsprechend beobachtet die Kunst sich selbst mit Hilfe der Unterscheidung von realer und fiktionaler Realität." (ebd.: 301) Die Selbstbeschreibung des soziologischen Beobachters Luhmann als Beobachter zweiter Ordnung, der das Kunstsystem und dessen Unterscheidungen *als Umwelt* beobachtet, besitzt - im Rahmen des eigenen Konzepts - gewiss theoretische Stringenz. Die Durchführung zeigt jedoch, dass es Luhmann keineswegs gelingt, sich aus allen ästhetischen Grundsatzentscheidungen und Streitfragen herauszuhalten. Anders formuliert: Auch Luhmanns vermeintlich systemexterne Beobachtung zweiter Ordnung kommt nicht "ohne kritische Entscheidungen (...) aus, und selbstverständlich sind viele seiner Argumente in diesem Sinne von fremdreferentiellen Optionen gesteuert" (Stanitzek 1997: 15) - und zu ihnen gehört eben auch die Behauptung, die Kunst beobachte "sich selbst mit Hilfe der Unterscheidung von realer und fiktionaler Realität" (Luhmann 1995a: 301). Indem Luhmann die 'Selbstbeobachtung' des Systems auf diese beobachtungsleitende Unterscheidung festzulegen versucht, verbaut er sich selbst die Möglichkeit, auch jene Phänomenbereiche in den Blick zu nehmen, die sich der behaupteten Antithesis von Wirklichkeit und Fiktion nicht umstandslos unterordnen lassen. Zu ihnen gehören Genres wie die Autobiographie, die Luhmann gänzlich ignoriert, obwohl deren Status - auch unter den Beobachtern der Literatur - mehr und mehr umstritten ist, seitdem sich das Autobiographische aus den Formvorgaben der 'klassischen' Autobiographie befreit hat. In derselben Sackgasse landet Schmidt, wenn auch aus ganz anderen methodisch-methodologischen Gründen. Wie Luhmann möchte sich auch Schmidt - und mit ihm die radikal-konstruktivistisch gewendete ETL - auf die wissenschaftliche, mithin systemexterne Beobachtung zurückziehen, hier: des Literatursystems und seiner Aktanten. Folglich will auch er nicht Literatur definieren, sondern Literaturbegriffe der im System Handelnden in ihren ästhetischen und normativen Implikationen beobachten - auch hier der Versuch, eine Position diesseits des Beobachteten einnehmen zu wollen. Und auch dieser Versuch wird letztlich unreflektiert unterlaufen. Schmidt formuliert zwei sogenannte Makro-Konventionen, die Ästhetik-Konvention und die Polyvalenz-Konvention (vgl. Schmidt 1989: 430f.). Verbindliche Grundlage 'literarischen Handelns' in der modernen Gesellschaft sei jedoch insbesondere die Ästhetik-Konvention: Sie "besagt, daß derjenige, der im Literatursystem in bezug auf literarische Texte handelt, seine sprachlich-kognitiven Handlungen nicht primär nach Kategorien wie wahr/falsch oder nützlich/nutzlos ausrichtet, sondern sie solchen Bewertungen und Elaborationen unterzieht, die er subjektiv für poetisch relevant hält." (ebd.: 430) Auf diesem Wege erhebt Schmidt ästhetische Implikationen zur vermeintlichen Norm - unter anderem mit dem Effekt, dass auch hier ganze Genres wenn nicht unter den Tisch fallen, so doch vernachlässigt werden, weil es sich so manche 'Aktanten im Literatursystem' einfach nicht nehmen lassen wollen, etwa Biographien "primär nach Kategorien wie wahr/falsch" zu beobachten oder politische Lyrik "nach Kategorien wie (...) nützlich/nutzlos" (ebd.). Die sogenannten Makro-Konventionen markieren ästhetische und literaturtheoretische Grundsatzentscheidungen der ETL, die im 'Literatursystem' bzw. in den literarischen Verhältnissen der modernen Gesellschaft gewiss eine wesentliche Rolle spielen, die sich jedoch nicht als allseits akzeptierte Konventionen behaupten lassen. Denn die Literaturverhältnisse der funktional differenzierten Gesellschaft sind sehr viel komplexer und in sich widersprüchlicher, als es der radikale Konstruktivismus in seinem Zwang zum "Einheitsdenken" (de Berg/Hoogeveen 1995: 201) wahrnehmen kann. Dass Schmidt aus methodologischen Gründen gezwungen ist, solchem Einheitsdenken stets den Vorrang einzuräumen, zeigt sich auch noch 1995/96 - in einer Zeit also, in der ehedem vertretene Gewissheiten sich verflüchtigt haben. Die 'Revisionsbedürftigkeit' seiner Makro-Konventionen (vgl. Schmidt 1996: 117) konzediert Schmidt bereits ein Jahr zuvor, wenn er mit Recht betont: "Gerade die Entwicklung der Literatur im 20. Jahrundert hat nicht nur jedem normativen Literaturbegriff den Boden entzogen, sondern auch jeder repräsentativen Auffassung von Literatur." (Schmidt 1995: 232) Gleichwohl beharrt er darauf, dass ein kollektives Wissen darüber existiere, was 'Literatur' sei: "Zunächst geht es um die grundlegende Differenz literarisch vs. nichtliterarisch und erst nach Entscheid dieser Frage um die kanonrelevante Frage literarisch wertvoll vs. literarisch wertlos. Bei der Behandlung beider Fragen spielen kulturelle Wissensbestände eine entscheidende Rolle; denn so wie eine Muttersprache - einmal erworben - nicht mehr 'hintergehbar' ist, ist auch kollektiv geteiltes kulturelles Wissen für den einzelnen nur schwer (wenn überhaupt) hintergehbar. Bezogen auf die literaturästhetische Problematik folgt daraus: Literarische Sozialisation vollzieht sich in der Regel nicht über den Erwerb definierter Literaturbegriffe, sondern anhand der Beschäftigung mit prototypischen Werken und Autoren, wobei der in einer sozialisatorischen Interaktionsgemeinschaft akzeptierte Kanon eine entscheidende Rolle spielt. (...) Mit anderen Worten, aufgrund literarischer Sozialisation 'weiß man', was Literatur 'ist' (genauer: was ein Roman, ein Gedicht, eine Tragödie usw. 'ist') und was nicht." (ebd.: 233f.) Wiederum liegt die Betonung auf dem Konsens, bezeichnet er doch im radikalkonstruktivistischen Ansatz die Voraussetzung für Verständigung unter den Aktanten. Wer wollte bezweifeln, dass in literarischer Sozialisation erworbenes 'Wissen' in der Beobachtung von Literatur eine wesentliche Rolle spielt: im Sinne konventionalisierter Wahrnehmungsmuster. Wie die weiteren Ausführungen allerdings zeigen werden, ist solches Wissen eher geeignet, den Dissens unter den Beobachtern zu befördern.

Die beiden Konzepte von Luhmann und Schmidt suggerieren auf der Grundlage eines fragwürdigen Fiktionsbegriffs eine Geordnetheit moderner Literaturverhältnisse, wo alles andere als eben diese Ordnung herrscht. Denn es besteht unter den 'Aktanten im Literatursystem', in den literaturbezogenen Kommunikationen seitens der Literaturkritik und der Literaturwissenschaft, aber auch unter den Produzenten und Rezipienten keineswegs eine konsensfähige Vorstellung darüber, was als Literatur zu gelten habe und welche Funktionen sie erfüllen bzw. welche Leistungen sie erbringen kann. Richtig aber ist: *Die noch immer mit hohem Geltungsanspruch versehene Konvention, derzufolge sich das literarische Spektrum aufspaltet in künstlerische Formen und Zweckformen, in Fiktionen und Wirklichkeitsaussagen, bezeichnet jenen Konvergenzpunkt, an dem sich die Literatur und ihre Beobachter in der modernen Gesellschaft zu orientieren haben.* Sie beeinflusst die Intentionen literarischer Produzenten, determiniert die Struktur literarischer Texte, disponiert Lesererwartungen und Rezeptionsprozesse, lenkt die strategischen Überlegungen der Literaturanbieter und perspektiviert die Einschätzungen, Werturteile und Interpretationen der Literaturkritik sowie der Literaturwissenschaft. All dies soll im weiteren anhand markanter Beispiele wenigstens punktuell veranschaulicht werden. Aufs Ganze gesehen ergibt sich dabei ein sehr viel komplexeres und diffuseres Bild der modernen Literaturverhältnisse, als es Schmidt und Luhmann auf der Grundlage ihrer Leitdifferenzen zeichnen. Allerdings dürfte das im Weiteren zu skizzierende Bild realitätsangemessener sein - ein Vorteil, der es abschließend erlaubt, die Frage nach den Möglichkeiten einer systemtheoretischen Konzeptualisierung von Literatur auf einer solideren Grundlage nochmals zu erörtern. Ein schlüssiges Konzept, dessen vordergründige Stringenz nur um den Preis gravierender Ausblendungen zu haben ist, darf allerdings nicht erwartet werden.

3.1 Das Wechselspiel von Authentizitäts- und Fiktionssignalen

Dass die "Opposition von Wirklichkeit und Fiktion (...) zu den Elementarbeständen unseres 'stummen Wissens' [gehört]" (Iser 1991: 18), ist zunächst einmal eine Behauptung, die sich nur dann verifizieren lässt, wenn sich genügend Belege finden, die von der Wirksamkeit, mithin der Geltungsmacht dieses 'stummen Wissens' zeugen. In welchem Maße determiniert dieses an Gewissheit grenzende 'Wissen' literarische Kommunikationen, aber auch literaturbezogene Kommunikationen? Mit Blick auf die Literatur selbst sieht Iser insbesondere den dritten seiner elementaren Akte des Fingierens als Versuch, durch in den Text eingebaute Fiktionssignale den Rezeptionsprozess zu steuern - und zwar im Sinne einer eindeutigen Anweisung, das Dargestellte nicht als Repräsentation empirischer Wirklichkeit zu sehen, sondern im Modus des Als-Ob. Dem lässt sich kaum widersprechen, wohl aber lässt es sich ergänzen. Denn wenn Fiktionssignale den Text vor einer Lektüre als Wirklichkeitsaussage bewahren sollen, so dürften Authentizitätssignale von einer gegenteiligen Absicht zeugen: als Versuch, den Text zu bewahren vor einer Rezeption, die ihn auf Fiktionalität im herrschenden Sinne festzulegen versucht. Isers Beispiel in diesem Zusammenhang, Dürrenmatts Kritik an der Inszenierung seines Stückes "Der Besuch der alten Dame" durch Giorgio Strehler, ist auch geeignet, das über Iser Hinausgehende zu verdeutlichen. Die von Strehler verfolgte "möglichst realistische Detailtreue" war für Dürrenmatt Ausweis einer "eklatanten Fehlinszenierung" (Iser 1991: 41). Für Iser ist Dürrenmatts vehemente Kritik aus folgenden Gründen nachvollziehbar: "In dem Augenblick (...), in dem die Regie die Fiktionssignale tilgt und damit das Als-Ob eliminiert, ist sie auf dem Wege, es zur Repräsentation einer bestimmten, in der empirischen Umwelt der Theaterbesucher verifizierbaren Wirklichkeit zu machen. Schlägt das Stück durch die Inszenierung in die Bezeichnung einer solchen Wirklichkeit um, dann bleibt die Dimension des Verweisens leer." (ebd.) Ganz offenkundig war es Dürrenmatts Sorge, die Inszenierung Strehlers führe zu einer Rezeption, die das Fiktive des Stückes nicht mehr zur Kenntnis nimmt. Doch auch Strehlers Vorgehensweise ist durchaus nachvollziehbar. Sie war wohl Ausdruck des Bemühens, den Realitätsbezug des Stückes durch die Inszenierung zu unterstreichen. Nun dürften weder Strehler das Fiktive, noch Dürrenmatt den Realitätsbezug des Stückes in Abrede gestellt haben; worauf beide offensichtlich reagierten, war demnach eine Konvention, mit der all jene rechnen müssen, die mit Literatur zu tun haben, dass der Text bzw. das Stück auf eine Rezeption des Entweder-Oder festgelegt wird: entweder Fiktion (Als-Ob) oder Wirklichkeitsaussage (Repräsentation). Strehler fürchtete wohl eher das eine, Dürrenmatt das andere.

Was sich in dem von Iser herangezogenen Beispiel bereits andeutet, lässt sich anhand einer Fülle von Belegen veranschaulichen. Die Geltungsmacht des 'stummen Wissens' über den vermeintlichen Gegensatz von Fiktion und Wirklichkeit findet seinen Niederschlag in einem *Wechselspiel von Fiktionssignalen und Authentizitätssignalen*; ein Wechselspiel, in dem Fiktions- und Authentizitätssignale als Kontrahenten auftreten und doch nur im wechselseitigen Bezug aufeinander Sinn ergeben. Sind diese Signale textimmanenter Ausdruck unterschiedlicher, zumeist gegensätzlicher Intentionen zur Steuerung des Rezeptionsvorgangs, so existiert darüber hinaus eine Fülle textbegleitender Kommentare und Statements, in denen das explizit formuliert wird, was die Fiktions- und Authentizitätssignale textimmanent bewerkstelligen sollen. Wie sich zeigen lässt, handelt es sich dabei um poetologische Reflexionen, die sich allesamt lesen lassen als Reaktionen auf eine Konvention, auf die in unterschiedlichster Weise reagiert werden kann, die sich jedoch nie suspendieren lässt.

Kehren wir zu Beginn noch einmal zurück zu Helmut Arntzens Reflexionen über den "Ursprung der Gegenwart". Die Reduzierung von Wirklichkeit auf das Tatsachenprinzip und die Restriktion der Sprache auf die Tatsachenübermittlung bezeichnen jene Ausgangspunkte, von denen aus Arntzen den Film und die Literatur der dreißiger und vierziger Jahre dieses Jahrhunderts in den Blick nimmt - und zu denen er auch stets zurückkehrt. Vor diesem Hintergrund analysiert er eine Reihe von Erzähleingängen verschiedener Prosa-Texte, unter anderem von Stefan Zweigs "Schachnovelle" (1942) und von Franz Carl Weiskopfs Erzählung "Heimkehr" (1939). Einerseits weisen die meisten dieser Texte allein schon durch die Gattungsbezeichnungen Novelle bzw. Erzählung eindeutige Fiktionssignale auf, andererseits tendieren sie, so Arntzen, zur Reportage und damit zur Sprache des Journalismus und der Medien - unter anderem deshalb, weil sie durch exakte Angaben das fiktive Geschehen historisch situieren.[10] Beispielhaft sei der Auftakt von Weiskopfs "Heimkehr" zitiert: "Diese Erzählung spielt in der Zeit großer Verwirrung und Schande, zwischen dem Münchner Handel (von dem Neville Chamberlain, Ministerpräsident Seiner Britischen Majestät, sagte: 'Die-

10 Hier ergeben sich durchaus Parallelen zwischen Arntzen und Luhmann. Auch dieser betont die Korrespondenzen zwischen dem modernen Roman und dem modernen Journalismus. Insbesondere "realitätsnahe fiktionale Erzählungen" enthielten ein hohes Maß an "Wiedererkennbarem" (Luhmann 1996a: 104); Erzählungen freilich, die Luhmann nicht der Kunst, sondern der Unterhaltung als Programm der Massenmedien zurechnet.

ses Abkommen sichert den Frieden für unsere Generation!') und dem Ausbruch des zweiten Weltkriegs, zehn Monate später." (Weiskopf 1960: 471) Dem geschichtlich informierten Leser ist damit ohne weiteres klar, dass die erzählte Zeit durch den 29. September 1938 und den 1. September 1939 begrenzt wird. (Allerdings fragt sich, warum von zehn, nicht elf Monaten die Rede ist, nur ein Versehen?) Arntzen sieht in solcher Situierung den Versuch, das Erzählte mit dem Gestus der Authentizität auszustaffieren, um zehren zu können von jener Aura, die die 'Fiktion des Faktischen' in der Moderne umgibt. Gegen Ende seiner diesbezüglichen Analysen rekapituliert er: "Diese Tendenz zum Dokumentarischen als Tendenz zum Faktischen bedeutet die Abkehr von einer Erzählliteratur, die ihr Geschehen allein im Vollzug des Erzählens konstituiert. Die Faktenvermittlung durch Nachrichten und Berichte der Medien (damals Zeitung und Rundfunk) wird nun auch prägend für die Literatur bzw. für die Glaubwürdigkeit der Literatur, da es sich ja bei der historischen Authentizität durchweg wiederum um literarische Fiktion, kruder gesagt: um einen literarischen Trick handelt, der nur die Illusion des Faktischen erzeugen soll." (Arntzen 1995: 105) Arntzens Kritik dieser Texte, er rechnet sie allenfalls "der mittleren Literatur" (ebd.: 69) zu, gilt einer Darstellung, die die eigenständige erzählerische Konstituierung des Gegenstands tendenziell ersetzt durch den knappen Verweis auf eine historische Faktizität, der auf das Wissen des Rezipienten um die lediglich angedeuteten Sachverhalte baut. Gerade in diesen Passagen dominiert in der Tat die Bezeichnungsfunktion der Sprache, ihr instrumenteller Charakter zur Benennung einer außersprachlichen, weitgehend aufs Faktische reduzierten Wirklichkeit. Solcher "Mimesis der empirisch-historischen Realität", einer "Mimesis im Sinne der Abbildung", entzöge sich in dieser Zeit nur noch wahrhaft "bedeutende Literatur" (ebd.: 69).[11] Zu ihr zählt Arntzen insbesondere die Romane von Kafka, Musil, Broch und Döblin. Was Arntzen bei der Formulierung seiner ästhetischen Werturteile m.E. allerdings außer Acht lässt, ist zweierlei: Zum

---

11 Auch hier: Die Nähe zwischen Arntzen und Luhmann ist nicht zu übersehen - eine Nähe, die sich allerdings normativen Implikationen verdankt. Arntzens 'mittlere Literatur' entspricht dem, was Luhmann als Unterhaltungsliteratur dem Sozialsystem der Massenmedien jenseits der Kunst zuweist. Und kaum anders als Arntzen lässt auch Luhmann nur solche Romane als Kunst gelten, die sich in radikaler Weise den Darstellungsformen des Journalismus entziehen: "Kunstwerke müssen eine hinreichende Ambiguität, eine Mehrzahl möglicher Lesarten aufweisen. Besonders in der modernen Kunst wird dieses Merkmal provokatorisch bis an äußerste Grenzen getrieben. (...) Und vielleicht ist diese Tendenz zu extremen Anforderungen an den Beobachter ihrerseits eine Reaktion auf die Massenmedien und die Möglichkeiten auch der technischen Vervielfältigung von Kunstwerken. Finnegans Wake ist ein einziger Protest gegen das Gelesenwerden; so wie umgekehrt die Schreibstilempfehlungen, die den Journalisten schon in ihrer Ausbildung eingebläut werden, den Tendenzen zum offenen Kunstwerk diametral entgegengerichtet sind." (Luhmann 1996a: 41f., Anm. 15)

einen ist die Denotation auch in den zuletzt genannten Werken nicht suspendiert, sondern lediglich eingeklammert, ist das Reale doch auch in ihnen eine wesentliche Komponente des Fiktiven, wenn auch vielleicht nicht in Form kruder Faktizität, die in den von Arntzen kritisierten Texten phasenweise zu einem elliptischen Sprechen führt. Wichtiger scheint mir jedoch ein zweiter Aspekt zu sein: Der dokumentarische Gestus dieser Texte erliegt nicht nur der für Arntzen in der Gegenwart allumfassenden Macht des Tatsachenprinzips und dessen Sprachverwendung, er reagiert zugleich auch auf einen fragwürdigen Fiktionsbegriff als Komplementum des neuzeitlichen Wirklichkeitsverständnisses; ein Fiktionsbegriff, den Autoren gerade dann ins Kalkül zu ziehen haben, wenn sie in pointierter Weise mit ihren Texten auf die gesellschaftliche Umwelt und das Bewusstsein ihrer Zeitgenossen einwirken wollen. Fiktionssignale, zumal solch prominente wie die Gattungsbezeichnungen 'Roman', 'Erzählung' oder 'Novelle', dementieren von vornherein eine Lesart des Textes als Abbild der Wirklichkeit, während der dokumentarische Gestus jenen Verweiszusammenhang unterstreicht, den das ebenso verengte wie konventionalisierte Fiktionsverständnis tendenziell negiert: den Verweis auf eine Wirklichkeit, die über das Fiktive des Textes unter neue, für den Leser überraschende und unvermutete Perspektiven gestellt wird. Erinnert sei nochmals an das Beispiel "Winterspelt".

Dürfte demnach der dokumentarische Gestus vieler Prosa-Texte Folge des Bemühens sein, das Dargestellte ausdrücklich zurückzubinden an die Diskurse zeitgenössischer Wirklichkeit, so wird eine diametral entgegengesetzte Textintentionalität dort erkennbar, wo die scheinbare Affirmation des Referenzcharakters von Sprache dazu dient, um ihn an einem Ort in seiner Fragwürdigkeit bewusst zu machen, wo man es zuletzt erwarten würde. Peter Handkes Gedichte "Die Aufstellung des 1. FC Nürnberg am 27.1.1968" und "Die japanische Hitparade vom 25. Mai 1968" (vgl. Handke 1969) seligieren ihr sprachliches Material vollständig aus dem Diskurs der Nachrichtenübermittlung, 'zitieren' diese Elemente, um sie in der Form des Gedichts als selektiertes und kombiniertes Material über die Einklammerung der Denotation mit zusätzlichen semantischen Ebenen aufzuladen. Die Wahl der Gattung Lyrik selbst ist schon in hohem Maße signifikant. Denn die angespielten Bezugssysteme der Texte verkörpern das Prinzip einer instrumentellen Sprachverwendung gleichsam in Reinkultur[12] - und kollidieren mit jener gesellschaftlichen Konvention, die dem Gedicht, mehr als allen anderen literarischen Gattungen, das Prädikat 'Kunst' verleiht. Auf diese Weise wächst dem Kunstgriff Handkes, der "graphischen Fixierung einer Fußballmannschaft (...), die als ein Weltstück untergeht, um als Gedicht wieder-

12 Das "Nachrichten- und Berichtswesen", so Luhmann in seinem Medienbuch, sei wohl der Bereich, "der am direktesten der Abbildung von Realität dient und auch so deklariert und so wahrgenommen wird" (1996a: 141).

aufzuerstehen" (Frank 1982: 133), eine Fülle von Sinnelementen zu, die zumindest angedeutet werden sollen. Zunächst einmal besitzt dieser Kunstgriff eine temporale Dimension: Nicht nur die Fülle tagtäglicher Nachrichtenübermittlung durch die verschiedenen Medien, sondern auch die zeitpunktfixierte Relevanz der Nachricht, ihr wesentlich durch Aktualität konstituierter Wert[13], implizieren von vornherein eine flüchtige und unreflektierte Rezeption, die im Moment der Informationsaufnahme bereits die nächste erwartet. Der Gegensatz lässt sich daher kaum größer denken. Denn das Gedicht gilt auch heute noch, und nicht nur unter Literaturwissenschaftlern, als jene Form literarischen Sprechens, dessen Rezeption die größte ästhetische Kompetenz, Aufmerksamkeit und damit vor allem: *Muße* voraussetzt. Darüber hinaus spricht die Konvention dem lyrisch Vermittelten eine Bedeutsamkeit zu, die ihm noch weit mehr als im Falle des Romans oder des Dramas das Prädikat des *Bewahrenswerten* zuerkennt. Auch unter diesem Blickwinkel erweist sich das Prinzip der Kontrastierung als das zentrale Element der Textintentionalität beider Gedichte. Denn das seligierte Material, die Aufstellung einer Fußballmannschaft für das nächste Samstagsspiel und die ohnehin nahezu wöchentlich wechselnden Schlagertitel überdies der japanischen Hitparade, verkörpern in der Welt der Nachrichtenübermittlung in geradezu idealtypischer Weise den flüchtigen, allein durch Aktualität konstituierten Wert der Nachricht, die in dem Moment, da sie gebracht wird, ihren "Informationswert" (Luhmann 1996a: 41) bereits verliert. Wie sich gezeigt hat, polarisierten die beiden Gedichte Handkes die Betrachter in Befürworter (vgl. etwa J.-D. Müller 1982: 204) und Gegner (vgl. etwa Söring 1979: 42) und legten die ästhetischen Prämissen ihrer jeweiligen Literaturbegriffe frei. So bezweifelt Söring letztlich den literarischen Charakter dieser Gedichte Handkes und siedelt sie jenseits des Gegenstandsbereichs der Literaturgeschichte an - ein deutliches Indiz für den Sachverhalt, dass auch im synchronen Schnitt durch die moderne Gesellschaft keineswegs Konsens darüber besteht, was Literatur sei und welche Texte als literarisch gelten können. Als Provokation konnten die beiden Gedichte Handkes freilich nur deshalb verstanden werden, weil sie die Konvention eines vermeintlichen Gegensatzes von Literatur und Nicht-Literatur aufrufen, um sie im selben Atemzug in ihrer Fragwürdigkeit bloßzustellen.

Wie immer man die bislang angesprochenen literarischen Texte einschätzen und interpretieren möchte, sie allesamt reagieren - wenn auch in höchst unterschiedlicher Weise - auf konventionalisierte Wahrnehmungsmuster, wie sie in der funktional differenzierten Gesellschaft die Beobachtung als literarisch geltender Texte steuern. Und im Falle von Handkes Gedichten lässt sich sogar sagen: Sie verdanken ihre Existenz dem Spiel mit diesen Konventionen. Nun präsentieren sich die modernen Literaturverhältnisse in Form einer Zweiteilung,

---

13 Dazu Luhmann lapidar: "Die Nachricht muß neu sein." (1996a: 58)

die sich wiederum der Neuordnung des literarischen Gattungssystems im Bereich der Prosa seit dem späten 18. Jahrhundert verdankt: Auf der Grundlage der vermeintlichen Opposition von Fiktion und Wirklichkeit werden zahlreiche Genres auf den Status der Wirklichkeitsaussage diesseits der durch Fiktionalität konstituierten Grenze zur Literatur als Kunst angesiedelt und als (subjektive) Formen der Geschichtsschreibung deklariert. Insofern befinden sich Autoren, die sich etwa autobiographisch oder biographisch äußern wollen, in einer entschieden anders akzentuierten Ausgangslage. Sie müssen damit rechnen, dass ihre Texte als Wirklichkeitsabbilder (miss)verstanden werden, auf das in ihnen wiederholte Faktische reduziert werden, ohne dass die durch Selektion und Kombination entstandenen Spielräume des Textes, seine ästhetische Organisation, zur Kenntnis genommen würde. Kritiker, denen daran gelegen ist, das Ästhetische des von ihnen bespochenen Textes ins Bewusstsein der Leser zu heben, warnen daher in stets ähnlich lautenden Wendungen vor dieser konventionsgestützten Rezeptionsweise. Beispielhaft sei Lothar Baier zitiert, der mit Blick auf Christoph Heins "Von allem Anfang an" (1997) zu bedenken gibt: "Fast unwiderstehlich erscheint die Versuchung, in dem Ich-Erzähler ein bloßes Double des Autors Hein zu sehen (...). Sobald die Lektüre sich jedoch verleiten läßt, die Erzählung nach Aufschlüssen über die Biographie des Autors abzusuchen, entgeht ihr deren literarische Textur." (Baier 1997) Dass solche Warnungen nicht unbegründet sind, zeigt sich selbst in den Verlautbarungen von Literaturwissenschaftlern, die mitunter unbeirrt am Zweckformcharakter autobiographischer Literatur festhalten. So bescheinigt David Bronsen, sich auf Roy Pascal berufend, den Autobiographen Thomas Bernhard, Wolfgang Hildesheimer, Hilde Domin, Max Frisch und Wolfgang Koeppen kurzerhand, "ihre Unerfülltheit" sowie ihr "Mißtrauen sich selbst gegenüber" seien verantwortlich für ihre misslungenen Autobiographien, in denen es zu "keinem richtigen Überblick und keiner Lebensbilanz" komme (Bronsen 1980: 212).

Vor diesem Hintergrund verwundert es nicht, dass viele autobiographisch schreibende Autoren ihre Texte mit der Gattungsbezeichnung Roman versehen oder auf Motti zurückgreifen, die einer Verwechslung des Dargestellten mit der empirischen Wirklichkeit vorbeugen sollen. Mit Blick auf Werke von Christa Wolf, Elias Canetti und Wolfgang Koeppen war davon bereits die Rede (vgl. III.1.4). Flankiert werden solch textimmanente Fiktionssignale durch Interviewaussagen, Tagebuchaufzeichnungen und Essays, in denen in eigener oder fremder Sache das Fiktive auch autobiographischer und biographischer Literatur hervorgehoben wird - oftmals in pointierter, bewusst zugespitzter Form. Mit Blick auf den zwei Jahre später erscheinenden Text "Jugend" äußert Wolfgang Koeppen 1974 in einem Interview: "Ich habe versucht, einen autobiographischen Roman zu schreiben. (...) Ich habe aber diesen Plan des autobiographischen Romans verändert, weil mich die romanhafte Form anfing zu stören, oder anders gesagt: Es kam mir die wahre Autobiographie dazwischen. (...) Ich möchte zu einer unbekannten Wahrheit kommen über mich und meine Zeit, nicht chronologisch, nicht von der Geburt bis zur Grabesnähe." (Arnold 1975: 128f.) Koeppen stellt hier die Konvention gleichsam auf den Kopf. Die chronologische Darstellung des eigenen Lebens, ein Formmuster mithin, das gemeinhin mit dem Etikett 'Wirklichkeitsaussage' versehen wird, wird hier mit der Gattungsbezeichnung Roman belegt - und das heißt: als Fiktion deklariert. Die Abkehr vom ehedem gehegten Plan wiederum erscheint als Annäherung an die "wahre Autobiographie", deren Wahrheit freilich nicht durch die Daten dieses Lebens verbürgt ist, sondern (noch) unbekannt ist: zukünftigen Lesern also ebenso wie dem Autor. Koeppens Aussage konterkariert das Tatsachenprinzip, verweist den Glauben an die unbezweifelbare Tatsache ins Reich der Fiktionen, um gleichzeitig einer ästhetischen Wahrheit das Wort zu reden, die - für Koeppen - allein fassbar zu sein scheint in Form einer radikalen Abkehr vom traditionellen Muster der chronologisch und kausalpsychologisch strukturierten Selbstdarstellung. Nicht minder provokant ist das, was Max Frisch zum Zusammenhang von Erfahrung und Ereignis postuliert hat. Erfahrung sei nicht das Resultat lebensgeschichtlicher Faktizität; vielmehr sei diese das Ergebnis retrospektiver Erfindung des eigenen Lebens - und dies unabhängig davon, ob es dem Einzelnen nun bewusst sei oder nicht: "Erfahrung ist ein Einfall, nicht das Ergebnis aus Vorfällen. Der Vorfall, ein und derselbe, dient tausend Erfahrungen. (...) Geschichten sind Entwürfe in die Vergangenheit zurück, Spiele der Einbildung, die wir als Wirklichkeit ausgeben. Jeder Mensch erfindet sich eine Geschichte, die er dann, oft unter gewaltigen Opfern, für sein Leben hält, oder eine Reihe von Geschichten, die sich mit Ortsnamen und Daten belegen lassen, so daß an ihrer Wirklichkeit nicht zu zweifeln ist. (...) Natürlich gibt es geschichtliche Vorkommnisse, aber sie sind nicht, wie der Erzähler vorgibt, die Ursachen einer Erfahrung. Die Erfahrung ist ein Einfall, der Einfall ist das wirkliche Ereignis, Vergangenheit eine Erfindung, die nicht zugibt, Erfindung zu sein, ein Entwurf rückwärts." (Frisch 1960: 4f.) Man mag Frisch in diesem Gedankengang folgen oder nicht, er dementiert jedenfalls sämtliche Grundlagen, auf denen die gegenwärtige Ordnung des literarischen Gattungssystems im Bereich der Prosa beruht. Begreift man die zitierte Passage darüber hinaus als Credo in eigener Sache, so ist sie zugleich auch eine Warnung an alle (zukünftigen) Leser: Frischs Werke, auch die später erst verfasste Erzählung "Montauk" (1975), sind kein Abbild vergangener Wirklichkeit, sondern das Resultat einer gegenwärtigen Erfahrung, die Ausschnitte des früheren Lebens dazu nutzt, um sich auszudrücken.

Andernorts freilich werden alle Hinweise vermieden, die eine Rezeption des Textes als Wirklichkeitsaussage irritieren könnten, mehr noch: Insbesondere bei Politikermemoiren oder Schauspielerautobiographien finden sich immer wieder Hinweise an prominenter Stelle, die stets der Absicht dienen, den Realitätscharakter des Dargestellten verkaufsfördernd hervorzuheben. Im Vorwort der "Erinnerungen" von Carlo Schmid heißt es: "Dieses Buch (...) hat nur den Sinn, vor Menschen, die dem Autor und seinem politischen Denken vertrauten, über die Art, wie er den Weg seines Lebens ging, Rechenschaft abzulegen, und von den Umständen zu berichten, die ihm erlaubten, diesen Weg so zu gehen, wie er ihn ging." (Schmid 1979: 9) Ist es hier Sachlichkeit, mit der die Seriosität des Autobiographen unterstrichen und die Rezeption festgelegt werden sollen, so dienen Authentizitätssignale im Falle von Autobiographien aus der Welt des Showbusiness, um das Interesse des Lesepublikums zu stimulieren. Interessant sind in diesem Zusammenhang gerade auch Klappentexte, mithin textbegleitende Kommentare, für die die Verlage verantwortlich sind. Solche Paratexte variieren stets dieselbe Behauptung: Dargestellt werde einzig und allein Wirklichkeit, hier mit "entwaffnender Offenheit" (Palmer o.J.: Klappentext), dort in Form einer "schonungslos offenen Beichte" (Jürgens 1976: Klappentext). Eingestreute Photos, Aufnahmen aus dem Privatleben der Autoren ebenso wie Szenenphotos aus Filmen und Fernsehspielen, aber auch die durchgängige Orientierung an den Daten der jeweiligen Biographie, die allseits bekannt ist, untermauern hier wie dort jenen Wahrheitsanspruch, den der Klappentext bereits behauptet.[14] Was solchen Texten kommerziellen Erfolg einbringen soll, ein dicht geknüpftes Netz von Authentizitätssignalen, ist zugleich auch das, was sie der Aufmerksamkeit der Literaturwissenschaft entzieht. Sie gelten als zweckgerichtete, allenfalls minderwertige Formen der Literatur, die jenseits der Kunst sich befinden und deshalb auch keine Beachtung verdienen.

In den Verbund aus Produzenten und Literaturanbietern einbezogen werden auch Leser und Kritiker, wenn deren Reaktionen, beispielsweise auf eine frühere Auflage des Textes, geeignet sind, dessen Authentizitätsanspruch weiter zu befestigen. Als Beispiel mag hier Bernhard Ohsams "Eine Handvoll Machorka" (1958) dienen. Lange bevor die Deportation von rund 30.000 Siebenbürger Sachsen in die Sowjetunion 1945-1949 wissenschaftlich aufgearbeitet worden ist[15], wurde sie von Ohsam in literarischer Weise thematisiert. Im Vorwort zur vierten Auflage heißt es: "Dem Geschehen liegt ein klar umrissener, düsterer geschichtlicher Tatbestand zugrunde." (Ohsam 1984: 5) Darüber hinaus ist das Dargestellte autobiographisch fundiert, gehörte Ohsam doch selbst zu den Deportierten im Januar 1945. Nun dient das Vorwort von 1984 dem Autor vornehmlich dazu, auf frühere Leserreaktionen und Pressestimmen einzugehen. Zitiert werden unter anderem nicht näher ausgewiesene "Leidensgefährten" (ebd.: 6) jener Zeit. Ausgestattet mit der Autorität eigener Erfahrung, bescheinigten sie dem Autor, was dieser nun dem Leser mit auf den Lektüreweg gibt:

14 Dass sich solche Texte gleichwohl als Fiktionen (im Sinne Isers) lesen lassen, habe ich am Beispiel von Curd Jürgens' "...und kein bißchen weise" an anderer Stelle zu zeigen versucht. Vgl. Sill 1991: 227-280.

15 Vgl. dazu die dreibändige Studie von Weber/Weber-Schlenther/Nassehi/Sill und Kneer 1995.

"Ja, so ist es gewesen, genau so." (ebd.) Am Realitätscharakter des Dargestellten soll demnach nicht gezweifelt werden. Umso erstaunlicher ist es daher zunächst, dass der Text die Gattungsbezeichnung Roman trägt - also auch hier ein Wechselspiel von Authentizitäts- und Fiktionssignalen. Was zunächst irritiert, weil die Gattungsbezeichnung den demonstrativen Authentizitätsanspruch des Vorworts unterläuft, erweist sich bei näherer Betrachtung als das Resultat eines gespaltenen Kalküls. Denn die Deklarierung des Textes als Roman (Fiktion) dient in erster Linie der Abwehr jenes strengen Wahrheitsgebots, dem sich jede Form narrativer Geschichtsdarstellung unter der konventionalisierten Antithesis von Fiktion und Wirklichkeit ausgesetzt sieht: dem Gebot unbedingter Faktentreue. Durch das prominenteste aller Fiktionssignale entzieht sich der Text dem Maßstab historischer Überprüfbarkeit, ordnet sich selbst in die Rubrik 'Belletristrik' ein und gibt auf diese Weise - gleichsam augenzwinkernd - zu verstehen, dass doch wohl nicht alles für bare Münze genommen werden sollte. Die Authentizitätssignale dagegen gelten einem intendierten Rezipienten, der, aus welchen Gründen auch immer, am Realitätscharakter des Textes nicht zweifeln möchte.[16]

Worum ging es in diesem Abschnitt? Es sollte gezeigt werden, wie das Wechselspiel von Fiktions- und Authentizitätssignalen in literarischen Texten, aber auch in textbegleitenden Kommunikationen thematisch wird und ihnen Struktur verleiht. Ob sich Autoren, Leser, Verleger, Kritiker oder Literaturwissenschaftler dessen bewusst sind oder nicht: Die Konvention eines vermeintlichen Gegensatzes von Fiktion und Wirklichkeit lenkt die Beobachtung aller literarischen Texte, ordnet sie nach Rubriken - und die Texte selbst, seien es als künstlerisch geltende Formen oder sogenannte Zweckformen, reagieren auf diese Konvention in ihrer jeweiligen Textintentionalität. Die Konvention ist Konvergenzpunkt aller literarischen und literaturbezogenen Kommunikationen, und obwohl das literarische Gattungsystem Ordnung vorgibt, besteht unter den Beobachtern der Literatur keinesfalls Konsens darüber, welche Texte nun als Literatur oder Nicht-Literatur, als Kunst oder Zweckform, als wertvoll oder minderwertig zu betrachten seien. Folglich ist auch das Spektrum möglicher Funktionszuweisungen an Literatur breit gefächert. Um sie soll es im Weiteren gehen - doch bereits jetzt dürfte klar sein: Auch über mögliche Funktionen und Leistungen von Literatur in der modernen Gesellschaft lässt sich nur sprechen, wenn die konventionsgesteuerten Wahrnehmungsmuster alles Literarischen in die Überlegungen einbezogen werden.

16 Zu Ohsams Roman ausführlich: Sill 1995b: 501-525.

3.2 Zur Funktionalisierbarkeit von Literatur

Für Siegfried J. Schmidt ist die Ästhetik-Konvention verbindliche Grundlage des gesellschaftlichen Teilsystems 'Literatur'. Erstmalig postuliert durch die Autonomieästhetik der Weimarer Klassik, bestehe seither die Übereinkunft, Kommunikationen und Handlungen im System primär nach poetischen Kriterien und nicht etwa nach Nützlichkeitserwägungen zu beurteilen (vgl. Schmidt 1989: 430). Wie nun in Kapitel II (2.1) bereits dargelegt, besitzt der Konventionsbegriff für den radikalen Konstruktivismus überragenden Stellenwert, weil anders Kommunikation als parallele Konstruktion im kognitiven Bereich der Kommunikanden und die Koordination von Handlungen innerhalb des Systems nicht erklärt werden könnten. Solch theoretische Festlegung führt Schmidt nun in aufschlussreiche Zugzwänge. Zwar darf er konzedieren, dass es gegen Ende des 18. Jahrhunderts neben der vor allem von Schiller postulierten "Idee der literarischen Autonomie" auch die "Idee der sozialen und politischen Funktionalisierung von Literatur" (ebd.: 397) gegeben habe, doch muss die eine Idee zum Fundament einer das gesamte System charakterisierenden Konvention erhoben werden, während die andere allenfalls untergeordneten Stellenwert besitzen darf und daher auch nur beiläufig Erwähnung findet: "Diese elitäre Gruppe der 'Klassiker' und 'Romantiker' schreibt literarischer Kommunikation - im Gegensatz etwa zu den Spätaufklärern und Jakobinern - eine Funktion zu, die sich - in systemtheoretischer Perspektive - auch tatsächlich als die historisch gesehen bis heute als relevant postulierte Funktion des Sozialsystems Literatur für die Gesamtgesellschaft erweist (...). Diese Funktion läßt sich zusammenfassend charakterisieren als versuchte Überwindung der funktionalen Differenzierung und ihrer Folgeschäden für das Subjekt und die 'bürgerliche Gesellschaft' in Richtung auf Identität (...)." (ebd.: 418) Löst man sich aus den methodologischen Fesseln des radikalen Konstruktivismus und begreift stattdessen Autonomie als empirisch beobachtbares Resultat funktionaler Differenzierung, als Resultat eines Prozesses, in dessen Verlauf Literatur von unmittelbaren Funktionsanforderungen befreit wurde, dann bedarf es keiner Überstrapazierung des Konventionsbegriffs, dann öffnet sich der Blick für den Sachverhalt, dass Literatur in vielfältiger Weise funktionalisierbar ist, allerdings stets um den Preis einer nur mittelbaren Wirkung. Gewiss ist die Beobachtung von Literatur in der modernen Gesellschaft durch Konventionen gesteuert - und zu ihnen gehört in erster Linie wohl die Konvention einer Zuordnung von Texten zu bestimmten Gattungen und Genres mit all den damit verbundenen Implikationen. Solch konventionalisierte Wahrnehmungsmuster nehmen gewiss in gravierender Weise Einfluss auf die Frage, welche Kommunikationen als Literatur von wem und in welcher Form beobachtet werden. Auch von ihnen hängt es demnach ab, welche Funktionen Literatur für die Gesellschaft übernehmen und welche Leistungen sie für andere gesellschaftliche Teilsysteme erbringen soll und kann. *All dies be-*

deutet freilich nicht, dass von einem Konsens unter den Beobachtern ausgegangen werden könnte. Die faktische Entbindung der Literatur von unmittelbaren Zwecken eröffnete nicht nur ein weites Feld kreativer Sinnproduktion, sie erlaubte auch eine wohl unabschließbare, stets historisch konditionierte und im Spannungsfeld konventionalisierter Wahrnehmungsmuster geführte Debatte über mögliche Funktionen der Literatur; eine Debatte, die nur um den Preis von Ausblendungen reduziert werden kann auf diese oder jene - konventionsabhängige - Funktion.

Wie gesehen, ist Schmidt gezwungen, die "Idee der sozialen und politischen Funktionalisierung" als vernachlässigenswerte Begleiterscheinung des sich konstituierenden Literatursystems im späten 18. Jahrhundert auszugeben. Damit rückt sogleich in eine negative Perspektive, was sehr wohl - als eine Facette unter vielen - zu den Charakteristika der modernen Literaturverhältnisse gehört: der stets von neuem wiederholte Versuch, Literatur als nützliches Instrument in den Dienst übergeordneter politischer Ziele zu stellen. Mit Blick auf operative Literaturformen in den sechziger Jahren hebt Ulla Hahn hervor: "Kennzeichnend für diese Literatur ist, daß sie unmittelbar durch die politisch-gesellschaftliche Realität veranlaßt und mit der Intention geschrieben und verbreitet worden ist, auf diese Realität unmittelbar einzuwirken." (Hahn 1978: 9) Sei es im politisch motivierten Kampf gegen die atomare Aufrüstung oder gegen die Rolle der USA im Vietnam-Krieg, in den literaturbezogenen Kommunikationen jener Zeit rückte vielfach "die Frage nach den Funktionsmöglichkeiten der Literatur im Dienste gesellschaftlicher Bewußtseinsbildung" (ebd.: 58) in den Vordergrund. Dementsprechend dominierte die beobachtungsleitende Unterscheidung nützlich/nutzlos, wenn es um Fragen der Ästhetik sowie der literarischen Theorie und Praxis ging. Nicht zuletzt in den literarischen Kommunikationen selbst: In der politischen Lyrik und dem dokumentarischen Theater jener Zeit besitzt "detailliertes Fakten-, Zitat- und Quellenmaterial" überragenden Stellenwert; Reales mithin, das auf der Textebene neu kombiniert wird. Angereichert wird das seligierte Material überdies durch "szenische Elemente, die primär illustrative Funktion haben. Sie dienen dazu, abstrakte Zusammenhänge so anschaulich wie möglich zu machen." (ebd.: 33) In welchem Maße ästhetische Belange in dieser "Marktplatzära der Literatur" (Rühmkorf, zit. nach Hahn 1978: 199) in Abhängigkeit geraten konnten von politisch-pragmatischen Zwecksetzungen, zeigt eine Notiz von Peter Weiss zum dokumentarischen Theater: "(...) die Aggressionen der Vereinigten Staaten von Amerika gegen (...) Vietnam können nur als einseitige Verbrechen aufgezeigt werden. Bei der Schilderung von Raubzug und Völkermord ist die Technik einer Schwarz-Weiß-Zeichnung berechtigt, ohne jegliche versöhnliche Züge auf Seiten der Gewalttäter mit jeder nur möglichen Solidarität für die Seite der Ausgeplünderten." (Weiss 1968: 469) Eine solche Technik möchte um der Parteilichkeit willen vergessen machen, worum es sich gleichwohl handelt, um eine Fiktion, die nicht Realität ist, sondern auf sie zeigt. Mit anderen Worten: Unter dem Primat politischer Instrumentalisierung tritt das Ästhetische tendenziell in den Dienst seiner eigenen Verleugnung. Das Dilemma einer gesellschaftskritisch sich begreifenden Literatur bestehe, so Nikolaus Wegmann, darin, um des Engagements willen den eigenen "Kunstcharakter" abweisen zu müssen: "Die engagierte Literatur stellt die fremd-referentielle Funktion literarischer Texte so sehr ins Zentrum ihrer Selbstaussage, daß ihr eigener Status als Kunst in Gefahr gerät. (...) Das Engagement, das diese Literatur von sich verlangt, zwingt ihr den problematischen Status einer unzweifelhaften Lesbarkeit auf." (Wegmann 1996: 354) Dieser Status besitzt für Peter Weiss in der eben zitierten Notiz ganz offensichtlich oberste Priorität. Agitation lautet demnach das Ziel - und die Premiere seines "Vietnam-Diskurses" sollte Weiss in dem Kalkül bestätigen, Literatur tatsächlich in den Dienst der Aktion stellen zu können: "Die Premiere in Frankfurt war keine übliche Premiere. Polizeikommandos warteten hinter der Bühne. Es gab Sicherheitsabsperrungen wie bei einem Staatsempfang. (...) Nach dem Ende der Vorstellung demonstrierten Mitglieder des SDS und der Unabhängigen Schülergemeinschaft zusammen mit Gruppen der außerparlamentarischen Opposition im Zuschauerraum für eine aktive Unterstützung der Vietcong. (...) An diesem Abend wurde der übliche Betrieb des bürgerlichen Theaters für gut zwei Stunden gesprengt." (A. Müller 1968) Dass die Literatur, ungeachtet aller Effekte, die mit ihrer Hilfe durchaus zu erzielen sind, einen Autonomisierungsprozess durchlief, der sie allererst in den Stand versetzte, in vielfältiger Weise, damit eben auch: in politischer Hinsicht funktionalisiert zu werden, ist die Grundlage der modernen Literaturverhältnisse. Auf dem Felde des Rechts mündete der Autonomisierungsprozess in die gesetzlich garantierte Freiheit der Kunst; ein Spielraum, der unter anderem auch Strategien erlaubt, die Entbindung der Kunst von unmittelbaren Zwecksetzungen zu unterlaufen.

Ist die sogenannte Ästhetik-Konvention demnach keineswegs konsensfähige Grundlage aller Kommunikationen und Interaktionen auf dem literarischen Feld, so ist auch Schmidts Polyvalenz-Konvention zumindest korrekturbedürftig: Sie "besagt, daß Aktanten im Literatursystem die Freiheit besitzen, als literarisch eingeschätzte Texte so zu behandeln, wie es für ihre Bedürfnisse, Fähigkeiten, Motivationen und Intentionen optimal ist" (Schmidt 1989: 431). Zwar wird Literatur in der funktional differenzierten Gesellschaft in der Tat in höchst unterschiedlicher Weise rezipiert, doch scheint mir dies die Konsequenz der besonderen Qualität literarischer Sprachorganisation zu sein, die Folge jener Spielräume, die durch die Selektion und die Kombination eröffnet werden, die Verschiedenverstehbarkeit des Textes sichern und ihn auslegungsbedürftig werden lassen. Voraussetzung dafür ist in der Tat, dass ein Text als literarisch identifiziert und beobachtet wird. Doch genügt dies nicht. Denn die Polyvalenz von Literatur beruht in der modernen Gesellschaft mitnichten auf einer allseits akzeptierten Übereinkunft. Sie wird dort heftig bestritten, wo durchaus als literarisch beobachtete Texte als Abbild bzw. als Repräsentation von Wirklichkeit verstanden werden, genauer gesagt: als *realitätskonformes Abbild der eigenen Wirklichkeitsvorstellung.* In seinen vermutlich 1931 entstandenen "Aufzeichnungen zur Krisis des Romans" setzt sich Robert Musil kritisch mit der traditionellen Erzählweise des bürgerlichen Realismus auseinander, um angesichts einer ebenso komplexen wie unüberschaubar gewordenen Wirklichkeit festzustellen: "Wir wollen uns nichts mehr erzählen lassen (...)." (Musil 1978: 1412). Sogleich anschließend schränkt Musil seine Aussage jedoch wieder ein: "Das ist aber nun nicht ganz richtig. Kommunisten u Nationalisten u Katholiken möchten sich sehr gern etwas erzählen lassen. Das Bedürfnis ist sofort wieder da, wo die Ideologie fest ist. Wo der Gegenstand gegeben ist." (ebd.) Musils Ideologiebegriff entspricht dem, was Peter V. Zima im Rahmen seiner Textsoziologie als Ideologie im Sinne 'falschen Bewusstseins' bezeichnet hat. Der von ihr geprägte Diskurs stelle sich, so Zima, jeder kritischen Erkenntnis in den Weg, "indem er seine Relevanzkriterien und seine Taxonomie verabsolutiert und als 'natürlich' betrachtet; indem er sich mit der Wirklichkeit identifiziert und sich weigert, seine Objektkonstruktionen zu relativieren" (Zima 1982: 170). Systemtheoretisch im Sinne Luhmanns gewendet: Psychischen und sozialen Systemen, die stets nur als Beobachter erster Ordnung fungieren, erscheint die Gesellschaft als monokontextural, weil sie nicht sehen, was sie auf der Grundlage ihrer beobachtungsleitenden Unterscheidung als ausgeschlossenes Drittes nicht sehen können. Folglich erscheint ihnen ihre Sicht der Welt als die Welt. Unter solchen Prämissen entgeht einem Beobachter literarischer Texte, dass diese - zumal der Roman - eine Vielzahl von Beobachterperspektiven in die Textwelt integrieren, dass das Wissen um die Multizentrizität der funktional differenzierten Gesellschaft dem literarischen Text gleichsam eingeschrieben ist. Kaum anderes hat Luhmann letztlich im Sinn, wenn er hervorhebt, "daß auf der Ebene der Beobachtung erster Ordnung zwischen Illusion und Realität und darum auch zwischen realer Realität und imaginärer Realität nicht unterschieden werden kann" (Luhmann 1996a: 162). Und dass dies nicht nur für Leser von Unterhaltungsliteratur gilt, konzediert Luhmann in seinem Medienbuch ebenfalls: "Es ist danach durchaus möglich, Kunstwerke trivial zu erleben (...)." (ebd.: 123) Allerdings präferieren solche Beobachter zumeist doch eher eine Literatur, die genügend Identifikationspotenziale besitzt, durch 'Schwarz-Weiß-Zeichnung' (P. Weiss) um deutliche Abgrenzung bemüht ist und als intendierten Rezipienten den gleichgesinnten Leser erkennen lässt. In der Tat: Diese Leser "möchten sich sehr gern etwas erzählen lassen" (Musil 1978: 1412) - in Form von Texten, die die eigene Wirklichkeitsvorstellung bestätigen, "eine Selbstverortung in der dargestellten Welt" (Luhmann 1996a: 115) ermöglichen und auf diesem Wege als Abbild der Realität verstanden werden können. Texte dieser Art werden in der Regel dominiert durch eine immanente Erzählinstanz, die die Blickrichtung auf die dargestellte Wirklichkeit vorzuschreiben versucht. Deshalb könnte man auch sagen: Es sind seine beobachtungsleitenden Unterscheidungen, denen sich gleichgesinnte Rezipienten anschließen, um sich in ihrer Überzeugung bestätigen zu lassen: 'Ja, genau so ist es!'[17]

In der Zeit Robert Musils gehörten dazu sicherlich viele Leser der Kriegs- und Freikorpsliteratur: "Ehr- und wehrhafter Bücher", wie es im Anhang zu Franz Seldtes "Fronterlebnis" (1930) heißt, in dem der Koehler-Verlag Leipzig auf seine Publikationen aufmerksam macht; ein Verlag, der es sich nach eigenem Bekunden schon seit 1919, seit "den Tagen tiefster Schande", zur Aufgabe gemacht hatte, "wertvolle Erinnerungswerke von deutschen Männern, deren Namen weltbekannt und von den Feinden gefürchtet waren", zu veröffentlichen (Seldte 1930: 634). Zu ihnen gehörten gewiss aber auch zahlreiche Rezipienten der "Roten-Eine-Mark-Romane" des Internationalen Arbeiterverlags Berlin, Leser etwa von Willi Bredels "Maschinenfabrik N & K", ebenfalls 1930 erstmalig erschienen, die sich in Solidarität verbunden fühlen konnten mit jenen "achtzig Proleten", die in der Schlusssequenz des Romans "im Bewußtsein der unüberwindlichen Kraft ihrer Klasse (...) im Gleichschritt die Straßen hinunter [marschierten], daß es von den Steinen dröhnte" (Bredel 1971: 128). Gemeinsames Band all dieser Texte ist ein hohes Maß identifizierbarer sozialer Realität, darüber hinaus ein Authentizitätsgestus, der allein schon durch den Namen des jeweiligen Autors und dessen Lebensgeschichte verbürgt zu sein scheint: ob es sich nun um den Weltkriegsteilnehmer Franz Seldte handelt oder um den ehemaligen Dreher Willi Bredel, der eine Zeitlang in der Hamburger Maschinenfabrik Nagel & Kaemp gearbeitet hatte. Beispiele jüngeren Datums lassen sich ebenfalls leicht finden. Zu denken wäre etwa an die Vielzahl von Texten seit Beginn der siebziger Jahre, die gleichfalls durch eine erkennbare Zielgruppenorientierung charakterisiert sind, auch wenn das Feld klassen-, milieu- und gruppenspezifischer Bindung von Autoren und gleichgesinntem Publikum noch sehr viel unüberschaubarer geworden ist, als es in den zwanziger und frühen dreißiger Jahren bereits der Fall war. Orientiert an "vordefinierten Interessen" (Baumgart 1984: 21), sollen mit einer solchen Literatur Verständigungsprozesse innerhalb bestimmter gesellschaftlicher (Rand-)Gruppen initiiert werden. Beginnend in den späten sechziger Jahren mit der Gründung des Werkkreises 'Literatur der Arbeitswelt', erlebte die zielgruppenorientierte Literatur in der Folgezeit einen ungeahnten Aufschwung: "Zu den Arbeitern hatten sich die Studenten gesellt, zu diesen die Frauen, die Häftlinge, die Lehrer, die Alkoholiker, die Schwulen, die schreibenden Schüler (...)." (Mattenklott 1981/82: 42) So bewog der ökonomische Erfolg verschiedener, in kleinen Verlagen publizierter Texte auch große Verlage dazu, entsprechende Reihen in ihr Verlagsprogramm aufzunehmen:

---

17 Es gehöre, so Luhmann, "zum Programmgesichtspunkt der Unterhaltungsindustrie", Rezipienten "'Ja so ist es'-Erlebnisse" (1996a: 149) zu offerieren.

"Verständigungstexte" (Suhrkamp), "Die neue Frau" (Rowohlt) oder "Die Frau in der Gesellschaft" (Fischer). Symptomatisch ist Verena Stefans "Häutungen" (1975). Laut eigenem Bekunden nicht geschrieben in der Absicht "einer 'literarischen karriere'", sondern mit dem erklärten Ziel, "für die sache der frauen zu handeln" (Stefan 1978: 127), erlebte das Buch innerhalb von nur drei Jahren zwölf Auflagen mit insgesamt 140.000 Exemplaren. In den Verbund der Autorin mit ihren (vermutlich) feministisch gesinnten Leserinnen eingeschlossen war übrigens auch der Verlag: Frauenoffensive München.

Es ist klar, dass solche Aussagen über literarische Texte und ihre Rezipienten unter einem Vorbehalt stehen müssen, fehlt es doch an Arbeiten, häufig bereits schon an Dokumenten, die es erlaubten, den Zusammenhang von Rezeptionsvorgabe (Text) und dokumentierter Textverarbeitung (Rezeption) genauer zu analysieren - im Idealfall ergänzt durch empirische Untersuchungen zum jeweiligen Lesepublikum. Gleichwohl bietet der ebenso rasche wie rasch verebbende Erfolg solcher Texte genügend Anlass zu der Vermutung, dass sie weit über bloße Unterhaltungsbedürfnissse hinaus orientierende Funktion besitzen bzw. besessen haben. Es dürfte sich bei ihnen um Fiktionen handeln, die als solche in ihrer Zeit von gleichgesinnten Lesern nicht erkannt wurden und gerade deshalb einen wesentlichen Beitrag zur Stabilisierung individueller wie kollektiver Identitäten[18] leisten konnten. Die wachsende Zahl geschlossener Weltbilder inmitten einer von Kontingenz gekennzeichneten Wirklichkeit bringt Luhmann in Zusammenhang mit den Funktionsweisen der Massenmedien. Sie erzeugten mit ihren Konstruktionen zwar unentwegt Realität, allerdings "eine nicht konsenspflichtige Realität" (Luhmann 1996a: 164). Resultat sei vielfach eine Haltung, die sich im Wissen um die Relativität eigener Überzeugungen gerade auf diese versteife. Nur so werde verständlich, "weshalb sich unter diesen kommunikativen Bedingungen Fundamentalismen aller Arten entwickeln. Man kann hervortreten mit der Aussage: Dies ist meine Welt, dies halten wir für richtig. Der Widerstand auf den man dabei stößt, ist dann eher noch Steigerungsmotiv, er kann radikalisierend wirken, ohne daß dies zu Realitätszweifeln führen müßte. Und im Unterschied zum 'Enthusiasmus' älterer Bauart braucht man weder auf göttliche Inspiration zu setzen noch sich der Gegenbehauptung auszusetzen, dies sei eine Illusion. Es genügt, die eigene Realitätssicht mit der eigenen Identität zu verschweißen und sie als Projektion zu behaupten. Weil Realität ohnehin nicht mehr konsenspflichtig ist." (Luhmann 1996a: 168) Dem kann man sich anschließen - allerdings unter dem ergänzenden Hinweis, dass es sich bei solchen "Fundamentalismen" um - mittlerweile äußerst kurzlebige - Fiktionen handelt.

18 'Kollektive Identitäten' lassen sich begreifen als Formen der "Selbstschematisierung" im Sinne Luhmanns: "Niemand kann so sein wie ein anderer. Niemand versteht sich als Abbild eines anderen. Worin man übereinstimmt, ist nur die Notwendigkeit, Schemata zu benutzen, um ein Gedächtnis zu unterhalten." (1996a: 205)

Nachdem sie ihre Orientierungsfunktion eingebüßt haben, werden sie als solche lesbar, geraten damit aber auch sogleich in Vergessenheit, abgelöst und ersetzt durch neue, nunmehr leistungsfähige Fiktionen. Zu ihnen gehören in der unmittelbaren Gegenwart wohl die Romane Hera Linds, sei es nun "Das Superweib" (1994) oder "Die Zauberfrau" (1995). Mag das in diesen Texten gestaltete Selbstbild der Ich-Erzählerin auch kaum noch Bezugspunkte aufweisen zum Selbstverständnis jener Ich-Erzählerin in Verena Stefans "Häutungen", die eine neue, eine weibliche Sprache erfinden zu müssen glaubte, weil die herrschende "vom patriarchat zerstört worden [ist]" (Stefan 1978: 4), so dürften doch auch die Texte Hera Linds nicht nur der bloßen Unterhaltung dienen. Denn auch sie bieten in reichhaltiger Weise Identifikationspotenziale - allerdings für Leserinnen, die sich an ehemalige "Häutungen" - wenn überhaupt - so nur noch mit Befremden erinnern.

Für alle Varianten zielgruppenorientierter Literatur lässt sich Folgendes festhalten: Gelten sie dem einen als realistische Widerspiegelung oder gar als Abbild der Realität, so dem anderen als tendenziöse Verzerrung der Wirklichkeit, als zweifelhafte Illustration weltanschaulich präformierten Denkens. Solche Unterschiede in der Rezeption bestätigen den Sachverhalt eines definitiven Verlusts übergreifender, für alle verbindlicher Realitätsmodelle in der funktional differenzierten Gesellschaft. Auch Realismusdebatten in der Ästhetik oder ästhetische Programme wie der sozialistische Realismus mit seinem Versuch, Beobachtungsdirektiven für die Produktion wie Rezeption von Literatur vorzuschreiben, sind Ausdruck dieses Sachverhalts, auch wenn er dort bestritten wird, wo ästhetische Programme mit dem Anspruch normativer Gültigkeit auftreten. Die Moderne ist durch die Kontingenz aller Beobachterperspektiven gekennzeichnet, an die Stelle des einen Realitätsmodells ist eine Vielzahl teilsystemspezifischer Realitätsmodelle von nur relativer Reichweite und Geltung getreten, die nebeneinander existieren und auch miteinander konkurrieren. Darin ist Luhmann wie Schmidt durchaus zuzustimmen. Und der unabweisbare Geltungsverlust großer Weltanschauungen gerade in der jüngeren Vergangenheit bestätigt Luhmanns Vermutung, dass die Beobachtung zweiter Ordnung in fortschreitendem Maße zum Signum der funktional differenzierten Gesellschaft avanciert. Doch sollte man darüber nicht den Orientierungsbedarf der Individuen, das Bedürfnis nach "Selbstschematisierungen" (Luhmann 1996a: 205) übersehen: zumal unter heutigen Individualisierungsbedingungen.[19] Zielgruppenorientierte Literatur, wie be-

19 Die in der Tat gravierenden gesellschaftsstrukturellen Wandlungsprozesse seit den sechziger Jahren, wie sie von Ulrich Beck unter dem Stichwort 'Individualisierung' wohl erstmalig beschrieben worden sind (vgl. Beck 1986), bleiben selbstverständlich nicht ohne Auswirkung auch auf die gegenwärtigen Literaturverhältnisse. Sie finden ihren Niederschlag nicht nur in Form und Gegenstand zeitgenössischer Literatur, sondern sie verändern auch die Publikumsbedürfnisse und -erwartungen, ja selbst die Zusammensetzung eines - wohl

grenzt ihre jeweilige Reichweite und Geltungsdauer (mittlerweile) auch sein mag, unterläuft die von Schmidt zur Polyvalenz-Konvention stilisierte Einsicht in die Verschiedenverstehbarkeit literarischer Kommunikationen. Gerade das zusehends dichter geknüpfte Geflecht konkurrierender Realitätsmodelle und -vorstellungen fördert offenbar eine Beobachtung von Literatur als Wirklichkeit bzw. Wirklichkeitsaussage; eine Beobachtung mithin, die das Fiktive solcher Texte nicht zur Kenntnis nimmt. Zusätzlich untermauert durch Authentizitätssignale verschiedenster Art, stabilisieren solche Texte die Beobachtung der Gesellschaft im Sinne einer Beobachtung erster Ordnung, befriedigen mithin das Orientierungsbedürfnis von Individuen - disponiert, nicht aber vollständig determiniert durch jenes 'stumme Wissen', auf dem das neuzeitliche Fiktionsbewusstsein gegründet ist. Und deshalb besteht weder in diachroner noch in synchroner Sicht ein gesellschaftlicher Konsens in den wesentlichen Fragen zur Literatur, lässt sich weder die eine noch die andere Konvention zur verbindlichen Übereinkunft aller Literaturbeobachter stilisieren. Als literarisch beobachtete Texte werden als Fiktionen im herrschenden Sinne wahrgenommen, aber eben auch: als Wirklichkeitsaussagen. Und es hängt von den individuellen, allerdings stets historisch konditionierten Dispositionen des einzelnen Rezipienten ab, ob dieser nun einen literarischen Text mit dem verwechselt, wofür er die Realität jeweils hält - oder nicht.

Die Vermutung liegt nahe, die von Literatur eben auch erfüllte Funktion einer Stabilisierung bestimmter Realitätsvorstellungen unmittelbar in Zusammenhang zu sehen mit der wachsenden Komplexität funktional differenzierter Gesellschaften. Literarische Fiktionen, die als solche (zunächst) nicht erkannt werden, sind demnach in besonderer Weise geeignet, Individuen Orientierung zu vermitteln. Einer solchen Beschränkung des Blickwinkels auf moderne Gesellschaften würde allerdings entgehen, dass Fiktionen auch schon in vormodernen Gesellschaften eine ähnliche Funktion erfüllt haben, wenn auch unter entschieden anders gearteten historischen Konstellationen. Berührt ist damit ein Zusammenhang, den Wolfgang Iser als die "Fiktionsbedürftigkeit des Menschen" (Iser 1991: 16) bezeichnet hat; ein Zusammenhang, den es m.E. auch im Horizont systemtheoretischer Perspektiven zu berücksichtigen und zu bedenken gilt.

---

zusehends - in Milieus und Szenen zerfallenden Lesepublikums 'jenseits von Stand und Klasse' (Beck). All dies sind Fragen, die einer zukünftigen literatursoziologischen Forschung vorbehalten sind; einer Forschung, die gut daran täte, andere Formen der Kunst, etwa den Film, ebenfalls einzubeziehen. Und schließlich sollte diese Forschung Anschluss finden an eine Kultursoziologie, die ihrerseits gewiss bereichert werden könnte durch literaturwissenschaftliche Theoriebestände.

3.3 Die 'Fiktionsbedürftigkeit des Menschen'

Wie immer Fiktionen in ihrer einstellungsabhängigen pragmatischen Natur Gestalt gewinnen, ihre Unverzichtbarkeit steht für Iser außer Zweifel, "weil sie die Bedingung von Sinn darstellen" und erst sie "die Realität" zu dem werden lassen, "wofür wir sie jeweils halten" (Iser 1991: 160). Insofern ist jede Fiktion für Iser eine historisch konditionierte Antwort auf eine anthropologische Disposition, derzufolge der Mensch der Fiktion unabdingbar bedarf.

Worin, so fragt sich, liegt nach Iser die grundlegende Ursache einer Bedürftigkeit des Menschen, die zu allen Phasen der Menschheitsgeschichte Fiktionen hervorgebracht hat. Es sind, so seine Antwort, die *konstitutiven Ungewissheiten des menschlichen Lebens*, sein *Anfang* und sein *Ende*, die immer nur ein "Mittendrinsein" erlaubten und deshalb nicht nur das Leben selbst mit einem "ständigen Auslegungsbedarf" (ebd.: 161) versähen[20], sondern auch zu der Entbindung einer großen Zahl von Vorstellungen geführt hätten, die den für Menschen nicht fassbaren Zusammenhang zwischen Anfang und Ende imaginativ herstellen: "Der griechische Arzt Alkmaion soll mit Zustimmung des Aristoteles bemerkt haben, daß die Menschen sterben müssen, weil sie nicht in der Lage sind, Anfang und Ende miteinander zu verknüpfen. Erwiese sich der Tod als Resultat einer solchen Unmöglichkeit, so könnte er ebensogut zum Antrieb dafür werden, Vorstellungen zu entbinden, die auf seine Aufhebung drängten. Das würde bedeuten, Anfang und Ende als die Ungewißheiten des menschlichen Lebens imaginativ besetzen zu müssen, um jenen verweigerten Zusammenhang herzustellen, der dann auch das Leben selbst verändern dürfte. Wenn solche Besetzungen zu einer Mannigfaltigkeit geraten, so deshalb, weil die Verbindung von Ungewißheiten kein Maß möglicher Zulässigkeit für die herzustellenden Zusammenhänge in sich trägt. Statt dessen werden historisch konditionierte Bedürfnisse für das imaginative Verspannen der konstitutiven Ungewißheiten des menschlichen Lebens maßgebend sein." (ebd.: 158)

Frühe Beispiele für Fiktionen, die in einem "Vorgang der Komplettierung" (ebd.) das Leben als das Gegebene und dessen Anfang und Ende als dem Entzo-

20 Auslegungsbedürftig wird unter solchen Umständen auch der eigene Geburtstag. Über ihn jedenfalls reflektiert der Geheimrat Knospelius in Eduard von Keyserlings Roman "Wellen" (1911) - und zwar im Horizont von Anfang und Ende des eigenen Lebens: "'Die Veranlassung dieses Festes', sagte er, 'ist mein Geburtstag. Na ja, das Älterwerden mag ja seine guten Seiten haben, aber zum Feiern wäre ja schließlich keine Veranlassung. Diese Welt hier zwar ist recht fragwürdig, allein besondere Eile herauszukommen hat man nicht, denn erstens ist das Programm dessen, was nachher kommt, nicht recht klar, und zweitens bleibt es uns ja ohnehin. Nein, ich feiere das Datum meiner Geburt, denn das Geborenwerden ist doch der merkwürdigste Augenblick unsres Lebens von unübersehbaren Folgen. Sehen Sie, eine Welt ohne Knospelius und eine Welt mit Knospelius, das ist für mich ein gewaltiger Unterschied.'" (Keyserling 1998: 86)

genen sinnvoll verknüpfen, sieht Iser in der Apokalypse, dem Millenium oder den unterschiedlichen Ausprägungen des aevum. In Anlehnung an Frank Kermode bezeichnet er diese Fiktionen als "concord-fictions", "weil sie im Stiften von Verbindungen zwischen dem Gegebenen und dem Entzogenen das Gegebene dadurch mit Sinn ausstatten, daß sie dieses in eine von ihnen entworfene Totalität einbeziehen. Auf diese Totalität zielen die 'concord-fictions' insofern, als durch sie Anfang und Ende besetzt werden und damit in dem jeweils erstellten Zusammenhang aufgehen." (ebd.: 159) Die 'concord-fictions' seien jeweils 'Bild der Totalität', in denen das Reale mit dem Entzogenen, doch imaginativ Besetzten in einer sinnvollen Totalität verspannt ist: "Macht die von den 'concord-fictions' entfaltete 'concordance' das Ganze als Bild vorstellig - sei es durch das große Tier der Apokalypse oder durch den Engel Augustins -, so ist das Bild mit dem Ganzen identisch, ungeachtet dessen, daß es nur Vergegenwärtigung des Ganzen zu menschlichen Bedingungen sein kann, ja, daß es die Bedrängnis zu beseitigen hat, die dem menschlichen Leben aus dessen Ungewißheit erwächst." (ebd.: 161f.) Was die concord-fictions mit den Fiktionen der Gegenwart verbinde, sei ihre pragmatische Natur, denn auch die unterschiedlichen Ausprägungen des Chiliasmus standen, so Iser, unter "pragmatischen Leistungsanforderungen" (ebd.: 163), die allerdings ungleich größer waren als bei den Fiktionen der Neuzeit. Und, wie bei diesen, bedeutete auch bei den concord-fictions die Falsifizierung nicht ihr Ende, sondern erbrachte allein die Notwendigkeit, sie umzubesetzen: "Sie alle standen unter dem Einlösungszwang ihrer Versprechen, dessen oft unübersehbares Ausbleiben nicht zu ihrer Diskreditierung, sondern nur zu internen Umbesetzungen der hergestellten Zusammenhänge führt." (ebd.: 159)

Mag die pragmatische Dimension gemeinsames Band zwischen den concord-fictions und modernen Fiktionen sein, was sie jedoch in fundamentaler Weise unterscheidet, ist im Terminus bereits angezeigt. Die Einschätzung der concord-fictions als solche setzt Fiktionsbewusstsein voraus: ein Bewusstsein von der Differenz zwischen der Realität (oder was für sie gehalten wird) und dem Imaginären (wie immer es in seinem Verhältnis zum Realen qualifiziert wird). Ohne neuzeitliches Fiktionsbewusstsein käme jener "Kontrakt" (ebd.: 35) nicht zustande, von dem Iser mit Blick auf die Entblößung der eigenen Fiktionalität in Form von Fiktionssignalen spricht: der Kontrakt zwischen dem Autor und seinem Publikum, diesen Text, etwa durch seine Gattungsbezeichnung Roman, als Fiktion zu behandeln. Nun weist Iser allerdings auch darauf hin, dass in der modernen Gesellschaft keineswegs nur Fiktionen eine Rolle spielen, die sich selbst als solche ausweisen. Zu ihnen gehören etwa lebensweltliche Fiktionen von individueller oder kollektiver Bedeutung, die bestimmte Leistungen erbringen können, solange sie von Individuen bzw. Gruppen als Wahrheit verstanden werden. Am Beispiel der Dolchstoßlegende, des Pechvogels in Max Frischs "Mein Name sei Gantenbein" und den Ausführungen eines vierzehnjährigen, im narrativen Interview befragten Schülers habe ich diese Zusammenhänge bereits erläutert (vgl. III.1.5). Über Fiktionen, die sich als solche nicht zu erkennen geben, bemerkt Iser: "Immer dort, wo die Entblößung [als Fiktion] unterbleibt, geschieht das mit Rücksicht auf die Erklärungs- und Fundierungsleistung, die die Fiktion zu erbringen hat. Dabei muß der Verzicht auf die Entblößung noch nicht einmal einer Täuschungsabsicht entspringen; sie hat allein deshalb zu unterbleiben, weil sonst die Geltung der erbrachten Erklärung bzw. Fundierung in Mitleidenschaft gezogen würde. In der Verschleierung ihres Status gibt sich eine auf Erklärung bedachte Fiktion den Anschein von Realität, den sie in diesem Falle allerdings auch braucht, weil sie nur so als die transzendentale Bedingung der Konstitution von Realität funktionieren kann." (Iser 1991: 36) Iser belässt es bei solchen Hinweisen, liegt sein Interessenschwerpunkt doch eindeutig bei literarischen Fiktionen, die als solche durch entsprechende Signale ausgewiesen sind. Richtet man dagegen sein Augenmerk auf die Frage, wie die literarischen Verhältnisse der Gegenwart beschrieben werden können, ohne von vornherein bestimmte Phänomenbereiche wie etwa literarische Zweckformen auszuschließen, so bedürfen Isers Ausführungen der Ergänzung. Dient ihm der Hinweis auf das 'stumme Wissen' über den vermeintlichen Gegensatz von Fiktion und Wirklichkeit dazu, seinen dreistelligen Fiktionsbegriff zu explizieren, so bildete dieser Hinweis in unserem Zusammenhang den Ausgangspunkt für eine Reflexion über die historischen Ursachen solch fragwürdiger Entgegensetzung. Wie deutlich geworden sein dürfte, ist sie nicht nur das Resultat eines Prozesses der Autonomisierung, den auch die Literatur im Zuge funktionaler Differenzierung der Gesellschaft durchlief, sondern eben auch Konsequenz eines neuzeitlichen Realitätsverständnisses, demzufolge als real und damit wahr allein noch die unbezweifelbare Tatsache erscheint. Die - vielleicht gravierendste - Folge für die Literatur bestand in der Neuordnung des literarischen Gattungssystems seit dem Ende des 18. Jahrhunderts, in der Aufspaltung des weiten Spektrums literarischer Prosaformen in künstlerische Formen (Fiktionen) und Zweckformen (Wirklichkeitsaussagen), wobei die Grenze durch den Maßstab verifizierbarer Faktizität konstituiert wird. Auch wenn die Antithesis Fiktion vs. Wirklichkeit als Fundament des literarischen Gattungssystems seither die Beobachtung von Literatur regelt, unumstritten ist sie nicht, wie die zitierten Aussagen in den vorausgegangenen Abschnitten gezeigt haben. Richtig aber ist: Die Konvention einer Unterscheidung zwischen fiktionalen Formen der Literatur und sog. Zweckformen bezeichnet noch immer jenen Konvergenzpunkt, an dem sich die Literatur selbst und deren Beobachter zu orientieren haben, wenn es um Fragen der Produktion und Rezeption, um Fragen der Form und Wirkungsweise von Literatur geht. Vor diesem Hintergrund wird auch klar, dass der durch konventionalisierte Fiktionssignale intendierte Kontrakt zwischen Autor und Publikum nur eine mögliche Variante im Rahmen eines ebenso widersprüchlichen wie komplexen Spannungsfelds bezeichnet. Angemessener erscheint daher die Rede von einem Wechselspiel von Authentizitäts- und Fiktionssignalen, die in je unterschiedlicher Akzentuierung Bestandteil der jeweiligen Textintentionalität sind bzw. sein können; Signale mithin, die allesamt auf eine Konvention reagieren, die sich nicht ignorieren und erst recht nicht suspendieren lässt. Gerade jene Aura, die die Fiktion des Faktischen in der modernen Gesellschaft umgibt, eröffnet ein weites Feld möglicher Steuerungsmechanismen, mit deren Hilfe der Realitätscharakter des Dargestellten behauptet werden kann. Und dies gilt nicht nur für literarische Texte, die ohnehin konventionellerweise als Wirklichkeitsaussagen aufgefasst werden, sondern auch für fiktionale Texte, die ungeachtet aller Fiktionssignale als solche nicht verstanden werden. Nicht nur lebensweltliche Fiktionen, so lässt sich schließen, "spielen in den Aktivitäten des Erkennens, Handelns und Verhaltens" (Iser 1991: 35) noch immer eine große Rolle, sondern auch literarische Fiktionen, sofern sie in der Gesellschaft kursierende Realitätsvorstellungen bestätigen und damit stabilisieren können. Mag die Reichweite und Geltungsdauer unvergleichlich geringer sein als bei den concord-fictions, von denen Iser spricht: Auch in der Gegenwart können literarische Fiktionen die Realität noch immer zu dem werden lassen, wofür sie von Einzelnen oder von gesellschaftlichen Gruppen gehalten wird.

3.4 Fazit

Wie steht es nun um die Möglichkeit, Literatur als gesellschaftliches Teilsystem mit stabilen Grenzen zu konzeptualisieren? Sowohl Schmidts Entwurf eines selbstorganisierenden Sozialsystems Literatur als auch Luhmanns Modell eines autopoietischen Kunstsystems bieten keine überzeugenden Antworten auf diese Frage. Beide Ansätze beruhen zumindest teilweise auf fragwürdigen theoretischen Grundsatzentscheidungen - mit dem Effekt, dass wesentliche Phänomenbereiche der Literatur ausgeschlossen, zumindest aber vernachlässigt werden. Legt man stattdessen Isers dreistelligen Fiktionsbegriff zugrunde, um auf der Basis des Autopoiesiskonzepts Literatur bzw. literarische Kommunikation in Abgrenzung zu allen anderen Formen der Kommunikation als System zu konzipieren, so lässt sich zumindest das Problem eines viel zu eng gefassten Literaturbegriffs beheben: Nicht nur literarische Texte, die traditionellerweise mit dem Etikett 'Kunst' versehen werden, wären dann als Elemente des Literatursystems zu bestimmen, sondern auch all jene, die gemeinhin als literarische Zweckformen diesseits der Grenze zur Literatur als Kunst angesiedelt werden. Da der dreistellige Fiktionsbegriff allerdings auch geeignet ist, lebensweltliche, mithin mündliche Kommunikationen als Fiktionen zu beschreiben, wäre das Kriterium der Schriftlichkeit eigens hervorzuheben: Nur in schriftlicher Form erscheint der Verbund von Realem, Imaginärem und Fiktivem als organisiert, nur in dieser

Form sichern literarische Kommunikationen ihre Zugehörigkeit zum System Literatur.

Nun wird mittlerweile von den verschiedensten Seiten mit Recht betont, dass konventionalisierte Wahrnehmungsmuster einen Text erst zur Literatur werden lassen, dass es also auf die historisch konditionierten Dispositionen des Beobachters ankommt, welcher Text von wem unter welchen Kriterien als literarisch eingestuft wird. Das ist zweifellos richtig, verkompliziert die Frage nach den Grenzen des Literatursystems allerdings enorm. Die Ausführungen in Kapitel IV dürften gezeigt haben, dass weder in diachroner noch in synchroner Perspektive auf die funktional differenzierte Gesellschaft unter den Beobachtern der Literatur Konsens darüber besteht, welche Texte der Literatur angehören bzw. welche Funktion Literatur in der modernen Gesellschaft erfüllen kann und soll. Auch Schmidt und Luhmann bilden hier keine Ausnahme; ihre Arbeiten mit ihren so unterschiedlich ausfallenden Antworten sind eben auch nur einzelne Elemente einer - in diesem Fall: wissenschaftlichen - Beobachtung von Literatur (Kunst), wie sie von verschiedenen Beobachtern unterschiedlicher Teilsysteme geleistet wird: Beiträge zu einer wohl unabschließbaren Diskussion. Schmidts Leitdifferenz literarisch/nicht-literarisch und die von ihm formulierten Makro-Konventionen behaupten eine Übereinkunft aller Beobachter, die faktisch nicht existiert. Und Luhmanns binärer Code, auf den er die Beobachter der Kunst festlegen möchte, ist ebensowenig konsensfähig.

Nun ist beiden Konzepten gemeinsam, dass sie die Beobachter der Literatur als systeminterne Elemente begreifen: als Aktanten in vier verschiedenen Handlungsrollen (Schmidt) bzw. als Kommunikationen durch Kunst seitens der Ästhetik und einer kompetenten Kunstkritik (Luhmann). Gemeinsam ist beiden Ansätzen überdies, dass sie als systemexterne, nämlich wissenschaftliche Beobachter es dem Literatur- bzw. Kunstsystem selbst überlassen wollen, wie es seinen jeweiligen Phänomenbereich beurteilt und wie es die Grenze gegenüber anderen gesellschaftlichen Teilsystemen bestimmt. Gerade diese Entscheidungen nötigen jedoch Schmidt wie Luhmann dazu, gerade dort nach verbindlichen, die Einheit des Systems gewährleistenden Beschreibungskriterien Ausschau zu halten, wo es solchen Konsens nicht gibt: unter den Beobachtern der Literatur bzw. der Kunst. Begreift man stattdessen Literatur als autopoietisches Sozialsystem, dessen Elemente einzig und allein solche Kommunikationen sind, die als literarisch beobachtet werden, dann lässt sich immerhin sagen: Vor dem Hintergrund eines Autonomisierungsprozesses, in dessen Verlauf bestimmte Formen schriftlicher Kommunikation von unmittelbaren pragmatischen Zwecksetzungen befreit wurden, wurde es in der modernen Gesellschaft möglich, Texte unter verschiedensten Prämissen als Literatur zu beobachten. Wie immer die jeweiligen Kriterien für Literarizität aussehen mögen, als Literatur werden Texte immer dann beobachtet, wenn der Referenzcharakter ihrer Sprache durch den jeweiligen Beobachter suspendiert, zumindest aber eingeklammert wird, wenn also der für alle pragmatischen Funktionssysteme fraglos geltende instrumentelle Charakter der Sprache außer Kraft gesetzt wird - ob nun von einem, von mehreren oder vielen Beobachtern. Unter diesem Blickwinkel erscheint Literatur als operativ geschlossenes Sozialsystem, zwar nicht an einen binären Code gebunden, aber eben gerade dadurch eindeutig abgrenzbar von allen pragmatischen Formen der Kommunikation. Nur wenn ein Text als literarisch, mithin als Element des Literatursystems beobachtet wird, gelangt die ästhetische, auf Selektion und Kombination beruhende Organisation von Sprache ins Blickfeld des Beobachters, lässt sich die virtuelle Gleichzeitigkeit aller textimmanenten Beobachterverhältnisse als genuines Merkmal literarischer Kommunikation beobachten. Damit wird der als literarisch beobachtete Text auslegungsbedürftig. Dies wiederum geschieht auf der Grundlage beobachtungsleitender Unterscheidungen, die sehr verschieden sein können. Alle Formen der Auslegung sind stets historisch konditioniert, abhängig von konventionalisierten Wahrnehmungsmustern, über die sich gewiss sehr viel sagen lässt, die sich allerdings nicht zu verbindlichen, für alle Beobachter gleichermaßen geltende Konventionen stilisieren lassen.

Zu den noch immer wirksamsten, aber eben auch nicht unumstrittenen Konventionen gehört die, zwischen Fiktion und Realität, zwischen Literatur als Kunst und Literatur als Zweckform einen Gegensatz zu sehen. Die noch immer große Geltungsmacht dieser Konvention führt unter anderem dazu, dass der eine Beobachter einen Text als literarisch identifiziert, während ein anderer demselben Text den Charakter einer Wirklichkeitsaussage zuerkennt und damit dessen Sprache auf ihren Referenzcharakter eingrenzt. Und beide Beobachter können dies zur gleichen Zeit tun. Bedenkt man dies, so muss festgehalten werden: Literatur lässt sich durchaus als operativ geschlossenes Sozialsystem begreifen, nicht aber als ein System, über dessen Elemente Einigkeit unter den Beobachtern zu erzielen wäre. Denn weder in diachroner noch in synchroner Perspektive existieren konsensfähige Kriterien darüber, welche Texte als Elemente des Literatursystems gelten können. Insofern zeichnet sich das Literatursystem durch Unbestimmtheit aus. Solche Unbestimmtheit kennzeichnet bereits das Fiktive, weil sich das Imaginäre als konstitutive Energie aller Fiktionen nicht regulieren lässt. Vielleicht lässt sich daher der Phänomenbereich Literatur auch in systemtheoretischer Perspektive nur dann genauer mit Konturen versehen, wenn man festhält, was Literatur eben nicht ist: unmittelbaren gesellschaftlichen Obligationen unterworfene Kommunikationen. Auf welchen Wegen sie sich unmittelbaren Funktionsanforderungen entzieht und welche ästhetischen Potenziale der Sprache dann beobachtbar werden, kann theoretisch sehr wohl eingekreist werden. Was aber Literatur ist, müssen Beobachter immer wieder neu bestimmen. Und indem sie dies tun, werden ihre Antworten zu partiellen und vorläufigen.

Die Einwände gegen meine Ausführungen und Vorschläge lassen sich relativ leicht vorwegnehmen. Zum einen dürften sich die Kritiker der Systemtheorie bestätigt sehen: Wenn es nicht gelingt, zentrale Begriffe wie Code und Funktion mit Blick auf Literatur präzise zu füllen, ist es dann überhaupt sinnvoll, die Theorie sozialer Systeme heranzuziehen? Erweist sich die Literatur nicht wieder einmal als ein zu komplexes Phänomen, um mit Hilfe eines aus der Soziologie stammenden Begriffsinstrumentariums erfasst zu werden? Handelt es sich bei dieser Arbeit nicht letztlich um eine systemtheoretische Reformulierung literaturwissenschaftlicher Einsichten, bei der das Kernstück dieser Theorie, das Systemkonzept, im Grunde auf der Strecke bleibt und bleiben muss? Solche und ähnliche Einwände werden vermutlich gerade von jenen formuliert, die die Besonderheit literarischen Sprechens gegen jede Form pragmatischer Sprachverwendung hervorheben. Darum ging es auch mir - wohl wissend, dass es sich bei dieser Herangehensweise 'nur' um *Systemtheoretische Perspektiven auf ein komplexes Phänomen* (Untertitel) handeln kann und nicht um den neuerlichen Vorschlag eines Systemkonzepts zur Literatur, dessen Schlüssigkeit auf - womöglich gravierenden - Ausblendungen beruht.

Gerade mein Versuch, bei aller Offenheit gegenüber der Theorie sozialer Systeme den literaturwissenschaftlichen Blickwinkel beizubehalten, dürfte jedoch auch jene Kritiker auf den Plan rufen, die aus Sicht der soziologisch-systemtheoretischen Gesellschaftstheorie argumentieren. Denn ihr Ausgangspunkt bleibt die Strukturähnlichkeit der verschiedenen Sozialsysteme innerhalb funktional differenzierter Gesellschaften - und eben nicht das ganz Andere und Strukturdifferente eines Systems. Selbst wenn man aus gesellschaftstheoretischer Perspektive konzedieren sollte, dass meine Kritik der bislang vorliegenden Konzepte von Schmidt und Luhmann nicht ganz von der Hand zu weisen ist, so wird man sich doch kaum damit abfinden können, die Autonomie der Literatur als Freisetzung *von* allen unmittelbaren Funktionsanforderungen zu begreifen. Autonomisierung bedeutet für Luhmann Freisetzung *für* eine spezifische Funktion - und davon kann die Theorie funktionaler Differenzierung wohl auch nicht abrücken, wenn sie sich selbst konsequent beim Wort nehmen will. Doch das Beharren auf theoretische Stringenz allein nützt nichts. Es bedarf auch von dieser Seite weiterer Überlegungen und Lösungsvorschläge, die sich der Literaturwissenschaft gegenüber allerdings öffnen müssen, anstatt ihr den Rücken zuzukehren. Nur dann werden solche Lösungsvorschläge erwarten können, in Form eines disziplinübergreifenden Dialogs aufgegriffen zu werden. Anhaltspunkte für eine Debatte, die den Ansprüchen an Interdisziplinarität genügt, dürfte meine Arbeit in ausreichendem Maße bieten. - Dies jedenfalls ist meine Hoffnung.

Schlussbemerkung

Das in der Einleitung formulierte Plädoyer für einen verstärkten Dialog über disziplinäre Grenzen sowie methodisch-methodologische Differenzen hinweg ließe sich getrost beiseite schieben, wenn es auf diesem Wege nicht gelänge, offene Fragen der Literaturwissenschaft wenn nicht zu beantworten, so doch einer Antwort entschieden näher zu bringen. "Interdisziplinarität", so Jürgen Kocka, "wird sich, wenn überhaupt, nur durch den Aufweis von Defiziten rechtfertigen können, die das System disziplinär verfaßter Wissenschaften kennzeichnen." (Kocka 1987: 7f.) Verknüpft war mein Plädoyer mit der Behauptung, dass die Beschäftigung mit der soziologischen Systemtheorie für die Literaturwissenschaft innovativ sein könne, sofern sie nicht gegen die fachwissenschaftliche Tradition, sondern in kritisch-konstruktiver Auseinandersetzung mit ihr erfolge. Nun ist das Feld, auf dem die soziologische Systemtheorie ihre Problemlösungskompetenz für literaturwissenschaftliche Fragen unter Beweis zu stellen hat, die Literatursoziologie.

Rekapituliert man die literatursoziologische Diskussion zwischen den sechziger und den achtziger Jahren, so erweist sich diese Wissenschaftsdisziplin als ein offenes Projekt, in dem keiner der vorliegenden Ansätze für sich in Anspruch nehmen könnte, alle wesentlichen Fragen im Verhältnis von Literatur und Gesellschaft gleichermaßen zu berücksichtigen, geschweige denn zu beantworten. Kennzeichnend ist die Diskrepanz von globalem theoretischen Anspruch und einer nur partiellen Reichweite der präsentierten Antworten. Infolgedessen bedürfen diese Ansätze einer normativen Begrifflichkeit, um den eigenen Geltungsanspruch aufrechterhalten zu können. Gleichwohl zeigt die Abfolge der in Kapitel I weitgehend chronologisch vorgestellten Ansätze, dass die literatursoziologische Debatte in diesem Zeitraum von einer Tendenz bestimmt wird, die sich beschreiben lässt als Versuch einer schrittweisen Überwindung jener engen Bindung an normative ästhetische Implikationen, wie sie die Kontroverse zwischen der empirisch-positivistischen Literatursoziologie und den materialistisch orientierten Ansätzen noch gänzlich beherrschte. Die von den Positivisten postulierte strikte Trennung zwischen der Literatursoziologie als soziologischer Teildisziplin und der Literaturwissenschaft als Dichtungswissenschaft beruhte im Vergleich zu Lukács und Adorno auf einem wenn auch diametral entgegengesetzten, so doch nicht minder normativen Literaturbegriff: dort ein irrationales Dichtungsverständnis, das der Literatur 'nicht den geringsten Realitätswert' (Silbermann) zuerkennen wollte, hier ein emphatischer Kunstbegriff, der in der Koppelung an geschichtsphilosophische Grundlagen nur wenigen Werken 'höchste Dignität' (Adorno) zusprach, während die Masse der Literatur dem Verdikt verfiel. Mit Peter und Christa Bürgers institutionssoziologischem Konzept beginnt die allmähliche Abkehr von den starren Vorgaben normativer Ästhetiken. Zwar übernimmt auch Peter Bürger noch die Dichotomie Kunst vs. Kulturindustrie, doch erweitert sich mit dem Plädoyer für eine Untersuchung der institutionellen Rahmenbedingungen literarischer Produktion und Rezeption das Blickfeld in Richtung auf einen Einbezug aller literarischen Formen. Die Textsoziologie Peter V. Zimas verzichtet sogar vordergründig auf einen normativen, dichotom strukturierten Literaturbegriff, ist jedoch, wie Zima eingesteht, auf jene wenigen literarischen Werke angewiesen, deren 'kritisches Potenzial' ihm geeignet erscheint, um die Hypothese einer 'Verfallsgeschichte des Romans im 20. Jahrhundert' zu plausibilisieren. Die Rede von der 'institutionalisierten Literatur' als einem unter mehreren Interdiskursen, die Jürgen Link und Ursula Link-Heer zufolge allesamt der Praktikenintegration innerhalb hierarchisch strukturierter und arbeitsteilig produzierender Gesellschaften dienen, bedarf nicht mehr philosophischer Ästhetiken, mit deren Hilfe Literatur als Kunst abgegrenzt wird von vermeintlich niederen oder affirmativen Formen der Literatur. In seiner Konzentration auf diskurstragende Kategorien unterlässt es - der diskurstheoretische Ansatz allerdings auch, die Frage nach dem Besonderen literarischer Sprachverwendung noch eigens zu stellen. In ähnlicher und doch wieder ganz anderer Weise kommt auch Pierre Bourdieu ohne einen normativen Literaturbegriff aus, interessiert ihn die Literatur doch nur in der ihr äußerlichen Funktion, die sie als Distinktionsmerkmal im Feld gesellschaftlicher Positionskämpfe besitzt. Summa summarum: Es ist das ungelöste Problem der Literatursoziologie, über Einzelaspekte und damit über Teilantworten auf die Frage nach dem grundsätzlichen Verhältnis von Literatur und Gesellschaft nicht hinausgelangt zu sein; ein Problem, mit dem die Literatursoziologie und die Literaturwissenschaft sich unweigerlich konfrontiert sehen, wenn die Systemtheorie die Frage aufwirft, ob Literatur in ihrer Gesamtheit als gesellschaftliches Teilsystem konzipiert werden kann. Insofern bezeichnet die soziologische Systemtheorie eine Herausforderung für die Literaturwissenschaft.

Angenommen wurde diese Herausforderung seit den späten achtziger Jahren in einer wachsenden Zahl von Beiträgen, in denen der Versuch unternommen wird, konstruktivistisch-systemtheoretische Modelle und Konzepte auf die Phänomenbereiche Literatur bzw. Kunst anzuwenden. Diskutiert werden derzeit vor allem zwei Ansätze, die sich in ihren methodologischen Grundlagen in gravierender Weise unterscheiden: Siegfried J. Schmidts Konzept eines sozialen Handlungssystems Literatur sowie Niklas Luhmanns Konzept eines operativ geschlossenen gesellschaftlichen Teilsystems Kunst. Mit Blick auf die ungelösten Probleme der Literatursoziologie sind beide Konzepte allerdings gleichermaßen unbefriedigend, bieten sie doch keine schlüssigen Antworten auf die Frage, worin das spezifisch Literarische von Texten besteht, die von Beobachtern in der modernen, funktional differenzierten Gesellschaft als literarische Kommunikationen beobachtet werden. Darüber hinaus erben beide Konzepte - bei aller Einsicht in die Fragwürdigkeit normativer Ästhetiken - deren ungelöste Probleme. Schmidts Konzept beruht auf der Behauptung verbindlicher Konventionen für alle Handlungen und Kommunikationen innerhalb des Literatursystems, Luhmann dagegen formuliert mit der beobachtungsleitenden Unterscheidung schön/hässlich einen vermeintlich kunstspezifischen binären Code, der es allererst erlauben soll, bestimmte Kommunikationen als Elemente des Kunstsystems zu identifizieren. Zugespitzt formuliert: Beide Konzepte sind gezwungen, ästhetische Implikationen zur systemkonstituierenden Norm zu erheben - unter anderem mit dem Effekt, dass wesentliche Phänomenbereiche der Literatur vernachlässigt, ignoriert oder anderen Funktionssystemen wie den Massenmedien zugeordnet werden. Zu denken wäre etwa an literarische Zweckformen oder an einfache Formen primär unterhaltender Literatur. Wieder einmal führen ästhetische Grundsatzentscheidungen zu Ausschließungspraktiken, auch wenn die jeweiligen normativen Implikationen im Gewande modernisierter Terminologie verborgen und als sachliche Feststellungen wissenschaftlicher Beobachter ausgegeben werden.

M.E. wäre es jedoch falsch, mit diesen Befunden der Systemtheorie eine Absage zu erteilen. Vielmehr sollten sie zu der Einsicht führen, dass die soziologische Systemtheorie der Ergänzung durch anschlussfähige literaturwissenschaftliche Theoriebestände bedarf, um jenes innovative Potenzial zu entfalten, von dem bereits in der Einleitung die Rede gewesen ist. Nun zeigt bereits die literaturwissenschaftlich-systemtheoretische Debatte, dass der Begriff 'Systemtheorie' auch in der Soziologie nur mehr als Sammelbezeichnung dient für sehr verschiedene Theorien und Konzepte, ob es sich nun um den Strukturfunktionalismus (Parsons) handelt, den radikalen Konstruktivismus (Hejl u.a.) oder den operativen Konstruktivismus (Luhmann) - ein Sachverhalt, der zu einer Festlegung zwingt, wenn es darum gehen soll, einen methodologischen Bezugsrahmen für literaturwissenschaftliche Problemstellungen zu entwickeln. Ungeachtet aller Fragwürdigkeiten, die Luhmanns Kunstkonzept kennzeichnen, fiel in dieser Arbeit die Wahl auf dessen allgemeine Theorie sozialer Systeme - und zwar aus folgenden Gründen: Zunächst einmal handelt es sich bei ihr um eine Theorie, die keinen normativen Anspruch erhebt: Gesellschaft, so Luhmann, könne immer auch anders beobachtet werden. Gleichwohl besitzt diese Theorie fachuniversale Reichweite, weil auf ihrer Grundlage sämtliche Interaktionen, Organisationen und die Gesellschaft in ihrer Gesamtheit als soziale Kommunikationssysteme beschrieben werden können. Damit aber umgreift sie auch die literaturwissenschaftlich und literatursoziologisch relevanten Felder Produktion, Text, Rezeption und Distribution. Darüber hinaus ist die Theorie sozialer Systeme nach Niklas Luhmann für die Literaturwissenschaft vor allem deshalb von großem Interesse, weil ihr zentrales Paradigma, das Autopoiesiskonzept, weitreichende

Anschlussmöglichkeiten an literaturwissenschaftliche Theoriebestände annonciert. Angesprochen ist insbesondere die von Luhmann postulierte strikte Trennung von psychischen und sozialen Systemen (Kommunikationen), die gleichwohl über den Mechanismus der strukturellen Koppelung miteinander verbunden seien. Mag das Autopoiesiskonzept in der Soziologie und andernorts vielfach auf Unverständnis und Ablehnung stoßen, der Literaturwissenschaft erlaubt es eine Vielzahl von Anschlussmöglichkeiten, sofern ihr Interesse noch immer dem literarischen Text gilt, sofern sie zu unterscheiden weiß zwischen dem literarischen Text (der literarischen Kommunikation) und der Psyche des Autors bzw. des Rezipienten, zwischen Textintentionalität und Autorintention: Unterscheidungen, die etwa der radikale Konstruktivismus nicht in genügender Klarheit vornimmt. Deshalb findet auch die Literatursoziologie mit Luhmanns Theorie autopoietischer Systeme einen Theorierahmen vor, der offen bleibt für den Einbezug neuerer Ergebnisse insbesondere der Literaturtheorie und der literaturwissenschaftlichen Kommunikationsforschung. Auf einen kurzen Nenner gebracht: Die Theorie sozialer Systeme nach Luhmann besitzt ein epistemologisches Potenzial, das es erlaubt, anschlussfähige Theoriebestände der Literaturwissenschaft zu integrieren. Nichts anderes sollte in den Kapiteln III und IV unter Beweis gestellt werden.

Nun bestand die wohl vordringlichste Aufgabe darin, einen Literaturbegriff zu entwickeln, der sich nicht nur als anschlussfähig an Luhmanns Theorie sozialer Systeme erweist, sondern vor allem auf normative Setzungen verzichten kann, ohne darüber die Differenzen zwischen literarischer und pragmatischer Sprachverwendung aus den Augen zu verlieren. Für einen solchen Literaturbegriff bezeichnet die von Wolfgang Iser entwickelte Fiktionstheorie eine geeignete Grundlage. Von Iser am Beispiel literarischer Texte entfaltet, die gemeinhin als fiktional gelten, besitzt dieser dreistellige Fiktionsbegriff zugleich auch virtuelle Potenziale, die es erlauben, auch sogenannte literarische Zweckformen und selbst mündliche Narrationen als Fiktionen zu beobachten. Dabei bleiben die Kategorien des Realen, des Imaginären und des Fiktiven streng deskriptiv: Sie enthalten keine Bestimmungen darüber, was das Reale, das Imaginäre und folglich auch das Fiktive zu sein habe, noch versuchen sie festzulegen, in welcher Weise die einzelnen Textelemente kombiniert bzw. in ihrer Kombination beobachtet werden sollen. Insofern wird es in Anlehnung an Isers Fiktionsbegriff möglich, bestimmte Kommunikationen als Literatur zu beobachten, ohne dies auf der Grundlage eines normativen, mit Ausschließungskriterien operierenden Literaturbegriffs tun zu müssen.

Ein bestimmter Text wird zur Literatur, wenn der Referenzcharakter seiner Sprache durch einen Beobachter außer Kraft gesetzt, zumindest aber eingeklammert wird. Dann gelangen semantische Potenziale ins Blickfeld, die unbeobachtet bleiben, wenn er als pragmatische Äußerung aufgefasst wird. Die Beobachtung lässt den Text also zu dem werden, was er für seinen Beobachter ist. Doch bleibt solche Beobachtung - als Kommunikation - eine empirische Operation, die ihrerseits beobachtbar ist. Welche Texte nun von welchen Beobachtern unter welchen Kriterien als literarisch beobachtet werden, hängt von den historisch konditionierten Dispositionen der Betrachter ab. Und dies gilt selbstverständlich auch für den Verfasser einer Arbeit über "Literatur in der funktional differenzierten Gesellschaft", wenn er sich schriftlichen Kommunikationen zuwendet, die er - aus welchen Gründen auch immer - für literarisch hält. Maßgeblichen Einfluss gewinnen in diesem Zusammenhang gewiss Konventionen, die von keinem Beobachter (potenziell) literarischer Texte ignoriert werden können, denen er sich aber sehr wohl widersetzen kann. Und alle Kontroversen über Formen und Funktionen, über vermeintliche oder tatsächliche Zweckformen, über Künstlerisches oder Triviales dokumentieren, dass Konventionen, mithin das in einer Gesellschaft existierende 'stumme Wissen' über Literatur, keinen Konsens in Fragen der Kunst bzw. Literatur erzwingen kann, sondern lediglich Konvergenzpunkte für die literaturbezogene Kommunikation markiert, an denen sich der Dissens entzündet.

All dies kennzeichnet die literarischen Verhältnisse in der funktional differenzierten Gesellschaft, also die Beobachtung als literarisch beobachteter Texte durch psychische Systeme und durch soziale Systeme in der Umwelt solcher Kommunikationen. Unter den Prämissen des in dieser Arbeit entfalteten Literaturbegriffs erscheint Literatur als soziales System, dessen Elemente jene Kommunikationen sind, die von einem, mehreren oder vielen Beobachtern als literarisch beobachtet werden. Solche Beobachtungsformen in ihren Prozessen und Strukturen lassen sich ihrerseits beobachten - unter anderem aus literatursoziologischer Perspektive. Die Literatursoziologie bleibt also gefordert.

Literatur

Adorno, Theodor W. 1978: Thesen zur Kunstsoziologie. In: Peter Bürger (Hrsg.): Seminar: Literatur- und Kunstsoziologie, Frankfurt am Main, S. 204-211.

Adorno, Theodor W. 1981a: Ästhetische Theorie, hrsg. von Gretel Adorno und Rolf Tiedemann, 5. Aufl., Frankfurt am Main.

Adorno, Theodor W. 1981b: Standort des Erzählers im zeitgenössischen Roman. In: Ders.: Noten zur Literatur, Frankfurt am Main, S. 41-48.

Adorno, Theodor W. 1981c: Erpreßte Versöhnung. In: Ders.: Noten zur Literatur, Frankfurt am Main, S. 251-280.

Aichinger, Ingrid 1977: Künstlerische Selbstdarstellung. Goethes 'Dichtung und Wahrheit' und die Autobiographie der Folgezeit, Bern/Frankfurt am Main/Las Vegas.

Anderegg, Johannes 1983: Zum Problem der Alltagsfiktion. In: Dieter Henrich und Wolfgang Iser (Hrsg.): Funktionen des Fiktiven. (Poetik und Hermeneutik X), München, S. 377-386.

Andersch, Alfred 1977: Winterspelt. Roman, Zürich.

Arnold, Heinz Ludwig 1975: Gespräch mit Wolfgang Koeppen. In: Ders.: Gespräche mit Schriftstellern. Max Frisch, Günter Grass, Wolfgang Koeppen, Max von der Grün, Günter Wallraff, München, S. 109-141.

Arntzen, Helmut 1983: Neun Thesen zum Verhältnis von Sprache und Literatur nebst einigen Folgerungen für die Didaktik der Literatur. In: Ders.: Zur Sprache kommen. Studien zur Literatur- und Sprachreflexion, zur deutschen Literatur und zum öffentlichen Sprachgebrauch, Münster, S. 41-46.

Arntzen, Helmut 1995: Ursprung der Gegenwart. Zur Bewußtseinsgeschichte der dreißiger Jahre in Deutschland, Weinheim.

Baier, Lothar 1997: Nackte Brüste und die Partei der Bestimmer. Eine frühe Jugend in der DDR. In: die tageszeitung vom 15. Oktober 1997.

Barsch, Achim 1993: Handlungsebenen, Differenzierung und Einheit des Literatursystems. In: Siegfried J. Schmidt (Hrsg.): Literaturwissenschaft und Systemtheorie. Positionen, Kontroversen, Perspektiven, Opladen, S. 144-169.

Barsch, Achim 1996a: Komponenten des Literatursystems: Zur Frage des Gegenstandsbereichs der Literaturwissenschaft. In: Jürgen Fohrmann und Harro Müller (Hrsg.): Systemtheorie der Literatur, München, S. 134-158.

Barsch, Achim 1996b: Angst vor einem neuen Paradigma? Replik auf Ralph Gehrkes 'Was leistet der Radikale Konstruktivismus für die Literaturwissenschaft?' In: Deutsche Vierteljahrsschrift für Literaturwissenschaft und Geistesgeschichte 70, S. 313-321.

Barsch, Achim/Hejl, Peter M./Rusch, Gebhard/Schmidt, Siegfried J. 1996: Vorbemerkung. In: Deutsche Vierteljahrsschrift für Literaturwissenschaft und Geistesgeschichte 70, S. 290.

Barsch, Achim/Rusch, Gebhard/Viehoff, Reinhold (Hrsg.) 1994a: Empirische Literaturwissenschaft in der Diskussion, Frankfurt am Main.

Barsch, Achim/Rusch, Gebhard/Viehoff, Reinhold 1994b: Einleitung. In: Dies. (Hrsg.): Empirische Literaturwissenschaft in der Diskussion, Frankfurt am Main, S. 9-20.

Baudrillard, Jean 1982: Der symbolische Tausch und der Tod, München.

Baumgart, Reinhard 1984: Das Leben - kein Traum? Vom Nutzen und Nachteil einer autobiographischen Literatur. In: Herbert Heckmann (Hrsg.): Literatur aus dem Leben. Autobiographische Tendenzen in der deutschsprachigen Gegenwartsdichtung, München/Wien, S. 8-28.

Beck, Ulrich 1986: Risikogesellschaft. Auf dem Weg in eine andere Moderne, Frankfurt am Main.

Benjamin, Walter 1980: Der Erzähler. Betrachtungen zum Werk Nikolai Lesskows. In: Ders.: Gesammelte Schriften, Bd. II.2. Aufsätze. Essays, Vorträge, hrsg. von Rolf Tiedemann und Hermann Schweppenhäuser, Frankfurt am Main, S. 438-465.

Berg, Henk de 1993: Die Ereignishaftigkeit des Textes. In: Ders. und Matthias Prangel (Hrsg.): Kommunikation und Differenz. Systemtheoretische Ansätze in der Literatur- und Kunstwissenschaft, Opladen, S. 32-52.

Berg, Henk de 1995: Kontext und Kontingenz. Kommunikationstheoretische Überlegungen zur Literaturhistoriographie, Opladen.

Berg, Henk de 1997: Sinn und Unsinn einer systemtheoretischen Literatur- und Kommunikationswissenschaft, Hallische Medienarbeiten aus der Medien- und Kommunikationswissenschaft der Martin-Luther-Universität Halle-Wittenberg, Halle-Wittenberg.

Berg, Henk de/Hoogeveen, Jos 1995: Die Andersartigkeit der Vergangenheit. Eine kritische Auseinandersetzung mit der radikal-konstruktivistischen Literaturhistoriographie. In: Henk de Berg und Matthias Prangel (Hrsg.): Differenzen. Systemtheorie zwischen Dekonstruktion und Konstruktivismus, Tübingen/Basel, S. 187-212.

Berg, Henk de/Prangel, Matthias (Hrsg.), 1993: Kommunikation und Differenz. Systemtheoretische Ansätze in der Literatur- und Kunstwissenschaft, Opladen.

Berg, Henk de/Prangel, Matthias (Hrsg.) 1995: Differenzen. Systemtheorie zwischen Dekonstruktion und Konstruktivismus, Tübingen/Basel.

Berg, Henk de/Prangel, Matthias (Hrsg.) 1997a: Systemtheorie und Hermeneutik, Tübingen/Basel.

Berg, Henk de/Prangel, Matthias 1997b: Noch einmal: Systemtheoretisches Textverstehen. Eine Antwort auf Lutz Kramaschkis Kritik am 'Leidener Modell'. In: Dies. (Hrsg.): Systemtheorie und Hermeneutik, Tübingen/Basel, S. 117-141.

Blom, Tannelie/Nijhuis, Ton 1995: Die Umarmung Niklas Luhmanns durch die Literaturtheorie und Kunstgeschichte. In: Henk de Berg und Matthias Prangel (Hrsg.): Differenzen. Systemtheorie zwischen Dekonstruktion und Konstruktivismus, Tübingen/Basel, S.247-274.

Blumenberg, Hans 1966: Die Legitimität der Neuzeit, Frankfurt am Main.

Blumenberg, Hans, 1984: Arbeit am Mythos, 3. Aufl., Frankfurt am Main.

Bourdieu, Pierre 1974: Zur Soziologie der symbolischen Formen, Frankfurt am Main.

Bourdieu, Pierre 1982: Die feinen Unterschiede. Kritik der gesellschaftlichen Urteilskraft, Frankfurt am Main.

Bourdieu, Pierre 1987: Flaubert. Einführung in die Sozioanalyse. In: Sprache im technischen Zeitalter 25, S. 173-189 und S. 240-255.

Bredel, Willi 1971: Maschinenfabrik N & K. Ein Roman aus dem proletarischen Alltag, Berlin.

Bronsen, David 1980: Autobiographien der siebziger Jahre. Berühmte Schriftsteller befragen ihre Vergangenheit. In: Paul Michael Lützeler und Egon Schwarz (Hrsg.): Deutsche Literatur in der Bundesrepublik seit 1965, Königstein/Ts., S. 202-214.

Bürger, Peter 1974: Theorie der Avantgarde, Frankfurt am Main.

Bürger, Peter 1977: Aktualität und Geschichtlichkeit. Studien zum gesellschaftlichen Funktionswandel der Literatur, Frankfurt am Main.

Bürger, Peter 1979: Vermittlung - Rezeption - Funktion. Ästhetische Theorie und Methodologie der Literaturwissenschaft, Frankfurt am Main.

Bürger, Christa/Bürger, Peter/Schulte-Sasse, Jochen (Hrsg.) 1980: Aufklärung und literarische Öffentlichkeit, Frankfurt am Main.

Bürger, Christa/Bürger, Peter/Schulte-Sasse, Jochen (Hrsg.) 1982: Zur Dichotomisierung von hoher und niederer Literatur, Frankfurt am Main.

Canetti, Elias 1983: Die gerettete Zunge. Geschichte einer Jugend, 10. Aufl., Frankfurt am Main.

Dainat, Holger/Kruckis, Hans-Martin 1996: Kunst. Werk. Stil. Evolution. Zu Luhmanns Stil-Begriff. In: Jürgen Fohrmann und Harro Müller (Hrsg.): Systemtheorie der Literatur, München, S. 159-172.

Delabar, Walter/Jung, Werner/Pergande, Ingrid (Hrsg.) 1993: Neue Generation - Neues Erzählen. Deutsche Prosa-Literatur der achtziger Jahre, Opladen.

Dietzsch, Steffen 1998, Kleine Kulturgeschichte der Lüge, Leipzig.

Dörner, Andreas/Vogt, Ludgera 1994: Literatursoziologie. Literatur, Gesellschaft, Politische Kultur, Opladen.

Englisch, Felicitas 1991: Strukturprobleme der Systemtheorie - Philosophische Reflexionen zu Niklas Luhmann. In: Stefan Müller-Doohm (Hrsg.): Jenseits der Utopie, Frankfurt am Main, S. 196-235.

Escarpit, Robert 1961: Das Buch und der Leser. Entwurf einer Literatursoziologie, Köln/Opladen.

Escarpit, Robert 1967: Die Revolution des Buches, Gütersloh.

Esposito, Elena 1996: Code und Form. In: Jürgen Fohrmann und Harro Müller (Hrsg.): Systemtheorie der Literatur, München, S. 56-81.

Finke, Peter 1982: Konstruktiver Funktionalismus. Die wissenschaftstheoretische Basis einer empirischen Theorie der Literatur, Braunschweig/Wiesbaden.

Foucault, Michel 1977: Die Ordnung des Diskurses, Frankfurt am Main/Berlin/Wien.

Frank, Manfred 1982: Textauslegung. In: Dietrich Harth und Peter Gebhardt (Hrsg.): Erkenntnis der Literatur. Theorien, Konzepte, Methoden, Stuttgart, S. 123-160.

Frey, Hans-Jost 1990: Der unendliche Text, Frankfurt am Main.

Frisch, Max 1960: Das Lesen und der Bücherfreund. In: Das kleine Buch der hundert Bücher: Kritische Stimmen zu neuen Büchern, hrsg. von Dieter Lattmann, München, S. 4-5.

Frisch, Max 1979: Mein Name sei Gantenbein. Roman, 7. Aufl., Frankfurt am Main.

Fuchs, Peter/Luhmann, Niklas 1989a: Reden und Schweigen. In: Dies.: Reden und Schweigen, Frankfurt am Main, S. 7-20.

Fuchs, Peter/Luhmann, Niklas 1989b: Vom schweigenden Aufflug ins Abstrakte: Zur Ausdifferenzierung der modernen Lyrik. In: Dies.: Reden und Schweigen, Frankfurt am Main, S. 138-177.

Fügen, Hans Norbert 1964: Die Hauptrichtungen der Literatursoziologie und ihre Methoden. Ein Beitrag zur literatursoziologischen Theorie, Bonn.

Gehrke, Ralph 1994: Was leistet der Radikale Konstruktivismus für die Literaturwissenschaft? In: Deutsche Vierteljahrsschrift für Literaturwissenschaft und Geistesgeschichte 68, S. 170-188.

Götze, Alfred 1905/06: 'Häßlich'. In: Zeitschrift für deutsche Wortforschung 7, S. 202-220.

Goldmann, Lucien 1970: Soziologie des Romans, Darmstadt/Neuwied.

Goldmann, Lucien 1973: Der verborgene Gott, Darmstadt/Neuwied.

Grimm, Reinhold 1982: Elternspuren, Kindheitsmuster. Lebensdarstellung in der jüngsten deutschsprachigen Prosa. In: Ders. und Jost Hermand (Hrsg.): Vom Anderen und vom Selbst. Beiträge zu Fragen der Biographie und Autobiographie, Königstein/Ts., S. 167-182.

Grimm, Jacob/Grimm, Wilhelm 1935: Deutsches Wörterbuch, Bd. 21, Leipzig.

Grimminger, Rolf 1984: Aufklärung, Absolutismus und bürgerliche Individuen. Über den notwendigen Zusammenhang von Literatur, Gesellschaft und Staat in der Geschichte des 18. Jahrhunderts. In: Ders. (Hrsg.): Deutsche Aufklärung bis zur Französischen Revolution 1680-1789, (Hansers Sozialgeschichte der deutschen Literatur vom 16. Jahrhundert bis zur Gegenwart, Bd. 3.1), 2. durchgesehene Aufl., München, S. 15-99.

Gumbrecht, Hans Ulrich 1987: Pathologien im Literatursystem. In: Theorie als Passion. Niklas Luhmann zum 60. Geburtstag, hrsg. von Dirk Baecker et. al., Frankfurt am Main, S. 137-180.

Gumbrecht, Hans Ulrich 1994: Das Nicht-Hermeneutische. In: Christoph Wulf, Dieter Kamper und Hans Ulrich Gumbrecht (Hrsg.): Ethik und Ästhetik, Berlin, S. 105-108.

Gumbrecht, Hans Ulrich 1995: Interpretation versus Verstehen von Systemen. In: Henk de Berg und Matthias Prangel (Hrsg.): Differenzen. Systemtheorie zwischen Dekonstruktion und Konstruktivismus, Tübingen/Basel, S. 171-185.

Härtling, Peter 1978: Hölderlin. Ein Roman, Darmstadt/Neuwied.
Härtling, Peter 1982: Zwettl. Nachprüfung einer Erinnerung, Darmstadt/Neuwied.
Härtling, Peter 1984: Der spanische Soldat oder Finden und Erfinden. Frankfurter Poetik-Vorlesungen, Darmstadt/Neuwied.
Hahn, Ulla 1978: Literatur in der Aktion. Zur Entwicklung operativer Literaturformen in der Bundesrepublik, Wiesbaden.
Handke, Peter 1969: Die Innenseite der Außenseite der Innenseite, Frankfurt am Main.
Harth, Dietrich 1982: Literarische Kommunikation. In: Ders. und Peter Gebhardt (Hrsg.): Erkenntnis der Literatur. Theorien, Konzepte, Methoden, Stuttgart, S. 243-265.
Hegel, Georg Wilhelm Friedrich 1984: Ästhetik, Bd. 2, hrsg. von Friedrich Bassenge, 4. Aufl., Berlin/Weimar.
Hempfer, Klaus W. 1990: Schwierigkeiten mit einer 'Supertheorie': Bemerkungen zur Systemtheorie Luhmanns und deren Übertragbarkeit auf die Literaturwissenschaft. In: Spiel 9, S. 15-36.
Henrich, Dieter/Iser, Wolfgang (Hrsg.) 1983: Funktionen des Fiktiven. (Poetik und Hermeneutik X), München.
Herder, Johann Gottfried o.J.: Über Abbts Schriften. In: Ders.: Sämtliche Werke, hrsg. von Bernhard Suphan, Bd. II, Reprographischer Nachdruck der Ausgabe Berlin 1877, 2. Aufl., Hildesheim/New York, S. 249-294.
Herder, Johann Gottfried o.J.: Briefe an Georg Müller (1790). 1791. In: Ders.: Sämtliche Werke, hrsg. von Bernhard Suphan, Bd. XVIII, Reprographischer Nachdruck der Ausgabe Berlin 1877, 2. Aufl., Hildesheim/New York, S. 357-376.
Horkheimer, Max/Adorno, Theodor W. 1971: Dialektik der Aufklärung. Philosophische Fragmente, Frankfurt am Main.
Hühn, Peter 1997: Erfolg durch Scheitern. Zur Individualitätssemantik in Shakespeares Sonetten. In: Henk de Berg und Matthias Prangel (Hrsg.): Systemtheorie und Hermeneutik, Tübingen/Basel, S. 173-198.
Iser, Wolfgang 1981: Das Literaturverständnis zwischen Geschichte und Zukunft, Sankt Gallen.
Iser, Wolfgang 1983: Akte des Fingierens. Oder: Was ist das Fiktive im fiktionalen Text? In: Ders. und Dieter Henrich (Hrsg.): Funktionen des Fiktiven. (Poetik und Hermeneutik X), München, S. 121-151.
Iser, Wolfgang 1990: Der Akt des Lesens, 3. Aufl., München.
Iser, Wolfgang 1991: Das Fiktive und das Imaginäre. Perspektiven literarischer Anthropologie, Frankfurt am Main.
Jäger, Hans-Wolf 1984: Lehrdichtung. In: Rolf Grimminger (Hrsg.): Deutsche Aufklärung bis zur Französischen Revolution 1680-1789, (Hansers Sozialgeschichte der deutschen Literatur vom 16. Jahrhundert bis zur Gegenwart, Bd. 3.2), 2. durchgesehene Aufl., München, S. 500-544.
Jäger, Siegfried 1999: Kritische Diskursanalyse. Eine Einführung, 2. überarbeitete und erweiterte Aufl., Duisburg.
Jaeggi, Urs 1972: Literatur und Politik. Ein Essay, Frankfurt am Main.
Jaeggi, Urs 1973: Literatursoziologie. In: Grundzüge der Literatur- und Sprachwissenschaft, hrsg. von Heinz Ludwig Arnold und Volker Sinemus, Bd. 1. Literaturwissenschaft, Frankfurt am Main, S. 192-230.
Jahraus, Oliver/Schmidt, Benjamin Marius 1998: Systemtheorie und Literatur. (Fortschrittsberichte und Forschungsdiskussion.) In: Internationales Archiv für Sozialgeschichte der deutschen Literatur 23, S. 66-111.
Jauß, Hans Robert 1982: Ästhetische Erfahrung und literarische Hermeneutik, Frankfurt am Main.
Jürgens, Curd 1976: ... und kein bißchen weise, München.
Jung, Werner 1987: Schöner Schein der Häßlichkeit oder Häßlichkeit des schönen Scheins. Ästhetik und Geschichtsphilosophie im 19. Jahrhundert, Frankfurt am Main.

Kahrmann, Cordula/Reiß, Gunter/Schluchter, Manfred 1986: Erzähltextanalyse. Eine Einführung. Mit Übungstexten, Königstein/Ts.
Kant, Immanuel 1968: Kritik der Urteilskraft. In: Kants Werke. Akademie-Textausgabe, Bd. V, Berlin.
Keyserling, Eduard von 1998: Wellen. Roman, Göttingen.
Kocka, Jürgen 1987: Einleitung. In: Ders. (Hrsg.): Interdisziplinarität. Praxis - Herausforderung - Ideologie, Frankfurt am Main, S. 7-14.
Koeppen, Wolfgang 1976, Jugend, Frankfurt am Main.
Kneer, Georg/Nassehi, Armin 1993: Niklas Luhmanns Theorie sozialer Systeme. Eine Einführung, München.
Kramaschki, Lutz 1993: Zur Integration von Systemkonzepten in eine Empirische Literaturwissenschaft als kritische Sozialwissenschaft. In: Siegfried J. Schmidt (Hrsg.): Literaturwissenschaft und Systemtheorie. Positionen, Kontroversen, Perspektiven, Opladen, S. 101-143.
Kramaschki, Lutz 1995: Das einmalige Aufleuchten der Literatur. Zu einigen Problemen im 'Leidener Modell' systemtheoretischen Textverstehens. In: Henk de Berg und Matthias Prangel (Hrsg.): Differenzen. Systemtheorie zwischen Dekonstruktion und Konstruktivismus, Tübingen/Basel, S. 275-301.
Kronauer, Brigitte 1992: Mit einem Stein nach der Wirklichkeit zielen. Ein Gespräch. In: Freitag vom 8. Mai 1992.
Kronsbein, Joachim 1984: Autobiographisches Erzählen. Die narrativen Strukturen der Autobiographie, München.
Krysmanski, Hans-Jürgen 1963: Die utopische Methode. Eine literatur- und wissenssoziologische Untersuchung deutscher utopischer Romane des 20. Jahrhunderts, Köln/Opladen.
Lämmert, Eberhard 1973: Zum Wandel der Geschichtserfahrung im Reflex der Romantheorie. In: Reinhart Koselleck und Wolf Dieter Stempel (Hrsg.): Geschichte - Ereignis und Erzählung, München, S. 503-515.
Lejeune, Philippe 1973: Le pacte autobiographique. In: Poétique 4, 1973, S. 137-162.
Link, Jürgen 1983: Elementare Literatur und generative Diskursanalyse, München.
Link, Jürgen 1997: Versuch über den Normalismus. Wie Normalität produziert wird, Opladen.
Link, Jürgen/Link-Heer, Ursula 1980: Literatursoziologisches Propädeutikum, München.
Link, Jürgen/Link-Heer, Ursula 1990: Diskurs/Interdiskurs und Literaturanalyse. In: Zeitschrift für Literaturwissenschaft und Linguistik 77, S. 88-99.
Lüdke, W. Martin (Hrsg.) 1976: 'Theorie der Avantgarde'. Antworten auf Peter Bürgers Bestimmung von Kunst und bürgerlicher Gesellschaft, Frankfurt am Main.
Luhmann, Niklas 1970: Soziologische Aufklärung, Bd 1, Opladen.
Luhmann, Niklas 1980: Gesellschaftsstruktur und Semantik. Studien zur Wissenssoziologie der modernen Gesellschaft, Bd. 1, Frankfurt am Main.
Luhmann, Niklas 1981: Ist Kunst codierbar? In: Soziologische Aufklärung. Bd. 3, Opladen, S. 245-266.
Luhmann, Niklas 1985: Die Autopoiesis des Bewußtseins. In: Soziale Welt 36, S. 402-446.
Luhmann, Niklas 1986a: Das Kunstwerk und die Selbstreproduktion der Kunst. In: Hans Ulrich Gumbrecht und Karl Ludwig Pfeiffer (Hrsg.): Stil. Geschichten und Funktionen eines kulturwissenschaftlichen Diskurselements, Frankfurt am Main, S. 620-672.
Luhmann, Niklas 1986b: Das Medium der Kunst. In: Delfin 4, S. 6-15.
Luhmann, Niklas 1987a: Soziale Systeme. Grundriß einer allgemeinen Theorie, Frankfurt a.M.
Luhmann, Niklas 1987b: Codierung und Programmierung: Differenzierung und Selektion im Erziehungssystem. In: Ders.: Soziologische Aufklärung, Bd. 4, Opladen, S. 182-201.
Luhmann, Niklas 1988a: Wie ist Bewußtsein an Kommunikation beteiligt? In: Hans Ulrich Gumbrecht und Karl Ludwig Pfeiffer (Hrsg.): Materialität der Kommunikation, Frankfurt am Main, S. 884-905.
Luhmann, Niklas 1988b: Die Wirtschaft der Gesellschaft, Frankfurt am Main

Luhmann, Niklas 1988c: Erkenntnis als Konstruktion, Bern.

Luhmann, Niklas 1990a: Weltkunst. In: Ders., Frederick D. Bunsen und Dirk Baecker: Unbeobachtbare Welt. Über Kunst und Architektur, Bielefeld, S. 7-45.

Luhmann, Niklas 1990b: Die Wissenschaft der Gesellschaft, Frankfurt am Main.

Luhmann, Niklas 1991: Die Form 'Person'. In: Soziale Welt 42, S. 166-175.

Luhmann, Niklas 1992: Operationale Geschlossenheit psychischer und sozialer Systeme. In: Hans Rudi Fischer, Arnold Retzer und Jochen Schweitzer (Hrsg.): Das Ende der großen Entwürfe, Frankfurt am Main, S. 117-131.

Luhmann, Niklas 1993: Das Recht der Gesellschaft, Frankfurt am Main.

Luhmann, Niklas 1995a: Die Kunst der Gesellschaft, Frankfurt am Main.

Luhmann, Niklas 1995b: Dekonstruktion als Beobachtung zweiter Ordnung. In: Henk de Berg und Matthias Prangel (Hrsg.): Differenzen. Systemtheorie zwischen Dekonstruktion und Konstruktivismus, Tübingen/Basel, S. 9-35.

Luhmann, Niklas 1996a: Die Realität der Massenmedien, 2. erweiterte Aufl., Opladen.

Luhmann, Niklas 1996b: Eine Redeskription 'romantischer Kunst'. In: Jürgen Fohrmann und Harro Müller (Hrsg.): Systemtheorie der Literatur, München, S. 325-344.

Luhmann, Niklas 1997: Die Gesellschaft der Gesellschaft, Frankfurt am Main.

Lukács, Georg 1961: Schriften zur Literatursoziologie, ausgewählt und eingeleitet von Peter Ludz, Neuwied/Berlin.

Lukács, Georg 1965: Die biographische Form und ihre Problematik. In: Ders.: Probleme des Realismus III. (Werke, Bd. 6), Neuwied/Berlin S. 368-394.

Lukács, Georg 1973: Es geht um den Realismus. In: Hans-Jürgen Schmitt (Hrsg.): Die Expressionismus-Debatte. Materialien zu einer marxistischen Realismuskonzeption, Frankfurt am Main, S. 192-230.

Lukács, Georg 1978: Erzählen oder beschreiben? In: Peter Bürger (Hrsg.): Seminar: Literatur- und Kunstsoziologie, Frankfurt am Main, S. 72-115.

Mahrholz, Werner 1919: Deutsche Selbstbekenntnisse. Ein Beitrag zur Geschichte der Selbstbiographie von der Mystik bis zum Pietismus, Berlin.

Makine, Andrei 1997: Das französische Testament. Roman, Hamburg.

Mann, Thomas 1960: Buddenbrooks. In: Ders.: Gesammelte Werke in zwölf Bänden, Bd. I, Frankfurt am Main.

Marcuse, Herbert 1965: Über den affirmativen Charakter der Kultur. In: Ders., Kultur und Gesellschaft I, Frankfurt am Main, S. 56-101.

Mattenklott, Gert 1980: Briefroman. In: Horst Albert Glaser (Hrsg.): Deutsche Literatur: eine Sozialgeschichte, Bd. 4, Zwischen Absolutismus und Aufklärung: Rationalismus, Empfindsamkeit, Sturm und Drang 1740-1786, Reinbek bei Hamburg, S. 185-203.

Mattenklott, Gert 1981/82: Selbstgebackenes und Selbstgeschriebenes. In: Literatur Konkret 6, S. 42-44.

Mendelssohn, Moses 1991: 82. Literaturbrief. In: Ders.: Gesammelte Schriften. Jubiläumsausgabe, Bd. 5.1: Rezensionsartikel in 'Briefe, die neueste Literatur betreffend' (1759-1765), bearbeitet von Eva J. Stengel, Stuttgart, S. 130-133.

Menninghaus, Winfried 1997: Ekel-Tabu und Omnipräsenz des 'Ekel' in der ästhetischen Theorie (1740-1790). In: POETICA 29, S. 405-431.

Meyer, Friederike/Ort, Claus-Michael 1988: Konzept eines struktural-funktionalen Theoriemodells für eine Sozialgeschichte der Literatur. In: Renate von Heydebrand (Hrsg.): Zur theoretischen Grundlegung einer Sozialgeschichte der Literatur: ein struktural-funktionaler Entwurf, Tübingen, S. 85-171.

Meyer, Friederike/Ort, Claus-Michael 1990: Literatursysteme - Literatur als System. Eine theoretische Vorbemerkung. In: Spiel 9, S. 1-14.

Misch, Georg 1949-1969: Geschichte der Autobiographie, 4 Bde., 3. Aufl., Frankfurt am Main.

Müller, André 1968: Neuartiges Politisches Theater. In: Deutsche Volkszeitung vom 5. April

1968.
Müller, Harro 1996: Identität, Paradoxie, Differenz. Ein Versuch zu Zeitkonzeptionen in der Literatur der Moderne. In: Jürgen Fohrmann und Harro Müller (Hrsg.): Systemtheorie der Literatur, München, S. 225-237.
Müller, Herta 1991: Der Teufel sitzt im Spiegel. Wie Wahrnehmung sich erfindet, Berlin.
Müller, Jan-Dirk 1982: Literaturgeschichte/Literaturgeschichtsschreibung. In: Dietrich Harth und Peter Gebhardt (Hrsg.): Erkenntnis der Literatur. Theorien, Konzepte, Methoden, Stuttgart, S. 195-227.
Müller, Klaus-Detlef 1976: Autobiographie und Roman. Studien zur literarischen Autobiographie der Goethezeit, Tübingen.
Musil, Robert 1978: Die Krisis des Romans (1931). In: Ders., Gesammelte Werke, hrsg. von Adolf Frisé, Bd. 8, S. 1048-1412.
Nassehi, Armin 1993: Die Zeit der Gesellschaft. Auf dem Weg zu einer soziologischen Theorie der Zeit, Opladen.
Nassehi, Armin 1997a: Die Zeit des Textes. Zum Verhältnis von Kommunikation und Text. In: Henk de Berg und Matthias Prangel (Hrsg.): Systemtheorie und Hermeneutik, Tübingen/Basel, S. 47-68.
Nassehi, Armin 1997b: Inklusion, Exklusion, Integration, Desintegration. Die Theorie funktionaler Differenzierung und die Desintegrationsthese. In: Was hält die Gesellschaft zusammen? Hrsg. von Wilhelm Heitmeyer, Frankfurt am Main, S. 113-148.
Nassehi, Armin 1997c: Kommunikation verstehen. Einige Überlegungen zur empirischen Anwendbarkeit einer systemtheoretisch informierten Hermeneutik. In: Tilmann Sutter (Hrsg.): Beobachtung verstehen, Verstehen beobachten. Perspektiven einer konstruktivistischen Hermeneutik, Opladen, S. 134-163.
Nassehi, Armin 1998: Gesellschaftstheorie und empirische Forschung. Über die "methodologischen Vorbemerkungen" in Luhmanns Gesellschaftstheorie. In: Soziale Systeme. Zeitschrift für soziologische Theorie 4, S. 199-206.
Neumann, Bernd 1970: Identität und Rollenzwang. Zur Theorie der Autobiographie, Frankfurt am Main.
Niggl, Günter 1977: Geschichte der deutschen Autobiographie im 18. Jahrhundert. Theoretische Grundlegung und literarische Entfaltung, Stuttgart.
Niggl, Günter (Hrsg.) 1989: Die Autobiographie. Zu Form und Geschichte einer literarischen Gattung, (Wege der Forschung, Bd. 565), Darmstadt.
Novak, Helga M. 1981: Die Eisheiligen, Frankfurt am Main.
Ohsam, Bernhard 1984: Eine Handvoll Machorka. Roman, 4. Aufl., Berlin/Bonn.
Onderdelinden, Sjaak 1980: Gespräch mit Peter Härtling. In: Deutsche Bücher 10, S. 85-103.
Ort, Claus-Michael 1993: Sozialsystem 'Literatur' - Symbolsystem 'Literatur'. Anmerkungen zu einer wissenssoziologischen Theorieoption für die Literaturwissenschaft. In: Siegfried J. Schmidt (Hrsg.): Literaturwissenschaft und Systemtheorie. Positionen, Kontroversen, Perspektiven, Opladen, S. 269-294.
Ort, Claus-Michael 1994: Texttheorie - Textempirie - Textanalyse. Zum Verhältnis von Hermeneutik, Empirischer Literaturwissenschaft und Literaturgeschichte. In: Achim Barsch, Gebhard Rusch und Reinhold Viehoff (Hrsg.): Empirische Literaturwissenschaft in der Diskussion, Frankfurt am Main, S. 104-122.
Ort, Claus-Michael 1997: Systemtheorie und Hermeneutik? Kritische Anmerkungen zu einer Theorieoption aus literaturwissenschaftlicher Sicht. In: Henk de Berg und Matthias Prangel (Hrsg.): Systemtheorie und Hermeneutik, Tübingen/Basel, S. 143-171.
Ottmers, Clemens 1994: Schreiben oder Leben. Herta Müller, 'Der Teufel sitzt im Spiegel. Wie Wahrnehmung sich erfindet (1991)'. In: Poetik der Autoren. Beiträge zur deutschsprachigen Gegenwartsliteratur, hrsg. von Paul Michael Lützeler, Frankfurt am Main, S. 279-294.
Palmer, Lilli o.J: Dicke Lilli - gutes Kind, München.

Pascal, Roy 1965: Die Autobiographie. Gehalt und Gestalt, Stuttgart/Berlin/Köln/ Mainz.
Paulsen, Wolfgang 1991: Das Ich im Spiegel der Sprache. Autobiographisches Schreiben in der deutschen Literatur des 20. Jahrhunderts, Tübingen.
Peters, Günter 1982: Theorie der literarischen Produktion. In: Dietrich Harth/Peter Gebhardt (Hrsg.): Erkenntnis der Literatur. Theorien, Konzepte, Methoden, Stuttgart, S. 56-78.
Pfau, Dieter/Schönert, Jörg 1988: Probleme und Perspektiven einer theoretischsystematischen Grundlegung für eine 'Sozialgeschichte der Literatur'. In: Renate von Heydebrand (Hrsg.): Zur theoretischen Grundlegung einer Sozialgeschichte der Literatur: ein struktural-funktionaler Entwurf, Tübingen, S. 1-26.
Picard, Hans Rudolf 1978: Autobiographie im zeitgenössischen Frankreich, München.
Plumpe, Gerhard 1985: Systemtheorie und Literaturgeschichte. Mit Anmerkungen zum deutschen Realismus im 19. Jahrhundert. In: Hans Ulrich Gumbrecht und Ursula Link-Heer (Hrsg.): Epochenschwellen und Epochenstrukturen im Diskurs der Literatur- und Sprachhistorie, Frankfurt am Main, S. 251-264.
Plumpe, Gerhard 1993: Ästhetische Kommunikation der Moderne, 2 Bde., Opladen.
Plumpe, Gerhard 1997: Kein Mitleid mit Werther. In: Henk de Berg und Matthias Prangel (Hrsg.): Systemtheorie und Hermeneutik, Tübingen/Basel, S. 215-231.
Plumpe, Gerhard/Werber, Niels 1993: Kunst ist codierbar. Aspekte einer systemtheoretischen Literaturwissenschaft. In: Siegfried J. Schmidt (Hrsg.): Literaturwissenschaft und Systemtheorie. Positionen, Kontroversen, Perspektiven, Opladen, S. 9-43.
Plumpe, Gerhard/Werber, Niels 1996: Systemtheorie in der Literaturwissenschaft oder 'Herr Meier wird Schriftsteller'. In: Jürgen Fohrmann und Harro Müller (Hrsg.): Systemtheorie der Literatur, München, S. 173-208.
Prangel, Matthias 1993: Zwischen Dekonstruktionismus und Konstruktivismus. Zu einem systemtheoretisch fundierten Ansatz von Textverstehen. In: Henk de Berg und Matthias Prangel (Hrsg.): Kommunikation und Differenz. Systemtheoretische Ansätze in der Literatur- und Kunstwissenschaft, Opladen, S. 9-31.
Prangel, Matthias 1995: Kontexte - aber welche? Mit Blick auf einen systemtheoretischen Begriff 'objektiven' Textverstehens. In: Henk de Berg und Matthias Prangel (Hrsg.): Differenzen. Systemtheorie zwischen Dekonstruktion und Konstruktivismus, Tübingen/Basel, S. 153-169.
Proust, Marcel 1979: Auf der Suche nach der verlorenen Zeit, Bd. 1, In Swanns Welt, 3. Aufl., Frankfurt am Main.
Roberts, David 1996: Genealogie der Literatur. Zur Selbstbeobachtung in stratifizierten Gesellschaften. In: Jürgen Fohrmann und Harro Müller (Hrsg.): Systemtheorie der Literatur, München, S. 292-309.
Rusch, Gebhard 1993a: Phänomene, Systeme, Episteme. Zur aktuellen Diskussion systemtheoretischer Ansätze in der Literaturwissenschaft. In: Henk de Berg und Matthias Prangel (Hrsg.): Kommunikation und Differenz. Systemtheoretische Ansätze in der Literatur- und Kunstwissenschaft, Opladen, S. 228-244.
Rusch, Gebhard 1993b: Literatur in der Gesellschaft. In: Siegfried J. Schmidt (Hrsg.): Literaturwissenschaft und Systemtheorie. Positionen, Kontroversen, Perspektiven, Opladen, S. 170-193.
Sander, Uwe/Vollbrecht, Ralf 1985: Zur wissenschaftlichen Rekonstruktion jugendlichen Zeitbewußtseins. Eine Interpretation biographischer Selbstthematisierungen. In: Dieter Baacke und Theodor Schulze (Hrsg.): Pädagogische Biographieforschung. Orientierungen, Probleme, Beispiele, Weinheim und Basel, S. 141-173.
Scharfschwerdt, Jürgen 1977: Grundprobleme der Literatursoziologie. Ein wissenschaftsgeschichtlicher Überblick, Stuttgart/Berlin/Köln/Mainz.
Scheffer, Bernd 1992: Interpretation und Lebensroman. Zu einer konstruktivistischen Literaturtheorie, Frankfurt am Main.

Scheuer, Helmut 1979: Biographie. Studien zur Funktion und zum Wandel einer literarischen Gattung vom 18. Jahrhundert bis zur Gegenwart, Stuttgart.
Schiller, Friedrich 1967: Über die ästhetische Erziehung des Menschen in einer Reihe von Briefen. In: Ders., Sämtliche Werke, hrsg. von G. Fricke und G. H. Göpfert, Bd. V, 4. Aufl., München.
Schmid, Carlo 1979: Erinnerungen, (Gesammelte Werke, Bd. 3), Bern/München/Wien.
Schmidt, Siegfried J. 1979: "Bekämpfen Sie das häßliche Laster der Interpretation! Bekämpfen Sie das noch häßlichere Laster der richtigen Interpretation!" (Hans Magnus Enzensberger). In: Wolfgang Frier und Gerd Labroisse (Hrsg.): Grundfragen der Textwissenschaft. Linguistische und literaturwissenschaftliche Aspekte, Amsterdam, S. 279-309.
Schmidt, Siegfried J. 1980: Grundriß der Empirischen Literaturwissenschaft, Bd. 1. Der gesellschaftliche Handlungsbereich Literatur, Braunschweig/Wiesbaden.
Schmidt, Siegfried J. 1982: Grundriß der Empirischen Literaturwissenschaft, Bd. 2. Zur Rekonstruktion literaturwissenschaftlicher Fragestellungen in einer Empirischen Theorie der Literatur, Braunschweig/Wiesbaden.
Schmidt, Siegfried J. 1989: Die Selbstorganisation des Sozialsystems Literatur im 18. Jahrhundert, Frankfurt am Main.
Schmidt, Siegfried J. 1991: Der beobachtete Beobachter. Zu Text, Kommunikation und Verstehen. In: Volker Riegas und Christian Vetter (Hrsg.): Zur Biologie der Kognition. Ein Gespräch mit Humberto R. Maturana und Beiträge zur Diskussion seines Werkes, Frankfurt am Main, S. 308-328.
Schmidt, Siegfried J. 1993a: Kommunikationskonzepte für eine systemorientierte Literaturwissenschaft. In: Ders. (Hrsg.): Literaturwissenschaft und Systemtheorie. Positionen, Kontroversen, Perspektiven, Opladen, S. 241-268.
Schmidt, Siegfried J. (Hrsg.), 1993b: Literaturwissenschaft und Systemtheorie. Positionen, Kontroversen, Perspektiven, Opladen.
Schmidt, Siegfried J. 1994: Kognitive Autonomie und soziale Orientierung. Konstruktivistische Bemerkungen zum Zusammenhang von Kognition, Kommunikation, Medien und Kultur, Frankfurt am Main.
Schmidt, Siegfried J. 1995: Konstruktivismus, Systemtheorie und Empirische Literaturwissenschaft. Anmerkungen zu einer laufenden Debatte. In: Henk de Berg und Matthias Prangel (Hrsg.): Differenzen. Systemtheorie zwischen Dekonstruktion und Konstruktivismus, Tübingen/Basel, S. 213-245.
Schmidt, Siegfried J. 1996: 'System' und 'Beobachter': Zwei wichtige Konzepte in der (künftigen) literaturwissenschaftlichen Forschung. In: Jürgen Fohrmann und Harro Müller (Hrsg.): Systemtheorie der Literatur, München, S. 106-133.
Schmidt, Siegfried J. 1997: Vom Text zum Literatursystem. Skizze einer konstruktivistischen (empirischen) Literaturwissenschaft. In: Heinz Gumin und Heinrich Meier (Hrsg.): Einführung in den Konstruktivismus, München, S. 147-166.
Schneider, Manfred 1986: Die erkaltete Herzensschrift. Der autobiographische Text im 20. Jahrhundert, München/Wien.
Schulte-Sasse, Jochen/Werner, Renate 1990: Einführung in die Literaturwissenschaft, 6. unveränderte Aufl., München.
Schulze, Gerhard 1996: Die Erlebnisgesellschaft. Kultursoziologie der Gegenwart, 6. Aufl., Studienausgabe, Frankfurt am Main.
Schwab, Sylvia 1981: Autobiographik und Lebenserfahrung. Versuch einer Typologie deutschsprachiger autobiographischer Schriften zwischen 1965 und 1975, o.O.
Schwanitz, Dietrich 1987: Zeit und Geschichte im Roman - Interaktion und Gesellschaft im Drama: Zur wechselseitigen Erhellung von Systemtheorie und Literatur. In: Theorie als Passion. Niklas Luhmann zum 60. Geburtstag, hrsg. von Dirk Baecker et. al., Frankfurt am Main, S. 181-213.

Schwanitz, Dietrich 1990a: Systemtheorie und Literatur. Ein neues Paradigma, Opladen.

Schwanitz, Dietrich 1990b: Selbstreferentielle Systeme. In: Literaturwissenschaft und Linguistik 77, S. 100-125.

Schwanitz, Dietrich 1993: Systemtheoretischer Handlungsbegriff und literarische Kommunikation. In: Spiel 12, S. 72-80.

Seldte, Franz 1930: Fronterlebnis. Volksausgabe der beiden Bücher "M.G.K." und "Dauerfeuer", Leipzig.

Silbermann, Alphons 1966: Literaturphilosophie, soziologische Literaturästhetik oder Literatursoziologie. In: Kölner Zeitschrift für Soziologie und Sozialpsychologie 18, S. 139-148.

Silbermann, Alphons 1967: Kunst. In: Das Fischer Lexikon. Soziologie, hrsg. von René König, Frankfurt am Main, S. 164-174.

Silbermann, Alphons 1981: Einführung in die Literatursoziologie, München.

Sill, Oliver 1991: Zerbrochene Spiegel. Studien zur Theorie und Praxis modernen autobiographischen Erzählens, Berlin/New York.

Sill, Oliver 1992a: 'Lieber sprechen als hören, lieber gehen als stehen.' Jurek Becker als politischer Kommentator. In: Text und Kritik. Zeitschrift für Literatur, Heft 116. Jurek Becker, S. 70-76.

Sill, Oliver 1992b: Canetti und Grimmelshausen oder 'Die Wirklichkeit der Erinnerung'. In: Critica Poeticae. Hans Geulen zum 60. Geburtstag, hrsg. von Andreas Gößling und Stefan Nienhaus, Würzburg, S. 243-253.

Sill, Oliver 1995a: 'Über den Zaun geblickt'. Literaturwissenschaftliche Anmerkungen zur soziologischen Biographieforschung. In: BIOS. Zeitschrift für Biographieforschung und Oral History 8, S. 28-42.

Sill, Oliver 1995b: Von Tätern und Opfern. Autobiographische Schriften über die Deportation. In: Georg Weber, Renate Weber-Schlenther, Armin Nassehi, Oliver Sill und Georg Kneer: Die Deportation von Siebenbürger Sachsen in die Sowjetunion 1945-1949, Bd. II. Die Deportation als biographisches Ereignis und literarisches Thema, Köln/Weimar/Wien, S. 413-626.

Sill, Oliver 1997a: 'Fiktionale Realität' vs. 'reale Realität'? Zu den kunst- bzw. literaturtheoretischen Reflexionen Niklas Luhmanns und Wolfgang Isers. In: Soziale Systeme. Zeitschrift für soziologische Theorie 3, S. 137-155.

Sill, Oliver 1997b: Literatur als Beobachtung zweiter Ordnung. Ein Beitrag zur systemtheoretischen Debatte in der Literaturwissenschaft. In: Henk de Berg und Matthias Prangel (Hrsg.): Systemtheorie und Hermeneutik, Tübingen/Basel, S. 69-88.

Sill, Oliver 1997c: 'Aus dem Jäger ist ein Schmetterling geworden.' Textbeziehungen zwischen Werken von W.G. Sebald, Franz Kafka und Vladimir Nabokov. In: POETICA. Zeitschrift für Sprach- und Literaturwissenschaft 29, S. 596-623.

Sill, Oliver 1999: Literarische und lebensweltliche Fiktionen. Zum Gegenstandsbereich verstehender Methoden in den Literaturwissenschaften und den Sozialwissenschaften. In: Handlung Kultur Interpretation. Zeitschrift für Sozial- und Kulturwissenschaften 8, S. 64-86.

Sill, Oliver 2000: Lebensgeschichte und Kommunikation. Ein literaturwissenschaftlicher Interpretationsansatz. In: Christian Geulen und Karoline Tschuggnall (Hrsg.): Aus einem deutschen Leben. Lesarten eines biographischen Interviews, Tübingen 2000, S. 121-145.

Sloterdijk, Peter 1978: Literatur und Organisation von Lebenserfahrung. Autobiographien der zwanziger Jahre, München/Wien.

Söring, Joachim 1979: Zur poetischen Erfahrung von 'Geschichtlichkeit'. In: Wolfgang Haubrichs (Hrsg.): Probleme der Literaturgeschichtsschreibung, Göttingen, S. 31-64.

Spencer-Brown, George 1971: Laws of Form, 2. Aufl., London.

Staiger, Emil 1971: Die Kunst der Interpretation. Studien zur deutschen Literaturgeschichte, München.

Stanitzek, Georg 1996: Was ist Kommunikation? In: Jürgen Fohrmann und Harro Müller (Hrsg.): Systemtheorie der Literatur, München, S. 21-55.

Stanitzek, Georg 1997: Im Rahmen? Zu Niklas Luhmanns *Kunst*-Buch. In: Henk de Berg und Matthias Prangel (Hrsg.): Systemtheorie und Hermeneutik, Tübingen/Basel, S. 11-30.

Stefan, Verena 1978: Häutungen. Autobiografische Aufzeichnungen. Gedichte. Träume. Analysen, 12. Aufl., München.

Stempel, Wolf-Dieter 1983: Fiktion in konversationellen Erzählungen. In: Dieter Henrich und Wolfgang Iser (Hrsg.): Funktionen des Fiktiven. (Poetik und Hermeneutik X), München, S. 331-356.

Viehoff, Reinhold 1993: Selbstbezügliches Handeln? Überlegungen zu innerliterarischen Sozialisationsmodellen im Roman seit dem 18. Jahrhundert. In: Siegfried J. Schmidt (Hrsg.): Literaturwissenschaft und Systemtheorie. Positionen, Kontroversen, Perspektiven, Opladen, S. 194-240.

Völker, Ludwig 1994: Rezension zu: Günter Niggl (Hg.), Die Autobiographie. Zu Form und Geschichte einer literarischen Gattung. In: Literaturwissenschaftliches Jahrbuch 35, S. 427-429.

Weber, Georg/Weber-Schlenther, Renate/Nassehi, Armin/Sill, Oliver/Kneer, Georg 1995: Die Deportation von Siebenbürger Sachsen in die Sowjetunion 1945-1949, 3 Bde., Köln/Weimar/Wien.

Wegmann, Nikolaus 1996: Engagierte Literatur? Zur Poetik des Klartexts. In: Jürgen Fohrmann und Harro Müller (Hrsg.): Systemtheorie der Literatur, München, S. 345-365.

Weiskopf, Franz Carl 1960: Heimkehr. In: Ders., Gesammelte Werke. Hrsg. von der Deutschen Akademie der Künste zu Berlin, Bd. 4, Anekdoten und Erzählungen, Berlin, S. 471-509.

Weiss, Peter 1968: Das Material und die Modelle. Notizen zum dokumentarischen Theater. In: Ders.: Dramen 2, Frankfurt am Main, S. 464-472.

Wellershoff, Dieter 1992: Double, Alter ego und Schatten-Ich. In: Ders.: Das geordnete Chaos. Essays zur Literatur, Köln, S. 27-56.

Werber, Niels 1992: Literatur als System. Zur Ausdifferenzierung literarischer Kommunikation, Opladen.

Werber, Niels 1996: Nur Kunst ist Kunst. In: Soziale Systeme. Zeitschrift für soziologische Theorie 2, S. 166-177.

Wiese, Leopold von 1931: Methodologisches über den Problemkreis einer Soziologie der Kunst. In: Verhandlungen des Siebenten Deutschen Soziologentages. 1931, S. 121-132.

Wilpert, Gero von 1969: Sachwörterbuch der Literatur, 5. verbesserte und erweiterte Aufl., Stuttgart.

Wolf, Christa 1977: Kindheitsmuster. Roman, 3. Aufl., Darmstadt/Neuwied.

Würzbach, Natascha 1964: Die Struktur des Briefromans und seine Entstehung in England, München.

Wuthenow, Ralph-Rainer 1974: Das erinnerte Ich. Europäische Autobiographie und Selbstdarstellung im 18. Jahrhundert, München.

Zerbst, Rainer 1982: Kommunikation. In: Hans-Werner Ludwig (Hrsg.): Arbeitsbuch Romananalyse, Tübingen, S. 41-64.

Zijlmans, Kitty 1993: Kunstgeschichte der modernen Kunst. Periodisierung oder Codierung? In: Henk de Berg und Matthias Prangel (Hrsg.): Kommunikation und Differenz. Systemtheoretische Ansätze in der Literatur- und Kunstwissenschaft, Opladen, S. 53-68.

Zima, Peter V. 1980: Textsoziologie. Eine kritische Einführung, Stuttgart.

Zima, Peter V. 1982: Literatursoziologie/Textsoziologie. In: Dietrich Harth und Peter Gebhardt (Hrsg.): Erkenntnis der Literatur. Theorien, Konzepte, Methoden, Stuttgart, S. 161-194.

Zima, Peter V. 1986: Roman und Ideologie. Zur Sozialgeschichte des modernen Romans, München.

Zima, Peter V. 1989: Ideologie und Theorie. Eine Diskurskritik, Tübingen.

Personenregister

Sachregister

Die Studie bewegt sich im Grenzgebiet von Soziologie und Literaturwissenschaft – mit dem Ziel, den Dialog beider Disziplinen im Horizont der Literatursoziologie zu befördern. Gerade dies scheint notwendig in einer Zeit, in der Interdisziplinarität zwar oft gefordert, aber ungeachtet aller Beteuerungen noch selten praktiziert wird. Die wechselseitige Anschlussfähigkeit von soziologischer Gesellschaftstheorie und literaturwissenschaftlichen Theoriebeständen steht also zur Diskussion, wobei die Erörterung stets orientiert bleibt an einer leitenden Fragestellung: Lässt sich Literatur in all ihren Ausprägungen als Sozialsystem der modernen, funktional differenzierten Gesellschaft konzipieren?

PD Dr. *Oliver Sill* ist zur Zeit Wissenschaftlicher Mitarbeiter in verschiedenen Forschungsprojekten an den Universitäten München und Duisburg.

ISBN 3-531-13577-5

www.westdeutschervlg.de

GPSR Compliance

The European Union's (EU) General Product Safety Regulation (GPSR) is a set of rules that requires consumer products to be safe and our obligations to ensure this.

If you have any concerns about our products, you can contact us on ProductSafety@springernature.com

In case Publisher is established outside the EU, the EU authorized representative is:

Springer Nature Customer Service Center GmbH
Europaplatz 3
69115 Heidelberg, Germany

Batch number: 10809636

Printed by Printforce, the Netherlands